数字孪生技术与实践

陈晓红 徐雪松 艾彦迪◎主编

清华大学出版社

北京

内 容 简 介

数字经济被认为是继农业经济、工业经济之后的主要经济形态,其发展速度之快、辐射范围之广、影响程度之深已受到全球范围内的关注。本书作为数字经济系列教材的一部分,突出数字孪生技术与实践的深度融合,系统地讲解了数字孪生基础理论、关键技术及实践应用,通过丰富的实际案例将抽象问题具体化,探讨数字孪生在智能制造、智慧城市、智慧能源等多个关键领域的应用,力求做到知识传授与实践指导相结合,为培养数字经济理论及应用型人才提供参考。本书适合作为高等教育课程教材和科研参考资料,具有教学与研究的双重价值,为教学需求和科研探索提供了坚实的支持。

图书在版编目(CIP)数据

数字孪生技术与实践 / 陈晓红,徐雪松,艾彦迪主编.

北京:清华大学出版社,2025.7. -- ISBN 978-7-302-69689-6

Ⅰ. TP3

中国国家版本馆 CIP 数据核字第 2025Y18M52 号

责任编辑:吴梦佳
封面设计:傅瑞学
责任校对:郭雅洁
责任印制:丛怀宇

出版发行:清华大学出版社
　　　　　网　　　址:https://www.tup.com.cn,https://www.wqxuetang.com
　　　　　地　　　址:北京清华大学学研大厦 A 座　　邮　　编:100084
　　　　　社 总 机:010-83470000　　　　　　　　邮　　购:010-62786544
　　　　　投稿与读者服务:010-62776969,c-service@tup.tsinghua.edu.cn
　　　　　质量反馈:010-62772015,zhiliang@tup.tsinghua.edu.cn
印 装 者:三河市铭诚印务有限公司
经　　销:全国新华书店
开　　本:185mm×260mm　　　　**印　　张:**15.75　　　　**字　　数:**399 千字
版　　次:2025 年 7 月第 1 版　　　　　　　　　　**印　　次:**2025 年 7 月第 1 次印刷
定　　价:59.00 元

产品编号:109269-01

前　　言

在全球数字化转型的大潮中,数字孪生技术作为一种新兴的技术范式,正在快速发展并逐步渗透到工业制造、智慧城市建设、智慧能源管理等多个领域。随着数字经济的深入发展,数字孪生不仅是技术创新的产物,而且是推动社会经济发展的新动力。数字孪生作为连接虚拟与现实的桥梁,其重要性日益凸显。尤其是在工业4.0、智慧城市和智能制造等概念逐渐深入人心的今天,数字孪生被视为提升产业智能化水平、加快新旧动能转换的关键技术之一。因此,出版一本全面介绍数字孪生技术与实践的书籍,成为行业发展的迫切需求。

本书作为数字经济系列教材中的重要组成部分,旨在全面系统地介绍数字孪生的理论基础、关键技术、应用实践及其在数字经济中的关键作用,为专业人士、学者及学生提供一个深入了解和实践数字孪生技术的平台。本书的编写主要基于国内外数字孪生领域的研究进展、实际应用案例及作者团队的研究成果。通过分析当前技术发展的现状与趋势,结合具体的行业应用需求,本书从理论与实践的结合出发,系统总结了数字孪生的关键技术和应用策略。同时,本书还参考了国家关于数字经济发展的系列政策,确保内容的前瞻性与实用性。作为数字经济系列教材的一部分,本书承担着介绍和解释数字孪生技术如何支持并推动数字经济发展的重要任务。数字孪生技术作为连接物理世界与数字世界的桥梁,其在数字经济转型中的应用是不可或缺的。本书提供了一个全面的视角来理解这一技术,帮助读者把握技术发展趋势,预见未来应用场景。此外,本书也为相关专业建设和学科发展提供了重要的教学资源。它不仅填补了数字孪生领域教材的空白,也为专业人才的培养提供了坚实的理论基础和丰富的实践指导。通过深入浅出的内容介绍和系统的结构安排,本书有助于提升整个系列教材的学术价值和实用性,进而推动数字经济领域的教育和研究工作向前发展。

本书系统地阐述了数字孪生的基础理论、关键技术及实践应用案例,内容分为两篇:原理技术篇和应用实践篇。原理技术篇包括第1章到第7章,详细介绍了数字孪生的概念、发展历程、关键特征及体系架构,为读者奠定了坚实的理论基础。同时,还针对智能制造、智慧城市、智慧能源三个典型领域,详细介绍了数字孪生理论及技术方案,通过丰富的案例分析,展示了数字孪生技术的实际效益与应用前景,并对未来发展和挑战进行了展望。应用实践篇包括第8章和第9章,分别介绍了目前主流的几款数字孪生软件及使用方法,并结合具体案例,从需求分析、操作流程及应用场景仿真层面进行了实验操作指导,以帮助读者深入理解数字孪生的具体应用。

在教学过程中,作者深刻地认识到数字孪生技术的价值,以及一本合适教材的重要性。为方便教学和普及数字孪生相关知识,积极培育数字经济领域的人才,推动数字孪生技术及产业应用得以进一步发展,我们成立了《数字孪生技术与实践》编写组。陈晓红院士制订了本书的大纲,统筹组织和撰写各个章节;徐雪松教授、艾彦迪副教授对全书进行统稿和校稿;在编写过程中,徐雪松、艾彦迪、张军号、施光泽、何成文、刘金金、颜达勋等老师分别撰写了相应章节;

许冠英、张宇航、杨冬冬、刘天朔、徐波等同学搜集并整理了大量素材，为全书编写工作提供了辅助支持。在撰写本书的过程中，我们还参考了诸多学者、机构的研究成果及应用实践，以确保本书能够全面地反映数字孪生理论及技术的最新研究与应用进展。在此，我们对上述参与人员及相关学者、机构表示衷心的感谢和诚挚的祝福！

　　数字孪生是一项新兴技术，其基础理论及技术尚处于不断发展和完善中。由于编写时间、精力有限，本书中难免存在不足和不妥之处，恳请广大读者批评指正，以便编写组对本书进行进一步的完善和优化。

编　者

2024 年 12 月

目　　录

下篇：应用实践篇

上篇：原理技术篇

第1章 数字孪生概念及发展

1.1 数字孪生的起源和概念定义

1.1.1 数字孪生的起源

随着新一代信息技术和工业技术的飞速发展,诸如航空航天和工业制造等领域的设备日益复杂化。例如,无人机、卫星、工业自动化机器人和风力发电机等典型设备的集成度和智能化水平持续提升。这些复杂设备在设计、制造、测试、运行和维护等全生命周期各阶段的成本急剧攀升。同时,设备的复杂性也增加了故障发生、性能退化和功能失效的风险,使得对复杂设备的状态评估和未来性能预测成为关键的研究领域。

在设备运行的可靠性和经济性方面,传统的维护方式已经难以满足需求。为此,预测性健康管理(prognostics and health management, PHM)系统受到越来越多的关注。PHM通过实时监测设备状态,预测可能的故障和性能退化,提供预防性的维护策略,已逐步成为复杂设备自动化后勤保障的核心技术。然而,随着传感器技术和物联网的进步,以及复杂设备所处环境的动态变化,监测数据量急剧增加。这些数据具有高速传输、多源异构和高变异性的典型工业大数据特征。当前的PHM体系和关键技术主要基于设备在理想状态下的监测数据,难以满足在动态变化条件下对设备实时状态的精确评估和预测需求。这就需要新的技术手段来解决上述挑战。

数字孪生(digital twin)技术的提出为解决复杂设备的状态监测和预测提供了新的思路。数字孪生的概念最初由Grieves M. W. 教授于2003年在美国密歇根大学的产品全生命周期管理(product lifecycle management, PLM)课程中提出。当时,这一概念被称为"镜像空间模型"(mirrored space model)。该模型的核心思想是创建一个物理产品的数字化镜像,使之能够映射和反映物理产品在全生命周期中的状态和行为。随着时间的推移,数字孪生的概念逐渐得到深化和推广。2006年,Grieves在他的著作中进一步阐述了数字孪生的概念,强调了物理产品与其数字化等价物之间的信息交互和同步。数字孪生被定义为包含物理空间、虚拟空间和两者之间的数据连接三个主要部分。通过这种方式,数字孪生不仅可以模拟和预测物理产品的性能,还可以通过反馈机制优化产品设计和运营。2010年,美国国家航空和航天局(NASA)在其太空技术路线图中首次正式引入了数字孪生的概念。NASA旨在利用数字孪生技术实现航天器的全面诊断和预测功能,以确保在整个使用寿命期间的持续安全运行。具体而言,NASA希望通过高保真的物理模型、历史数据和实时传感器数据的融合,创建航天器的精确虚拟模型。这个虚拟模型能够实时反映航天器的状态,预测其健康状况和剩余使用寿命,并在必要时提供维护和修复建议。随后,数字孪生技术在航空航天领域得到了进一步的发展。NASA与美国空军联合提出了面向未来飞行器的数字孪生范例。他们将数字孪生定义为一个集成了多物理场、多尺度和概率性仿真的过程。通过这一过程,能够对飞行器进行全生命周期的监测和预测,包括健康状态评估、故障预测、性能优化等。美国空军研究实验室(AFRL)在2011年将数字孪生技术应用于飞机结构的寿命预测。他们创建了一个包含材料特性、制造规格、控制系统、建造过程和维护信息的详细计算机模型。通过结合历史飞行数据和实时监测数据,进行虚拟飞行测试,以评估飞机的最大负载能力,确保适航性和安全性。这种方法不仅减轻了全生命周期的维护负担,还提高了飞机的可用性和可靠性。

数字孪生的核心理念在于创建物理产品或系统的数字化复制品,这个数字复制品与物理实体在整个生命周期中保持同步。通过实时的数据交换,数字孪生能够反映物理实体的当前状态,并预测其未来的行为和性能。这一技术的实现依赖于高精度的物理建模、先进的仿真技术、大数据分析和物联网等多种技术的融合。

1.1.2　数字孪生的概念详解

数字孪生技术代表了一种在数字环境中复制并模拟实体物体、过程或系统的方法。这项技术使我们能够通过数字平台洞察物理对象的实时状态,并对其预设的组件进行详细控制。作为物联网的重要组成部分,数字孪生结合了实时物理数据和高级计算技术,如人工智能、机器学习及复杂的数据分析,以在数字环境中构建一个动态的、与物理对象同步更新的模拟实体。在数字孪生的操作中,关键在于其能够模拟物理实体并实时更新以反映实体的变化。这种同步主要依靠各种类型的传感器,如压力传感器、位置传感器和速度传感器,这些传感器负责提供必要的操作数据。此外,数字孪生平台也能够整合来自历史数据记录和其他网络资源的数据,提供一个综合的数据视图以供分析和学习。通过深度学习算法,数字孪生能够从复杂的数据输入中学习并预测物理实体的行为,进而实现几乎实时地在虚拟环境中再现物理状态。这种技术的实用性不仅限于单个实体,也适用于成批的物理对象,其中模拟可以基于同类对象的集体数据进行优化。

起初,数字孪生的概念被用于描述产品的制造和实时虚拟展示,但由于技术限制,它并未得到广泛应用。随着传感器技术、硬件及软件能力的发展,以及计算处理能力的显著提高,数字孪生开始在实时监控产品和设备运行中发挥重要作用。从产品的全生命周期角度来看,数字孪生技术能够在设计、制造、运行监测、维护及后勤保障的每个阶段为产品的管理和优化提供支持。例如,在产品设计阶段,数字孪生可以利用综合的生命周期管理数据帮助设计师优化产品性能。在制造阶段,通过虚拟技术可以模拟内部状态变量,精确刻画制造过程,从而简化生产并提高产品质量。在产品的运营阶段,通过全面监控运行参数,数字孪生可以提前识别故障和性能退化,指导维护决策,延长产品寿命。在后勤保障方面,基于丰富的数据和虚拟传感技术,可以精确地诊断故障,使维护更加高效。

实现数字孪生依赖于多个技术领域的进步,这些领域包括高性能计算、先进的传感技术、数字仿真、智能数据分析和增强现实(AR)或虚拟现实(VR)的可视化技术。这些技术合作,能够为物理实体创建一个高度精确的数字映射,从而实现对其的动态监测和维护。数字孪生不仅仅是技术上的挑战,它还涉及数据安全、隐私保护及高昂的技术实施成本等问题。尽管如此,随着技术的成熟和成本的降低,预计未来几年数字孪生将在多个行业中得到更广泛的应用。具体而言,在环境管理和可持续发展领域,数字孪生技术能够模拟复杂的生态系统和工业过程,帮助企业评估其活动对环境可能产生的潜在影响。通过这种方式,企业可以预测和减少废物产生,优化能源利用效率,并实现更高效的自然资源管理。例如,水资源管理可以利用数字孪生来模拟水流和水质变化,从而制定更有效的水资源保护措施。在医疗领域,数字孪生正被用来创建个人健康的虚拟模型,这些模型能够模拟疾病进展和治疗反应。这使得医生能够为患者定制治疗方案,预测治疗结果,并避免不必要的副作用。此外,这项技术也在帮助医疗设备制造商设计更有效的医疗设备,通过虚拟测试来加快产品上市的速度。同时,数字孪生技术正被用于城市规划和管理,帮助城市规划者和政策制定者理解城市系统的运作,并预测未来发展的各种可能性。通过模拟交通流量、人口增长和基础设施发展,决策者可以更有效地规划未来的城市布局和公共服务,以适应预期的变化。

1.2　数字孪生的关键特征

1.2.1　实时性:数据的实时更新与反馈

实时性在数字孪生技术中通常是指系统能够在非常短的时间内接收、处理和反馈来自物理实体的数据。在工业应用中,这意味着系统能够即时反映出生产线、机器设备或物流系统的当前状态,并根据变化调整相应的操作或预测未来可能的故障点。实时性的高低直接影响数字孪生系统的响应速度和精准度,进而决定了其在预测维护、系统优化和故障诊断中的有效性。为了实现数据的实时更新,需依赖几个技术支柱。

(1)高效的数据采集系统:利用高精度的传感器网络,实时捕捉关于物理实体的各种参数,如温度、压力、振动等。

(2)快速的数据传输解决方案:通过高速的通信协议和网络设施,如5G或专用的光纤网络,确保数据快速安全地从源头传输到处理中心。

(3)强大的数据处理能力:使用高性能的计算技术,如边缘计算,使数据分析和处理可以近源执行,进而减少数据传输时间,加快响应速度。

在数字孪生系统中,不仅数据的更新需要实时性,数据的反馈机制也同样重要。这包括从系统中得到的分析结果能够迅速反馈至操作端,实现对物理系统的实时控制或调整。例如,在智能制造环境中,根据实时数据分析结果自动调整生产线速度或更换不达标的部件,可以显著提高生产效率和产品质量。这种即时的反应不仅限于制造业,同样适用于其他需要快速响应的环境。例如,在自动化生产线上,实时数据监控和反馈可以减少停机时间,提前预警潜在的机械故障,优化生产流程。在智能交通系统中,通过实时监控交通流量和车辆状态,可以动态调整交通信号灯,优化路线规划,减少交通拥堵。在远程医疗监控中,通过实时数据监测患者的生命体征,可以即时响应突发医疗事件,提供及时的医疗干预。这种从传感器到用户界面的快速数据流通不仅增强了操作的灵活性,还提高了系统的整体可靠性和效率。

数字孪生的实时性对于应急响应尤其重要,如在自然灾害监测和响应中,实时数据可以帮助决策者快速了解情况,做出反应,从而最大限度地减少人员伤亡和财产损失。例如,在洪水监测中,通过实时分析水位和流速数据,相关部门可以迅速做出决策,实施疏散计划。此外,实时监控还可以应用于环境保护领域,如通过实时跟踪工业排放,环保机构可以及时检测并处理违规排放事件,有效保护环境。实时数据的管理和分析要求强大的后端支持,包括数据存储、数据安全和高效的数据处理能力。随着大数据和云计算技术的发展,数字孪生系统能够利用这些技术进行大规模数据的实时分析和存储,而不会受限于本地硬件资源。同时,随着人工智能技术的进步,机器学习模型可以在分析大量实时数据时,不断学习和适应,从而提高预测的准确性和系统的响应速度。

总的来说,实时性是数字孪生技术的核心特征之一,它使得数字孪生系统能够在多个行业中发挥关键作用,从智能制造到智慧城市管理,从环境监控到医疗健康,实时性都在推动这些领域向更高效、更智能的方向发展。随着相关技术的持续进步,数字孪生的实时性将得到进一步提升,从而带来更多的应用可能和社会价值。

1.2.2　互动性:与物理实体的动态交互

在数字孪生技术中,互动性不仅强调了数据的实时流动和控制能力,而且还涉及了模型与物理实体之间的实时反馈机制。这种机制允许系统根据接收到的数据不断更新和调整虚拟模型,使之能够更准确地映射和预测物理实体的行为和状态。例如,在汽车行业中,汽车的数字孪生模型可以收集从传感器和车载系统传来的数据,分析汽车的性能,并在检测到潜在问题时即刻通知维修团队或驾驶者,从而提前采取行动防止事故的发生。此外,互动性还使数字孪生模型能够参与到决策制定过程中,成为优化操作和提高系统整体表现的关键工具。在航空航天领域,飞机的数字孪生模型可以实时接收来自飞机各系统的数据,分析飞行性能,预测系统故障,并在必要时调整飞行计划或进行远程故障排除,以确保飞行安全。

数字孪生的互动性也扩展到了复杂的环境管理和监控系统中。例如,在环境保护项目中,数字孪生技术可以用来监控湿地或森林的生态状态,实时跟踪环境变化,并通过模型预测未来的环境趋势。这些信息可以帮助环保人员制定更有效的保护措施,调整保护策略,以应对快速变化的环境条件。互动性的高级应用还表现在医疗健康领域中。在个体化医疗服务中,病人的数字孪生模型可以实时接收来自监测设备的健康数据,如心率、血压等,模型通过对这些数据的分析,能够预测潜在的健康风险,甚至在紧急情况下自动通知医疗人员进行干预。这种技术的应用极大地提高了对慢性病患者的监护质量,同时也优化了医疗资源的分配。

最终,数字孪生的互动性体现了其作为一种多功能平台的能力,不仅能实时监控和反馈,还能主动参与到控制和优化流程中。随着技术的不断进步,预计数字孪生将在更多领域展示其强大的互动性能,为各行各业带来革命性的改变。这种前所未有的互动能力标志着数字孪生技术正迅速成为未来技术革新的重要推动力。

1.2.3　精确性:高精度仿真

在数字孪生技术的核心特性中,精确性占据了至关重要的位置,尤其是在高精度仿真的领域。这种精确性使得数字孪生模型能够以极高的细节和准确度复制其物理对应物。这不仅包括基本的几何形状和外观的精确复制,还扩展到了操作行为、系统反应,以及在不同工况下的性能表现的精确模拟。由此,高精度仿真成为一个强大的工具,用于产品开发、性能优化、故障诊断和预测维护。随着技术的进步,尤其是云计算、大数据、物联网、人工智能等新技术的集成,仿真技术已进入了一个新的发展阶段。这一阶段的仿真技术不仅数字化、网络化,还逐渐服务化和智能化,形成了一个逐渐完备的体系。数字孪生仿真技术的发展涵盖了多种类和分支,从对象、架构到粒度维度,呈现出丰富的多样性。

在仿真的对象上,可以大致分为工程系统仿真、自然系统仿真、社会系统仿真和生命系统仿真。工程系统仿真主要关注实际工程状态的模拟,如制造过程的仿真,它涵盖了产品制造的整个生命周期。自然系统仿真则着眼于对自然场景的真实模拟,包括动态、随机的自然过程,如气候变化或自然灾害的仿真,这对于预测和应对自然灾害具有重大意义。社会系统仿真关注复杂的社会行为和经济模型,有助于决策者快速理解系统状态和及时处理各种情况。生命系统仿真则专注于通过数字化方法研究和构建的人体模型,如数字人体,这种仿真有助于深入了解人体系统的信息处理和相互作用。

军事系统仿真在应用中也十分广泛,从战争模拟到作战演练,再到装备使用和维护培训,这些仿真应用不仅节约了大量经费,还提高了训练的效率和安全性。在仿真粒度上,分为单元级仿真、系统级仿真和体系级仿真,每个层级针对不同的仿真需求提供了专门的解决方案。仿真系统的架构涵盖从集中式到分布式等多种类型,集中式仿真适合中小型系统,便于管理和设计;而分布式仿真则适用于大规模系统,如城市交通系统或复杂的工业生产线。这种分布式架构有助于处理来自不同系统部分的大量数据,实现复杂系统的高效仿真。

数字孪生的概念因其形象和通俗易懂而引发了广泛的关注,进一步推动了人们对仿真技术价值和重要性的认识。这些仿真技术的理论、方法和技术体系的不断完善,为数字孪生的研究和应用提供了坚实的基础和强大的支撑,使得数字孪生技术在各个行业的应用前景更加广阔。

1.2.4　可扩展性：模型与系统的可适应性

在数字孪生技术的发展中,可扩展性是一项至关重要的特性,使得数字孪生模型能够适应不断变化的需求和扩大的应用范围。这种特性确保了数字孪生技术可以从监控单一设备或过程扩展到整个工厂或更广泛的网络系统。可扩展性不仅体现在技术层面,还包括模型的设计理念和架构的灵活性,使得技术能在不同应用环境中持续有效地发挥作用。

在现代工业和商业环境中,系统和设备不断升级和变化,一个固定的模型很难适应所有可能的变化。因此,数字孪生模型必须设计得足够灵活,能够适应从小规模到大规模的变化,包括技术升级、业务扩展或运营需求的改变。例如,在制造业中,一条生产线可能会增加新的机器或改变生产工艺,数字孪生模型需要能够随之调整,以保持其有效性和准确性。

实现高度可扩展的数字孪生模型依赖多个关键要素。

(1)模块化设计。通过模块化设计,数字孪生系统可以将复杂系统分解成多个小的、独立的部分。每个模块负责系统中的一个特定功能或过程,可以独立更新和维护,而不影响整个系统的其他部分。这种设计使得添加新的功能或扩展现有功能变得更加容易和灵活。

(2)云计算支持。云计算平台为数字孪生提供了弹性的计算资源和数据存储能力,使得数字孪生模型可以根据需要轻松扩展计算能力和存储空间,无须在本地系统进行昂贵的硬件升级。

(3)标准化的数据交换接口。为了保证在系统扩展过程中数据的一致性和兼容性,需要建立标准化的数据交换接口。这些接口确保了新加入的设备或系统能够无缝集成到现有的数字孪生架构中,实现数据顺畅流通。

(4)动态配置能力。数字孪生系统应具备动态配置的能力,允许用户根据实际需求调整系统设置。这包括对模型参数的调整、仿真条件的变更及报告模板的定制等。

在不同行业中,数字孪生的可扩展性展现出其广泛的应用价值。

(1)制造业。在制造业中,随着产品线的扩展或技术的更新,数字孪生模型可以相应地扩展,包括新增机器的集成、生产能力的提升及新材料的使用。

(2)能源管理。在能源行业中,数字孪生模型可以从监控单一的发电机组扩展到整个电网的管理,帮助优化能源分配并预测需求和供应变化。

(3)城市基础设施。对于城市管理,数字孪生模型可以从监控单一的交通路口扩展到覆盖全城的交通系统,帮助城市规划者优化交通流量和减少拥堵。

(4)医疗健康。在医疗行业中,数字孪生模型可以从监测单一患者的健康状态扩展到管理整个医院的医疗设备和患者照护过程,进而提高医疗服务的效率和质量。

通过这些应用示例可以看出,可扩展性是数字孪生技术成功实施的关键,它使得该技术不仅能满足当前的业务需求,还能预见并适应未来的挑战。

1.2.5 模块性:系统组件的独立与协作

模块性在数字孪生技术中提供了一种强大的机制,以支持系统的可扩展性、维护性和创新性。它通过允许各个组件独立而高效地工作,同时确保它们能够无缝协同,从而提高了系统的操作效率,并提升了整体的系统稳定性和可靠性。模块性使得每个部分或组件可以独立操作,同时保持与整个系统的整合能力。这种设计不仅增强了系统的灵活性和可管理性,还极大地简化了维护和升级过程。随着技术的进一步发展,模块性将继续在数字孪生领域发挥关键作用,推动更广泛的技术整合和应用创新。

模块性的核心优势在于它允许系统设计者和运维团队对数字孪生模型进行部分更新而不需要重构整个系统。这意味着可以针对特定模块进行优化或调整,以响应外部环境的变化或内部需求的更新,而不会影响到系统的其他部分。例如,如果一个制造流程需要更新或替换某种特定的传感器模块,系统管理员可以仅对该部分进行修改,而无须重新配置整个监控系统。此外,模块性设计还提供了更好的故障隔离性。在复杂的数字孪生系统中,某个模块的故障不必导致整个系统崩溃。相反,问题可以被局限在单个模块中,从而降低了系统整体的风险并增强了系统的可靠性。这种设计也使得进行故障诊断和后续的维护工作更为便捷,因为系统的每个部分都是可识别和可访问的。

在实际应用中,模块性使得数字孪生技术能够适用于多种不同规模和复杂度的项目。例如,在大型工业应用中,一个庞大的化工厂可能会有成百上千个不同的传感器和机器设备。通过模块化的设计,每一部分都可以作为一个独立的单元进行监控和管理,同时所有单元的数据可以集成到一个全面的控制系统中,从而实现高效的整体操作。

模块性还极大地促进了跨学科和跨行业的合作。不同的模块可以由各自的团队或专家设计和优化,然后通过标准化的接口集成到一个统一的系统中。这种合作模式不仅优化了资源的使用,还激发了创新,因为各方可以专注于自己最擅长的领域,而不必分心于整个系统的每一个细节。

1.2.6　互操作性：不同系统间的协同工作能力

互操作性是指数字孪生系统能够与其他系统和技术平台进行有效的沟通和协作,确保信息和数据能够在不同的系统之间无缝传递。互操作性是实现综合性解决方案的基础,它允许从不同来源收集的数据能够被整合和分析,从而提供更全面的洞察和优化决策。互操作性的实现对于现代企业尤其重要,因为它们通常需要将传统的 IT 系统与新兴的物联网(IoT)设备、移动应用和云服务等多种技术集成在一起。例如,在一个制造企业中,数字孪生技术可能需要集成来自生产线的传感器数据、ERP 系统的库存信息及 CRM 系统的客户需求数据。只有当这些系统能够互相"交谈"并理解彼此的数据时,数字孪生才能发挥其全部潜力,实现生产效率的最大化和响应时间的最小化。

实现良好的互操作性需要标准化的通信协议和数据格式。这些标准化措施能够确保不同系统之间的信息得到正确解读和处理,无论这些系统的开发商或者支持技术平台如何。例如,采用通用的数据交换格式如 XML 或 JSON,以及通信协议如 MQTT 或 AMQP,可以帮助不同系统之间建立稳定可靠的数据交流渠道。此外,API(应用程序编程接口)的使用也是实现系统互操作性的关键。通过开放 API,不同的软件和硬件可以通过预先定义的方法来互相交互,这为创建可互操作的环境提供了必要的灵活性和扩展性。在数字孪生环境中,API 允许系统组件查询彼此的状态或触发对方的操作,从而实现更为动态和响应性的交互模式。

在实际应用中,互操作性使得数字孪生系统可以在多个层面上增值。例如,在智能城市项目中,交通管理系统、公共安全监控和能源管理系统可能需要相互协作,以优化交通流、预防紧急事件并有效分配能源。只有当这些系统能够无缝整合,才能实现这一目标,提高城市管理的整体效率和居民的生活质量。

进一步地,互操作性还支持了更广泛的数据分析和机器学习应用。当不同来源的数据能够集成到一个统一的平台时,企业可以运用先进的分析工具来发现潜在的趋势和模式,以及未被发现的效率提升机会。这种深度的数据洞察力是现代企业在竞争中脱颖而出的关键。

1.3　数字孪生的发展历程

1.3.1　初始阶段和关键发展

数字孪生技术的发展历程显著地标志着其从最初的理论探索逐渐过渡到实际应用,并最终演进到行业标准的制定。这一过程受到了众多因素的推动,包括技术进步、工业需求及经济环境的变化,这些因素共同塑造了数字孪生技术的成长路径。这种技术进步不仅优化了制造流程,还加速了新产品的市场推出速度,从而在全球范围内重塑了传统产业的竞争格局。

数字孪生概念的提出旨在通过创建物理对象的精确虚拟模型来优化制造和运营流程。这一思想的提出是在产品生命周期管理(PLM)技术已相对成熟的背景下,寻求通过虚拟化手段进一步提升产品设计和维护的效率。2009 年,美国空军实验室对这一概念进行了进一步的发展,并引入了"机身数字孪生"这一术语。随后,在 2010 年,NASA 正式采用了这一术语,并将其纳入其技术发展路线图中,这标志着数字孪生概念开始在航天领域得到系统化的应用。

数字孪生的初期概念主要集中在模拟和仿真技术上,随着时间的推移,互联网技术的普及、大数据的兴起及人工智能技术的突破,为数字孪生的进一步发展提供了强大的技术支持。特别是物联网技术的应用,使得从传感器等终端收集的实时数据大量涌现,这些数据的集成与分析极大地丰富了数字孪生的功能,使其能够进行更加复杂的模拟和预测,广泛应用于航空、能源、汽车等多个行业。

在 2010—2020 年,数字孪生技术经历了领先应用期,逐渐从理论走向实践。特别是在航空航天和国防领域,数字孪生开始发挥关键作用。此外,随着云计算和机器学习技术的成熟,数字孪生在工业互联网中的应用也得到了显著推动。同期,国际标准化组织如 ISO、IEC 和 IEEE 等开始关注并制定相关的技术标准,以促进这一技术的健康发展和国际协同。

进入 2020 年后,数字孪生技术步入了一个新的发展阶段,这一阶段的特征是技术的深度开发和广泛应用。不仅限于制造业,数字孪生技术开始在智慧城市、数字政府等领域展示其潜力。Gartner 的研究报告显示,数字孪生技术正迅速成为主流技术,预计未来几年将在全球范围内得到广泛应用。

此外,数字孪生被认为是第四次工业革命中的通用目的技术(GPT)。它不仅能够支持设备和系统的优化管理,还能为数字化转型提供强有力的技术支持,成为连接物理世界和数字世界的关键桥梁。预计在 21 世纪 20 年代,随着技术的不断成熟和应用的不断深入,数字孪生将成为一个普遍存在的技术实践,广泛应用于各个行业和生活的各个方面。四次工业革命概览如表 1-1 所示。

表 1-1　四次工业革命概览

工业革命	第一次 (1750—1850)	第二次 (1850—1950)	第三次 (1950—2020)	第四次 (2020—2080?)
特点/名称	机械化/机械时代	电气化/电气时代	数字化/信息时代	智能化/智能时代
理论基础	机械还原论	能量守恒论	控制论＋系统工程论＋信息论	量子信息论
典型观点	人是机器	永动机不可行	信息是用来消除不确定性的	万物源自比特
能量源	煤炭	电力	核能	可再生能源/可控核聚变
动力装置	蒸汽机	内燃机/电动机	核动力/喷气式推进	(待发明)
信息传输/处理	信号塔	电话/电报/无线电	电子计算机	量子计算机
设计范式	手工作坊→单人	单人→小团队	传统系统工程	基于数字孪生体的现代系统工程
生产管理	单台机器生产	基于装配流水线的大规模生产	基于计算机的自动化生产	基于数字孪生体和工业互联的智能工厂
通用目的技术	蒸汽机	内燃机/电动机	计算机/互联网	AI/数字孪生体/IoT

1.3.2　各国的政策和技术发展

在数字孪生技术的全球发展中,美国始终处于领先地位,以战略性规划和全面的实践推动其在多个领域的应用。美国政府和私营部门的紧密合作形成了强大的推动力。自从密歇根大学的 Grieves M. W. 教授提出数字孪生的概念之后,该技术逐渐成为美国国家级项目的一部分。美国国防部和 NASA 对这一概念的投资和应用不仅推动了技术的发展,还促进了相关行业标准的建立。美国海军计划在未来十年内投入巨资以支持数字孪生技术的发展,展示了其在军事和航空航天领域的战略重视。同时,诸如洛克希德马丁和 ANSYS 等领军企业,也在数字孪生领域进行了深入研究和市场布局,推动了从航空航天到自然资源等行业的数字孪生应用。

德国的策略则侧重于标准化和系统化的推进。德国以其制造业的基础优势,特别是在汽车和机械制造领域,加速了数字孪生技术的集成和标准化。德国通过制定一系列数据互联和模型互操作的标准体系,促进了数字资产之间的无缝集成。这种方法不仅提高了物理实体的虚拟映射精度,也促进了跨行业的技术兼容和协作。此外,德国的工业数字孪生协会(IDTA)通过汇聚领先的工业企业,如 ABB、西门子等,推动了数字孪生技术在欧洲乃至全球的标准化和应用推广。

在亚洲,中国的数字孪生市场活跃且参与主体多元化。中国在探索和应用数字孪生技术上表现出极大的热情和潜力,政府和企业共同推动该技术的发展。中国的数字孪生应用尚处于发展阶段,其应用范围广泛,涵盖了从传统制造到智能城市的各个领域。政策支持和理论研究为技术的推广提供了坚实的基础。此外,中国在仿真和模型方面的深入研究为数字孪生技术的精度和效果优化提供了重要支持。

虽然英国、法国和韩国在全球数字孪生的发展中起到了积极作用,但与美国和德国相比,它们的数字孪生布局更为分散,缺乏一个统一的国家战略。这些国家的企业和研究机构通过特定项目或标准制定活动参与国际竞争,推动了数字孪生技术的特定应用和标准制定工作。

通过这些全球视角的分析可以看出,不同国家在数字孪生技术的发展上各有侧重,形成了各具特色的应用和推广模式。美国和德国的全面战略规划与实践、中国的市场活跃度和创新探索,以及其他国家在标准制定和点状应用上的努力,共同推动了数字孪生技术全球的发展和应用。

1.3.3　企业在数字孪生推动中的作用

在数字孪生技术的全球推广和应用中,企业扮演了核心角色,特别是一些技术先锋公司通过自身的研发和市场策略,显著地推动了这一领域的发展。例如,西门子不仅通过收购领先的仿真软件供应商 CD-adapco 扩展了其技术能力,而且通过整合这些高端工程仿真能力,进一步巩固了其在数字孪生领域的领导地位。西门子的策略集中于通过数字孪生技术整合和优化整个产品生命周期——从概念设计、生产制造到运营维护的全面整合与优化。

西门子的数字孪生概念旨在创建一个全面的虚拟模型,该模型不仅可以在设计阶段进行详尽的测试和优化,还可以在产品运营期间提供持续的支持和维护。例如,通过数字孪生技术,西门子能够模拟复杂的制造流程和操作环境,预测机械设备的磨损和故障,从而提前进行维护,减少停机时间。这种技术的应用使得西门子能够在航空、能源和工业制造等高要求行业中提供高度定制化的解决方案,极大地提高了客户的操作效率和经济效益。

此外,西门子的数字孪生还强调实时数据的集成和分析,使得企业能够及时响应市场变化和操作挑战。例如,西门子的风力发电与可再生能源部门利用数字孪生技术优化了风力发电机的设计和布局,并通过实时数据监控和分析,优化了风场的能源产出和运维策略。通过这种方式,西门子不仅提高了能源效率,还通过精确的性能预测和健康管理,延长了设备的使用寿命,并降低了总体拥有成本。

通用电气(GE)在数字孪生技术的应用上也展示了其在行业中的领导地位。通过与ANSYS的合作,GE不仅加强了其在物理工程仿真领域的能力,还将这些能力扩展到了其Predix平台,从而能够提供跨行业的数字孪生解决方案。这种合作使得GE能够在航空、能源和医疗等多个行业中实现设备的性能优化和故障预测,极大地提高了运维效率和设备可靠性。

GE利用数字孪生技术,实现了对设备和系统从设计和制造到运营和维护的全生命周期管理。例如,在航空领域,GE的数字孪生技术帮助航空公司优化了飞机发动机的维护周期和燃油效率,通过对发动机各部件性能的实时监控和分析,预测可能的故障并提前进行干预,从而降低了意外停机次数和昂贵的维护成本。此外,在能源行业,GE利用数字孪生技术优化了燃气轮机和风力发电机的运行,通过精确的性能模拟和环境适应分析,提高了能源产出和设备的环境适应性。

第 2 章　数字孪生体系架构

数字孪生平台是一种基于数字化技术的系统集成平台,其核心在于实现物理实体的数字虚拟化和仿真。该平台将真实世界的物理实体与数字系统相结合,通过传感器、数据采集、模型分析等技术手段,实时监测和分析物理实体的运行状态和数据,生成数字孪生体,并通过数字孪生系统模拟和预测物理实体的运行和风险情况。数字孪生平台具有高度的准确性、智能化、可视化和可操作性,可广泛应用于制造业、城市管理、能源、交通、医疗健康等领域。

2.1　数字孪生平台设计

2.1.1　数字孪生平台设计理念

数字孪生作为一种前沿技术,其体系架构是一种集成物理世界与数字世界的复杂系统,通过创建物理实体的精确孪生体,实现对实体状态的实时监控、分析和优化。设计一个数字孪生平台,需要综合考虑数据集成、模型构建、实时仿真、用户交互等多个方面,以确保平台的高效性、准确性和可用性。数字孪生平台设计理念具有以下几个特点。

(1)精确映射。精确映射是在数字孪生系统中,虚拟模型与物理实体之间的数据传递和状态同步必须高度一致。它要求在空间、时间和属性等方面实现无缝衔接,即物理实体的每一个细节及变化都能在虚拟模型中得到准确反映。这种映射不仅包括静态结构的匹配,还涵盖动态行为和性能的同步。精确映射的前提是能够获取物理实体的实时数据。高精度传感器能够捕捉温度、压力、位置、速度等各种参数,确保数据的准确性和及时性。来自不同传感器的数据需要进行融合处理,以消除冗余和噪声,形成一致性的数据集。数据融合技术通过多源数据处理算法,确保了信息的完整性和可靠性。为了实现物理实体和虚拟模型之间的同步,必须有高速、稳定的通信网络支持。5G、物联网(IoT)等技术可以提供低延时、高带宽的通信能力,确保数据的实时传输。

利用 CAD、CAE 等先进的建模仿真工具,数字孪生技术可以创建与物理实体在结构和功能上相一致的虚拟模型。仿真工具则用于模拟实体的动态行为和性能变化,确保虚拟模型能够准确预测实体的未来状态。

通过精确映射的虚拟模型,对历史数据和实时数据进行分析,可以预测设备可能的故障点和寿命,制订科学的维护计划,降低维护成本和停机时间。在制造业中,精确映射使得产品可以根据客户需求进行高度定制,满足个性化市场需求。管理者可以实时了解物理实体的运行状态,及时发现异常并采取措施,避免潜在风险,使企业在决策过程中进行风险评估和方案优化,进而提高运营效率和经济效益。

（2）动态交互。平台应支持与物理实体的动态交互。这不仅包括数据的单向传输,还包括基于虚拟模型的决策和指令能够反向影响物理实体的操作。这种双向交互机制是数字孪生技术区别于传统仿真技术的关键特点。

（3）实时仿真。数字孪生平台需要具备强大的实时仿真能力。通过实时仿真,用户可以在虚拟环境中测试不同的操作方案,预测其对物理实体的影响,从而优化决策过程。

（4）高度集成。设计理念中的另一个重要方面是高度集成。数字孪生平台应该能够整合来自不同来源的数据,包括结构化数据和非结构化数据,以及不同格式和协议的数据源。

（5）模块化设计。为了提高平台的灵活性和可扩展性,数字孪生平台应采用模块化设计。这意味着平台的不同组件,如数据收集、数据处理、模型构建和用户界面等,可以进行独立开发和优化,同时保持整体的协调一致。

（6）用户中心设计。用户体验是数字孪生平台设计的关键。平台应提供直观的用户界面,使用户能够轻松地与数字孪生模型进行交互,快速理解数据和仿真结果,并据此作出决策。

（7）安全与隐私。在设计数字孪生平台时,必须考虑到数据安全和隐私保护的问题。平台需要采用先进的安全技术,确保数据传输和存储的安全性,同时遵守相关的隐私保护法规。

（8）可持续性。数字孪生平台应考虑其长期的可持续性,包括技术更新、维护成本和环境影响。平台的设计应支持未来的技术升级和功能扩展,以适应不断变化的需求。

（9）跨学科融合。数字孪生技术涉及多个学科领域,包括计算机科学、工程学、数据科学等。平台的设计应促进跨学科的融合和协作,以实现创新和优化解决方案。

（10）标准化与开放性。为了实现不同系统和组件之间的互操作性,数字孪生平台应遵循开放的标准化协议。这有助于确保平台的开放性,允许第三方开发者和服务提供商轻松集成他们的技术和服务。

2.1.2 数字孪生平台设计方法

（1）模型即服务。数字孪生模型构建是实现数字孪生落地应用的前提。数字孪生模型越完整,就越能够精确地模拟其对应的实体对象,从而对实体对象进行可视化、分析及优化。通过界定数字孪生模型的评估原则、评估内容,制定规范化的评价流程和可操作实施的评估方法,为数字孪生模型构建者、使用者及第三方评估机构等提供一套规范化的评估依据,有助于提升数字孪生模型质量水平,推动数字孪生的广泛应用与实施。

类似德国工业 4.0 中关于"资产管理壳"的描述,亚信科技提出的"模型即服务"（MaaS）是一种高阶的模型资产管理方法,是集合"数据驱动、多维模型、单体仿真、虚拟化运行"的一个单元式的集成设计理念。"模型即服务"的最大价值是确保了数据、场景及业务交互的一致性。软件硬件解耦近年来引领了 ICT 行业的第一次发展进步,推动了包括云计算、NFV、SDN 在内的一系列技术产业的长足发展。现阶段,在数字孪生领域,通过将模型服务从技术架构上解耦,并结合微服务的理念,将产生新的概念——模型即服务。尤其是在数字孪生领域,模型即服务分为:①嵌入式,即将模型作为整个系统功能的一部分,嵌入宿主中,由宿主负责模型集成和预测等功能。②独立式,即将模型进行封装,独立提供服务,常见的有远程过程调用和更为轻量和通用的 Web API 服务。在模型上线发布过程中,可以借鉴机器学习领域的技术理念,如 PMML（predictive model markup language,预测模型标记语言）和 ONNX（open neural network exchange,开放神经网络交换格式),来实现跨平台模型上线。

当然,在现阶段,模型即服务大多数针对的是单个企业对多个行业的模型,对于框架环节的要求还不是特别严格。但需要明白的是,无论是单纯的可视化单体模型,还是数据模型,都需要深入结合线上微服务的理念,构建完善的模型服务。

(2)数据即服务。数据即服务(DaaS)是一种数据管理策略,旨在利用数据作为业务资产来提高业务创新的敏捷性。它是自 20 世纪 90 年代互联网高速发展以来越来越受欢迎的"一切皆服务"(XaaS)趋势下关于数据服务化的那一部分,介于平台即服务(PaaS)和软件即服务(SaaS)之间。与 SaaS 类似,DaaS 提供了一种方式来管理企业每天生成的大量数据,并在整个业务范围内提供这些有价值的信息,以便进行数据驱动的商业决策。同时,我们也可以将DaaS 作为虚拟化产品形态的一种,如把计算、网络等基础设施虚拟化变成统一的服务,称为IaaS;把数据库、消息中间件等平台化产品虚拟成统一的服务,称为 PaaS;把软件虚拟化后,称为 SaaS。同样,我们把各种异构的数据进行抽象,提供面向领域的统一数据访问层,各业务使用统一的接口及语义即可访问企业所有可共享数据,而无须关注数据存储在什么地方,用的是什么数据库。

(3)软件即服务。近年来,SaaS 架构的软件交付运营模式层出不穷,SaaS 是一种软件分布模型。在这种模式下,供应商或服务提供商可以通过互联网向客户提供它们的应用程序。因此,SaaS 正成为一个日益普遍的供应模式,它支持 Web 服务和面向服务的架构(SOA)的成熟,并推动了新的发展方法,如 Ajax 的流行。与此同时,宽带服务能够覆盖世界上更多区域的用户。SaaS 与应用服务提供商(ASP)和按需计算软件供应模式密切相关。IDC 公司为SaaS 确定了两个略有不同的供应模式。其中,应用程序代管(Hosted AM)模式类似于应用服务提供商(ASP),即供应商为客户托管商用软件并通过 Web 提供给用户。

2.2　数字孪生系统架构

数字孪生系统架构是一个综合性的框架,它以数据为基础,以模型为核心,以软件为载体,共同构建了一个能够精确映射、实时仿真和优化物理世界的虚拟系统。这种架构使得数字孪生技术能够广泛应用于各个领域,为决策提供支持,并提升效率和创新能力。

2.2.1　概念与体系架构设计

数字孪生系统架构是从物理世界到数字世界,是一个双向数据驱动的闭环,而非一个单向的可视化系统,数字孪生系统架构如图 2-1 所示。

架构通常由三个基本层次构成:数据层、模型层和软件层。每一层都承载着特定的功能和重要性,共同支撑起整个数字孪生系统的运作。

(1)数据层——系统的基础。数据层是数字孪生系统的基础。在这一层次上,数据被视为构建数字孪生世界的基石。数据的收集和整合来自物理世界中的各种源头,包括但不限于以下几类。真实物理世界:直接从物理环境中获取的数据,如传感器数据、设备日志等。行业客户应用:特定行业应用中的数据,如制造业的生产数据、医疗行业的患者数据等。GIS＋

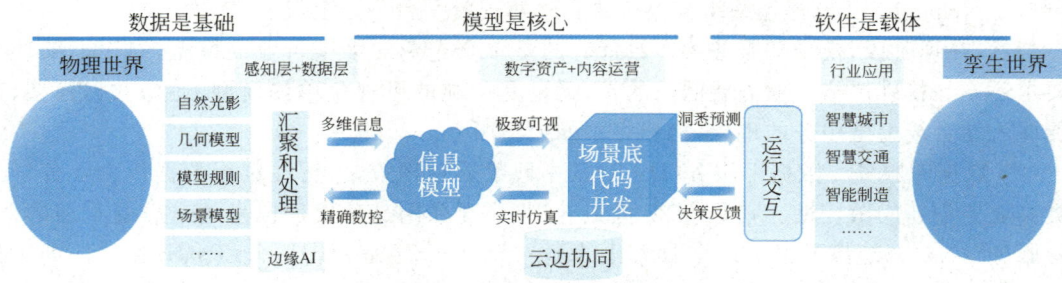

图 2-1　数字孪生系统架构

BIM＋新型测绘：地理信息系统（GIS）、建筑信息模型（BIM）和新型测绘技术提供的空间数据，这些数据对于创建精确的地理和建筑环境模型至关重要。数据层的作用是为系统提供原始材料，确保数字孪生能够准确反映物理实体的状态。

（2）模型层——系统的核心。模型层位于数据层之上，是数字孪生系统的核心。在这一层，收集到的数据被进一步处理和分析，以构建物理实体的数字模型。模型层的工作包括：创建物理资产的数字副本，如建筑物、机器、交通工具等；组织和管理系统中的数字内容，确保信息的准确性和可用性；实现对物理实体行为的实时模拟，为决策提供即时反馈。模型层的关键在于其能够精确地反映物理实体的特征和行为，为进一步的分析和优化提供支持。

（3）软件层——系统的载体。软件层是数字孪生系统的载体，它将数据和模型转化为用户可交互的应用。软件层包括：应用开发，即开发用于创建、管理和展示数字孪生的应用；系统集成，将不同的技术、工具和平台整合到一个统一的系统中；用户界面，直观易用的用户界面能够使用户轻松地与数字孪生系统互动。软件层不仅提供了数字孪生系统的交互界面，还负责系统的运行逻辑和业务流程。

技术架构的特点包括以下方面。多维度数据集成：数字孪生系统能够整合来自不同来源和类型的数据，为模型提供丰富的上下文信息。高度仿真：模型能够高度仿真物理世界的行为和特性，提供精确的预测和分析。实时交互：软件平台支持与数字孪生的实时交互和更新，确保系统响应迅速。行业定制：根据不同行业的需求定制模型和应用，满足特定场景的需要。

数字孪生系统架构可以应用于多个领域，包括以下方面。城市规划和管理：利用 GIS 和 BIM 数据，优化城市规划和基础设施管理。智能制造：通过实时监控和仿真，提高生产效率和产品质量。建筑和工程：使用 BIM 技术，优化建筑设计和施工流程。健康医疗：模拟患者状况，提供个性化的治疗方案。

2.2.2　参考功能架构

数字孪生平台大致分为两大核心板块：数字孪生开发平台和数字孪生场景构建平台。数字孪生开发平台实现将物理世界"数字化"的过程，事物孪生即物联网平台，实现实时感知、所见即所得，以及数字对象间及其与物理对象间的实时动态互动。数字孪生场景构建平台提供一整套面向客户视角和业务场景的"画布"，以低代码设计方式，帮助客户实现应用所见即所得搭建和应用发布。数字孪生平台架构如图 2-2 所示。

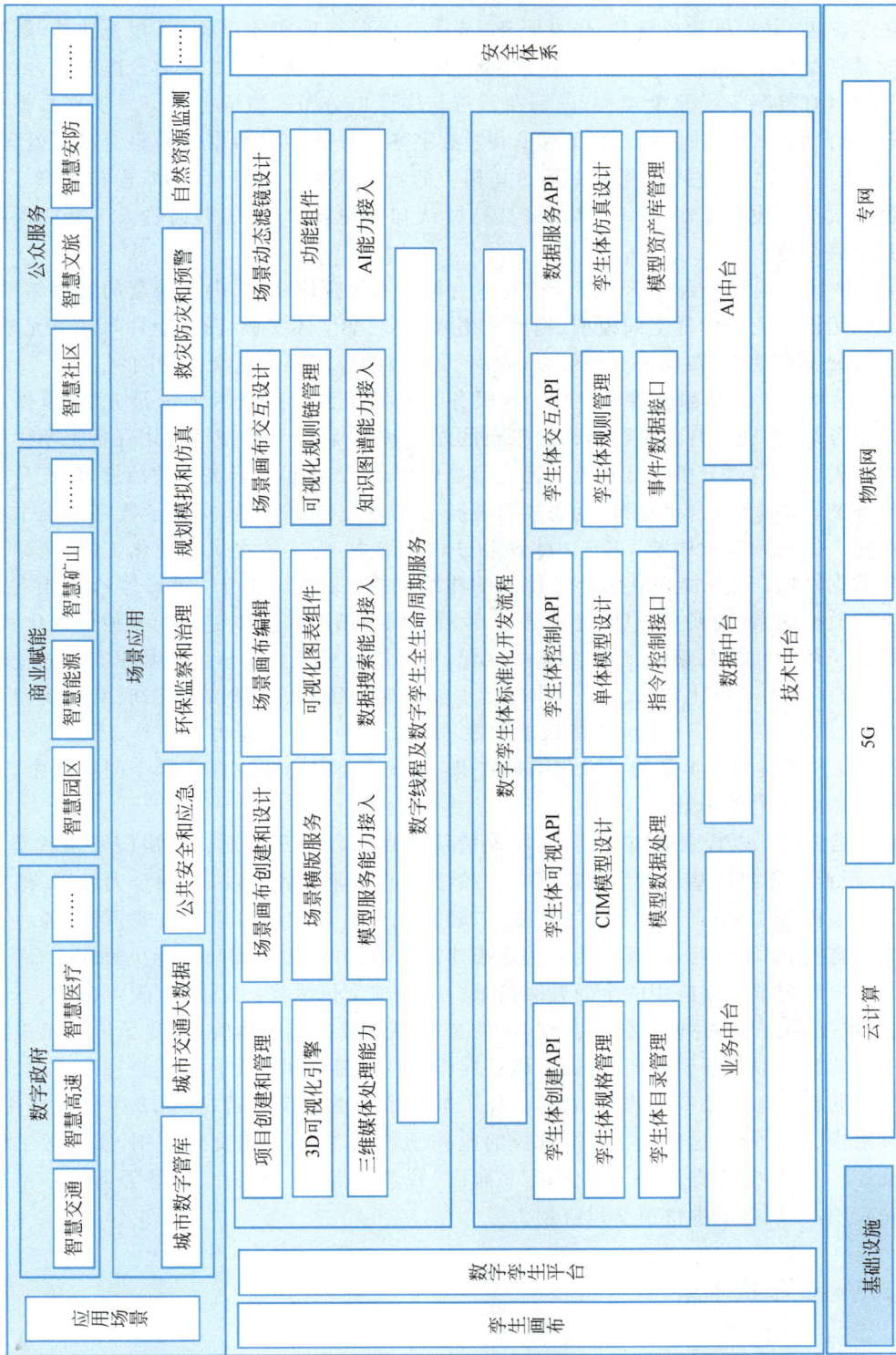

图 2-2　数字孪生平台架构

应用场景	数字政府	商业赋能	公众服务
	智慧交通　智慧高速　智慧医疗　……	智慧园区　智慧能源　智慧矿山　……	智慧社区　智慧文旅　智慧安防　……

场景应用

城市数字管家　城市交通大数据　公共安全和应急　环保监察和治理　规划模拟和仿真　救灾防灾和预警　自然资源监测　……

数字孪生平台

孪生画布

项目创建和管理　场景画布创建设计　场景画布编辑　场景画布交互设计　场景动态滤镜设计

3D可视化引擎　场景横版服务　可视化图表组件　可视化规则链管理　功能组件

三维体处理能力　模型服务能力接入　数据搜索能力接入　知识图谱能力接入　AI能力接入

数字线程及数字孪生生命周期服务

数字孪生体标准化开发流程

孪生体创建API　孪生体可视API　孪生体控制API　孪生体交互API　数据服务API

孪生体规格管理　CIM模型设计　单体模型设计　孪生体规则管理　孪生体仿真设计

孪生体目录管理　模型数据处理　指令控制接口　事件数据接口　模型资产库管理

业务中台　数据中台　技术中台　AI中台

安全体系

基础设施　云计算　5G　物联网　专网

（1）数字孪生开发平台。数字孪生开发平台满足对数字孪生体的属性定义、指令规则、可视化形态的开发，主要包括空间孪生体和实物孪生体。数字孪生体即反映物理对象某一视角特征的数字模型，并提供建模管理、仿真服务，是一个面向物理实体对象，将相关功能、数据和人工智能紧密集成的融智对象。数字孪生体的特征主要包括以下三点。①云边协同，数据驱动：数字孪生对象基于云原生架构，分别在云端与边缘以分布式微服务的方式实现数据驱动的决策与执行功能；②实时感知，所见即所得：数字孪生强调实时数据的采集、传输、处理、分析和展示，从而可以实况感知、展示并驱动其相应的物理实体；③持续认知，模拟预知：数字孪生通过云端的历史数据对物理实体的演变持续认知发现规律，并能够通过人工智能模拟仿真预判其发展趋势。

（2）孪生场景构建平台。孪生场景构建平台集成通用模块功能，内置丰富的通用组件库，支持在线调用模型资产库的空间模型、拖曳式摆放模型、孪生体实例、图表组件等场景元素，并支持在线设置交互动作、布局及滤镜效果，解决了80%的应用轻量化交付的问题。

（3）产品特性。①云原生弹性架构：微服务架构基于云计算技术理论及方法，以微服务架构设计服务端，实现了开发平台与构建平台的能力解耦，将云计算特征应用在数字孪生体的开发、存储、构建、运行、分析与计算上。通过容器化部署，支持私有云灵活快捷部署，充分利用容器化带来的资源集约、自动运维、动态扩容及跨云平台支持等特性，实现了数字孪生平台服务的智能化。②极致视觉体验：基于3D效果与GIS能力，为实体提供可视化支撑，兼顾了可视效果与数据精度；可视能力既融合了传统的测绘成果（二维矢量与二维影像），又能支持新型测绘下的数据成果（倾斜摄影、激光点云）；针对不同类型的孪生体定义了多种可视化状态，通过调整光照环境、纹理、颜色、形态的诸多变化，更精准地还原数字孪生体基于实物的变化情况，丰富了数字体的可视化效果。③一体化孪生体构建：基于传统测绘数据成果与新型测绘数据成果，利用丰富的GIS能力，提供快速生成3D数字孪生体的能力。此外，还提供了海量物联网的3D生态模型与丰富的可视化编排效果，能够快速将物孪生体置于空间场景中，形成空间与物一体的孪生体场景。

（4）功能价值。以智慧城市为例，其功能价值体现在以下几方面。①协同开发优势：为智慧城市、行业应用提供基于数字孪生平台为核心的通用业务底座，深度融合大数据、地理信息、物联网、虚拟现实、仿真工具及人工智能，以轻量化平台和在线应用的方式，帮助各业务系统实现城市空间、虚实交互、仿真智能的快速搭建能力，提升云边协同与智能决策能力，满足政府和行业用户对智慧城市应用的全面升级需求。②快速交付优势：提供"空间可裁剪、态势可感知、运行可度量、资源可弹性、网络可切片"的全新智慧城市应用体验，改变了传统以极致可视化为主流的城市数字孪生模式，打破了数字建模的时效瓶颈，降低了项目的整体建设成本，提升了应用的整体运行效率。此外，它还强化了数字资产的价值运营，使得孪生体可复用，孪生场景可编排、可运行。这使其在不同规模的业务场景下，能够快速交付应用，实现数字资产价值的沉淀。同时，它还提供SaaS化的智慧园区、智慧商街、智慧医疗、智慧警务等一系列解决方案和应用，实现低成本快速交付应用。

2.2.3　参考技术架构

数字孪生场景构建平台是一个综合性的开发环境，它利用了多种现代技术和工具来创建和管理数字孪生场景。该平台支持H5、WebGL和Vue等前端技术，为用户提供了丰富的交互体验和可视化能力,如图 2-3 所示。

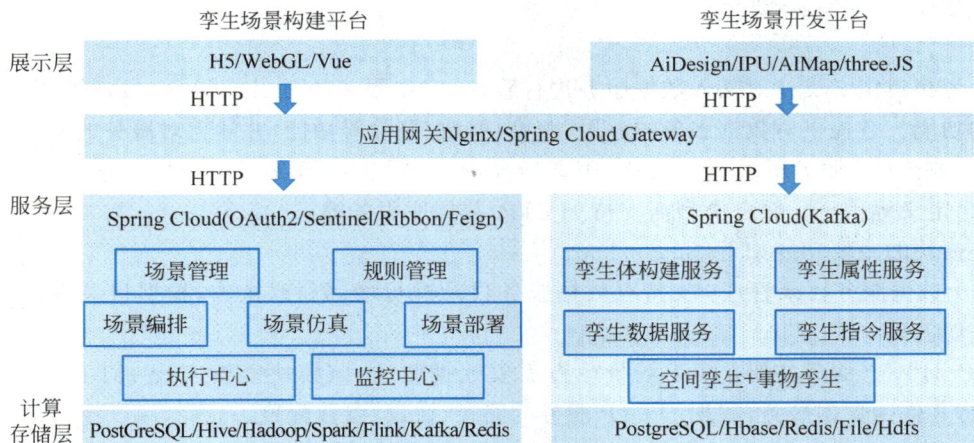

图 2-3　数字孪生平台技术架构参考

(1) 展示层:技术架构核心组成部分,包括 AiDesign(人工智能设计)、IPU(智能处理器)、AIMap(人工智能地图)和 three.JS(3D 图形库)。这些工具和技术为数字孪生的创建、仿真和可视化提供强大的支持。应用网关使用 Nginx 和 Spring Cloud Gateway 等技术,负责处理 HTTP 请求,提供安全、高效的网络通信。网关是微服务架构中的关键组件,它不仅负责路由,还负责认证和授权。

(2) 服务层:是平台的业务逻辑处理中心,采用 Spring Cloud 框架,集成了 OAuth2、Sentinel、Ribbon 和 Feign 等组件。这些组件分别负责认证授权、流量控制、客户端负载均衡和声明式 REST 客户端。服务层包括场景管理、规则管理、数字孪生体构建服务及数字孪生属性服务等,它们共同支撑了数字孪生场景的创建、编排、仿真和部署。执行中心和监控中心是平台的控制和监管组件,负责任务的调度执行和系统的监控管理,确保数字孪生场景的稳定运行和性能优化。空间数字孪生＋实物数字孪生代表平台能够处理两种类型的数字孪生:空间数字孪生关注地理位置和环境因素,事物数字孪生则关注具体物体的状态和行为。

(3) 计算存储层:计算层集成 PostgreSQL、Hive、Hadoop、Spark、Flink、Kafka 和 Redis 等技术,这些技术提供强大的数据处理和计算能力,支持大规模数据的存储、处理和分析。存储层使用 PostgreSQL、HBase、Redis、File 和 Hdfs 等存储技术,它们为平台提供多样化的数据存储解决方案,包括关系型数据库、NoSQL 数据库及分布式文件系统等。

技术架构的特点如下。①模块化设计:平台采用模块化设计,各个组件负责不同的功能,易于扩展和维护。②多层次架构:从前端展示到后端服务,再到数据存储,平台具有清晰的层次结构。③强大的数据处理能力:集成了多种数据处理和分析工具,能够处理大规模数据。④实时交互:通过 WebGL 和 Vue 等技术,平台提供了实时的交互体验。⑤安全性:应用网关和 Spring Cloud 的安全组件来确保平台的安全性。⑥智能化:AI 技术的应用使得平台能够进行智能化的设计、仿真和管理。

数字孪生平台技术架构参考模型展示了一个全面、先进的系统设计,它集成了多种技术和工具,以支持数字孪生场景的构建和管理。该架构不仅提供强大的功能,还具有良好的扩展性和安全性,适用于各种复杂的数字孪生应用场景。

2.2.4　参考接口定义

参考接口定义支持对接入数据服务进行管理,实现服务的分目录展示、目录管理、服务列表查询功能。它提供对数据服务的注册、查询、修改、删除等功能,并涵盖对服务的基础信息的管理,主要包括:服务所属目录名称、服务所属项目、服务名称、服务类型、服务编码、服务输入/输出定义等信息。服务类型需支持 HTTP、数据库服务等。

该模块的主要功能如下。

(1)数据服务目录管理:支持对数据服务目录进行增、删、改操作,根据目录进行数据服务的过滤。

(2)HTTP 服务注册:孪生场景运行需要数据驱动,该模块能够实现 HTTP 服务的注册,并将其作为数据服务,实现 HTTP 服务的路径、协议、参数配置。

(3)数据库服务注册:孪生场景运行可直接获取数据库中的数据,通过 SOL 语句配置及字段定义,实现抽取相应数据。

(4)数据源管理:支持多源异构的数据源接入能力,包括关系数据库、JSON 文件及表格文件等。

2.3　数字孪生平台功能设计

数字孪生平台功能设计提供了一套全面的解决方案,用于创建、管理和可视化数字孪生体。通过细致的规格管理、属性定义、模型选择、事件设计和功能接口管理,用户可以构建高度定制化的数字孪生体,以满足特定的业务需求。这些功能不仅增强了数字孪生体的实用性和灵活性,而且提高了与物理实体同步的效率和准确性。

(1)数字孪生体规格查询与管理。平台提供了一套完整的数字孪生体规格查询和管理工具。用户可以查询、检索、查看详情、修改和删除现有的数字孪生体规格。

(2)新建数字孪生体规格。用户可以创建新的数字孪生体规格,包括基础信息输入、属性定义、模型选择、指令输入、事件设计和可视化定义。这些功能支持用户构建全面的数字孪生体,包括但不限于名称、示意图、规格目录和描述信息。

(3)属性定义。平台允许用户定义数字孪生体的属性,包括新建属性字段、设置字段类型、长度、默认值,以及编辑和必填选项。

(4)模型定义。用户可以通过选择相应的三维模型来描述数字孪生体的可视化内容,增强模型的现实感和准确性。

(5)指令与事件设计。平台提供指令和事件的设计能力,使用户能够根据具体需求输入和定制化指令与事件。

(6)可视化定义。数字孪生体的可视化定义功能允许用户定义不同的可视化形态,展示设备的不同运行状态。

(7)功能接口管理。平台增加了功能接口管理,支持用户在设计阶段管理接口的名称和类型,并在实例化阶段将接口与数据服务进行映射。

（8）功能接口列表展示。通过列表形式展示功能接口的详细信息，包括名称、类型、数据服务等，并提供编辑和删除功能。

（9）功能接口映射与绑定。在实例管理功能中，用户可以实现功能接口与相关数据服务的映射和绑定。

（10）实例接口服务卡批量绑定。平台支持通过条件查询实例，并批量对实例功能接口进行实例化，提高效率。

2.3.1　场景构建工具

孪生场景构建平台通过组合设计数字孪生体，实现了面向业务的孪生场景构建和编排。该平台支持数字孪生模拟、仿真、交互和推演，并得以在物理实体上完成精准决策。通过可视化的编排设计器，平台简化了业务设计的复杂度，提升了灵活性，并形成能支持决策的知识图谱。通过注入 AI 能力，平台能够支持对模型的训练和优化，提升快速响应能力和辅助决策效率。孪生场景构建器基于低代码可视化操作功能，实现对孪生体实例、拓扑资源实例、面向大场景空间模型的加载和二、三维可视化渲染，以及面向应用的自主式构建和编排，从而满足应用的快速搭建需求。

（1）智能制造：用于工厂布局、生产线优化和设备维护。

（2）智慧城市：用于城市规划、交通管理和环境监控。

（3）建筑与工程：用于建筑设计、施工管理和设施运维。

（4）医疗健康：用于患者监护、手术模拟和医疗设备管理。

（5）交通运输：用于交通流模拟、车辆设计和物流优化。

2.3.2　自动拓扑工具

网络拓扑编辑器是数字孪生系统中的关键工具之一，它主要用于构建、编辑和管理数字孪生系统的网络结构。通过网络拓扑编辑器，用户可以实现对复杂系统的全局控制和优化，确保系统运行的高效性和可靠性。

网络拓扑编辑器需要通过网络孪生体的拖曳，以及对各类点、线、面、分层、标注、平铺关系、堆叠关系、可视化效果等的编辑操作，将实际算力网络的节点链路、通路等拓扑关系在孪生世界进行构建。通过网络拓扑的可视化编辑和表达，可以形象地体现对算力的感知、触达、编排、调度能力，展示算网拓扑的接入节点对计算任务的灵活、实时、智能匹配。拓扑图是对实体符号图形的简单化与规则化表示，并借此图形显示量化信息，而图形的大小一般与实体面积无关。拓扑图数量对比直观，简单易绘，以图形传递量化信息为目的，是量化地图的一种有效表现形式。网络拓扑结构主要包括以下几种。①星状结构。这是最古老的一种连接方式，网络有中央节点，其他节点（工作站、服务器）都与中央节点直接相连，这种结构以中央节点为中心，因此又称为集中式网络。②环状结构。环状结构中的传输媒体将各个端用户依次连接起来，直至连成一个环状。数据在环路中沿着一个方向在各个节点间传输，从一个节点传到另一个节点。③树状网络。在实际建造大型网络时，往往是采用多级星状网络，并将多级星状网络按层次方式排列，即形成树状网络。

网络拓扑编辑器的功能如下。①节点和连线管理。网络拓扑编辑器允许用户在图形化界面上创建、删除和修改节点和连线。节点可以代表物理设备、虚拟实体或逻辑单元,而连线则表示这些节点之间的连接关系。通过简单的拖放操作,用户可以轻松地添加新的节点和连线,调整其位置和属性,形成符合实际需求的网络拓扑结构。②属性设置和配置。每个节点和连线都具有特定的属性,这些属性可以在网络拓扑编辑器中进行设置和调整。属性包括节点的类型、功能参数、状态信息等,以及连线的带宽、延迟、协议类型等。用户可以根据实际情况灵活配置这些属性,以确保网络的精确模拟和优化。③拓扑视图和层次结构。网络拓扑编辑器支持多种视图模式,包括平面视图、层次视图和三维视图等。平面视图适用于简单网络的快速构建,层次视图有助于管理复杂网络的分层结构,三维视图则可以提供更直观的空间布局展示。用户可以根据需要切换不同视图模式,获取更全面的网络信息。④实时监控和动态调整。网络拓扑编辑器集成了实时监控功能,可以实时显示各节点和连线的运行状态和性能指标,如流量、带宽利用率、延迟等。当检测到异常情况时,用户可以通过编辑器进行动态调整,修改节点属性或重新配置连线,以恢复网络的正常运行。⑤仿真和验证。在网络拓扑编辑器中,用户可以对构建的网络拓扑进行仿真测试,验证其性能和可靠性。仿真功能包括压力测试、故障模拟、流量分析等。通过这些测试,用户可以发现潜在问题,并在实际部署前进行优化调整,确保系统的稳定性和高效性。⑥数据导入和导出。网络拓扑编辑器支持数据的导入和导出功能,用户可以将已有的网络配置文件导入编辑器,进行修改和优化;也可以将编辑器中构建的网络拓扑导出为标准格式文件,用于其他系统或平台的集成和应用。这种功能极大地提高了网络配置的灵活性和兼容性。⑦协同编辑和权限管理。在大规模复杂网络的构建过程中,往往需要多个用户协同工作。网络拓扑编辑器提供了协同编辑功能,允许多个用户同时对同一网络拓扑进行编辑和修改。通过权限管理,管理员可以控制每个用户的操作权限,确保网络配置过程的安全和有序。⑧版本控制和历史记录。网络拓扑编辑器具备版本控制功能,可以记录每次网络拓扑的修改和调整,生成历史版本。用户可以随时查看和回滚到之前的版本,方便进行错误修正和历史比较。这种功能有助于提高网络配置的可追溯性和管理效率。

数字孪生的网络拓扑编辑器作为一款强大且灵活的工具,在智能制造、智能运维等领域具有广泛的应用前景。通过其丰富的功能和便捷的操作方式,用户可以高效地构建和管理复杂的网络拓扑结构,优化系统性能,提高生产效率和可靠性。随着技术的不断进步,网络拓扑编辑器将在更多领域展现其独特的价值和优势。

2.3.3 模型资产管理

模型资产管理功能主要包括模型创建、存储、更新、版本控制、共享和回收等多个方面,为企业提供高效、灵活和可持续的模型管理解决方案。

(1)模型创建。模型创建是模型资产管理的起点。数字孪生平台提供了多种模型创建工具和接口,支持用户从不同来源创建模型。这些来源包括 CAD 文件、物联网(IoT)数据和仿真软件输出等。通过这些工具,用户可以将物理实体的特征和行为数字化,创建精确的虚拟模型。

(2)模型存储。数字孪生平台需要一个高效、安全的存储系统来管理大量的模型数据。模型存储功能确保了模型数据的完整性和安全性。平台通常采用分布式存储架构,以满足海量数据的存储需求。在数据存储过程中,系统会对模型进行加密和备份,确保数据在传输和存储过程中的安全性和可靠性。

(3)模型更新。随着物理实体和业务需求的变化,模型需要不断更新以保持其准确性和实用性。数字孪生平台提供了便捷的模型更新功能,允许用户对现有模型进行修改和优化。通过自动化工具和实时数据同步,平台能够快速响应变化,更新模型参数和结构,确保模型始终反映最新的物理实体状态和性能。

(4)模型版本控制。模型版本控制是模型管理的重要环节。数字孪生平台通过版本控制系统(VCS)详细记录和管理模型的每次修改。用户可以查看模型的历史版本,了解每次修改的具体内容和原因。版本控制还支持模型的回滚操作,当发现错误或需要恢复到之前的状态时,用户可以快速回滚到之前的版本,确保模型的可靠性和可追溯性。

(5)模型共享。在数字孪生平台中,模型的共享功能促进了团队协作和跨部门的业务整合。平台提供了多种共享方式,如链接共享、权限管理等。用户可以根据需要将模型共享给特定的人员或团队,同时控制他们的访问权限和操作权限。通过共享功能,不同部门和团队可以协同工作,提高工作效率和数据一致性。

(6)模型回收。模型回收功能用于管理和清理不再需要的模型资产。随着时间的推移,一些模型可能会失去其使用价值,需要被归档或删除。数字孪生平台提供了模型回收机制,允许用户将不需要的模型移入回收站,并保留一段时间以备不时之需。在回收站中,用户可以选择彻底删除模型或恢复模型,确保模型管理的灵活性和安全性。

(7)安全与权限管理。在模型资产管理过程中,安全和权限管理至关重要。数字孪生平台通过多层次的安全机制保护模型数据的安全。权限管理功能允许管理员为不同用户分配不同的访问权限,确保只有授权人员才能访问和修改特定模型。此外,平台还采用加密技术保护数据传输和存储的安全,防止数据泄露和未授权访问。

(8)数据分析与可视化。数字孪生平台还提供了强大的数据分析与可视化功能,帮助用户更好地理解和利用模型数据。通过数据分析工具,用户可以对模型数据进行深度挖掘,发现潜在的问题和优化机会。可视化功能则通过直观的图形和图表展示模型数据,帮助用户快速作出决策,提高模型管理的效率和效果。

(9)接口与集成。数字孪生平台通常具备丰富的接口与集成功能,支持与其他系统和平台的无缝对接。通过开放 API 和标准化接口,平台可以与企业的 ERP、MES、SCADA 等系统集成,实现数据的互联互通。此外,平台还支持与各类物联网设备的连接,实时获取和更新物理实体的数据,增强模型的实时性和准确性。

(10)可扩展性与定制化。为了适应不同企业和行业的需求,数字孪生平台通常具备良好的可扩展性与定制化能力。平台提供了模块化设计,用户可以根据需要选择和配置不同的功能模块。同时,平台支持定制化开发,企业可以根据自身业务特点和需求,对平台进行二次开发和功能扩展,实现个性化的模型管理解决方案。

数字孪生平台的模型资产管理功能通过提供全面的模型创建、存储、更新、版本控制、共享、回收、安全与权限管理、数据分析与可视化、接口与集成,以及可扩展性与定制化等功能,全面提升企业对模型资产的管理能力。通过这些功能,企业可以实现对物理实体的精确数字化,促进物理空间和虚拟空间的信息融合,提高生产效率、优化资源配置、降低运营成本,从而在激烈的市场竞争中保持领先地位。

2.3.4　三维可视化能力

(1)光影滤镜。场景构建编排器是一个通用的场景制作工具,需要支持众多的业务场景,进而也会提出很多个性化的需求。用户通常对场景光照设置能力关注比较多,需要根据实际场景需求,支持对场景光照效果进行自定义设置功能,以便更好地调整场景光照效果,并提升场景展示效果。①24 小时实时光照模拟:通过滑动条绑定 24 小时时间,拖动滑动条,实现实时光照效果。②白天黑夜模式切换:支持切换白天模式和黑夜模式。③动态阴影设置:设置动态阴影效果。④光照反射效果:支持水面的实时光线反射效果、材质表面的光线反射效果。在场景制作过程中,需要新增光源设置能力,光源包括平行光、点光源、聚光灯、环境光。用户可以根据场景需要,在任意位置添加光源来设置场景的光照效果。光源位置支持通过鼠标拖曳,也支持通过辅助线进行移动(包括上下、左右、前后)。同时,光源应支持光源颜色、强度的设置。⑤光源列表:在场景构建器滤镜效果列表中增加光照组件,光照组件包括点光源、平行光、聚光灯和环境光。点光源设置:在场景编辑器中支持从左侧光源列表中将点光源拖曳到场景中,对场景局部光照进行渲染,并支持通过鼠标调整光源的位置,同时可以在右侧点光源属性面板中对光源属性进行设置,包括点光源的颜色、光照强度、光源位置。平行光设置:在场景编辑器中支持从左侧光源列表中选择平行光光源载入场景,并作用于同一个方向被照射到的场景。同时,支持通过鼠标调整平行光光源位置和平行光的照射方向,并在右侧光源属性面板中支持对平行光的颜色、强度和位置进行设置。聚光灯设置:在场景编辑器中支持从左侧光源列表中载入聚光灯,并能够对场景局部效果进行光照渲染。同时,支持鼠标对光源位置进行调整,也支持在属性面板中对光源的颜色、强度、距离、光源角度、光源位置和目标位置进行调整。环境光设置:在场景编辑器中支持从左侧光源列表中选择环境光,并加入场景中,对场景全局生效。同时,支持属性面板对环境光的颜色和强度进行设置。光影滤镜编排器属性设置如表 2-1 所示。

表 2-1　光影滤镜编排器属性设置

功能分类	光源类型	支持功能	操作方式	属性设置
光照效果自定义	通用	24 小时实时光照模拟/白天黑夜模式切换/动态阴影设置	滑动条绑定时间	颜色、强度、阴影效果
光照反射效果	水面/材质表面	实时光线反射效果	直接应用	反射强度、材质属性
新增光源设置	平行光	新增平行光源	鼠标拖曳或辅助线移动	颜色、强度、位置
光源	点光源	新增点光源,局部光照渲染	鼠标拖曳和调整	颜色、光照强度、光源位置
	聚光灯	新增聚光灯,局部效果光照渲染	鼠标调整位置	颜色、强度、距离、角度、位置、目标位置
	环境光	新增环境光,全局光照效果	直接加入场景	颜色和强度
光源列表	点光源/平行光/聚光灯/环境光	光照组件列表展示,便于选择和应用	从列表中拖曳到场景	根据光源类型,设置相应属性

(2)云渲染。平台需要实现 3D 模型在服务端的加载和渲染能力,通过像素流向客户端浏览器提供 3D 视图的能力,以及在浏览器端支持三维场景漫游、操作、渲染的能力,以此减轻客户端模型下载、渲染等方面的压力。3D 模型服务在服务端进行渲染和配置,能够利用服务器的 GPU 提前对 3D 模型进行渲染,从而实现大场景的快速加载能力。客户端则通过像素流来访问后端渲染好的场景。

（3）场景相机。在实际应用场景中，需要根据客户需求，设置页面第一次载入时主场景的视角位置，并且为保证场景效果，通常会限制场景相机的漫游距离、垂直视角和水平视角。因此，平台需提供相机初始化视角、相机漫游距离、相机垂直视角范围、相机水平视角范围设置功能。初始化视角设置：支持用户手动调整场景视角，并支持手动截图保存，作为场景的效果图展示。漫游距离设置：支持相机漫游最小和最大距离设置，并且在场景运行时能够生效。垂直视角范围设置：支持相机垂直角度设置，设置范围为 $0° \sim 90°$，并在场景编辑和场景预览时能够生效。在场景编辑时，垂直视角设置值和场景能够实时交互。水平视角范围设置：支持相机水平角度设置，设置范围为 $-360° \sim 360°$，并在场景编辑和场景预览时能够生效。场景编辑时水平视角设置值和场景能够实时交互。

（4）模型材质。模型材质功能能够实现对模型整体的材质进行设置，包括材质颜色、透明度、渲染方式、粗糙度及金属度。此外，该功能还能够提供模型材质高级设置选项，能够对模型中的每个材质进行单独设置。模型材质配置还具备重置功能，能够实现对已配置的材质样式进行还原操作，并对模型设置的材质进行保存，并且在场景预览时即时生效。

2.3.5　运行规则管理

在实际应用场景中，用户需要对孪生体进行自动化、智能化的指令控制和事件响应。因此，需要支持为孪生体定义运行规则，从而实现当孪生体的属性数据符合运行规则时，孪生体可以进行对物理实体的反馈控制，以达到虚实结合的效果。

（1）新增运行规则。在孪生体设计器中增加运行规则的设计功能，一个孪生体类型能够支持配置多个运行规则。每个运行规则包含触发条件和响应动作两部分。运行规则是孪生体属性自由组合的条件，属性之间可以进行与和或逻辑运算。属性条件支持大于、小于、等于等常用的运算符。响应动作包括事件和指令两类，即当运行规则中的条件满足时，可以触发上报事件和通过指令操作物理实体设备。

（2）运行规则编辑。在孪生体设计器中对已配置的运行规则进行修改。它既可以对已配置的触发条件进行修改，包括属性阈值、条件的运行逻辑等；同时也可以响应动作。

（3）运行规则删除。实现已配置的运行规则的删除操作。

（4）运行规则重置。对已编辑未保存或者已新增未保存的运行规则，可以使用重置功能还原操作之前的规则。

（5）运行规则保存。在完成运行规则新增、编辑完成后，对运行规则进行保存。

2.4　数字孪生系统设计实现

物理世界中的机器是由人类创造的，可以完成数字化建模再构建物理系统；而人和物则是先有物理对象，随后再完成数字建模以构建其数字孪生系统。因此，我们把数字孪生系统设计的关键元素大致归纳为"设备孪生场景、空间孪生场景、人员孪生场景"下的端到端的能力。

2.4.1 设备孪生场景

1. 智能感知

感知智能即视觉、听觉、触觉等感知能力，人和动物都具备这种能力，他们能够通过各种智能手段与自然界进行交互。感知智能是指将物理世界的信号通过摄像头、麦克风或者其他传感器的硬件设备，借助语音识别、图像识别等前沿技术，映射到数字世界，再将这些数字信息进一步提升至可认知的层次，如记忆、理解、规划、决策等。而在这个过程中，人机界面的交互至关重要。有研究者认为，人工智能的发展主要分为三个层次：运算智能、感知智能和认知智能。所谓运算智能，是指计算机快速计算和记忆存储的能力。所谓感知智能，是指通过各种传感器获取信息的能力。所谓认知智能，是指机器具有理解、推理等能力。例如，自动驾驶汽车就是通过激光雷达等感知设备和人工智能算法，实现感知智能。机器在感知世界方面比人类有优势，人类都是被动感知的，但是机器可以主动感知，如激光雷达、微波雷达和红外雷达。不管是 Big Dog 这样的智能机器人，还是自动驾驶汽车，由于充分利用了 DNN 和大数据的成果，它们在感知智能方面已越来越接近人类。

2. 模型设计器

数字孪生平台设计中包含基本信息填写、自定义属性、指令与事件配置、数据接口配置和可视化设计。

（1）基本信息填写：包括选择行业类型、填写孪生体名称和孪生体描述及绑定模型文件。这些文件可以从模型资产库中选择对应的单体模型进行绑定。

（2）自定义属性：在创建规格时，系统为每个规格默认了四个属性，即 id、name、lon、lat，并且这四个字段无法删除。这一设计主要是为了在实例化和场景构建中统一字段。如果需要新增规格的其他属性信息，可单击面板中的新增按钮，通过属性新增面板进行添加。这些新增的属性字段可以在后续的运行规则中得到应用。例如，我们定义了无线网络中 AAU 的 PRB 上行利用率，在低于某一数值时触发事件/指令。因此，整个设计孪生体的过程形成了一个从外到内，从基本属性到运行规则的闭环。

（3）指令与事件配置：指令是孪生体按照提前设置的规则向真实物理设备发布的命令，事件为孪生体向外部发送的信息，反馈孪生体的运行状态。

（4）数据接口配置：数据接口一般要联合自身的物联网平台，定义多种类型的数据接口。目前，这些接口已实现全平台通用配置。前面描述的指令配置的后台需与这里的数据接口配置进行关联，以确保后续的数字孪生平台与物联网平台之间的数据通信顺畅及指令的有效执行。

（5）可视化设计：这里的可视化设计主要是指在进行交互时孪生体呈现出来的状态。在孪生体设计的整个流程中，其实涉及两个步骤：一是当条件触发事件后，可以调整孪生体的颜色、滤镜等视觉外观；二是在可以定义单击孪生单体后需要执行的交互动作，如弹出文字说明或视频窗口。针对这些弹窗的样式，我们可以在图表卡片设置中进行调整。

3. 模型构建

描述一个数字孪生体，可以从基础模型和功能模型两个维度来定义。例如，在数字孪生网络中，基础模型是最重要的基础能力。基础模型包括网元模型、拓扑模型和运行状态等属性。网元模型是数字孪生对象（如网元）单体化、结构化、语义化的最终呈现形态。网元模型描述了物理网络设备的基本属性、几何外观规格、可视化的水平等。

功能模型涉及面向应用的智能能力水平构建、功能构建及虚实交互方式构建等。智能能力水平的构建体现在从单网元智能到全域智能、从静态策略执行到知识驱动的动态策略闭环能力的演进。功能构建包含场景的构建方式及功能运行规则能力的构建,场景的构建实现了对多个基础模型的组合连接,负责承载域内的孪生网络运行规则。随着智能水平的不断提升,场景的构建能力及场景的功能也从单域的简单运行向高阶的自主构建、自主优化、自动闭环演进。

拓扑模型根据网元模型的连接能力及接口和指令的交互能力进行划分,涵盖了从单域连接到多域协同连接及接口和指令的交互。运行状态体现了孪生网络网元模型与物理本体之间的同步性,而等级的进阶则着重于增强网元模型与物理本体所有状态实时对应的能力。

虚实交互的水平体现了数字孪生网络的控制水平,随着数字孪生网络等级的进阶,虚实交互的能力也从人工控制向系统智能分析自主智能闭环控制演进。

4. 数据驱动

系统需要具备关系型数据库、文件、消息队列数据源的接入,并能够通过相关的数据源进行数据服务的发布能力。同时,平台还支持外部 HTTP 数据服务的注册,并具备多源数据的融合能力。为了丰富平台数据接入能力,并更好地适配物联网平台的对接能力,平台需要扩展时序数据库快速接入功能。在平台数据接入模块中,视频流服务需要具备 FLV、HLS 视频流服务信息的注册、预览,以及服务信息的修改和删除能力,以便在组件中能够引用平台注册的视频流服务。在编排场景时,摄像头类型的孪生体在配置鼠标交互事件时,能够配置视频流展示,从而在场景预览时能够查看实时视频流。

5. 可视化

数字孪生网络可视化技术满足实时载入大规模真实地理坐标系下的地形、植被、BIM 模型等多源异构的地理空间数据。根据通信业务需求,运用数字孪生技术构建网络数字孪生体模型,并基于业务需求,构建不同级别的可视化能力。在网络数字孪生领域,该技术能够通过通信网络网元数字孪生体的拓扑规则形成网络网元的拓扑结构,并实现通信网络数字孪生体与现实物理通信网络设备之间的动态交互、关联性交互和沉浸式模拟。网络数字孪生可视化需要支持不同精度的网元单体模型、场景模型构建能力,基于业务需求选择合适级别的可视化能力,以此构建对应环境的拟真能力。该技术覆盖从小微场景到规模化的城市级场景网络全生命周期管理可视化,能高度拟真还原现实网络,利用数字线程驱动场景可视化运行。同时,通过数字线程修改其网络可视化内容,实现动态可视的能力,构建一个从宏观到微观、从室内到室外、从个性化场景到规模化场景、从网络组网到设备单体的数字孪生网络的平行世界。在这个平行世界中,网络孪生体可视化呈现分为网络拓扑可视化、模型运行可视化、动态交互可视化三个维度。

2.4.2　空间孪生场景

空间孪生场景以智慧城市为例,即城市信息模型,它通常使用 GIS、BIM、测绘扫描、几何建模等技术,完成多源数据融合治理和统一数据服务。在空间孪生的背景下,我们需要围绕地理基础数据、社会公共数据、企业私有数据构建企业空间地理数据中心,提供满足全业务场景下(城市、园区、地下、室内)的 GIS 服务能力。该中心能够满足各类业务场景下的空间分析,提供点聚合分析、拓扑分析、路径规划、叠加分析、轨迹纠偏分析等矢量大数据分析服务能力。

这些服务可应用于城市规划、智慧交通、选址评估、应急告警等场景。同时,形成行业地理空间智能分析模型。例如,空间地址智能识别模型、楼宇平面图智能 3D 建模能力等,可应用于智慧城市、楼宇营销、智慧园区等方面。

(1)空间数据引擎支持分布式关系型数据库、文件地理数据库及非关系型数据库,满足二三维矢量电子地图、栅格地图(影像、全景)等数据的存储管理,可支持城市级地理空间数据的应用管理,实现空中、地表、地上及地下数据的一体化管理。

(2)空间服务引擎被定位为高性能的企业级 GIS 服务器和可扩展服务式 GIS 开发平台,用于构建面向服务的地理信息共享应用。它基于微服务架构设计,支持容器化管理。其核心能力包括地图服务能力、要素服务能力、影像服务能力、切片服务能力、地理编码能力、空间分析能力等。

(3)空间注智引擎是基于深度学习框架,结合测绘、遥感和地理信息等技术,提供空间地址智能匹配、空间分析与预测、影像特征识别等智能化服务,应用于遥感影像变化检测、建筑物提取等领域。

(4)GIS 工具桌面端提供地理信息编辑、使用和管理功能。它支持异构数据的加载、导入、导出等,并提供相关数据处理工具,以解决地理数据不同格式的相互转换、不同坐标系下的数据转换等问题。此外,它还具备地理空间数据的制图、转换、发布能力。

(5)自服务控制台允许用户配置和管理资源,满足用户个性化需求。

(6)开发者中心是面向开发者提供二次开发 API 说明、开发示例等的知识分享平台。它还提供代码调试工具,以辅助开发者熟练掌握开发技能。

(7)地图门户集成了各类 GIS 应用,并提供平台能力目录清单。它提供通用地图工具集,以满足各类地图操作使用。此外,还建设了地图运维管理平台,用于统计 GIS 服务访问运行状态,并分析 GIS 服务的异常问题。AISWare AIMap 在通信领域不仅成功应用于网络资源管理、规划建设、优化仿真分析等场景,还支撑市场前端的精准营销、选址评估、位置服务等。它满足了通信运营商 5G 网络建设、精细化管理及诸多行业政企解决方案的需求。基于云原生架构下的 AISWare AIMap 不仅满足企业全网业务视角下的地图应用和服务运营支撑需求,支持企业全网数据规模下的空间数据管理和安全共享机制,而且具备实现企业全网能力要求下的云化 GIS 能力和构建开发者生态的功能。另外,在智慧城市建设中,AISWare AIMap 将和物联网平台、大数据平台、人工智能平台共同构成智慧城市坚实的底座。

2.4.3 人员孪生场景

1. 虚拟"数字人"

人员孪生,即所谓的"数字人",是指一种以数字化形态呈现的虚拟角色,它们栖身于非实体空间,借助计算机技术被创造并应用。这些"数字人"融合了多种人类特性,包括外貌、表演才能及交互能力,是高度综合的产物。在分类上,数字人可以根据其人格象征意义或图形维度进行划分,同时也可单独依据图形维度来区分。一个典型的虚拟"数字人"通用系统框架,如图 2-4 所示,包含人物形象、语音生成、音视频合成与显示、交互等多个模块。此外,该系统还整合了多模态建模、语音识别、知识图谱、视觉技术等先进的 AI 能力,使得数字人在社交互动、信息传播、市场营销等多个领域展现出日益显著的价值。

虚拟"数字人"的核心基石在于建模技术,其水平直接关乎用户体验的优劣。建模技术主

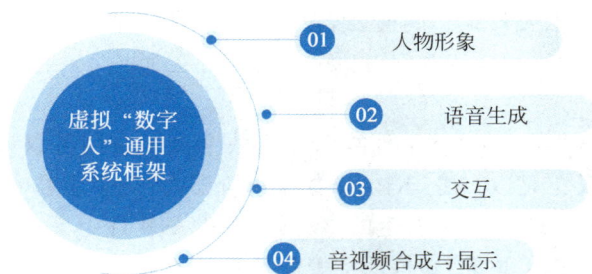

图 2-4　虚拟"数字人"通用系统框架

要分为静态扫描建模与动态光场重建两大类,当前主流仍采用静态扫描方式。然而,相较于静态重建,动态光场三维重建技术凭借其高视觉保真度的优势,不仅能构建人物的几何模型,还能一次性捕获动态的人物数据,并精准再现不同视角下人体的光影变化,因此被视为数字人建模领域的重要发展趋势。

静态扫描建模技术进一步细分为结构光扫描重建与相机阵列扫描重建。结构光扫描重建虽有其应用,但扫描耗时长,对人体这类动态目标的友好度和适应性存在局限,更多被应用于工业生产和检测领域。而相机阵列扫描重建则克服了结构光扫描的上述不足,成为人物建模的主流手段。随着拍照式相机阵列扫描技术的飞速发展,现已能实现毫秒级的高速拍照扫描(高性能相机阵列的精度可达亚毫米级别),并成功渗透至游戏、电影、传媒等多个行业。

在推进虚拟"数字人"的过程中,相关拟人程度从形象写实到理解智能,从人工制作到自动生产,整个 AI 数字人的进化历程可以划分为五个阶段,如图 2-5 所示。

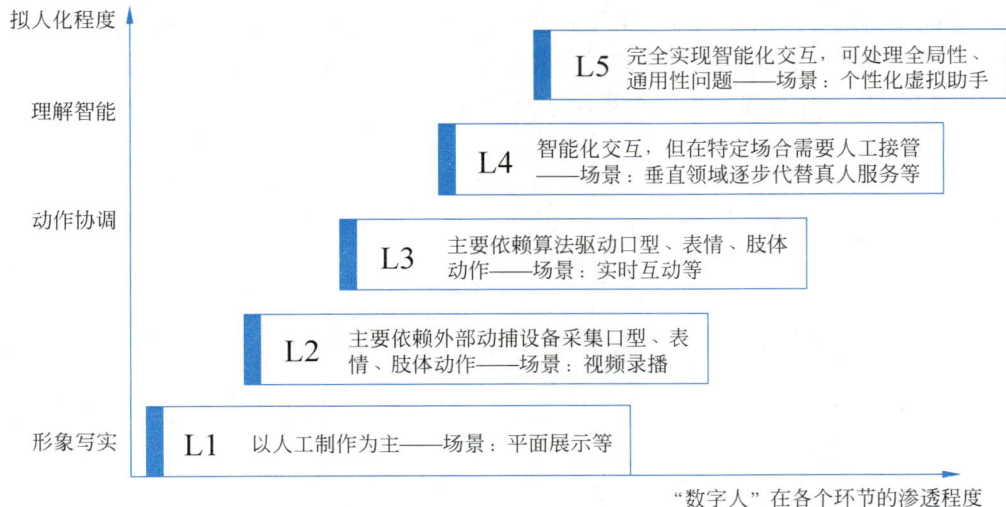

图 2-5　整个 AI 数字人的进化历程

L1 级别:以人工制作为主。L2 级别:依靠动捕设备采集口型、表情、肢体动作,如电影动画制作。L3 级别:能够利用算法驱动口型、表情及肢体动作,实现如虚拟化身般的实时互动体验。L4 级别:具备了一定程度的智能化交互能力,能够在特定行业或垂直领域内创新服务模式。L5 级别:实现了全方位的智能化交互,为用户打造真正个性化的虚拟助手体验。达到 L4 级别,意味着"数字人"实现了 AI 仿真动画生成能力与自然语言理解能力的结合。此时的"数字人"可通过学习大量的真人会话、语气、表情和动作,根据表达内容生成相应的神态和全身动作,输出栩栩如生的拟人效果。同时,结合 AI 算法在制作流程中的深度融合,制作效率也得到了大幅提升。

2. 数字员工

如果说虚拟"数字人"定义了"躯干外貌",那么数字员工应用可以说定义了"行为准则"。从概念定义来讲,数字员工是以"AI+RPA+数据+机器人"等多重技术深入融合应用创造的高度拟人化的新型工作人员,和数字孪生的"数据+模型+软件定义"有着高度的契合。随着信息技术的发展,特别是人工智能、虚拟现实等新技术的不断迭代更新,各行各业开始探索虚拟数字人的应用场景。

当前,以真实人物为蓝本的数字孪生虚拟人技术已相对成熟。在"AI+CG"技术的加持下,网络上那些看似真实的主播,很可能就是数字人。通过深度学习的三维场景建模与神经渲染技术,特别是深度神经网络渲染技术(XNR),在与计算机图形(CG)技术融合后,能够极大地提升数字孪生虚拟人的自然度和逼真感。但只有达到 L4 或更高级别的仿真程度,AI 数字人才能真正走入千行百业,真正参与到社会生产工作中,可以与智慧工厂、智慧医疗、智慧城市的各个场景进行结合,推动生产力变革。例如,收银员、柜台导购、财会审计、工厂操作员、安保人员等都可以利用 L4 级别的虚拟数字人进行代替,并且这些数字员工不仅可以 7×24 小时不停歇工作,还不会出现系统性错误和计算错误。这将极大地提升工厂、公司及社会的工作效率。另外一个维度,由于数字人已经可以模拟真人的情绪表情、说话的语音语调等,并永远保持最饱满的精神状态和工作热情与大众进行交流办理业务,处理工作,所以与之交流的大众可以享受到更加完善的服务体验。

数字孪生体系架构是连接物理世界和数字世界的桥梁,集成了感知、计算、通信和控制等技术,通过创建物理实体的虚拟副本来实现对实体全生命周期的管理。它利用精确的映射和实时的交互,为各行各业提供深入的洞察力和优化决策支持。随着技术的不断发展和创新,数字孪生将在未来的智能世界中扮演越来越重要的角色。

第3章　数字孪生相关技术

3.1　虚拟现实技术详细介绍

3.1.1　虚拟现实定义

虚拟现实技术,简而言之,是现实世界与虚拟世界的融合。它通过特定的技术手段,创建出一个可以被感知的虚拟环境,让用户仿佛置身于现实之中。本质上,虚拟现实技术是一种利用计算机模拟出虚拟世界的仿真系统,它通过电子信号将现实世界的数据转化为可感知的现象。这些现象可能包括我们肉眼可见的物体,也可能包括不可见的物质,它们通过三维模型呈现在我们面前。由于这些现象是通过计算机模拟而非直接观察得到的,因此被称为虚拟现实。

随着技术的发展,虚拟现实技术已经赢得了广泛的认同。用户可以在虚拟世界中体验到极为真实的感受,其模拟环境的真实度足以与现实世界相媲美,给人以强烈的沉浸感。此外,虚拟现实技术还模拟了人类的多种感知功能,包括听觉、视觉、触觉、味觉和嗅觉,提供了全方位的感官体验。它还具备强大的仿真系统,实现了人机交互,允许用户在操作过程中自由地进行互动,并得到环境的即时反馈。正是这些特性——存在感、多感知性和交互性——使得虚拟现实技术深受人们的喜爱。

3.1.2　虚拟现实技术发展历史

(1) 初期探索阶段(1929—1962):虚拟现实概念的萌芽期,以模拟现实动态为特征。1929 年,Edward Link 创造了飞行员训练模拟器;1956 年,Morton Heilig 推出了多感官体验系统 Sensorama。

(2) 技术突破阶段(1963—1972):虚拟现实技术开始萌芽。1965 年,Ivan Sutherland 发表了具有里程碑意义的论文"Ultimate Display";1968 年,他研制了首个带跟踪器的头盔式立体显示器(HMD);1972 年,Nolan Bushnell 开发了交互式电子游戏 Pong。

(3) 概念形成阶段(1973—1989):虚拟现实理论开始形成。1977 年,Dan Sandin 等人开发了数据手套 SayreGlove;1983 年,美国陆军和 DARPA 启动了 SIMNET 计划,推动了分布交互仿真技术的发展;1984 年,NASA AMES 研究中心和 VPL 公司的 Jaron Lanier 分别在火星探测视觉显示器和虚拟现实概念上作出了贡献;1987 年,Jim Humphries 设计了早期的双目全方位监视器(BOOM)原型。

（4）成熟应用阶段（1990年至今）：虚拟现实技术理论得到完善并广泛应用于多个领域。1990年，VR技术涵盖了三维图形生成、多传感器交互和高分辨率显示；VPL公司推出了首款传感手套和HMD。1993年，宇航员利用VR系统成功完成了航天飞机任务；波音777的设计过程成为虚拟制造的典范。2022年，Seaspan公司将3D沉浸式VR系统应用于船舶设计。21世纪以来，VR技术迅速发展，出现了如MultiGen Vega、Open Scene Graph、Virtools等软件开发系统。2022年年底，VR/AR技术被列为"智瞻2023"论坛的焦点科技之一。

3.1.3　虚拟现实技术分类

（1）沉浸式虚拟现实（immersive VR）。沉浸式虚拟现实提供一种高度沉浸式的体验，使用户感觉仿佛真正置身于虚拟世界之中。这种体验通常依赖于头盔显示器作为核心设备，但随着技术的进步，行业正逐渐转向更轻便的设备，如智能眼镜或直接在眼球上投影的技术。沉浸式头盔通过为每只眼睛提供具有视差的独立图像，实现了类似于3D电影的立体效果，并结合多种传感器模拟现实，创造出强烈的立体感。这种VR技术是目前最受欢迎且具有巨大潜力的领域，吸引了众多商家的投资。

（2）增强现实性虚拟现实（augmented VR）。增强现实性虚拟现实超越了对现实世界的简单模拟，旨在增强用户对现实世界的感知，尤其是那些不易察觉或不便感知的信息。例如，在车展上，用户通过佩戴相关设备，可以直接在设备上看到车辆的详细信息，无须额外查询。增强现实代表了VR技术发展的高级目标，尽管目前仍受到技术限制。

（3）分布式虚拟现实（distributed VR）。分布式虚拟现实系统是一种集成了前述技术的系统，它基于网络构建的虚拟环境，允许不同地理位置的用户通过网络连接并共享虚拟体验。分布式虚拟现实系统的运行基于两个主要原因：一是利用计算机的分布式计算能力；二是某些应用本身需要分布式特性，如网络游戏或实现远程用户的"面对面"交流。

3.1.4　虚拟现实技术特征

（1）沉浸性。沉浸性是虚拟现实技术的核心特征，它允许用户完全融入计算机生成的环境，并感受到自己是该环境的一部分。沉浸性的实现依赖于用户的感知系统，当用户通过触觉、味觉、嗅觉和运动感知等感官体验到虚拟世界的刺激时，便会产生心理共鸣，感觉仿佛置身于一个真实的世界。

（2）交互性。交互性描述了用户与模拟环境中物体的互动程度，以及环境对用户操作的自然反应。在虚拟空间中，技术允许用户与环境发生相互作用。例如，当用户在虚拟环境中触摸或操作物体时，他们应该能够感受到相应的触觉反馈，并且物体的位置和状态也会根据用户的操作而变化。

（3）多感知性。多感知性是指计算机技术能够模拟的多种感知方式，如听觉、触觉和嗅觉等。尽管理想的虚拟现实技术应该能够模拟人类所有的感知功能，但目前由于技术限制，大多数虚拟现实系统主要提供视觉、听觉和触觉等几种感知体验。

（4）构想性。构想性，或称想象性，是指用户在虚拟空间中与物体互动的能力，这有助于扩展他们的认知边界，创造出现实世界中不存在或不可能发生的场景。构想性可以理解为用户根据自己的感觉和认知能力，在虚拟空间中吸收知识，激发思维，创造新的概念和环境。

（5）自主性。自主性涉及虚拟环境中物体根据物理定律自主运动的程度。例如，当物体受到外力作用时，它会按照力的方向移动，可能会翻倒，或者从支撑面上掉落，这些都是物体在虚拟环境中表现出的自主性特征。

3.1.5　虚拟现实关键技术

（1）动态环境建模技术。在虚拟现实系统中，构建虚拟环境是其核心任务，其目的是捕捉现实世界的三维数据，并基于特定应用需求创建相应的虚拟环境模型。

（2）实时三维图形生成技术。虽然三维图形生成技术已经相当成熟，但关键在于实现"实时"生成。为了确保实时性，图形的刷新率至少应达到每秒 15 帧，理想情况下应超过每秒 30 帧。

（3）立体显示和传感器技术。虚拟现实的交互性依赖于立体显示技术和传感器技术的进步。目前，现有设备尚未完全满足需求，力学和触觉传感装置的研究需要进一步深化。此外，虚拟现实设备的跟踪精度和覆盖范围也需要进一步提高。

（4）系统集成技术。由于 VR 系统涉及大量感知信息和模型，系统集成技术发挥着关键作用。集成技术包括信息同步、模型标定、数据转换、数据管理、识别与合成等技术。

3.1.6　虚拟现实技术应用

（1）虚拟现实技术在影视娱乐中的应用。随着虚拟现实技术在影视行业的深入应用，基于该技术的第一现场 9DVR 体验馆应运而生。这种体验馆自开放以来，对影视娱乐市场产生了显著影响，它允许观众体验仿佛身临其境的感觉，完全沉浸在电影创造的虚拟世界中。此外，随着技术的不断进步，虚拟现实在游戏领域也实现了快速发展。三维游戏正是基于虚拟现实技术构建的，它不仅保持了游戏的实时性和交互性，还极大地增强了游戏的真实感。同时，虚拟现实技术结合可穿戴设备，降低了参与体育项目的门槛，使得赛车、国际象棋等运动的参与者能够通过服务器连接到全球赛场，与世界各地的高手一较高下。

（2）虚拟现实技术在设计领域的应用。虚拟现实技术在设计领域已经取得了一定的成果，特别是在室内设计方面。设计师可以利用虚拟现实技术将室内结构和房屋外形以三维形式展现出来，使它们成为可见的物体和环境。在设计初期，设计师可以通过虚拟现实技术模拟自己的想法，预先在虚拟环境中看到室内的实际效果，这不仅节省了时间，还降低了成本。

（3）虚拟现实技术在工业方面的应用。虚拟现实技术在工业领域的应用已经非常广泛，尤其是在汽车工业中。它不仅是一个新兴的技术开发方法，也是一个复杂的仿真工具，旨在创建一个人造环境，让人们能够以自然的方式进行驾驶、操作和设计等实时活动。此外，虚拟现实技术也被用于汽车设计、实验和培训等方面。例如，在产品设计中，通过虚拟现实技术建立的三维汽车模型可以展示汽车的悬挂、底盘、内饰乃至每个焊接点。设计者可以确定每个部件的质量，并了解其运行性能。这种三维模型具有很高的准确性，汽车制造商可以根据计算机数据直接进行大规模生产。

3.1.7　虚拟现实技术挑战

（1）缺乏统一标准。虚拟现实技术目前还处于发展初期，尽管开发者们对此充满热情，但目前市场上缺乏统一的演示标准。为了吸引广泛的兴趣,虚拟现实技术需要超越专业爱好者的范畴,吸引包括年长者和非科技爱好者在内的更广泛用户群体。正如 DVD 电影、游戏机等之所以普及,是因为它们能够激发大众的兴趣。

(2)易引起疲劳。在虚拟现实场景中,不同的摄像机使用方式会带来不同的体验。例如,移动观看与静坐观看的体验截然不同。如果镜头移动过于迅速或不当,可能会导致用户感到不适甚至恶心,严重时还可能影响视力。

(3)硬件设备的限制。高质量的硬件设备是实现虚拟现实技术的关键,包括高性能计算机和传感器等。然而,当前的硬件设备面临价格高、体积大、功耗高等挑战,这些因素限制了虚拟现实技术的普及。

(4)内容创作的难题。虚拟现实技术的应用需要丰富的内容支持,但目前内容创作还处于初级阶段,缺乏足够的内容和优质资源。此外,虚拟现实内容的制作难度大、周期长、成本高,这些都制约了其发展和应用。

(5)市场接受度的问题。尽管虚拟现实技术在多个领域具有巨大的应用潜力,但由于公众对其了解不足,市场接受度尚需提升。为了普及虚拟现实技术,需要更多的市场推广和教育,以提高公众对其优势和价值的认识。

总的来说,虚拟现实技术在技术成熟度、硬件设备、内容创作和市场接受度等方面均面临挑战。只有通过不断的技术创新和市场推广,才能克服这些挑战,实现虚拟现实技术的商业化和普及化。随着技术的进步和市场需求的增长,我们有理由相信,虚拟现实技术将迎来更加光明的未来。

3.2　人工智能与机器学习技术

机器学习从 20 世纪 50 年代就开始被研究,现在已取得了不少成就,并分化出了许多研究方向,主要有符号学习、连接学习(即神经网络学习)、统计学习和交互学习等。

机器对于客观规律的发现,也称为知识发现(KD)。早在 20 世纪 70—80 年代,知识发现就取得了不少重要成果。例如,计算机发现了一些数学概念和定理,还重新发现了不少物理、化学定律。

20 世纪 80 年代以后,知识发现又有一个重要研究和应用领域,被称为数据库中的知识发现(KDD)或数据挖掘(DM)。数据库中的知识发现主要指从海量数据(如数据仓库、Internet和 Web 上的数据信息)中提取有用信息和知识。数据挖掘自然也要用到机器学习,反过来,它又促进和发展了机器学习。也就是说,二者相辅相成、相得益彰。

在当前的大数据时代,KD 和 DM 就显得更为重要和必要,也更有用武之地了。事实上,它们已成为人工智能研究和应用的一个热门领域。

需要指出的是,虽然机器学习的研究现在已经取得了长足的进步和发展,但其内容和成果主要还是机器的直接发现式学习,而类似人类通过听讲、阅读等形式获取前人或他人所发现的知识(书本知识)的这种间接继承性机器学习,涉及甚少。显然,这种间接继承性机器学习的意义是巨大的。但由于后者的特点是需要"理解"(包括自然语言理解和图形图像理解等),而且多数情况下面对的是非结构化信息,因此,这种机器学习将是机器学习领域的又一个新的重要课题,也是对机器学习乃至人工智能的一个挑战。

3.2.1　机器学习的概念

顾名思义,机器学习(ML)就是让计算机模拟人类的学习行为,或者说让计算机也具有学习的能力。但什么是学习呢?

心理学中对学习的解释是:(人或动物)依靠经验的获得而使行为持久变化的过程。在人工智能和机器学习领域,几位著名学者也对学习提出了各自的说法。例如,Simon 认为,如果一个系统能够通过执行某种过程而改进它的性能,这就是学习。Minsky 认为,学习是在人们头脑中(心理内部)进行有用的变化。Tom M. Mitchell 在《机器学习》一书中对学习的定义是:对于某类任务 T 和性能度 P,如果一个计算机程序在 T 上以 P 衡量的性能随着经验 E 而自我完善,那么,我们称这个计算机程序从经验 E 中学习。

基于以上对于学习的解释,在当前关于机器学习的许多文献中也大都认为:学习是系统积累经验以改善其自身性能的过程。也可以说,机器学习是计算机从学习对象中发现知识的过程。

3.2.2　机器学习的原理

机器学习是人工智能的一个分支,它使得计算机系统能够从数据中学习并做出决策或预测,而无须进行明确的编程。以下是对机器学习原理的叙述:机器学习是一套包含算法和统计模型的体系,它允许计算机系统通过经验自动改进性能。它基于数据输入,通过算法对数据进行分析,从而提取模式和知识。

1. 数据的重要性

数据收集:机器学习模型的性能在很大程度上取决于输入数据的质量和数量。

数据预处理:包括数据清洗、标准化、归一化等步骤,以提高模型训练的效果。

2. 机器学习的主要类型

监督学习:模型从标记的训练数据中学习,以便对新的、未见过的数据进行预测。

无监督学习:模型从未标记的数据中学习,以发现数据中的结构和模式。

半监督学习:结合了监督学习和无监督学习的特点,使用少量标记数据和大量未标记数据。

强化学习:模型通过与环境的交互来学习最佳行为或策略,以获取最大的累积奖励。

3. 特征选择与特征工程

特征选择:从原始数据中选择最相关的特征,以提高模型的性能。

特征工程:创建新的特征或修改现有特征,以增强模型的预测能力。

4. 模型训练

训练集:用于训练模型的数据。

模型参数:模型中的可学习权重和偏差。

损失函数:评估模型预测与实际结果差异的函数。

优化算法:如梯度下降,用于调整模型参数以最小化损失函数。

5．模型评估

验证集：用于评估模型性能的数据，以避免过拟合。

测试集：独立于训练和验证过程的数据，用于最终评估模型的泛化能力。

性能度量：根据不同问题类型选择合适的度量标准，如准确率、召回率、F1分数等。

6．过拟合与欠拟合

过拟合：模型在训练数据上表现很好，但在新数据上表现差。

欠拟合：模型在训练数据上表现不足，未能捕捉数据的基本模式。

7．正则化技术

L1和L2正则化：通过惩罚模型复杂度来减少过拟合。

Dropout：在训练过程中随机丢弃一些网络连接，以提高模型的泛化能力。

8．模型选择

比较不同的模型：根据问题的性质和数据的特点选择最合适的模型。

交叉验证：一种评估模型稳定性和可靠性的技术。

9．机器学习流程

问题定义：明确要解决的问题和目标。

数据准备：收集、清洗和预处理数据。

模型选择与训练：选择模型，使用训练数据进行训练。

模型评估与优化：评估模型性能，通过调整参数和算法进行优化。

模型部署：将训练好的模型部署到实际应用中。

机器学习的原理涉及从数据中自动提取知识和模式，以解决预测和分类问题。通过不断的数据输入和模型优化，机器学习系统能够提高其性能，并在各种领域中得到应用。

3.2.3　机器学习的分类

机器学习有"数据""发现""知识"3个要素，它们分别是机器学习的对象、方法和目标。因此，谈论一种机器学习，就要考察这3个要素；而分别基于这3个要素，就可以对机器学习进行分类。例如，由于数据有语言符号型与数值型之分，因此基于数据，机器学习可以分为符号学习和数值学习；而基于知识的形式，机器学习又可分为规则学习和函数学习等；若基于发现的逻辑方法，则机器学习可分为归纳学习、演绎学习和类比学习等。这样的分类也就是分别从"从哪儿学""怎样学""学什么"这3个着眼点对机器学习进行的分类。可想而知，这样得到的类型数目应该是不小的。另外，人们还从机器学习的总体策略、学习风格、模拟人脑学习的层次、所用的数学模型、算法特点、实现途径等不同侧面对机器学习进行分类，这就使得机器学习的类别更加繁多了，而且现在新的机器学习名称还在不断涌现。因此，要对机器学习进行全面分类是困难的。下面我们从不同的视角，仅对一些常见的、典型的机器学习方法进行归类。

考察人脑的学习机理可以发现，其实，人脑的学习可分为心理级的学习和生理级的学习。心理级的学习就是基于显式思维过程（即可以用语言表达的心理活动过程）的一种学习。这种学习输入的是语言符号型数据信息；所用的方法是逻辑推理，包括归纳、演绎和类比；学得的知识也是语言型的，如概念或规则。例如，人类的理论知识学习就是这样的学习。生理级的学习是基于隐式思维过程（即不可以用语言表达的神经信息处理过程）的一种学习。这种学习输入的是数量型数据信息；所用的方法是神经计算；所得的知识也是数量型的，而且只能存储于神经网络之中而无法准确地用语言显式地表达出来。例如,人类的技能训练就是这样的一种学习。

另外,对于数量型的数据,绕过人脑的心理和生理学习机理,而采用纯数学的方法(如代数、几何、统计、概率等)也可以推导计算出相应的知识,如函数、集合等。这就是说,采用纯数学方法也可以实现机器学习。事实上,模式识别、数据挖掘等领域往往采用的就是这种学习方法。

基于以上分析,我们给出如下的机器学习分类。

1. 基于学习途径的分类

(1) 符号学习:模拟人脑的宏观心理级学习过程,以认知心理学原理为基础,以符号数据为输入,以符号运算为方法,用推理过程在图或状态空间中搜索,学习的目标为概念或规则等。符号学习的典型方法有记忆学习、示例学习、演绎学习、类比学习、规则学习、解释学习等。

(2) 神经网络学习(或连接学习):模拟人脑的微观生理级学习过程,以脑和神经科学原理为基础,以人工神经网络为拓扑结构模型,以数值数据为输入,以数值运算为方法,用迭代过程在权向量空间中搜索,学习的目标为函数或类别。典型的神经网络学习有权值修正学习、拓扑结构学习。

这里要特别提及的是,近年来,在神经网络学习中生长出的一种名为"深度学习"的学习方法,其发展迅猛,现已成为神经网络学习乃至机器学习的一个重要方法。

(3) 统计学习:运用统计、概率及其他数学理论和方法对样本数据进行处理,从中发现相关模式和规律的一种机器学习方法。

(4) 交互学习:智能体通过与环境的交互而获得相关知识和技能的一种机器学习方法。交互学习的典型方法就是强化学习。强化学习以环境反馈(奖/惩信号)作为输入,以统计和动态规划技术为指导,学习目标为最优行动策略。

2. 基于学习方法的分类

(1) 归纳学习:基于归纳推理(由特殊到一般)的学习,又可分为以下 3 类。

① 符号归纳学习,如目标为概念的示例学习,目标为规则的决策树学习。

② 函数归纳学习,如目标为函数的统计学习和神经网络学习。

③ 类别归纳学习,如无监督学习。

(2) 演绎学习:基于演绎推理(从一般到特殊)的学习。

(3) 类比学习:基于类比推理的学习,如案例(范例)学习(case-based learning)、实例学习、迁移学习。

(4) 分析学习:利用先验知识和演绎推理来扩大样例提供的信息的一种学习方法。典型的分析学习有解释学习。

3. 基于样本数据特点的分类

(1) 有监督学习(supervised learning,也称有导师学习):有监督学习的样本数据为一些由向量$(x_1, x_2, \cdots, x)$和一个对应值 y 组成的序对(如$((1.5, 2.6, 3.8), 4.5)$,$((3.0, 6.5, 8.6), 9.7)$,$\cdots$)。这里的 $x_1, x_2, \cdots, x$ 和 y 既可以是离散值也可以是连续的实数值,当 y 取离散值(如 $1, 2, \cdots$)时,一般表示类别标记(也称为指示函数值);当 y 取连续值时,则表示函数值。这个对应值 y 就是所谓的"导师信号",而"监督"之义也由此而生。监督学习就是用当前由$(x_1, x_2, \cdots, x_m)$所求得的函数值 y' 与原对应值 y 做比较,然后根据误差决定是否对所选用的函数模型的参数进行修正。监督学习以代数函数、概率函数或者人工神经网络为基本函数模型,采用迭代计算的方法,来拟合相应的数据集,学习结果为函数(即隐藏于样本数据中的规律)。监督学习被用于分类问题和回归问题,以对未知进行预测。

(2)无监督学习(unsupervised learning,也称无导师学习):无监督学习的样本数据仅为一些向量$(x_1, x_2, \cdots, x,)$(无对应值 y),其学习方法是聚类,即把相似的对象归为一类,学习结果为数据类别[即隐藏于样本数据中的模式(类)或结构]。无监督学习被用于聚类问题,也可用于数据降维(dimensionality reduction)和图像压缩(image compression)等。聚类学习和竞争学习都是典型的无监督学习。

4. 基于数据形式的分类

(1)结构化学习:以结构化数据为输入,以数值计算或符号推演为方法。典型的结构化学习有神经网络学习、统计学习、决策树学习、规则学习。

(2)非结构化学习:以非结构化数据为输入,典型的非结构化学习有类比学习、案例学习、解释学习,以及用于文本挖掘、图像挖掘、Web 挖掘等的学习。

3.2.4　机器学习关键算法

1. 线性回归(linear regression)

用途:用于预测连续值输出,例如房价预测。

原理:通过拟合最佳直线(在多维空间是超平面)来建模输入变量和输出值之间的关系。

2. 逻辑回归(logistic regression)

用途:用于分类问题,尤其是二分类问题,如垃圾邮件检测。

原理:通过使用逻辑函数(通常是 Sigmoid 函数)将线性回归的输出映射到 0 和 1 之间,表示概率。

3. 决策树(decision tree)

用途:用于分类和回归问题。

原理:通过学习简单的决策规则从数据特征中推断出目标值。

4. 随机森林(random forest)

用途:用于分类和回归问题,提高模型的准确性和稳定性。

原理:构建多个决策树并将它们的预测结果结合起来,以减少过拟合和提高泛化能力。

5. 支持向量机(support vector machine,SVM)

用途:用于分类和回归问题,特别是在高维空间中。

原理:找到数据点之间的最优边界,以最大化不同类别之间的间隔。

6. 朴素贝叶斯(naive Bayes)

用途:基于贝叶斯定理的分类算法,适用于大量特征的数据集,如文本分类。

原理:假设特征之间相互独立,通过计算后验概率进行分类。

7. k 最近邻(k-nearest neighbors,KNN)

用途:简单的算法,用于分类和回归问题。

原理:根据测试数据点的 k 个最近邻居的已知类别,通过投票或平均来预测测试点的类别或值。

8. k 均值聚类(k-means clustering)

用途:无监督学习算法,用于数据聚类。

原理：将数据点划分为 k 个簇，使得每个点与其所属簇的中心距离之和最小。

9. 神经网络(neural networks)

用途：受人脑启发的算法，用于各种复杂任务，包括图像识别、语音识别等。

原理：通过模拟人脑中的神经元网络，利用加权输入和激活函数来学习复杂的模式。

10. 卷积神经网络(convolutional neural networks,CNN)

用途：特别适用于处理图像数据。

原理：使用卷积层来提取图像特征，然后通过全连接层进行分类。

11. 循环神经网络(recurrent neural networks,RNN)

用途：适用于时间序列分析和自然语言处理。

原理：能够处理序列数据，通过循环连接传递前一个时间步的信息。

12. 长短期记忆网络(long short-term memory,LSTM)

用途：一种特殊类型的 RNN,用于避免长期依赖问题。

原理：引入门控机制来控制信息的流动，保持长期记忆。

13. 生成对抗网络(generative adversarial networks,GAN)

用途：用于生成新的数据样本，如图像、音乐等。

原理：由生成器和判别器组成，两者相互竞争，生成器学习生成逼真的样本，判别器学习区分真假。

这些算法代表了机器学习领域中的核心方法，它们各自适用于不同类型的问题和数据集。随着研究的深入，这些算法不断演进，新算法也不断涌现，为解决复杂问题提供了更多可能性。

3.3　大数据挖掘技术

随着科技的发展和社会的进步，越来越多的科技产品应用到人类的生活中。随之而来的是科技产品中传感器数量的急剧增加，因此传感器采集的数据也急剧上升，从而每天均会产生海量数据。对于海量数据的处理与建模，以提取数据中的有效信息成为当前研究的重要方向。为了对海量数据进行建模研究，数据挖掘技术应运而生。

数据挖掘技术是指从数据中提取有用的信息，对原始数据进行稀疏和降维操作，从而构建模型。当前的数据挖掘技术也包含知识发现，两者都是对进行数据抽取和精化的过程。海量数据的形态主要有文字、数字、图片、符号、声音、视频和网页等可视可听的信息。对这些海量数据的组织方式主要有三种，分别为结构式、半结构式和非结构式。数据挖掘技术可以说是机器学习技术中的一种大规模深层次工程应用，而且是最有效、最真实的应用。反言之，数据挖掘技术促进了机器学习和深度学习技术的发展与进步。

目前，数据挖掘和知识提取已迅速崛起，成为人工智能与信息科技领域的一个备受追捧的分支。它们在多个领域展现出其应用的广泛性，包括但不限于企业级数据、商业智能、科学实验分析及管理决策支持等。研究议题同样包罗万象，涵盖了从 Web 挖掘到大数据挖掘的多个子领域，实际上已经成为推动人工智能技术发展和应用的关键力量。本节将对数据挖掘与知识发现技术进行简要概述。

3.3.1　数据挖掘的一般过程

数据挖掘过程大致可划分为以下 3 步。

（1）数据准备。数据的准备工作可以细分为三个关键阶段：数据的挑选、初步处理及转换操作。首先，数据挑选是指在用户需求的基础上，从庞大的原始数据库中提取出所需的数据集，这些数据集将成为我们分析和操作的焦点。其次，数据的初步处理阶段，这一过程可能囊括了多项任务，如去除数据中的噪声、估算并填补缺失值、删除重复项及执行数据类型的转换等。值得注意的是，如果数据来源于数据仓库，那么在数据仓库构建的过程中，预处理工作往往已经完成。最后，数据转换的首要目标是降低数据的维度复杂性。这涉及从众多原始特征中识别并筛选出那些对于数据分析真正有价值的特征，以此简化数据挖掘过程中需要考量的特征数量或变量总数。

（2）数据挖掘。在进入数据挖掘环节之前，首要任务是明确挖掘的目标和意图，这可能包括数据概括、数据分类、数据聚类、关联规则发现或序列模式识别等。一旦挖掘目标得以确立，接下来便是挑选合适的挖掘算法来执行任务。面对同一挖掘任务，我们有多种算法可供选择，而算法的选择主要基于两个考量：首先，不同的数据集具有各自独特的特性，这就要求我们选用与之相匹配的算法来进行有效的数据挖掘；其次，用户需求或系统实际操作的特定要求也会影响算法的选择。一些用户可能更倾向于获得易于理解的描述性知识，而另一些用户或系统则可能更注重获取具有高预测准确性的预测性知识。

（3）解释和评价。数据挖掘过程中的结果评价是指使用定量和定性的指标及方法来衡量和分析挖掘模型的性能和质量。这一过程至关重要，因为它确保了从数据中提取的知识或模式是准确、可靠和有用的。数据挖掘过程中的结果评价指标主要有准确性、精确度、召回率、均方误差、均方根误差、泛化能力、交叉验证、混淆矩阵、可视化结果、统计测试和可解释性等。

结果评价是数据挖掘过程中不可或缺的一部分，它不仅帮助我们了解模型的性能，还指导我们如何改进模型。通过综合使用多种评价指标和方法，我们可以确保挖掘出的知识具有高质量和实用性。

3.3.2　数据挖掘的对象

1. 数据库

数据库是当然的数据挖掘对象。研究比较多的是关系数据库的挖掘。其主要研究课题有超大数据量、动态数据、噪声、数据不完整性、冗余信息和数据稀疏等。

2. 数据仓库

在数据挖掘技术领域，数据仓库扮演着至关重要的角色，充当着分析和决策支持的强大后盾。它是一个高度专业化的数据库系统，专为快速处理和分析大量数据而构建。以下是对数据仓库角色和其在数据挖掘中重要性的另一种表述。

数据仓库，简称 DW，充当着一个集中式的数据存储设施，其主要职能是汇聚、保存并管理源自多样化渠道的数据资产。它在企业中扮演着关键角色，尤其在辅助决策制定、执行深入数据分析及编制综合报告方面发挥着重要作用。数据仓库的核心能力之一是其进行数据整合的能力，它能够将分散于多个源头的数据流汇聚起来，形成一个统一的数据视图。这涉及从各种数据源(包括传统的关系型数据库、业务处理系统,以及各类日志记录文件等)提取信息,并将其融合至一个协调一致的数据体系中。通过这样的整合,数据仓库不仅提升了数据的一致性和可用性,还为数据挖掘技术的应用提供了丰富的、经过清洗和预处理的数据资源。这为进一步的探索性分析和模式识别奠定了坚实的基础,使得企业能够从历史数据中发掘出有价值的信息,以指导战略规划和运营优化。

数据清洗在数据仓库的运作中扮演着关键角色,它是确保数据质量和精确度的基础环节。该过程致力于识别并剔除数据中的错误、矛盾及缺失部分,从而为数据挖掘过程提供坚实可靠的数据基础。在数据组织方面,数据仓库采用了专门的数据模型,以优化数据的存储和检索。星型模型和雪花模型是两种常见的数据组织方式,它们通过降低查询的复杂性,加快了数据访问速度,并使得进行多角度、深层次的数据分析成为可能。维度建模则是一种以报告和分析为目标的数据仓库设计方法。它通过构建维度表和事实表,增强了查询的灵活性并提升了性能,使得用户能够更加直观地理解数据。为了维持数据的相关性和时效性,数据仓库需要定期进行数据的更新和维护。这可能涉及数据的增量更新、全面刷新或结构重组。数据仓库为数据挖掘提供了一个丰富的数据环境。在这里,可以应用各种数据挖掘技术,如分类、聚类分析、关联规则挖掘和预测建模等,以便揭示数据背后的价值模式和洞察。鉴于数据仓库中包含了大量的敏感数据,数据安全和隐私保护成为设计和维护过程中的首要关注点。因此,必须采取有效的安全措施,以防止数据被未授权访问或泄露。随着技术的发展,现代数据仓库已经融合了云技术、大数据处理平台和实时数据流处理等先进技术。这些技术的引入极大地增强了数据仓库的扩展性、适应性和实时数据处理能力。

3. Web 信息

随着互联网技术的飞速发展,万维网(Web)已成为一个包含海量信息的庞大空间。在这个空间里,蕴含着各式各样的有价值知识。因此,Web 信息的挖掘成为数据挖掘领域的一个重要分支,这种基于 Web 的挖掘活动被称为 Web 挖掘。Web 挖掘通常包括三个主要方面:内容挖掘、结构挖掘和用法挖掘。

内容挖掘的目的是深入 Web 文档的内容,从中提取有用的知识。这一过程不仅涵盖了对纯文本(如 TXT 格式)和超文本(如 HTML 格式)的分析,也包括对图像、音频和视频等多媒体内容的挖掘。通过对这些文档进行聚类、分类和关联分析等操作,可以揭示数据背后的模式和联系。

结构挖掘则关注文档之间的链接关系、文档内部的组织结构及 URL 所反映的目录路径结构等。通过分析这些结构性信息,可以发现页面间的相互关系和潜在的规律,进而提取出有价值的知识。

至于用法挖掘,它着重于分析用户在访问 Web 时在服务器上留下的访问日志。通过对这些日志数据的挖掘,可以揭示用户的浏览行为、兴趣偏好和访问频率等信息。用法挖掘在用户行为分析中尤为重要,它不仅包括对用户群体的通用访问模式的追踪,还涉及对单个用户个性化使用习惯的记录和分析。挖掘的对象通常是存储在服务器上的日志文件,如服务器日志数据等。

Web 挖掘的这三个分支相互补充,共同构成了一个全面的数据挖掘框架,使得我们能够从 Web 的海量数据中提取出有用的信息和知识。随着 Web 技术的不断进步和数据量的持续增长,Web 挖掘在商业智能、市场分析、用户体验优化等领域的应用前景将更加广阔。

4. 图像和视频数据

图像和视频数据中也存在有用的信息需要挖掘。比如,地球资源卫星每天都要拍摄大量的图像或录像,对同一个地区而言,这些图像存在着明显的规律性,白天和黑夜的图像不一样,当可能发生洪水时与正常情况下的图像又不一样。通过分析这些图像的变化,可以推测天气的变化,并对自然灾害进行预报。

3.3.3 数据挖掘的任务

数据挖掘是从大量数据中提取有价值信息和知识的过程。这项任务涉及多种技术和方法,旨在发现数据中的模式、趋势和关联,以支持决策制定和预测。以下是对数据挖掘任务的详细叙述。

(1)数据预处理。在数据挖掘的整个流程中,最初的阶段至关重要,即数据的前期准备,这一环节涵盖了数据的净化、整合、筛选和转换等多个方面。首先,数据净化的目的是剔除数据中的杂音和矛盾,确保数据的清洁度。其次,数据整合的职责是汇聚分散于不同来源的数据,形成一个统一的数据池。接着,数据筛选过程专注于识别并选取那些与特定分析目标紧密相关的数据子集。最后,数据转换通过规范化和编码技术,增强数据的可用性,使其更适合进行分析和处理。

(2)数据探索。数据探索是数据挖掘的初步阶段,通过数据可视化和简单的统计分析来了解数据的基本特性,为建模和算法选择提供指导。

(3)模式发现。数据挖掘的核心任务是模式发现,这包括从数据中识别出有意义的规律和模式。模式可以是显式的规则或隐式的关联,它们可以用于解释现象或预测未来趋势。

(4)分类。分类任务是预测数据集中每个实例的类别或标签。这包括监督学习算法,如决策树、支持向量机、神经网络和 k 最近邻算法。

(5)聚类。聚类是将数据集中的实例分组的任务,使得同一组内的实例比其他组的实例更相似。聚类算法如 k-均值和层次聚类是探索数据内在结构的常用方法。

(6)关联规则学习。关联规则学习用于发现数据项之间的有意义的关联或条件依赖关系。Apriori 算法和 FP-Growth 算法是执行此类任务的流行方法。

(7)异常检测。异常检测任务是识别数据集中的异常或离群点,这些点可能代表了欺诈行为、系统故障或其他非典型事件。

(8)趋势分析。趋势分析涉及识别数据随时间变化的趋势,这可以用于预测未来的发展或评估长期变化的影响。

(9)预测建模。预测建模是构建模型以预测数值型目标变量的任务。回归分析、时间序列分析和机器学习算法都是预测建模的常用工具。

(10)文本分析。文本分析是从非结构化文本数据中提取信息和知识的过程。它包括文本分类、情感分析、主题建模和信息检索等任务。

(11)社交网络分析。社交网络分析是研究社交结构和行为模式的领域,包括社区检测、影响力分析和网络演化。

(12)优化和模型选择。数据挖掘任务还包括模型优化和选择,这涉及调整模型参数、选择最佳算法及评估模型性能。

(13)解释和可视化。数据挖掘任务需要将结果以易于理解的形式呈现给用户,这包括结果的解释、可视化和报告。

3.3.4　数据挖掘的方法

数据挖掘主要有以下几种方法。

（1）统计方法。事物的规律性一般从其数量上会表现出来。而统计方法就是从事物的外在数量上的表现去推断事物可能的规律性。因此，统计方法就是知识发现的一个重要方法。常见的统计方法有回归分析、判别分析、聚类分析及探索分析等。

（2）机器学习方法。DM 和 KDD 就是机器学习的具体应用，理所当然地要用到机器学习方法，包括符号学习、连接学习和统计学习等。

（3）粗糙集。波兰学者 Zdzisław Pawlak 在 1982 年首次提出了粗糙集理论，这是一种新颖的数学方法，专门用来解决数据中的模糊性和不确定性问题。在数据挖掘领域，粗糙集理论同样扮演着至关重要的角色。作为一种数学工具，粗糙集主要用于处理数据中的不确定性问题，它通常与规则提取、分类算法和聚类技术相结合，以增强数据分析的能力和深度。通过这种方式，粗糙集理论帮助我们从复杂数据中提取出有价值的信息，即便这些数据存在不确定性和不完整性。

（4）智能计算方法。智能计算方法包括进化计算、免疫计算、量子计算等。这些方法正是在数据挖掘的刺激和推动下迅速发展起来的，它们可有效地用于数据挖掘和知识发现。

（5）可视化。可视化技术是指将数据、信息和知识转换成视觉图形的过程，它能够将复杂的数据信息以图形化的方式呈现。通过可视化，抽象的数字和信息变得更加直观易懂。这种方法使人们能够直接观察和分析庞大的数据集，从而更容易识别数据中隐藏的特征、联系、模式和趋势。

3.3.5　数据挖掘工具与平台

数据挖掘任务通常涉及庞大且复杂的数据集，这使得构建数据挖掘系统成为一个技术上具有挑战性的大型软件开发项目。为了应对这一挑战，市场上出现了多种专门的开发工具和平台。一些知名的工具包括 SAS 的 Enterprise Miner、IBM 的 Intelligent Miner、SPSS 的 Clementine、SGI 的 SetMiner、Sybase 的 Warehouse Studio，以及 RuleQuest Research 的 See5。此外，还有 Knowledge Discovery Workbench、CoverStory、EXPLORA、DBMiner、Quest 等工具。在中国，中国科学院计算技术研究所开发的 MSMiner 也是一个值得一提的平台。Enterprise Miner 是一个多功能的数据挖掘工具，它遵循"抽样—探索—转换—建模—评估"的工作流程，集成了多种数据挖掘方法和算法，如自组织映射（SOM）聚类、关联规则分析、多元回归、决策树、神经网络、统计分析和时间序列分析等。Intelligent Miner 则提供了一系列功能，包括自动数据集生成、关联规则发现、序列模式识别、概念分类和数据可视化，能够自动化地执行数据选择、转换、挖掘和结果展示。Clementine 提供了一个用户友好的可视化建模环境，它支持图形化数据分析、模型选择和复杂模型构建，并且具有开放性，允许用户通过外部模块扩展更多算法。这些工具和平台的开发，极大地简化了数据挖掘流程，提高了开发效率，使得数据科学家和分析师能够更加专注于数据分析和知识发现的核心任务。随着数据挖掘技术的不断发展，这些工具也在不断进化，以满足日益增长的数据分析需求。

3.3.6　大数据挖掘与分布式学习

传统上,数据挖掘技术主要应用于数据库或数据仓库中的集合数据。但在当前的大数据时代,数据的规模和复杂性已大幅提升,这就要求数据挖掘技术进行相应的革新。大数据的特点包括其庞大的数据量、高速的数据流转速度、多样化的数据格式,以及相对较低的价值密度。为了应对这些特点,一系列分布式并行计算模型和框架被开发出来。

分布式并行计算主要分为模型并行、数据并行和混合并行三种模式。其中,模型并行这种方法将算法模型分解,根据其结构分配到不同的计算节点上执行;数据并行涉及将大数据集分割成小块,分布到多个计算节点上同时处理,然后汇总结果。混合并行结合了模型并行和数据并行的策略,同时在多个计算节点上并行处理模型和数据。

在分布式并行计算框架方面,有多种技术可供选择。

基于数据流的框架:如 Apache Hadoop 及其 MapReduce 编程模型,以及 Apache Spark,它们支持大规模数据集的快速处理。

参数服务器模型:如 PMLS(Parameter Server Model),它适用于处理具有大量参数的机器学习任务。

高级数据流框架:如 TensorFlow 和 MXNet,这些框架提供了复杂的数据处理和机器学习算法的高级抽象。

这些框架和模型的开发,使得大数据的挖掘和分析变得更加高效和可行,帮助我们从海量复杂的数据中提取有价值的信息和知识。随着大数据技术的不断进步,我们可以期待未来会有更多创新的工具和方法出现,以满足不断增长的数据分析需求。

(1) Apache Hadoop(MapReduce)简介。Apache Hadoop 是一个由 Apache 软件基金会发起的开源项目,它由两个主要组件构成:Hadoop Distributed File System(HDFS)和 MapReduce。HDFS 是一个分布式文件系统,专门设计用于跨多个服务器存储大量数据,允许以流的形式高效访问数据。而 MapReduce 提供了一个分布式编程模型,用于执行大规模数据集的并行处理任务。HDFS 和 MapReduce 的设计灵感来源于 Google 的 Google File System(GFS)和 Google MapReduce(GMR),它们分别是 GFS 和 GMR 的开源实现,由 Apache 使用 Java 语言开发。

尽管 HDFS 和 MapReduce 在概念上密切相关,但它们在架构上是相互独立的,可以独立使用或与其他系统结合。在实践中,用户可以通过扩展 MapReduceBase 类并实现 Map 和 Reduce 接口来创建自己的 MapReduce 作业。通过这种方式,用户定义了数据处理的具体逻辑,然后将作业注册到 Hadoop 生态系统中,Hadoop 将自动处理作业的分布式执行。

(2) 基于 MapReduce 的分布式机器学习。基于 MapReduce 的分布式机器学习是一种利用 MapReduce 编程模型来实现机器学习算法的技术。MapReduce 是 Apache Hadoop 的核心组件之一,它允许用户编写能够并行处理大量数据的应用程序。

机器学习算法,尤其是那些用于训练大规模数据集的算法,往往需要巨大的计算资源。MapReduce 提供了一种有效的解决方案,通过分布式计算来加速这些算法的执行。MapReduce 模型包括两个主要阶段:Map 阶段和 Reduce 阶段。在 Map 阶段,输入数据被分割成小块,并在集群中的多个节点上并行处理。每个 Map 任务生成中间键值对。Reduce 阶段接收这些中间数据,并通过聚合操作合并结果。为了在 MapReduce 框架下实现机器学习算法,算法需要被分解成可以并行执行的 Map 和 Reduce 任务。例如,在训练决策树时,Map 任务可以并行地评估特征的重要性,而 Reduce 任务可以合并这些评估结果以构建最终的树结构。MapReduce 框架优化了数据的本地性,这意味着计算尽可能地在存储数据的节点上执行。这对于机器学习任务来说非常重要,因为它减少了数据传输的开销。

MapReduce 具有很好的容错能力。在分布式机器学习中,节点的故障不会导致整个计算过程失败,因为 MapReduce 可以重新调度失败的任务。尽管 MapReduce 提供了强大的分布式计算能力,但它也有一些限制,如编程模型的复杂性和对实时处理的支持不足。基于 MapReduce 的分布式机器学习是一种强大的技术,它使得在大数据环境下执行复杂的机器学习任务成为可能。随着技术的发展,我们预计这种技术将继续在数据密集型的应用中发挥重要作用。

3.4　区块链技术

3.4.1　区块链定义

区块链技术通过将数据分组成区块,并依照时间顺序将这些区块链接成链条,构建了一种数据结构。这种结构通过密码学手段确保了数据的不可变性和真实性,实现了一种分布式的账本解决方案。更广泛地看,区块链技术采用链式数据结构来校验和存储信息,运用分布式共识机制来处理和更新数据,通过加密技术保障数据传输和访问的安全,并利用智能合约一系列自动化的脚本代码来实现数据的编程和操作。这种技术提供了一种创新的分布式架构和计算方法。普遍而言,区块链技术是随着数字货币的兴起而发展起来的,特别是以比特币为代表的货币。它基于密码学算法,构建了一个点对点的分布式账本系统,代表了分布式存储、点对点传输、共识机制和加密技术等计算机技术在应用上的新阶段。

3.4.2　区块链的发展历史

区块链的历史主要分为三个阶段。

(1) 区块链 1.0。在 1.0 时代,比特币不仅作为一种新型的支付方式出现,更是一种颠覆传统的货币理念。它展示了一种可能性,即货币可以脱离中央机构的监管,通过分布式的网络实现自由流通和交易。比特币的这一宏伟蓝图,为后来的区块链技术发展和数字货币创新奠定了基础。

(2) 区块链 2.0。在 2.0 时代,以太坊作为区块链 2.0 的典型代表,发挥了重要作用。以太坊不仅支持加密货币的交易,更重要的是,它提供了一个智能合约的开发和执行平台。在这个平台上,用户可以编写和部署智能合约,实现复杂的业务逻辑和自动化的交易流程,这为商业和非商业领域提供了广阔的应用空间。智能合约的引入,使得区块链技术不再局限于金融支付,而是扩展到了诸如供应链管理、投票系统、身份验证、版权保护等多个领域。这些智能合约自动执行合同条款,提高了交易的透明度和安全性,降低了交易成本和缩短了交易时间。

(3) 区块链 3.0。区块链 3.0 的核心优势在于其能够提供一个去中心化、安全、透明的平台,使得各个行业的参与者无须依赖中心化机构即可进行交互和交易。这种去中心化的特性,为数据的存储和验证提供了一种全新的解决方案,确保了数据的真实性和不可篡改性。区块链 3.0 时代,预示着这项技术将跨越金融行业的界限,渗透到更广泛的领域。这一时代的区块链被视为继互联网之后的又一大技术突破,有望引领新一轮的产业变革。

3.4.3　区块链分类

按照节点参与方式的不同,区块链技术可以分为:公有链(public blockchain)、联盟链(consortium blockchain)和私有链(private blockchain)。

(1)公有链。公有链,正如其名,是指一种开放的区块链架构,向所有人开放,不受任何权限或授权的限制。这种链的特性是,任何人都能够成为网络中的节点,自由地加入或退出,参与到数据的读写、交易执行,以及网络共识的形成中。共识过程决定了哪些区块能够被加入主链,并更新网络状态。作为一种彻底的去中心化区块链,公有链利用密码学加密算法来确保交易的安全性。在达成共识的过程中,公有链主要采用工作量证明(proof of work,PoW)或权益证明(proof of stake,PoS)等机制,将经济激励与加密验证相结合,实现去中心化和全网共识。在这些共识算法下,网络中的每个节点都有机会参与到所谓的"挖矿"活动中,为共识的形成作出贡献,并根据其贡献获得相应的经济奖励,即系统中的数字代币。这种奖励机制鼓励了节点的积极参与,维持了网络的安全性和活力。公有链因其开放性和无须许可的特点,也被称作非许可链,允许用户自由地参与和退出。目前,最为人熟知的公有链应用包括比特币和以太坊等。由于其去中心化的特性和广泛的适用性,公有链非常适合用于虚拟加密货币、大众金融服务及电子商务等领域。总的来说,公有链代表了区块链技术的一种开放、包容和去中心化的实现,为广泛的应用提供了基础,推动了加密货币和去中心化应用的发展。

(2)联盟链。联盟链代表了一种介于完全去中心化与完全中心化之间的区块链形态,它通常呈现为多中心化或部分去中心化的结构。在这种系统中,共识过程可能受到一些预选节点的主导或影响。例如,设想一个由 15 家金融机构构成的区块链网络,每家机构代表网络中的一个节点。在这个网络中,一笔交易的确认可能需要获得至少 10 个节点(即 2/3 的多数)的共识,交易或区块才会被视为有效。与公有链不同,联盟链的账本数据不是完全公开的。只有联盟的成员节点才有权访问链上的数据,而且关于链上数据的读写权限、记账规则等关键操作,都是由这些成员节点协商决定。由于联盟链的节点数量相较于公有链要少,且通常服务于特定的商业目的,因此它们往往不采用像工作量证明(PoW)这样的挖矿机制,也不必依赖代币作为激励手段。相反,联盟链更倾向于使用实用拜占庭容错(PBFT)、RAFT 等高效且适合多中心化环境的共识算法。此外,联盟链在交易速度、系统状态、交易吞吐量等方面与公有链存在显著差异,通常要求更高的安全性和性能标准。联盟链是一种许可链,这意味着不是每个人都可以随意加入网络,而是需要获得相应的权限和许可才能作为节点加入。目前,一些知名的联盟链项目包括 Linux 基金会支持的超级账本(Hyperledger)项目、R3 区块链联盟开发的 Corda,以及趣链科技推出的 Hyperchain 平台等。总的来说,联盟链以其独特的多中心化特性和对效率、安全性的高要求,在金融服务、供应链管理、企业合作等特定领域展现出其独特的应用价值和潜力。

(3)私有链。私有链是一种区块链架构,其中所有的写入权限集中在单一组织的手中,而读取权限可以根据实际需要进行开放或限制。这种区块链的应用多发生在企业内部,如总公司对分公司的管理、数据库管理和审计等场景。与公有链和联盟链相比,私有链的优势在于提供一个高度安全、可追溯且不可篡改的环境,同时抵御来自内外部的安全威胁。尽管存在争议,一些人认为私有链由于依赖单一实体控制所有权限,似乎偏离了区块链技术去中心化的初衷,更接近传统的分布式账本技术。然而,也有观点认为私有链具有重大价值,它为解决企业内部合规性、金融机构的反洗钱措施、政府预算和执行等众多问题提供了有效方案。私有链与联盟链一样,都属于许可链,但其独特之处在于权限完全由单一节点控制,在某些情况下也被称作专有链。目前,私有链的应用案例相对较少,但创新者们正在积极探索其潜力。例如,英国币科学公司(Coin Sciences Ltd.)开发的多链(Multichain)平台,旨在帮助企业快速部署私有链环境,同时提供优秀的隐私保护和精细的权限控制。区块链技术自诞生以来,经历了显著的演进,从 2009 年的比特币开始,到 2013 年的以太坊,再到 2015 年的 Fabric 和 Hyperchain,区块链技术从公有链的高资源消耗、低交易性能、缺乏灵活性,逐步发展到联盟链的高效共识、智能化编程、隐私保护等特性。目前,Hyperchain 平台的 TPS 已达到千级甚至万级,满足了大多数商业场景的需求。展望未来,随着技术的持续进步,基于联盟链的商业应用有望成为区块链技术应用的主流形态。

3.4.4 区块链关键技术

(1) 分布式账本技术。分布式账本技术构成了区块链技术的基础,它是一种在网络中的各个节点上分散存储数据的机制。这些数据记录具备时间戳记和不可篡改的属性,确保了交易记录的可靠性,有效解决了传统数据存储方式中潜在的安全风险,从而显著增强了数据的安全性。这种账本技术的扩展能力十分出色,它不依赖于特定的软件或硬件工具,就能够实现去中心化和无须信任的系统环境。这意味着,即使是使用个人电脑或标准的服务器,也能够进行去中心化的数据存储和信息的传递,促进了信息的交流和数据的流通。简而言之,分布式账本技术通过其去中心化的特性,为数据的安全性和可靠性提供了坚实的保障,同时它的灵活性和易用性也使得广泛的应用成为可能,无须依赖昂贵或专门的技术设备。

(2) 共识机制。共识机制是区块链技术中不可或缺的基石,对于网络的稳定运行和数据安全至关重要。它允许网络中的各个节点在缺乏信任基础的环境下达成统一的意见,确保了网络的一致性和协同工作。在区块链网络中,由于参与节点众多且背景各异,共识机制发挥着至关重要的作用。它通过减少节点间建立信任关系的需求,降低了交易成本,同时避免了因信任问题导致的安全风险。目前,区块链领域有多种共识机制被广泛应用,其中包括:PoW(proof of work,工作量证明),要求节点通过解决复杂数学问题来证明其工作量,以此获得创建新区块的权利;PoS(proof of stake,权益证明),基于节点持有的货币数量和持有时间来决定其创建新区块的概率;DPoS(delegated proof of stake,代理人权益证明),权益持有者投票选出少数代理人,由这些代理人负责区块的创建和验证;PBFT(practical Byzantine fault tolerance,实用拜占庭容错),一种允许系统在部分节点作恶的情况下,依然能够达成一致的机制。这些共识机制各有优势和适用场景,它们共同构成了区块链网络多样化的运作方式,确保了区块链技术能够在不同的应用环境中稳定运行。随着区块链技术的不断发展,未来可能还会出现更多创新的共识机制,以满足不同网络的需求。

(3) HASH 算法。哈希(HASH)算法,也称作散列算法,在区块链技术中扮演着至关重要的角色,为数据安全提供了坚实的基础。这种算法能够将任何形式的数据转换成一个独一无二的、由 160 位组成的哈希值,这个过程是单向的,意味着无法从哈希值恢复原始数据,只能通过原始数据来验证哈希值的准确性。哈希算法的这一特性确保了区块链中存储的数据保持完整性和安全性,因为即便是最微小的数据变化也会导致生成一个完全不同的哈希值。因此,哈希算法在区块链中被广泛应用于诸如证书验证、交易签名等多种场景,以确保数据的不可篡改性和验证的可靠性。

（4）公钥加密。公钥加密技术,基于非对称加密原理,是区块链安全架构中的关键组成部分。这种加密方式使用一对密钥,即公钥和私钥,它们在加密和解密过程中扮演不同的角色。公钥对外公开,用于加密数据;而私钥必须严格保密,用于解密。只要保护好私钥不被泄露,数据的安全性就能得到保障。在区块链技术中,公钥与散列算法结合使用,能够生成独特的数字签名。这种签名用于验证信息的来源,确保网络传输过程中的数据完整性和发送者身份的真实性,是网络安全验证的重要手段。

（5）智能合约。智能合约是一种运行在区块链上的程序,它们通过预设的条件来自动执行交易,具备自我执行和自我验证的特性。这些合约利用区块链技术,无须依赖中心化的第三方机构,即可确保交易的可靠性和有效性。智能合约的工作原理是在满足特定条件时自动触发合约中编写的代码执行,这些条件被编码在合约的逻辑中。它们通过区块链的分布式账本技术,以及密码学加密手段,来确保交易的不可篡改性和透明性,从而解决了传统交易中的信任问题。

（6）共享系统。区块链技术的一个核心优势在于其共享系统的特性,这一系统由网络中的所有节点共同维护,实现了一种去中心化的架构。在这个架构中,每个参与者都参与到一个共享的、可信的数据平台的建立、验证和维护中,确保了数据的共享性、存储、访问和传播。这种共享机制在不信任的网络环境中也能保障数据的安全性和传播的有序性,同时降低了运营成本,提高了整体效率。

3.4.5 区块链架构

从底层到上层依次是数据层、网络层、共识层、激励层、合约层和应用层。数据层包括区块结构和数据加密等技术;网络层包括网络结构、数据传播技术和验证机制等;共识层包括 PoW(工作量证明)、PoS(权益证明)、DPoS(代理人权益证明)等多个网络节点之间的共识机制;激励层包括激励的发行和分配机制;合约层包括各种脚本代码和智能合约;应用层包括数字货币等应用场景。

（1）数据层。区块链的数据层是其技术架构中的关键部分,它负责管理数据的组织结构和实际的存储方式。在区块链中,数据以一种特定的结构存在,即交易记录按照一定的顺序被组织进区块链表中。区块是区块链的基本单元,它记录了在特定时间周期内发生的所有交易。每个区块由两部分组成:区块体和区块头。区块体包含了该时间段内的所有交易记录,而区块头则包含了一些关键的元数据,如区块的版本号、指向前一个区块的哈希值、Merkle 树根哈希(这是一种能够高效总结区块内所有交易的数据结构)、区块的生成时间、难度值,以及一个用于工作量证明的随机数。

区块头的主要作用是验证区块的完整性和有效性。每个区块头通过哈希指针与前一个区块头相连,形成了区块链的链式结构。这种结构确保了区块链中的每一笔交易都是可追溯和不可篡改的。Merkle 树是区块链数据层中的一种核心数据结构。在 Merkle 树中,每笔交易的哈希值都被存储在树的叶子节点上。通过逐层向上计算哈希值,Merkle 树能够生成整个交易集合的数字指纹,即 Merkle 根哈希。这个根哈希被包含在区块头中,使得用户可以快速验证交易是否被包含在特定的区块中。

(2) 网络层。区块链的网络层是负责节点间通信的关键部分,它基于分布式存储技术来实现。在这一层中,包括点对点通信、数据传播、数据验证、分布式算法和加密签名等机制都是构建网络的基础。区块链网络的去中心化特性意味着没有单一的中心节点控制信息流,节点间可以直接进行交易,同时任何节点都能够随时加入或退出网络。因此,区块链平台倾向于采用完全分布式的、能够容忍单点故障的 P2P(Peer-to-Peer)协议来处理网络传输。P2P 协议在区块链网络中发挥着至关重要的作用,它允许节点之间高效地传输交易和区块数据。在这种网络结构中,每个节点都遵循平等、自治和去中心化的原则,具备路由发现、交易广播和识别新节点的能力。这里不存在中央权威节点或层级结构,节点通过维护共同的区块链账本来保持通信和同步。

(3) 共识层。共识层在区块链网络中扮演着至关重要的角色,它确保了分散的节点能够在去中心化的环境中高效地就区块数据的合法性达成一致意见。共识层集成了多种共识算法,这些算法是区块链系统中用于确保数据一致性和有效性的关键技术。在区块链系统中,维护区块链账本的数据是核心任务。共识过程实质上是节点对账本数据进行验证和更新的过程。通过这一过程,系统能够确保所有节点对账本的状态有统一的认识,从而对外提供一致的数据视图。

由于区块链系统对参与者的身份没有限制,存在节点可能因私利而采取不诚实行为的风险。为了防止恶意节点对系统造成影响,区块链系统设计了一种机制,要求每次记账的节点必须承担一定的成本。与此同时,其他节点在验证这些记录时只需支付极小的成本。这种"成本"可以多种形式存在,包括但不限于计算能力、存储空间或特定硬件设备的使用。

(4) 激励层。激励层是区块链体系中至关重要的组成部分,它主要通过数字资产的发行和分配机制来运作。这一机制的目的是通过向参与网络维护的节点提供奖励,以激发它们对区块链安全性进行验证的积极性,确保挖矿过程和账本数据的持续更新。

在去中心化系统中,共识节点通常追求自身利益的最大化。为了使系统有效运行,必须设计一种激励机制,将节点追求个人利益的行为与维护区块链系统安全和效率的目标相协调。这样,节点在追求自身最大利益的同时,也在为整个区块链网络的安全和稳定作出贡献。

(5) 合约层。合约层是区块链架构中的关键组成部分,它负责整合系统的脚本代码、算法及智能合约,为区块链的编程和数据操作提供了基础。早期的比特币系统采用了非图灵完备的脚本语言来处理数字货币交易,这标志着智能合约概念的初步形成。随着技术的发展,现代区块链平台如以太坊已经引入了图灵完备的智能合约编程语言,极大地扩展了区块链的应用范围,使其能够支持复杂的金融产品和社会系统。

智能合约是一种数字化的协议,它通过算法和程序将合同条款编码在区块链上,并能够根据预设规则自动执行。在理想情况下,智能合约类似于一台图灵机,能够自动运行按照既定规则编写的程序,且不受外部人为因素的干扰。智能合约的设计宗旨是实现一系列复杂的、条件触发的数字化承诺,确保它们能够按照参与者的意愿准确无误地执行。

(6) 应用层。应用层位于区块链体系结构的顶层,是用户直接接触和使用的界面,集中体现了区块链的所有核心功能。它涵盖了从网络安全验证、资产管理到衍生品交易和矿工委托等多种服务。在应用层,可信账本模型构成了数据结构的基础,这种结构的对等化特点确保了数据的安全性和可靠性。所有数据的状态和转移都被永久记录在区块链上,有效防止了传统数据易被篡改的问题。此外,应用层提供数据存储和访问功能,允许链上应用保留关键信息和历史操作记录,满足用户和分布式应用(DApp)在交易及其他功能上的需求。应用层还支持包括权限控制账户和多签名账户在内的多种账户体系,这些功能不仅保障了资金和数据的安全,还管理了用户间的权限,确保了交易的便利性和数据的安全性,从而增强了区块链的可信度和稳定性。

3.4.6　区块链应用场景

区块链技术在数字孪生领域的应用,关键体现在增强数据安全、提升追踪能力及改善数据管理。区块链的不可改性质为数字孪生提供了坚实的安全基础。例如,在供应链管理领域,区块链能够确保产品从生产到消费的每个环节数据,都被安全记录在区块链上,增强了供应链的透明度与安全性。

此外,区块链技术通过记录知识产权、产品认证等关键信息,提升了数字孪生数据的可追溯性,有效保护了知识产权,同时让消费者能够验证产品的真伪和来源。区块链还通过智能合约简化了数字孪生的数据管理流程。智能合约能够自动执行合同中的条款,响应数字孪生中的事件,从而提高了合同管理的效率。在数字孪生市场的交易中,区块链确保了数据的安全交换和交易的可信度,减少了中间环节和数据被篡改的风险,促进了数字孪生技术在更广领域的应用。

总体而言,区块链技术与数字孪生技术的融合,提升了数据安全性和可追溯性,优化了数据管理,为数字孪生技术的广泛应用和发展提供了坚实的支撑。

第4章　面向智能制造的数字孪生

4.1　数字孪生与智能制造

4.1.1　新一轮智能制造浪潮的兴起

当前,在全球制造业的激烈竞争中,正在兴起新一轮数字化制造浪潮。发达国家,特别是美、英、德、日等先进制造技术发达的国家,面对近年来制造业竞争力的下降,大力倡导"再工业化、再制造化"战略,结合大数据、人工智能、3D打印等,开展数字化制造关键技术的研究、开发和应用,并希望通过制造技术的突破,巩固和提升制造业的主导权。随着制造业信息化的推广和深入,我国也在大力推进数字化制造,并以数字制造作为企业技术进步的重要标志。数字化制造作为新的制造技术和制造模式,同时作为第三次工业革命的一个重要标志性内容,已成为推动21世纪制造业向前发展的强大动力。数字制造的相关技术已逐步融入制造产品的全生命周期,并成为制造业产品全生命周期中不可缺少的驱动因素。与此同时,数字化制造的内涵不断丰富,数字化制造的研究不断深入。

数字化制造是在数字化科学和技术、网络信息技术及其他(如自动化、新材料、管理和系统科学等)科学和技术与制造科学和技术不断融合、发展和广泛交叉应用的基础上诞生的,也是制造企业、制造系统和制造过程不断实现数字化的必然结果。数字化制造的研究内容涉及数字产品需求、产品设计与仿真的数字化、产品生产制造过程数字化、产品生产装备运行控制数字化、产品质量管理数字化、产品销售与维护数字化、产品全生命周期的服务数字化等。数字化制造的研究已经从一种技术性的研究演变成为包含基础理论和系统技术的系统科学研究,已经逐步成为全球一致认可和推广应用的新制造模式。

随着各类数字化制造技术和软件系统的不断发展与应用,"智能工厂"概念逐渐兴起。作为现代制造业应对新世纪挑战的关键工具,"智能工厂"体系能够有效应对当前制造业面临的一些核心难题,例如:在实体制造系统建立前,难以对其预期收益与潜在风险作出精准评估;在产品设计阶段,缺乏对制造流程实际情况的掌控,导致设计与生产环节之间协调不足,影响整体效率优化;在产品投入实际生产和市场前,无法全面模拟其从制造到使用的整个生命周期,提前识别可能影响制造可行性、成本控制及整体绩效的风险因素;同时,也难以精确衡量工厂的实际生产能力等问题。

在当前的制造业中,尽管数字化制造技术得到了广泛应用,但仍有许多问题尚未得到解决。例如,工艺规划方法相对老旧,产品制造规划主要依赖人工操作。包括工艺路线设定、工时估算、工作站布置、生产线行为分析、物流效率评估、焊接管理、图纸解释、产品配置管理、变更管理和成本分析在内的许多工作仍沿用传统方式进行。此外,不同制造环节的设计工作往往由不同的团队独立完成,之后才进行整合,这容易导致各个环节之间缺乏紧密联系,尤其是在涉及工艺信息的检索与传递时,通常依赖纸质文档或磁盘存储,缺乏一个统一的数据共享平台。此外,项目管理方面缺乏完善的风险控制机制,项目启动和执行期间缺少有效的仿真工具来进行风险预估,导致在多个项目方案选择时无法对具体参数进行精确比较。再者,项目协作效率低下,同一制造项目中的跨专业合作、协调与信息交流主要依赖于协调者的个人经验,且历史工艺和技术资料的复用及标准化存储也不够充分。缺乏一套成熟的协同工艺规划系统及相应的数据共享环境,也是一个亟待解决的问题。对于复杂制造系统(如汽车车身生产线、整车装配线、发动机生产线等)而言,这一问题导致无法实现快速建模,进而难以对生产线的产能进行准确评估、分析与优化,从而无法确定关键瓶颈并制定高效的物流控制策略。同时,也难以明确具体的制造系统参数,如所需的操作员数量、设备数量及控制器等。此外,如何实现数字化制造工厂与企业层面及设备控制层面之间的实时数据交互,构建制造决策、执行与控制的信息闭环,也是需要克服的挑战之一。

长期以来,制造业的发展一直受到五大难题的限制:第一是产品开发周期和成本的最小化问题;第二是产品设计质量达到最优水平;第三是如何提高制造过程的生产效率至最高;第四是如何更快地响应用户需求;第五是如何优化制造产品在整个生命周期内的服务支持。在制造领域研究和发展的过程中,围绕上述问题,先后有三大突出进展,取得了三大标志性成果:一是快速成型技术,其突出的成就是产品无须任何模具,直接接受产品设计数据,快速制造出新产品的样件、模具或模型,极大地缩短了新产品的开发周期,降低了产品开发成本;二是虚拟制造技术,即在计算机里实现制造的过程,通过虚拟环境验证产品设计思想和工艺路线的正确性,无须对产品生产的每一个环节都进行实际验证,同样大幅缩短了产品的开发和生产周期,降低了产品开发成本,这一思想首先在飞机制造业实现;三是数字样机技术,数字样机与真实物理产品之间具有1∶1的比例,用于验证物理样机的功能和性能。所有这些制造领域的创新和变革,都使制造领域发生了巨大的变化,引领了制造技术的进步。然而,所有这些创新仍然无法实现整个产品全生命周期的数字化概念,无法实现现实世界和虚拟世界的无缝连接,只是能够解决制造过程的阶段性问题。

为了解决这些问题,全球高水平制造的研究单位和制造企业,以及制造领域的科学家们,一直都在努力寻求更好的解决方案。美国 GE 公司和德国西门子公司最先提出了数字孪生的概念,即在当前数字化制造的基础上,将数字化制造和智能制造融合。数字孪生的出现,将为数字化制造和智能制造带来崭新的制造理念和制造模式,将为制造领域带来一场深刻的革命。

4.1.2 数字孪生产生背景

"双胞胎"即数字孪生这一概念的使用,最早可追溯到 NASA 的阿波罗计划。在该计划中,建立了两个相同的航天飞行器模型。在发射期间,工程师们将留在地球上的镜像飞行器称为空间飞行器的双胞胎。该双胞胎被广泛用于训练期间的飞行准备。在执行飞行任务期间,地面的模型被用于模拟替代空中飞行器,将飞行过程中的可用飞行数据作为镜像数据,从而协助宇航员及时并有效地解决在轨道上出现的危急情况。从这个意义上说,用于镜像实际运行条件的模拟原型装备和实际运行的装备,就可以看作一对双胞胎。这也是数字孪生模型的由来。

数字孪生也被称作数字化双胞胎,主要涵盖三个方面:虚拟空间、物理实体,以及两者之间的互联互通。它是一种融合了多物理场、多尺度的仿真技术,通过基于物理模型创建一个完整的虚拟映射,结合历史数据和传感器提供的实时数据,来描绘物理实体的整个生命周期。也就是说,数字孪生是实体物理模型的虚拟数字化映射对象,包括实体的高保真数字化建模、虚实双向动态链接及虚实孪生体的共生演化。其核心技术:一是虚拟的实体化,即通过建模实现虚拟数字化模型,进行仿真与分析;二是实体的虚拟化,实体在实际运作过程中,把状态映射到虚拟的孪生体中,通过数字化的仿真进行判断、分析、预测和优化。因此,根据数字孪生的概念和理论,可以得到其如下主要特点。

(1)它集成了物理实体的各种数据,形成了一个精准的映射。

(2)它贯穿物理实体的整个生命周期,并伴随其实现共同演进,持续积累相关知识。

(3)它不仅描述物理实体的状态,还能基于模型对其进行优化。

数字孪生技术已经在某些领域开始应用。例如,美国空军研究实验室的结构科学部门利用数字孪生技术创建了高度真实的飞行器模型,从而实现了对飞行器结构寿命的精确预测。哥伦比亚大学则应用数字孪生的概念建立了动态仿真模型,用于预测复合材料的疲劳损伤。Grieves 等人也将物理系统与对应的虚拟模型结合,研究了利用数字孪生进行复杂系统故障预测与预防的方法,并在 NASA 的相关项目中进行了验证测试。

当下,对数字孪生的应用主要集中在航空航天领域的健康维护和寿命预测等方面,在制造领域的应用还处于萌芽阶段。但因其具有实时映射、持续优化等特点,数字孪生在制造领域拥有巨大的应用前景,并已成为当前一些知名公司的重要研究方向。例如,西门子提出了"数字化双胞胎"模型,该模型涵盖了"产品的数字化双胞胎""生产流程的数字化双胞胎"及"设备的数字化双胞胎"。达索系统公司则针对复杂产品用户的交互需求,开发了一个基于数字孪生技术的 3D 体验平台,通过在数字空间中进行的预测分析实现实时更新,并以此来指导实际的制造过程。这一平台已在法国船级社得到了初步的应用验证。另外,数字孪生在车间及其产品设计、制造与服务等阶段的应用已得到初步的探讨。通过上述分析可以看出,数字孪生是大数据的一种特例,尽管目前相关研究主要集中在航空航天领域,但它在制造领域中的产品设计、过程规划、生产布局、制造执行、产量优化和过程验证等方面都有着广阔的应用潜力。

以制造车间为例,车间环境下的制造大数据,主要是利用车间生产过程中产生的海量数据,通过信息运算或深度学习方法从中挖掘有用信息,进而深刻理解或预测车间运行规律。作为大数据的一种特殊形式,数字孪生不仅可以建立与制造车间、制造企业等现场完全镜像的虚拟模型,同步刻画制造车间及制造企业物理世界和虚拟世界,还能实现虚实之间的交互操作与共同演化,从而反过来控制并优化制造车间和制造企业的运行过程,让真正意义上的制造车间和制造企业物理—信息融合变成可能。因此,在现有数字化制造研究的基础上,研究产品、车间及工厂物理—信息数据融合理论及其驱动的服务融合与应用理论,为同步刻画产品、车间和工厂的物理世界与信息空间,同步反映产品、车间乃至工厂的物理—信息数据的集成、交互、迭代、演化等融合规律提供了一种新的可行思路与方法,从而能够指导产品、车间及工厂的运行优化并实现其智能生产与精准管理目标。

由此可见,数字孪生就是在全球制造业快速发展、数字化制造和智能制造不断取得新的进展、制造业需要不断创新这样一种背景下产生的。

4.1.3　智能制造与数字孪生

谈起智能制造,其起源可以追溯到日本在 1990 年 4 月所倡导的"智能制造系统 IMS"国际合作研究计划。当时,美国、欧洲共同体、加拿大、澳大利亚等参加了该项计划。该项计划共计划投资 10 亿美元,对 100 个项目实施前期科学研究,通过该项计划的实施,智能制造的概念、技术及其系统定义得以初步确定,并逐步在制造领域得到推广应用。通常认为,智能是由知识和智力构成的综合体。其中,知识构成了智能的基础,而智力则是指获取和应用知识解决问题的能力。在智能制造的范畴内,它既包括智能制造技术,也包括智能制造系统。这样的系统不仅能通过实践不断丰富其知识库,具备自我学习的功能,还能收集和理解环境信息及其自身的状态,并据此进行分析、判断和规划其行动。

随着智能制造技术与系统的深入研究和推广,人们越来越认同智能制造(intelligent manufacturing,IM)是一种由智能机器与人类专家共同构成的人机协同智能系统。这种系统能在制造过程中执行诸如分析、推理、判断、创新和决策等智能活动。借助人与智能机器的合作,可以扩展、增强并在一定程度上替代人类专家在制造过程中的认知劳动。它刷新了自动化制造的概念,朝着更加灵活、智能和高度集成的方向发展。智能制造将专家的知识与经验嵌入感知、决策、执行等制造环节之中,赋予制造过程在线学习和知识演进的能力,涵盖了从设计、生产、管理到服务的产品全生命周期的各项活动。

德国的学术界和产业界普遍认为,"工业 4.0"这一正在大力推行的概念代表了以智能制造为核心的第四次工业革命,或者可以说,它代表了一种全新的生产方式。其基本理念在于利用信息通信技术(ICT)与网络空间虚拟系统及信息物理系统(cyber-physical systems,CPS)的融合,推动制造业的智能化转变。这一概念的核心可以归纳为三个主要方面:智能工厂、智能生产和智能物流。智能工厂着重于探索智能化生产系统及其流程,以及如何实现网络化分布式的生产设施;智能生产则主要关注整个企业的生产物流管理、人与机器的交互作用,以及 3D 技术在工业生产中的应用等;而智能物流则是通过互联网、物联网和务联网整合物流资源,以提高现有物流设施的运作效率。智能制造不仅包括智能制造技术与装备,还包括智能制造系统和服务,由此催生了各式各样的智能制造产品。

智能制造系统最终要从以人为主要决策核心的人机和谐系统向以机器为主体的自主运行系统转变。可以这样认为,数字孪生的理论和技术是智能制造系统的基础,它使智能制造上升到一个崭新的高度,智能是数字孪生的核心内容。智能制造系统先要对制造装备、制造单元、制造系统进行感知、建模,然后才进行分析推理。如果没有数字孪生模型对现实生产体系的准确模型化描述,所谓的智能制造系统就是无源之水,无法落实。

数字孪生技术不仅能根据复杂环境的变化,通过动态仿真与假设分析,预测制造物理装备状态和行为,而且能在感知数据的驱动下及历史数据与知识的支持下不断学习、共生演进,使其镜像仿真过程能更准确地预测制造物理装备的状态和行为,即"以实驱虚"。这种"以虚控实"和"以实驱虚"的孪生互动共生,使智能制造上升到一个崭新的高度。

4.2　面向智能制造的数字孪生生态

4.2.1　智能制造与智能工厂

1. 智能制造的内涵与定义

智能制造的概念可以追溯到 20 世纪 80 年代,当时人工智能开始在制造业中得到应用。1991 年,由日本、美国和欧洲共同体共同发起的"智能制造国际合作研究计划",对智能制造系统给出了定义:"智能制造系统是在整个制造流程中融入智能活动,并将这些智能活动与智能机器有机结合,将从订单处理、产品设计、生产制造到市场销售的各个环节以柔性方式集成,以实现最大化生产效能的一种先进制造系统。"它从侧面说明了智能制造的一些特点。

进入 21 世纪,随着信息技术的不断成熟和发展,智能制造的概念不断完善,技术体系逐渐成熟,形成了"新一代智能制造"的概念。它把智能技术、网络技术和先进制造技术等应用于产品设计、生产和服务的全过程中,实现对产品全生命周期和制造系统全生命周期的管理。它改变了制造业中的生产方式、人机关系和商业模式,智能制造不是简单的技术突破,也不是简单的传统产业改造,而是计算机技术、控制技术、通信技术、人工智能技术等和制造业的深度融合、创新集成。

针对新一代智能制造,不同组织和专家在不同时期从不同角度对其概念进行了定义,下面列举一些。

(1) 2011 年 6 月,美国智能制造领导联盟(Smart Manufacturing Leadership Coalition,SMLC)发表了《实施 21 世纪智能制造》报告。该报告将智能制造定义为先进智能系统强化应用、新产品快速制造、产品需求动态响应,以及工业生产和供应链网络实时优化的制造。其核心技术是网络化传感器、数据互操作性、多尺度动态建模与仿真、智能自动化,以及可扩展的多层次网络安全。其融合了从工厂到供应链的所有制造,并使得对固定资产、过程和资源的虚拟追踪横跨整个产品的生命周期。其结果将是在一个柔性、敏捷、创新的制造环境中,优化性能和效率,并且使业务与制造过程有效地串联在一起。

(2)《智能制造发展规划(2016—2020 年)》(工信部联规〔2016〕349 号)指出,智能制造是基于新一代信息通信技术与先进制造技术深度融合,贯穿于设计、生产、管理、服务等制造活动的各个环节,具有自感知、自学习、自决策、自执行、自适应等功能的新型生产方式。《国家智能制造标准体系建设指南(2018 年版)》引用了这个定义。

(3) 2018 年,周济、李培根等院士联合发表的《走向新一代智能制造》一文指出,广义而论,智能制造是一个大概念,是先进信息技术与先进制造技术的深度融合,贯穿于产品设计、制造、服务等全生命周期的各个环节及相应系统的优化集成,旨在不断提升企业的产品质量、效益、服务水平,减少资源消耗,推动制造业创新、协调、绿色、开放、共享发展。

(4) 2021 年 7 月,《国家智能制造标准体系建设指南(2021 年版)》(征求意见稿)提出了智能制造是基于先进制造技术与新一代信息技术深度融合,贯穿于设计、生产、管理、服务等产品全生命周期,具有自感知、自决策、自执行、自适应、自学习等特征,旨在提高制造业质量、效率效益和柔性的先进生产方式。

综合上述众多定义,我们可以将智能制造理解为新一代制造模式和制造方法的总称,它是信息化和工业化的高度融合,贯穿于产品全生命周期,包含制造及其服务的各个环节,具有自学习、自组织和自适应等特征,是人、信息系统、物理系统高度融合的新兴生产方式。智能制造的目标是适应制造环境的变化,有效缩短产品研发周期、降低运营成本、提升产品质量、减少资源消耗、提高生产效率,满足用户对高品质产品的个性化需求。随着信息技术和工业技术的不断发展,智能制造的内涵和特点也会不断发展。

2. 智能制造的特征

智能制造的基本特性可以概括为"自学习、自组织、自适应",具体来说,它涵盖了以下几个方面。

(1)快速感知。新一代智能制造的基础是对制造对象和过程的敏锐感知。这意味着需要通过高效且标准化的方法来采集、存储、分析和传输大量数据,从而实现对制造对象的自动识别、工作环境的即时判断,以及对实际工况的快速响应。

(2)自我学习。智能制造系统需要处理多种类型的知识,并运用知识表达技术、机器学习、数据挖掘和知识发现技术,从产品生命周期中产生的大量异构信息中自动提取知识,并将其转化为智能策略。

(3)计算预测。智能制造需要依赖于建模与计算平台,通过智能计算实现推理和预测功能,如在故障诊断、生产调度、设备及过程控制等方面进行知识表示与推理。

(4)科学决策。智能制造依赖于信息分析和决策支持,通过智能机器与人的行为相结合的决策工具和自动化系统,实现制造过程中的关键决策与控制,如加工制造、实时调度及机器人操作等。

(5)优化调整。智能制造要求在生产过程中持续优化和调整,利用信息的交互性和制造系统的灵活性,对市场需求、产品环境变化或不可预见的故障等情况作出及时响应和优化调整。

(6)自适应。通过前述功能的实现,智能制造系统能适应各类工况。由于用户对个性化产品的需求越来越多,产品生命周期越来越短,制造过程必须具备对不同产品的适应能力,同时能应对各类扰动,从而保持系统的优化运行状态。这个自适应正是通过上述的自学习、自组织(优化调整)来实现的。

3. 智能制造系统

新一代智能制造的实施是一个系统工程,涉及智能产品、智能生产及智能服务三个方面。智能生产的主要载体就是智能制造系统,如智能生产线、智能车间与智能工厂。由于用户对产品的质量要求越来越高,产品的复杂程度越来越高,新时代的智能制造系统不是一个独立运行的孤立系统,其与上下游企业、用户形成一个制造生态。在德国"工业4.0"战略中,涉及三个集成:横向集成、纵向集成和端到端集成,这是就智能制造系统结构及其与其他系统之间的关系而言的。同样,美国、中国等国家的科研机构都对智能制造系统架构提出了自己的观点。

1)德国"工业4.0"的三个关键特征

"工业4.0"的核心在于创造智能产品、程序与流程。智能工厂作为"工业4.0"的重要组成部分,具备管理复杂事务的能力,不易受干扰,并且能更高效地生产商品。在这样的工厂环境中,人、机器和资源如同在一个社交网络中那样自然地交流与协作。智能产品了解自身生产的细节及其使用方式,并积极参与生产流程,能够回答诸如"何时生产""如何处理"和"送往何处"等问题。智能工厂与智能移动、智能物流及智能系统的网络相连接,将成为未来智能基础设施的重要一环,从而引发传统价值链的变革,并催生新的商业模式。

要实现"工业 4.0"的最佳配置目标,必须在领先的供应商策略与市场策略之间进行协调互动,以确保所有潜在的利益得以发挥。这种方法被称为双轨战略,它包含以下三个关键特征。

(1)"横向集成"通过价值链和网络实现企业间的连接。企业通过智能制造系统将产品设计、制造和服务的上下游环节联结起来,形成一个为用户提供产品和服务的价值链。这种集成不仅限于单个公司的内部流程,如原材料物流、生产过程、成品物流和市场营销,还包括不同公司间的协作(价值网络)。其目标是提供端到端的整体解决方案。

(2)企业内部的"纵向集成"是指灵活且可重组的网络化制造体系。在智能工厂中,从顶层计划到执行管理再到执行单元,形成了一个垂直的集成链条。通过工业网络连接,实现了跨层级的自动化集成。在生产、自动化工程和技术领域,纵向集成意味着为了提供端到端的解决方案,将不同层级的 IT 系统(如执行器和传感器、控制系统、生产管理、制造执行和企业规划等)集成在一起。

(3)贯穿整个价值链的端到端工程数字化集成。在整个制造活动中,通过设计和工程的数字化集成,实现不同企业之间、不同业务的跨系统、跨地域的端到端集成,是一个价值链的全数字化实现。

这三个集成体现了智能制造系统的内在和外在的联系。其基础就是数字化和网络化,并且最终依托智能化实现价值创造。

"工业 4.0"将在制造领域的所有要素和资源之间建立起全新的社会—技术互动模式。它将使得生产资源(包括生产设备、机器人、传送装置、仓储系统和生产设施)形成一个闭环网络,这些资源将具备自主性、自我调节能力以适应不同情况、自我配置功能、利用历史经验、配备传感器及分布部署的特点,同时它们还集成了相关的计划与管理系统。"工业 4.0"的核心组成之一——智能工厂,将融入公司间的价值网络,并最终促成数字世界与现实世界的完美融合。智能工厂的特点是以端到端的工程制造为核心,这种制造不仅覆盖了制造流程,也涵盖了制造的产品,从而实现了数字系统与物理系统的无缝对接。智能工厂将帮助控制制造流程日益增加的复杂性,使生产过程对员工更具吸引力,并确保制造产品在城市环境中具有可持续性,同时保持营利性。

在未来,"工业 4.0"有望让有特定产品特性的客户直接参与到从设计、构建、预订、计划、生产、运营到回收的各个阶段。甚至在即将生产或生产过程中遇到临时需求变动时,"工业 4.0"也能迅速响应并实现调整。当然,即便是生产独一无二的产品或小批量商品,也能保持盈利。

2)"工业 4.0"参考架构模型(RAMI 4.0)

Reference Architecture Model Industrie 4.0(RAMI 4.0)即"工业 4.0"参考架构模型,是一个从产品生命周期/价值链、层级和架构等级三个维度对"工业 4.0"进行全面描述的框架模型,反映了德国对"工业 4.0"的全局性思考。借助此模型,各企业特别是中小企业可以在整个体系中准确定位自己。在探讨"工业 4.0"时,需考虑到工业领域不同标准下的工艺、流程和自动化,以及信息通信技术等多个方面的对象和主体。为了达成对"工业 4.0"相关标准、实例和规范的共同理解,需要有一个统一的框架模型作为参考,以便具体分析其中的关系和细节。

在德国"工业 4.0"工作组的努力和各种协商下,2015 年 3 月,德国正式推出了"工业 4.0"的参考架构模型(RAMI 4.0),如图 4-1 所示。

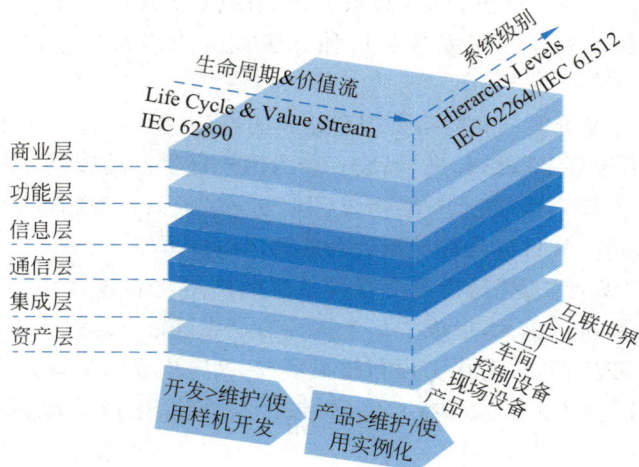

图 4-1 "工业 4.0"参考架构模型图

RAMI 4.0 的第一个维度,是基于 IEC 62264 企业系统层级架构标准(该标准基于 ISA-95 模型,定义了企业控制系统、管理系统等层级的集成标准),增加了产品或工件的内容,并从单一工厂扩展到了"互联世界",以满足"工业 4.0"关于产品服务和企业协同的需求。

第二个维度是信息物理系统的核心功能,通过各层级的功能来体现。具体来说,资产层包括机器、设备、零部件及人员等生产单元;集成层包括传感器和控制实体;通信层涉及专业的网络架构;信息层处理与分析数据;功能层为企业运营管理提供了集成平台;商业层涵盖商业模式、业务流程及任务分配,反映了制造企业的各项业务活动。

第三个维度是价值链,从产品全生命周期的角度,描述了零部件、机器和工厂等工业元素从虚拟原型到实物制造的全过程。具体表现为三个方面:一是依据 IEC 62890 标准,将过程划分为模拟原型和实物制造两个阶段;二是强调零部件、机器和工厂等工业生产要素都需要经历虚拟和现实两个阶段,体现了全要素"数字孪生"的特性;三是在价值链构建过程中,工业生产要素之间通过数字系统紧密相连,实现了工业生产环节的末端连接。以机器设备为例,虚拟阶段涉及数字模型的建立,包括建模与仿真;而在实物阶段,则主要实现最终的制造。

RAMI 4.0 的三维从企业(工厂)内部控制、产品全生命周期和核心功能三个方面对智能制造系统进行了分析和定位,也为相关标准的制定提供了参考依据。

3)NIST 的制造生态

2016 年 2 月,美国国家标准与技术研究院(NIST)工程实验室系统集成部门,发表了一篇名为《智能制造系统现行标准体系》的报告。这份报告总结了未来美国智能制造系统将依赖的标准体系。这些集成的标准横跨产品、生产系统和商业(业务)这三项主要制造生命周期维度。每个维度(如产品、生产系统和业务)代表独立的全生命周期。制造金字塔是其核心,三个生命周期在这里汇聚和交互。

第一维度,产品维度,涉及信息流和控制、智能制造生态系统下的产品生命周期管理,包括六个阶段,分别是(产品)设计、工艺设计、生产工程制造、使用与服务、废弃及回收。

第二维度,生产系统生命周期维度,关注整个生产设施及其系统的设计、部署、运行和退役。"生产系统"在这里是指从各种集合的机器、设备和辅助系统、组织和资源创建商品和服务。

第三维度,供应链管理的商业周期维度,关注供应商和客户的交互功能。在今天,电子商务至关重要,使得任何类型的业务或商业交易都会涉及利益相关者之间的信息交换。制造商、供应商、客户、合作伙伴,甚至是竞争对手之间的交互标准,包括通用业务建模标准、制造特定的建模标准和相应的消息协议,这些标准是提高供应链效率和制造敏捷性的关键所在。

制造金字塔是智能制造生态系统的核心,产品生命周期、生产系统生命周期和商业活动周期都在这里聚集和交互。制造金字塔的元素包括企业资源计划(ERP)、制造运行管理(MOM)、人机交互界面(HMI)、集散控制系统(DCS)、现场设备(field device)。每个维度的信息必须能够在金字塔内部上下流动,为制造业金字塔从机器到工厂、从工厂到企业的垂直整合发挥作用。在每一个维度上,制造业应用软件的集成都能够增强车间层面的控制能力,并优化工厂和企业的决策过程。这些维度及其相应的支持软件系统共同构成了制造业软件系统的生态系统。

在这个结构中,一个制造金字塔可以看作一个智能工厂。在三个维度中,生产系统生命周期维度体现了智能工厂的生命周期,产品维度体现了产品的全生命周期,而供应链管理的商业维度体现了制造过程的业务协同过程。

4)中国智能制造系统结构

《国家智能制造标准体系建设指南(2018 年版)》,从生命周期、系统层级和智能特征三个方面对智能制造系统结构进行了描述。

(1)生命周期涵盖了从产品原型的研发到产品回收再制造的各个阶段,包括设计、生产、物流、销售、服务等一系列相互关联的价值创造活动。这些活动可以不断迭代与优化,具有可持续发展的特点,且不同行业的生命周期构成会有所不同。

(2)系统层级是指与企业生产活动相关的组织结构层级划分,包括设备层、单元层、车间层、企业层和协同层。其中,从设备层到企业层属于智能工厂内部的层级划分,而协同层则涵盖了企业与其他组织之间的业务协同与资源共享。

(3)智能特征是指通过新一代信息通信技术使制造活动具备自感知、自学习、自决策、自执行、自适应等一个或多个特征。功能层级的划分包括资源要素、互联互通、融合共享、系统集成和新兴业态等五个方面的智能化要求。

这三个维度分别从产品、制造系统、技术实现三个方面对智能制造系统进行了说明。其中,产品生命周期维度对应了德国"工业 4.0"的横向集成关系及 NIST 的产品维度,系统层级对应了德国"工业 4.0"的纵向集成关系及 NIST 的"制造金字塔"。而智能特征维度从技术实现的角度,给出了智能制造相比传统制造的"智能化"特征,使系统实现更加具有可操作性。

4. 智能工厂是智能制造的载体

提升制造业的国际竞争力,建设智能工厂是一个重要的切入点。首先,智能工厂的建设是我国制造强国战略的重要组成部分。《中国制造 2025》明确指出,要加速新一代信息技术与制造技术的融合,并将智能制造作为信息化与工业化深度融合的主要方向,在重点领域试点建设智能工厂和数字化车间。智能工厂的建设也是我国传统制造企业实施创新驱动和价值创造战略的内在需求。其次,智能工厂的建设是推动行业信息化创新发展的关键。智能工厂代表着信息化的未来发展路径,不仅可以提升生产智能化水平,还能培养人才队伍,提高信息化的研发、建设和管理水平,促进制造企业的信息化转型与创新发展,进而提升我国整体的信息化水平。

德国的"工业 4.0"项目主要聚焦于两个主题:一是"智能工厂",专注于智能化生产系统及过程的研究,以及网络化分布式生产设施的实现;二是"智能生产",主要涉及整个企业的生产物流管理、人机交互及 3D 技术在工业生产中的应用。该计划尤其重视吸引中小企业的参与,旨在使中小企业成为新一代智能化生产技术的应用者和受益者,同时也成为先进工业生产技术的开发者和提供者。

针对智能工厂的建设,可以参考工业和信息化部等联合发布的《国家智能制造标准体系建设指南》,该指南对智能制造相关技术从"基础共性""关键技术""行业应用"三个方面进行标准建设,可以从该指南了解智能制造相关技术,以及一些具体实现方法。《国家智能制造标准体系建设指南》从 2015 年发表第 1 版后,大约每三年更新一次。目前,最新的版本是《国家智能制造标准体系建设指南(2021 年版)》(征求意见稿),其智能制造标准体系结构如图 4-2 所示。

图 4-2　智能制造标准体系结构图

《国家智能制造标准体系建设指南(2021 年版)》(征求意见稿)对智能工厂的相关标准建设涵盖了智能工厂设计、智能工厂交付、智能设计、智能生产、智能管理、工厂智能物流、集成优化等七个部分,主要规定了智能工厂的设计、交付过程,以及工厂内部的设计、生产、管理、物流及系统集成等内容。

（1）智能工厂设计标准。这部分包括了智能工厂的设计要求、设计模型、设计验证、设计文件深度要求，以及协同设计等总体规划标准；还包括物理工厂的数据采集、布局设计，虚拟工厂的参考架构、工艺流程及布局模型、生产过程模型和组织模型、仿真分析等内容，确保物理工厂与虚拟工厂之间的信息交互。

（2）智能工厂交付标准。这部分主要涉及设计与实施阶段的数字化交付通用要求、内容要求、质量要求等数字化交付标准，以及智能工厂项目竣工验收的标准要求。

（3）智能设计标准。这部分涵盖了基于数据驱动的参数化模块化设计、基于模型的系统工程（MBSE）设计、协同设计与仿真、多专业耦合仿真优化、配方产品数字化设计的产品设计与仿真标准；基于制造资源数字化模型的工艺设计与仿真标准；以及试验方法、试验数据与流程管理等试验设计与仿真标准。

（4）智能生产标准。这部分主要包括计划建模与仿真、多级计划协同、可视化排程、动态优化调度等计划调度标准；作业文件自动下发与执行、设计与制造协同、制造资源动态组织、流程模拟、生产过程管控与优化、异常管理及防错机制等生产执行标准；智能在线质量监测、预警和优化控制、质量档案及质量追溯等质量管控标准；基于知识的设备运行状态监控与优化、维修维护、故障管理等设备运维标准。

（5）智能管理标准。这部分包括原材料、辅料等的质量检验分析等采购管理标准；销售预测、客户服务管理等销售管理标准；设备健康与可靠性管理、知识管理等资产管理标准；能流管理、能效评估等能源管理标准；作业过程管控、应急管理、危化品管理等安全管理标准；环保实时监测、预测预警等环保管理标准。

（6）工厂智能物流标准。这部分包括工厂内物料状态标识与信息跟踪、作业分派与调度优化、仓储系统功能要求等智能仓储标准；物料分拣、配送路径规划与管理等智能配送标准。

（7）集成优化标准。这部分主要包括满足工厂内业务活动需求的软硬件集成、系统解决方案集成服务等集成标准；操作与控制优化、数据驱动的全生命周期业务优化等优化标准。

相比《国家智能制造标准体系建设指南（2018 年版）》,《国家智能制造标准体系建设指南（2021 年版）》（征求意见稿）在关键技术中，增加了"BC 智慧供应链"的内容，在"BE 智能赋能技术"部分，增加了"数字孪生"的内容，其他一些技术部分也做了调整。数字孪生标准主要包括参考架构、信息模型等通用要求标准，面向不同系统层级的功能要求标准，面向数字孪生系统间集成和协作的数据交互与接口标准，性能评估及符合性测试等测试与评估标准，以及面向不同制造场景的数字孪生服务应用标准。

构建智能工厂的数字模型，实施数字化工厂规划，是先于实际工厂建设的一个必不可少的环节。在信息空间构建物理工厂的对应模型，能应用智能化的方法对工厂进行仿真、分析与优化。利用工厂的数字模型，可以进一步实现数字孪生，通过实时数据对数字模型的驱动来优化工厂运营。

4.2.2 基于数字孪生的智能制造

产品制造包括产品生命周期管理支持下的产品生命周期、数字化工厂支持下的工厂生命周期，以及供应链管理系统支持下的商业活动管理，其交汇点是"制造金字塔"，包括以制造运行管理为核心的层级管理系统。数字孪生技术为制造生态中的各个活动提供了新的解决方案，从而对智能制造的具体实现提供了新的应用场景。相对"制造系统"这一概念来说，"生产系统"比"制造系统"包含的内容更广泛,因此,本书后面部分用"生产系统"一词指代产品生产、制造的系统,如工厂、车间制造单元。下面从产品、生产系统、供应链管理三个视角来介绍典型应用场景。

1. 智能产品的数字孪生应用场景

一个产品投放市场,包括需求调研、产品设计、产品制造和产品运维服务四个主要过程。在这四个过程中,传统的信息流动过程是一个"瀑布"模型,即从需求调研到产品运维,是一个依次递进的过程。信息技术的发展,让信息闭环成为可能(见图 4-3)。也就是说,产品制造过程的信息可以指导产品设计,产品运维过程的信息可以指导产品设计和产品制造过程的改进。通过这个闭环,可以及时响应市场对产品的反馈,提升产品的质量和潜在的价值。数字孪生技术可以帮助和促进这一信息闭环的实现。

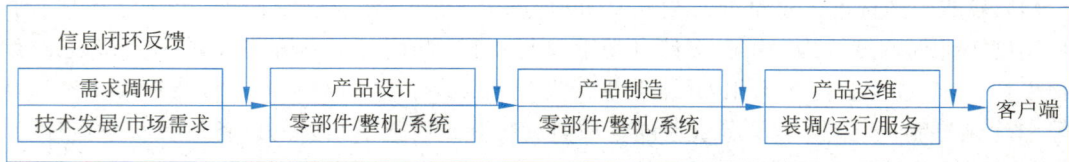

图 4-3　产品全生命周期的信息闭环

在传统的产品设计模式下,产品方案需在制造出样品后才能进行质量及性能等方面的评估。这种产品设计模式一方面成本过高,另一方面产品的研发周期较长。通过数字样机技术,可以在虚拟空间对产品的设计方案进行评估,但是缺少对产品制造过程的分析,不能完成制造工艺的制订。利用数字化工厂技术,构建工厂/车间的虚拟模型可以进一步完成产品的工艺制订及优化。整个过程可以在虚拟空间完成从产品设计到制造整个过程的仿真。而数字孪生技术可以进一步扩大到产品使用过程的数据采集与分析,优化这个过程的实施,并且能提供更加准确的结果。

图 4-4 展示了一个利用产品数字孪生体和工厂数字孪生体进行产品设计迭代优化的过程。在产品设计过程中,除了本身的性能可以通过产品数字样机技术进行分析,对于产品工艺及产品设计方案的可制造性分析,需要结合工厂数字孪生体来完成。工厂数字孪生体提供了产品生产制造的环境模型。如果所设计的产品还没有建立起实际工厂,那么这个工厂也只是一个设计方案,图中的"工厂数字胚胎"即代表没有实际工厂的虚拟工厂。随着工厂的建成和投产,工厂数字孪生体完全建成,可以对产品提供更加精确的可制造性分析。数字孪生在产品生命周期各个阶段的作用包括以下方面。

(1)产品设计阶段。数字样机技术可以提供产品的虚拟仿真,但是产品数字孪生体可以包含设计之后的制造和产品运行过程的数据,这些数据的采集,可以为产品的仿真和验证提供真实的数据,为类似产品的开发提供有益的参考。利用大量的数据,可以挖掘产生新颖、独特、具有新价值的产品概念,并转换为产品设计方案。

同时,产品的可制造性分析也不只是通过虚拟假设的生产系统模型来验证,而是结合工厂数字孪生体,利用生产系统实时数据,来对产品的加工时间、加工质量及可能的风险进行评估,进一步缩短产品设计完成后实现量产的时间间隔。

(2)产品制造阶段。利用产品数字孪生体,可以指导产品制造、装配过程的工作,降低工人技术要求,减少生产过程的错误。一些在线质量检测数据也能被记录,可以指导产品装配配合,以及产品后续安装运行过程的参数调整。

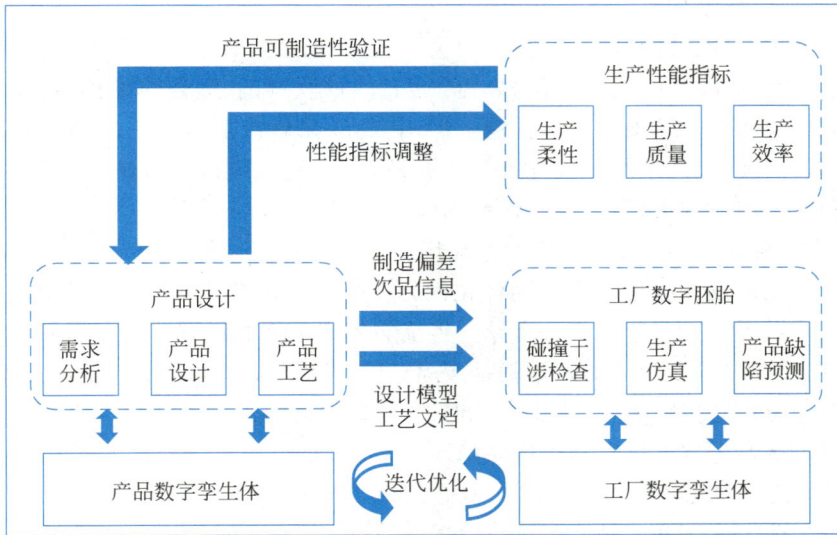

图 4-4　产品设计过程的迭代优化

利用产品数字孪生体所记录的运行过程数据,可以分析挖掘制造过程的质量缺陷,进一步提高生产制造过程的制造参数,改进质量,提高产品价值。

(3)产品运维阶段。数字孪生这一概念的提出,旨在提升产品运维能力。不仅限于航天器等太空装备,数字孪生技术在普通装备和产品的运维过程中同样也能发挥巨大作用。在产品安装调试过程中,可以利用数字孪生体提供的指导书来进行安调指导。特别是单件重大装备,如大型制造装备、船舶、海工装备、飞机等,产品设计、制造过程的信息对安装调试很有帮助,利用统一的产品数据,可以提升安装质量,缩短调试时间。

通过采集和分析产品运行过程的数据,可以增强用户对产品运行过程的感知能力。同时,制造商利用大量数据进行数据挖掘和分析,提供产品健康管理、设备优化运行、远程维护指导、备品备件调配等增值服务,从而提升服务水平。

每个产品从设计开始,就开始形成数字孪生体胚胎;进入生产制造阶段后,物理实体逐渐形成,数字孪生体逐渐完善,直到产品装配完成并出厂,其数字孪生体和物理实体都完成。安装调试后,产品进入运行维护阶段,数字孪生体和物理实体进行虚实互动,实现整个数字孪生系统的功能。

和传统的产品生命周期管理系统不同,产品数字孪生的数据采集和分析是结合模型进行的。通过结合三维模型进行数据标记和分析,让结果展示更加直观;该模型不仅指导数据采集和分析,而且指导用户进行产品运行维护。每个产品都有其对应的数字孪生体,确保了生命周期内数据的唯一记录,并且随着产品运维,这个数据也不断增加,伴随着产品的一生。甚至在产品物理实体消亡后,数字孪生体仍继续存在,用于帮助后续产品的研发和制造优化。

在高端装备、大型装备行业中,产品数字孪生的应用已经逐渐普及。例如,波音 787、空客 A380 飞机的设计制造,就利用数字样机和数字孪生技术缩短了设计时间。达索公司帮助宝马、特斯拉等汽车公司建立了 3DExperience 平台,在此平台上进行了大量空气动力学、流体声学等方面的分析和仿真,通过数据分析和仿真试验在外形设计方面大幅度地提升了流线性,减少了空气阻力。CE 与 ANSYS 公司开展了战略合作,通过数字孪生技术的应用,实现了航空发动机产品的健康管理、远程诊断、智能维护和共享服务。

2. 智能生产系统的数字孪生应用场景

数字孪生技术可以支持智能生产系统的设计、建设及运营管理。和产品生命周期类似,生产制造系统也有其生命周期。具体可划分为:设计、构建、调试、运营与维护、报废与回收。智能生产系统的典型代表是智能车间或智能工厂,其设计和建造是为了完成某一产品或一类产品的生产制造。因此,生产系统的设计首要任务是满足工艺要求,然后是在各类约束(空间约束、投资约束、生产周期约束)下完成其设计和建造。

1) 生产系统规划设计过程的数字孪生应用

生产系统的规划设计会有一个协同优化问题:产品工艺设计需要生产系统作为约束,而生产系统的设计需要产品工艺要求为指导。传统的生产系统建造方法是在产品工艺初步确定的情况下进行设计和建造,带来的问题就是产品工艺变化会带来生产系统设计方案的变化,但是这一变化不一定能同步完成,会造成部分返工,或者最终实现的工艺设计方案不是最优的妥协方案。利用数字孪生技术可以解决这一问题。

在数字孪生技术出现之前,数字化工厂就是解决产品设计和工厂设计的协同问题。一方面,通过构建工厂虚拟模型,可以对产品可制造性进行分析;另一方面,利用产品数字模型和加工需求,来对工厂设计方案进行完善。数字孪生技术通过实时数据的引入,可以进一步提升数字化工厂的效率和准确性。这表现在工厂布局规划、工艺规划和生产过程仿真、物流优化几个方面。

(1) 工厂布局规划。相较于传统布局规划,基于数字孪生的工厂布局规划具有巨大的优势性。相比传统的利用二维图纸或者静态模型进行布局规划的方法,基于数字孪生模型的车间布局规划设计优势主要体现在:①车间数字孪生设计模型包含所有细节信息,包括机械、自动化、资源及车间人员等,并且和制造生态系统中的产品设计无缝连接;②专用模型库,实现车间的快速规划设计;③方便维护和重构,与实际车间同步更新;④支持各类虚拟试验仿真,更好地支持车间的迭代更新。

(2) 工艺规划和生产过程仿真。利用工厂数字孪生体积累的数据和模型对产品的工艺设计方案进行验证和仿真,可以缩短加工过程、系统规划,以及生产设备设计所需要的时间,具体包括:①制造过程模型,形成对应如何生产相关产品的精确描述;②生产设施模型,以全数字化方式展现产品生产所需要的生产线和装配线;③生产设施自动化模型,描述自动化系统(SCADA、PLC、HMI 等)如何支持产品生产系统。数字孪生为整个生产系统的虚拟仿真、验证和优化提供支持。利用工厂数字孪生模型,用户可以对产品整个制造过程进行验证,包括所有相关生产线和自动化系统生产产品及其全部主要零部件和子配件的工艺方法。

利用过程仿真能够对制造过程进行单元级仿真,包括机器人运动仿真与编程、人因工程分析、装配过程仿真等。利用数字孪生支持的 3R(VR/AR/MR)技术,可以让仿真分析过程虚实融合,更加精确和直观。

(3) 物流优化。生产物流规划包括企业内部物流(工厂或车间物流)和企业外部物流(供应链物流),合理的物流规划路线对于保证企业的正常生产、生产效率的提高及产品成本的降低具有重要的作用。传统模式下的物流规划是离线进行的,但是这种模式下的物流规划无法适应实际运行过程中的实时状态变化,导致规划结果不能真正适应物理世界的实际环境,从而不能起到指导实际物流运行的作用。利用工厂数字孪生体和供应链企业的数字孪生体模型,可以优化工厂的物流方案,包括物流设施的配置、物流路线设计、物流节拍和生产节拍的协同等。随着对应物理实体的不断运行,相关数字孪生体的运作模型也在不断完善,和实际情况一致,保证在虚拟模型上优化结果的可行和可信。

2）生产系统运行过程的数字孪生应用

生产过程的核心在于制造运行管理（manufacturing operation management，MOM），根据 C/ISO 62264 标准的定义，它是通过协调和管理企业中的人力、设备、物料和能源等资源，将原材料或零部件转化为成品的过程。这包括管理和执行由物理设备、人员及信息系统所进行的活动，同时还涵盖了与调度、产能、产品定义、历史记录、生产设施信息及相关资源状态信息管理相关的各项活动。制造金字塔的核心就是 MOM，它的概念相比传统的制造执行系统（MES）来说更加广泛，包括与制造相关的资源状况信息。数字孪生在 MOM 的应用场景包括以下方面。

（1）三维可视化实时监控。传统的数字化车间通常依赖现场看板、手持终端、触摸屏等二维可视化工具来进行系统监控，这种方式难以全面展示系统的详细信息和运行状况，可视化效果有限。而基于机理模型和数据驱动构建的数字孪生车间具有高保真度和高仿真性的特点，结合虚拟现实（VR）、增强现实（AR）和混合现实（MR）技术，能够将可视化模型从二维升级为三维，使车间的生产管理、设备管理、人员管理、质量数据、能源管理和安全信息等以更直观和全面的形式展现给用户。这部分应用可以视为"三维版的组态软件"。不过，相较于主要用于流程行业的组态软件，这种三维可视化实时监控同样适用于离散制造行业。此外，传统的组态软件主要是展示传感器采集的数据，而数字孪生模型则能展示更多的统计分析和智能计算结果，包括系统运行的一些隐藏状态数据，从而让用户对生产情况有更清晰的认识。借助移动互联网技术，这种实时监控不仅限于电脑和大型显示屏，智能手机和平板电脑也成为常见的展示终端。

（2）生产调度。传统生产制造模式中生产计划的制订、调整等以工作人员根据生产要求及车间生产资源现状来手动制订调整为主，如果生产车间缺乏实时数据的采集、传输与分析系统，则很难对生产计划执行过程中的实时状态数据进行分析，无法实时获取即时生产状态，导致对于生产的管理和控制缺乏实际数据的支撑，无法及时发现扰动情况并制订合理的资源调度和生产规划策略，进而导致生产效率的下降。

而数字孪生驱动下的生产调度基于全要素的精准虚实映射，从生产计划的制订、仿真、实时优化调整等均基于实际车间数据，使得生产调整具有更高的准确性与可执行性。数字孪生驱动下的生产调度主要分为：①初始生产计划的制订，结合车间的实际生产资源情况及生产调度相关模型，制订初步的生产计划，并将生产计划传送给虚拟车间进行仿真验证。②生产计划的调整优化，虚拟车间对制订的初步生产计划进行仿真，并在仿真过程中加入一些干扰因素，保证生产计划有一定的抗干扰性。结合相关生产调度模型、数据及算法对生产计划进行调整，在多次仿真迭代后，确定最终的生产计划并下发给车间投入生产。③生产过程的实时优化涉及在实际生产中，将实时的生产状态数据与仿真数据进行对比。如果发现两者之间存在显著差异，则利用历史数据、实时数据及相关算法模型进行分析、预测和诊断，以确定干扰因素，并在线调整生产计划。

（3）生产和装配指导。随着产品复杂程度越来越高，产品设计方案越来越复杂，对生产过程的参数优化，以及装配过程的工艺参数控制提出了新的要求；同时，个性化的提升让单件、小批生产成为主流，需要在制造前熟悉不同新产品的生产和装配工艺要求，给现场操作工人提出了挑战。利用数字孪生技术，可以有效地支持生产和装配过程的指导。一方面，数字孪生提供的统一产品定义模型能够便捷地转换为直观的产品生产需求和装配指导手册，帮助操作工人快速上手；另一方面，通过制造设备的数字孪生，可以模拟和优化生产过程参数，并利用类似产品的加工数据进行迁移学习，进而应用于新产品加工过程的参数优化。此外，在线分析质量数据还可以评估生产与装配的效果，并及时反馈到生产现场，以减少不合格品的产生。产品数字孪生中包含的运维过程数据,可以为类似产品的生产过程参数设置提供参考,为提升产品加工质量提供量化依据。

(4)设备管理。生产设备的故障预测与健康管理是指利用各种传感器和数据处理方法对设备健康状况进行评估,并预测设备故障及剩余寿命,从而将传统的事后维修转变为事前维修。数字孪生驱动下的故障预测与健康管理建立在虚实设备精准映射的基础上,由于虚实设备的实时交互及全要素、全数据的映射关系,可以方便地对相关的设备进行全方位的分析及故障的预测性诊断。同时,基于虚拟设备模型及历史运行数据,可以进行故障现象的重放,有利于更加准确地定位故障原因,从而制订更合理的维修策略。另外,在数字孪生应用场景下,当设备发生故障时,专家无须到达现场即可实现对设备的准确维修指导。远程专家可以调取数字孪生模型的报警信息、日志文件等相关数据,在虚拟空间内进行设备故障的预演推测,实现远程故障诊断和维修指导,从而减少设备停机时间并降低维修成本。

(5)物流优化。数字孪生生产系统改变了传统的物流管理模式,能够做到物流的实时规划及配送的指导。数字孪生建立在实时数据的基础上,通过物理实体与虚拟实体的精准映射、实时交互、闭环控制,基于智能物流规划算法模型结合实际情况作出即时物流规划调整和最优决策,同时可通过增强现实等方式对配送人员作出精准的配送指导。

(6)能耗管控。"碳达峰碳中和"成为新时代制造的一个核心话题,越来越多的制造企业关注制造过程的碳排放问题,需要实现节能减排。数字孪生驱动下的能耗智能管控是指通过传感器技术感知能耗相关信息、生产要素信息和生产行为状态等,依据这些感知得到的实时能耗信息对生产过程的参数进行调整和优化。一方面,可以通过应用能耗模型来指导产品设计,选择低碳环保的方案;另一方面,通过优化生产计划和减少不必要的能源消耗来降低加工过程中的能耗。借助数字孪生系统,能耗管理从传统的依赖经验和直觉的定性方式转变为基于能耗模型的量化管理,并且能够提供持续的优化能力。

(7)安全防护。在智能车间中,相对于装备、产品等生产要素而言,人员在产品设计、制造运维等过程中的主观活动更为重要,在复杂机电产品生产车间中,其生产规模大、活动空间广、工位错综多样、工序繁杂、关键生产流程或具有一定的危险性,人员行为的主观能动性和不可替代性表现尤为突出,完善人员行为识别对于规范和保障车间的安全生产、消除隐患、防患于未然具有重大意义。目前而言,车间人员行为分析仍然通过分布于车间中的摄像机和人工监控的方式来实现。近年来,随着计算机视觉、深度学习等智能算法的推广和计算机算力的提升,车间人员行为的观测正逐步从"机械式"的人工观测方式向基于深度视觉的智能人员行为理解的模式转变。车间人员行为智能识别的本质在于人员行为特征的提取并进行分类与深层次分析,深度学习算法有助于人员行为特征的自动、多层次的提取,数字孪生技术则为智能人员行为理解模式的实现提供了实现框架,能进一步促进车间乃至智能工厂环境下的人机共融和 HCPS 的构建。

数字孪生技术在生产制造系统中的应用正在逐渐普及。通过虚拟调试技术,在数字化环境中构建包括工业机器人、自动化设备、PLC 和传感器等的生产线三维布局。在实际现场调试前,可以在虚拟环境中对生产线的数字孪生模型进行机械运动、工艺仿真和电气调试,从而实现设备在安装前的预先调试。西门子公司将来自智能传感器的温度、加速度、压力和电磁场等信号和数据,以及来自数字孪生模型中的多物理场模型与电磁场仿真和温度场仿真结果传递到 Mind Sphere 平台,通过进行对比和评估,来判断产品的可用性、运行绩效和是否需要更换备件。例如,国内的中国烟草总公司在烟草行业进行了工厂运行状态的实时模拟和远程监控实践,在北京就可以实现对分布在各地的工厂进行远程监控。海尔、美的在工厂的数字孪生应用方面也开展了卓有成效的实践。

3. 供应链管理的数字孪生应用场景

现今,产品的知识含量不断提高,单个企业难以独自完成所有零部件的研发,并以较低的成本实现大规模生产。因此,产品制造过程中的跨企业合作已成为制造业的基本特征。一个产品从零部件的配套开始,经过中间部件和组件的装配,最终完成产品组装,再通过销售网络送达消费者手中。这一过程由供应商、核心制造企业、分销商直至最终用户构成一个完整的功能性网络链,即供应链。在供应链的构建和运营过程中,减少资源占用和提升作业效率一直是核心目标之一。通过数字孪生支持的供应链体系,不仅可以缩短供应链构建周期,精确项目投资,降低资源占用,提升制造效率,还能减少质量损失,降低作业培训成本,最终实现产品的精益交付。

这里简要区分一下供应链、价值链和产业链。供应链侧重于供给端,核心在于如何有效整合供应商与生产商的流程,提高反应速度,降低成本,形成企业的核心竞争力。供应链管理是指对整个供应链系统进行计划、协调、操作、控制和优化的活动与过程,目的是使总成本达到最优。价值链则关注消费端,核心在于发现并满足最终用户的需求,从而创造并最大化价值。企业内部的设计、生产、销售、服务等活动形成内部价值链,而企业与供应商、分销商及顾客等形成的外部价值链共同构成了迈克尔·波特所说的价值链系统。产业链是基于能力分工的技术经济关联,涵盖"生产—流通—消费"的全过程,强调各相关环节和组织间的分工合作关系。产业链通常与区域经济发展密切相关。

工业互联网平台的"网络化协同"正是针对供应链、价值链和产业链的协同管理。数字孪生在供应链管理中的应用场景包括以下方面。

(1) 供应链构建过程的仿真分析。供应链构建涉及供应商能力、物流能力、抗风险能力等多种因素,常常因为信息获取不及时导致决策失误,从而使供应链系统复杂、效率低下、响应缓慢,并存在不可预测的风险。面对供应链中信息流、物流、资金流产生的大量数据,传统方法难以有效描述和解决存在的问题,因此仿真技术成为供应链管理人员常用且高效的工具。

数字孪生技术可以让传统的供应链从管理"物理工厂"转变为管理"虚拟工厂",利用工业互联网平台,将实际工厂的数字孪生体进行互联,交互信息,基于供应链运作模型进行不同参数的仿真分析,从而能得到最优的供应链组建方案,其中包括对供应链物流的优化。

(2) 供应链运行过程的协同。供应链管理是企业和企业之间的协作,而生产对接过程往往是企业下属工厂和车间与另外一个企业下属工厂和车间的对接。在传统的供应链管理中,车间与车间之间不存在直接信息交互通道,信息的不通顺往往造成供应链成本的增加。著名的"牛鞭效应"就是这一问题的典型例子。

通过数字孪生系统,可以实现供应链活动的统一规划和信息共享,在计划、运输、生产、存储、分销等环节中协调并整合所有活动,以无缝衔接的一体化流程实现供应链每个阶段资源占用的最小化和整体效益的最大化,从而实现精益物流。基于企业数字孪生体之间的有效互动,可以实现零部件入厂物流的精益化。其中,"多频次、小批量"和"定量不定时"的零部件供应方式,是生产环节中精益物流的一种典型模式。

生产调度,原本是一个企业所属车间 MOM 的运行范畴。通过企业间部门级的协同,上下游供应商的生产计划和完工信息充分共享,可以实现跨企业、跨车间的生产调度方案优化,当上游供应商发生设备故障等扰动不能准时供货时,下游车间可以及时调整生产计划,保证不会因为零部件缺货而停工待产。

数字孪生也让供应链监控实现三维可视化,可以直观地提供供应链的实时运作状态,为相关企业的管理决策提供依据。

(3)应急管理。复杂产品、大型装备的供应链通常较为复杂,往往会呈现"轴辐式"多核心的形态。对于最终产品组装厂来说,供应链的扰动会对其最终产品的质量和交货期产生巨大影响。通过数字孪生系统实现信息共享,可以利用预测模型对可能的供应链扰动风险进行评估和预警,并且能利用仿真工具对各种挑战方案进行预先评估,在风险来临之前可以及时作出反应,降低损失。

数字孪生系统在供应链管理中的应用已经开始在一些大型供应商中实施。例如,洛克希德·马丁公司在其 F-35 战机的沃斯堡生产厂部署了采用数字孪生技术的"智能空间平台",将实际生产数据映射到数字孪生模型,并与制造规划和执行系统对接,从而提前规划和调度制造资源。轴承制造商 SKF 也在其整个分销网络中建立了数字孪生模型,使其区域化运营转变为全球性的综合规划。借助数字孪生技术提供的数据透明度和完整性,供应链规划人员能够从局部运营决策转向全球化的运营决策。

4.2.3 制造数字孪生生态

1. 面向智能制造的数字孪生系统

智能制造涵盖的对象与系统包括智能产品、智能生产系统及智能生产运行过程,与此相关的数字孪生系统可以涵盖产品数字孪生系统、生产系统数字孪生系统及供应链数字孪生系统。由于孪生对象不同,产品的数字孪生基于产品设计、制造和使用过程来建设,其模型和数据来源为产品设计部门、制造部门和产品服务部门,以及用户。生产系统的数字孪生其模型和数据来源为工厂设计规划部门、建筑设计院、设备供应商、工厂制造部门及工厂管理层;供应链数字孪生的模型和数据来源是供应链相关企业的管理部门、制造部门及物流配送企业。这三者的模型和数据来源不同、更新频率不同、责任主体也不同,因此,很难构建一个涵盖整个制造过程和制造要素的数字孪生系统,只能是三个相对独立、又互相关联的数字孪生系统。三个系统对应制造生态,形成一个"制造数字孪生生态"。

1)产品数字孪生系统

在产品生命周期中的典型阶段,一个产品在其生命周期内的演变是一个多层次、多阶段且相互协作的立体反馈模型。

在产品设计阶段,设计人员要深刻理解用户的需求或意图,这些需求决定了产品的结构、配置、功能及细微差异。产品由多个零部件组成,因此需要建立用户需求与产品配置之间的联系。通常,客户需求是通过文本形式给出的,而设计阶段的产品模型是虚拟的,这种映射关系需要在虚拟空间中实现。在实际制造中,新一代产品通常是基于前一代产品进行迭代改进的结果。前一代产品的数字孪生体在研发、制造、使用、报废等阶段积累了大量信息,并不会随着物理产品的消亡而消失,而是可以为新一代产品的设计与研发提供参考模型。

作为物理产品"诞生"前的数字胚胎,是产品生命周期数据积累的起点和统一模型,它集成了产品的三维几何模型、相关属性信息、工艺信息等。此外,还需要工艺人员根据经验与工艺知识编制工艺流程,即把产品设计模型转化为制造方法、步骤及工艺参数,然后将产品数字胚胎模型与设计文档传递到制造环节。

在产品制造阶段,包括生产进度、生产订单干扰、外包需求,以及产品质量在内的制造过程数据,都会实时记录在产品数字孪生体中。基于生产约束、生产目标和产品工艺,可以实现对产品行为和状态的监控与控制,从而使产品的制造情况完全透明化。最终交付给用户的不仅是物理产品,还有与其对应的唯一的数字孪生体,这时的产品数字孪生体已经具备了与物理产品相同的实例行为。

在产品使用和维护阶段,物理产品的所有使用状态变化、组件更换信息、性能衰退数据都会反馈到产品数字孪生体。随着使用时间的增长和频率的增加,物理产品可能会出现组件故障、磨损或损坏,需要更换部分组件。而产品数字孪生体会始终与物理产品保持同步,自动响应产品的组件变更信息。

由此可见,产品数字孪生体是产品全生命周期的数据中心,记录了从设计到使用服务乃至报废/回收的所有信息和模型。产品数字孪生体采用全数字化的方式来表达产品的几何特征、性能、状态和功能,作为全生命周期信息的唯一来源。同时,产品数字孪生体也是全价值链的信息集成中心,其目的是实现价值链中"价值"在时间和空间上的无缝协同,这不仅是信息的共享,也是基于信息唯一性的全价值链服务协同。因此,产品信息在整个价值链中是可以追溯的,并能反馈到产品数字孪生体中,最终形成信息高度闭环的产品数字孪生体。

2) 生产系统数字孪生系统

生产系统是原材料变成产品的地方,是信息流、能量流和物流相交汇作用的地方。按不同的层次来划分,生产系统可以包括工厂、车间、生产线和加工单元。一般来说,本节所说的生产系统数字孪生系统是指工厂数字孪生系统或车间数字孪生系统。

参照产品全生命周期的概念定义,生产系统的全生命周期也可以划分为规划与设计阶段、施工建造阶段、运营与维护阶段,以及报废与改建阶段。每个阶段的目标和信息需求不同,信息特征也有所区别。在生产系统的全生命周期中,所需的信息不断累积并从前一个阶段传递到下一个阶段,而且需要承载面向产品制造过程的多领域、全要素、全业务流程的融合信息。这需要依靠面向生产系统全生命周期的数字孪生技术来满足信息流动、集成和可扩展的需求。

生产系统的数字模型中通常包括三维几何模型的部分,如厂房基础设施模型、生产线设备模型和物流设施模型。厂房建筑是工厂或车间的重要基础设施,因此,建筑信息模型(BIM)成为生产系统模型的重要组成部分。BIM 能够有效地辅助建筑工程领域信息的集成、交互及协同工作,确保工厂生命周期的信息得到有效组织和追踪,防止信息传递过程中的"信息流失",并减少信息不一致现象。BIM 可以根据工厂的不同阶段和需求创建,即从工厂的规划与设计、施工到运营维护的不同阶段,建立相应的子信息模型。各子信息模型具备自演化和自更新机制,可以与前一阶段的信息模型进行交互,并扩展集成形成本阶段的子模型数据,最终形成面向全生命周期的完整信息模型。

以智能工厂为例,在构建工厂数字孪生系统时,引入了"工厂数字胚胎"的概念。一方面,工厂数字胚胎利用 BIM 提供精确的三维模型,相关的数字化文档作为 BIM 的基础数据服务的一部分;另一方面,工厂数字胚胎基于数字化技术,在工厂设计和规划阶段对工厂进行提前建模,作为一种集成生产性能指标、产品工艺规划和调度模型的理想化数字模型。通过这种理想化数字模型来仿真工厂生命周期的制造活动,验证工厂整体运行的可行性和效率。在工厂施工阶段,物理工厂按照已验证的工厂数字胚胎建造,这是工厂从虚拟到实体的孪生映射。同时,工厂数字孪生体也开始形成。在工厂运营阶段,工厂数字孪生体接收来自物理工厂的信息反馈更新,进入工厂数字化映射阶段,并与物理工厂进行信息交互。因此,以 BIM 和生产系统模型为核心的工厂数字孪生系统,根据不同阶段的服务需求建立相应的子服务模型,贯穿工厂的全生命周期,支持对智能工厂中建筑、设备等实体信息的存储、扩展和服务应用过程,如图 4-5 所示。

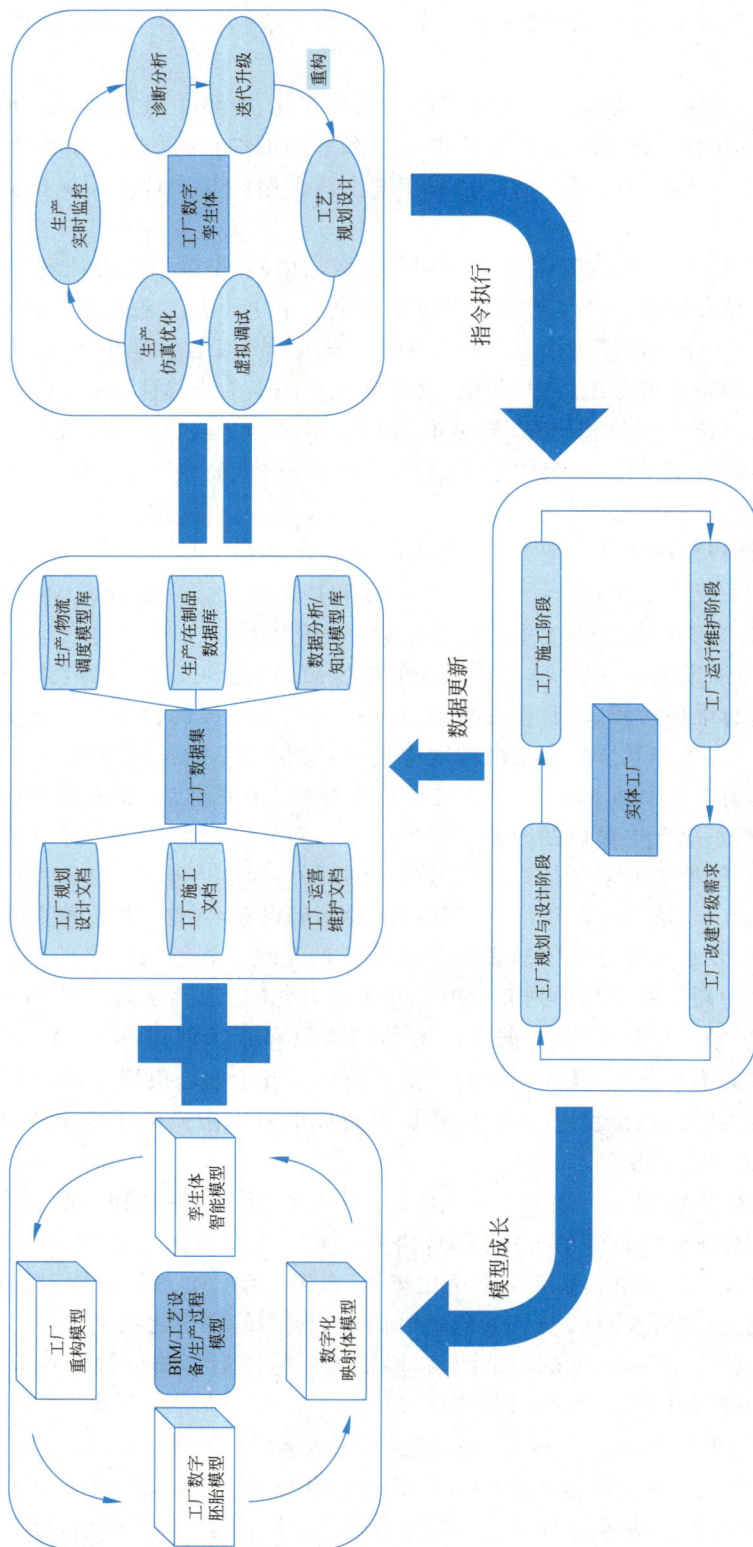

图 4-5 工厂数字孪生系统

3）供应链数字孪生系统

在供应链管理周期中,供应链中的所有产品(供需关系中的服务载体皆视为产品)都会产生与其动态、性能和状况相关的信息。利用这些聚合的海量数据,企业可以通过建模和仿真,创建整个供应链的数字孪生。具体来说,对供应链各个节点(如仓储、枢纽、运输、配送)和节点的业务环节(如仓储中的库存管理)进行模型建立。供应链上的各节点是最小的智能体单元,通过对这些智能体单元的建模和仿真,并通过开放接口将模型串联起来,可以在虚拟空间中模拟整个供应链网络的功能运转。这种理念实质上是形成一个数字化版本的供应链,既为现实世界的供应链提供信息支撑,又从现实世界的供应链获取反馈。

2. 多域融合的数字孪生生态系统

制造企业在实施智能制造时,一个关键点在于不同领域数据与活动的互联。互联不应局限于某一领域的纵向交互,而是要实现企业内部各关键要素的横向互联。这种互联意识促使企业家和工程师重新定义行业边界的意识不断增强,同时也是单体智能向群体智能演进的关键步骤。与传统制造过程依赖 ERP/MES/MOM 等管理系统紧密连接实际生产场景不同,现代制造企业更加关注将工业互联网、云计算、人工智能等新一代信息技术与工厂、产品等全生命周期深度融合,形成自组织、自学习、自决策、自适应的能力,以满足社会化、个性化、柔性化、服务化、智能化等智能制造的发展需求。因此,在实施智能制造过程中,制造企业需要重点关注资源流、信息流、服务流在多领域、多层次中的虚实协同运行与高效联动。

1）多域融合的数字孪生生态系统概念与组成

产品制造过程是在一个广泛的制造系统中进行的,涉及产品与工程设计、管理、生产等多个环节的协同交互运行。产品领域从全生命周期角度关注产品建模、仿真、质量管理到数据管控;工厂领域关注生产装置及其系统的设计、安装、运营和退役的全生命周期管理;业务领域则主要体现在与供应商、客户和生产活动相关的供应链管理。

在产品制造过程中,将这三个领域整合起来是一项巨大挑战,需要将每个领域通过数字线程与其他维度整合,形成制造生态系统。三个领域内部及之间的紧密集成将带来更快的产品研发周期、更高效的供应链和更具柔性的生产系统。因此,从制造企业乃至制造生态系统各个领域之间的协同运行和优化管理过程来看,需要一个虚拟载体或空间来承载实体资源信息并体现信息交互的过程。利用数字孪生技术构建各个领域的多层次数字孪生系统,形成多模型融合的制造数字孪生生态系统(manufacturing digital twin ecosystem,MDTE),包括工厂数字孪生系统(factory digital twin system,FDTS)、产品数字孪生系统(product digital twin system,PDTS)、供应链数字孪生系统(supply chain digital twin system,SCDTS)。制造数字孪生生态系统以企业制造系统物理与信息空间智能交互、不同种群协同进化为目标,集成多模态模型和数据,并可在不同尺度的制造单元上进行动态重构与优化,为智能制造企业中不同领域、不同阶段的任务需求提供智能服务,使生态系统的业务范围得到拓展与成长。

2）制造数字孪生生态内部的交互

制造数字孪生生态系统作为一个复杂网络,存在大量的社区结构,其内部包含多种交互关系,从宏观到微观层面包括物理空间与虚拟空间的交互融合、三个领域数据孪生系统之间的交互、每个领域数据孪生系统不同生命周期阶段之间的交互,以及每个领域数据孪生系统组成要素之间的交互配置。正是这种交互关系促使生态系统中相关的数字孪生系统不断演化和发展。

(1)从产品数字孪生角度看跨域交互。产品从设计、制造到客户方面的安装、使用、运维,整个过程按"工业4.0"来说是"横向集成",这个集成也被称为"价值链集成",因为这个过程是创造价值的过程。一个产品只有被用户认可、被市场认可,才能最大限度地创造价值。

在产品价值链集成的过程,通过构建产品数字孪生系统,产品数字孪生体包含了产品所对应的统一模型及产品全生命周期的数据,是物理产品在数字空间的唯一对应。利用产品数字孪生体记录了产品的所有相关模型和信息,为产品优化提供了依据。

产品数字孪生系统的运行与生产系统、供应链数字孪生系统密切相关。在产品设计阶段,产品数字孪生系统和生产系统数字孪生系统(工厂数字孪生系统)之间存在着密切关系。通过数字孪生体之间的交互,一方面,产品数字孪生体利用工厂数字孪生体进行可制造性工艺分析,以及对制造过程的成本、时间等进行评估;另一方面,工厂数字孪生体利用产品来对工厂布局、工艺装备配置等设计方案进行验证,并优化相关结果。这种交互是双向的。

供应链是保证产品量产质量和时间的关键。供应链数字孪生系统和产品数字孪生系统的关系,也是从设计阶段就开始的。产品最终运行维护成本,和供应链中零部件供应商的选择密切相关,如果没有专门的供应商支持,产品还不能顺利组装。在产品设计阶段,就需要开始进行供应商的选择,利用供应链合作伙伴提供的零部件模型进行产品数字样机的构建,完成产品数字孪生体中仿真优化工作;同时,也要利用供应链合作伙伴的工厂数字孪生模型及供应链数字模型对可制造性、制造过程进行分析和评估。

在产品交付使用后,通过产品数字孪生体的数据收集,能形成产品运行过程数据库。这些数据用来对设计、制造过程进行分析评价,挖掘出设计缺陷和工艺缺陷,明确产品改进和提升方向。

产品数字孪生体记录了产品设计、制造、运行的所有数据,随着数字孪生体的积累,相关数据对生产系统、供应链的优化都有参考价值。

(2)从生产系统数字孪生角度看跨域交互。生产系统的目标是"多、快、好、省"地提供高质量的产品,一个生产系统关注的目标是"TQCSE"(时间,质量,成本,服务,环境),数字孪生系统可以帮助一个生产系统从其规划设计到运行维护、报废重建的整个生命周期内都是优化的。

生产系统作为产品生产制造的承载体,其数字孪生系统的构建和运行,与产品数字孪生系统、供应链数字孪生系统密切相关。

生产系统的设计与优化,是以满足产品生产制造为目标,因此,其仿真分析的参数需要从产品设计系统获取。在生产系统没有物理实体前,产品也没有被生产,所有的设计仿真都是依靠数字模型之间的交互来完成。等实体系统构建完成,产品真实被制造出来,制造过程的数据可以被用来进行模型参数修正,以使数字模型能真实反映生产系统的实际情况。

一个生产系统数字孪生体既可以用来优化生产系统的运行管理方案,也可以为产品研制开发提供仿真环境。随着新产品的开发,对生产系统也需要作出调整,利用产品虚拟数字模型和生产系统数字模型,可以对调整方案进行评估,选择最佳方案实施。

供应链数字孪生系统是建立在生产系统数字孪生体的基础上的。只有供应链的各个企业都构建了其各自的数字孪生系统,如数字孪生车间、数字孪生工厂,才有可能构建完整的供应链数字孪生系统,实现部门级的信息交互。供应链数字孪生系统提供了工厂数字孪生体、车间数字孪生体的运行环境,实时提供外部运行参数,让仿真分析更加准确。

以某企业的生产系统数字孪生系统为主来描述制造数字孪生生态。在这个生态中,产品的使用、供应商的运行都是企业外部的数字孪生系统,通过信息空间的数字孪生体之间的交互,实现不同数字孪生系统的交互。产品全生命周期、工厂全生命周期、供应链协同等多业务主线在信息空间实现交汇,协同推进。

3. 基于生态的模型治理与协同演化

1) 数字孪生生态的种群

制造数字孪生生态系统为不同数字孪生系统的协同运行提供了一个公共环境,促进了各类模型的协同演化。借鉴生物学中的生态系统概念,制造数字孪生生态系统中包含的不同孪生系统可被视作不同的种群。

(1) 产品数字孪生种群。产品是价值的源泉,因此产品种群是制造数字孪生生态系统中最活跃的部分。为了适应多变的市场需求,数字孪生生态系统中不断有新产品涌现,同时也有旧产品被淘汰。在产品种群中,一类产品可以被视为一个物种。如果某个物种(产品)能够适应市场需求并满足用户需求,其生命周期将会延长,销量增加,相应的数字孪生体数量也会增加,物种就会繁荣;相反,如果产品无法适应市场,则会提前退出市场,物种"灭绝"。然而,与实际生物物种不同的是,产品数字孪生体并不会真正消亡,其存在的意义在于为新产品的开发提供参考价值。

(2) 生产系统数字孪生种群。生产系统种群在制造数字孪生生态系统中通常较为稳定,但随着越来越多的"跨界"投资案例的出现,如互联网企业涉足汽车制造或投资养殖业等,生产系统种群也变得更加活跃,优胜劣汰的现象频繁发生。生产系统种群会根据其所属行业形成不同的"物种"。如果一家企业掌握了核心技术,它可以跨越多个行业,其物种将会繁荣;否则,它可能会被迫退出市场,从而离开生态系统。

生产系统中的企业数字孪生体和工厂数字孪生体由于供应链的关系,会形成子种群(供应链数字孪生系统)。这些子种群构成了子生态系统,如果运行良好,这些子生态系统会不断发展壮大。目前,许多行业的领军企业正依托工业互联网平台培育自己的"制造生态系统",即通过信息共享、网络协同等技术来培养和壮大自己的供应链和服务链合作伙伴,以扩大市场占有率。

(3) "外来物种"。不同行业、不同地域的客户、临时供应商的数字孪生体可以看作是制造数字孪生生态的外来物种。一方面,这些外来物种会为制造数字孪生生态带来新的需求和数据,从而促进生态的发展。例如,新客户的加入带来新的订单,可以促进生态持续发展。另一方面,如果外来物种足够强大,它们可能会挤占原有物种的空间,甚至会成为生态中的一个稳定物种。例如,如果互联网公司加入汽车制造数字孪生生态中,则会影响原有生态中的车企生存环境。

传统意义生态中土壤、水和空气等环境是生态稳定发展的前提,生态中的各个食物链的平衡是一个生态系统物种稳定的重要因素。而在制造数字孪生生态中,模型和数据的协同,是生态稳定发展及物种适应能力提升的关键。

2) 模型与数据的治理和演化

一个数字孪生系统不可能是独立运行的,需要和其他数字孪生系统相互交互,协同运行。对于制造数字孪生生态中各个数字孪生种群来说,其模型与数据的治理和演化特点与要求包括以下方面。

(1) 模型来源不一。分析产品数字孪生系统、生产系统数字孪生系统,它们的主模型的来源不同。产品数字孪生系统的模型源于产品设计制造主企业的 MBD 应用系统。利用 MBD 提供的统一模型管理环境,进行模型的管理。结合 MBx9,可以开展模型支持下的产品设计、制造、服务等工作。生产系统数字孪生模型的主模型源于建筑设计企业的 BIM 系统,可能包括数字化交付的相关数据,另外还包括生产设备系统、物流系统供应商提供的相关模型。这些模型一般由企业的规划部门来进行管理。供应链数字孪生系统的模型,包括了相关企业的生产系统数字模型,以及管理模型和物流企业的物流模型,可以由供应链龙头企业进行管理。

(2)数据来源不一。和模型来源多样化一样,数字孪生体的数据来源也各不相同。以产品数字孪生体来说,设计数据可能来自不同的设计企业和零部件供应商,这些企业提供的设计模型及运行数据,不会全部提供给产品最终设计商。例如,轴承厂商有自己的轴承寿命预测模型,但是这个模型一般不会提供给轴承用户。如果需要仿真分析,就需要通过外部集成轴承厂商提供的仿真分析模型的方式来完成。产品运行过程的数据属于用户,如果用户不愿意提供这个数据,则产品数字孪生体的运维数据也不一定能全部获取。生产系统的数字孪生系统也类似,如果其加工的产品是第三方委托的,并且不能提供产品数字模型,那就不能进行针对产品数字模型的仿真优化工作。

(3)模型和数据治理。基于上述分析,由于模型和数据的主体各不相同,在很多情况下,很难有一个集中的管理方对模型和数据进行管理。这个时候,就需要采用"治理"的思想,通过制定相关的模型和数据治理规则,让各参与方在共享数据时,能够实现模型和数据的共治,协同演化。制造数字孪生生态的构建,为模型和数据的治理提供了一个统一的环境。在生态中,治理法则可以包括以下方面。

① 模型和数据共享法则。明确模型和数据访问的统一接口。利用第三方通用格式来表述模型,便于模型的共享。例如,对于三维几何模型,可以采用 JT、VRML、STP、STL 等格式来进行表示;对于数据,可以定义统一的数据语义,利用 XML、JSON 等格式进行数据传递,并且利用 Web 服务的方法提供数据访问接口。

② 模型和数据更新法则。明确各类模型和数据的更新频率、更新条件、更新内容及更新后的通知等内容,各个数字孪生体需要确定自己的更新规则,以及相关孪生体的告知规则,以便进行同步更新。这个协同对于供应链数字孪生系统来说十分重要,因为供应链数字孪生系统连接了不同企业的生产系统数字孪生系统,模型和数据的及时更新是保证供应链数字孪生系统持续稳定运行的关键。

③ 模型和数据跨域更新法则。一个系统内的模型和数据更新,会带动其相关数字孪生系统模型和数据的更新,需要定义跨域更新法则,这也是生态系统中协同演化的一个特征。例如,生产系统的升级会带来更多的工艺能力,为产品带来新的工艺方法,可以进一步缩短产品加工时间或提高产品质量,这就需要对产品的工艺模型和工艺数据进行更新。

(4)数字孪生生态的协同演化。模型和数据治理,是数字孪生体协同演化的基础。制造数字孪生生态的演化,还包括信息空间和物理空间内数字孪生体和物理实体的协同演化。这部分的演化可以从下述几个方面来实现。

① 通过软件升级来实现。由于现在的很多产品和系统都是典型的 CPS 系统,信息空间的进化可以带来一部分物理实体的进化。物理系统的运行,部分运算功能是基于在线平台的,在线平台的功能升级会带来物理系统的升级。对于一些本地运行的系统,可以通过驱动程序、控制系统软件的更新来实现功能的改进和提升。例如,现在很多手机、智能设备可以通过 OTA(over-the-air,空中下载)在线功能实现软件升级,在软件升级后,其功能也会改进和完善。

② 通过服务来提升物理产品的体验。同样的产品,通过售后服务、在线优化等方法来提

升物理实体的运行功能和效果。例如,针对数控加工设备,利用数字孪生体的模拟仿真、智能决策来对设备运行过程的加工参数进行优化,可以提升设备加工效率和加工质量。当设备供应商能提供这个服务时,就是提升了产品的内在价值,无形中实现了产品的演化。这也是信息—物理(cyber-physical)两个空间的协同优化。

③ 新产品、新工艺的改进。利用数字孪生体所采用的数据,对新产品、新系统开发和制造、建造过程进行优化,实现物理产品、系统的优化与提升,这种方式就是通过产品和生产系统的迭代优化来实现协同演化,这也是真正的协同演化,让数字孪生系统不断地向前发展。

4.3　生产制造情境下的数字孪生方法

4.3.1　制造体系中与数字孪生相关的关键概念

近年来,基于 CPS(信息物理系统)的数字孪生作为一种仿真应用技术框架,逐渐引起了规划工作者和研究人员的关注。Schleich 等人(2017)提出了一种贯穿产品全生命周期的综合参考模型,用于构建面向设计与生产工程的数字孪生。Tao 等人(2018)和 Miller 等人(2018)分别提出了基于数字孪生的生产设计框架,而 Liu 等人(2019)则提出了一种基于数字孪生驱动的自动化车间制造系统的快速个性化设计方法,这些研究指明了潜在的解决方案方向。

从以上研究综述中可以看出,为了应对制造业工厂的临时性改造项目或中小企业的规划需求,需要研究快捷有效的仿真手段,以提供对工艺流程与节拍问题的有效解决办法,从而以较低的仿真成本来满足规划需求。在工厂规划设计和流程再造阶段,数字孪生提供了一种符合当前实际情境的便捷有效的模拟分析方法。如何结合轻量级仿真技术和低成本物联网技术,为不同的制造业提供一种低成本、低技术门槛且快捷有效的数字孪生框架模型,用于工厂规划阶段,是一个具有广泛应用前景的研究课题。

在针对不同生产阶段进行研究之前,可以基于现有的研究成果归纳出在生产制造情境下的数字孪生方法框架。数字孪生是 CPS 概念的具体应用技术,继承了传统数字工厂中对客观物理对象数字化、可视化、模型化和逻辑化的理念,同时赋予了 CPS 概念中计算进程和物理进程一体化融合的特性,通过环境感知与物理设备联网,将资源、信息、物体及人紧密联系在一起。

在第四次工业革命背景下,数字孪生对制造业工厂的核心价值在于通过新一代信息技术和制造技术的融合,整合多属性、多维度和多应用可能性的仿真技术,实现对工厂物理实体对象的特征、行为、形成过程和性能等方面的描述和建模,从而进一步实现智能化的数字孪生或数字化映射。数字孪生概念继承了数字工厂的技术发展路线,为制造业实现 CPS 概念提供了一种具体的应用技术框架,对于"工业 4.0""中国制造 2025"等以 CPS 为核心的制造业战略的实现具有指导意义。然而,作为新兴的概念,数字孪生与 CPS、仿真等概念存在一定交叉或边界模糊之处,因此有必要对制造体系中与数字孪生相关的关键概念进行辨析。

1. CPS

随着物联网等新一代信息技术在制造业中的应用,现实世界与虚拟空间的融合正在加速,而 CPS 是推动和支撑这种融合的核心概念(Tao and Zhang,2017; Qu et al.,2015; Bortolini et al.,2018)。CPS 的概念源自嵌入式系统的广泛应用,可以追溯到 2006 年。这一术语最早是由美国国家科学基金会(National Science Foundation,United States,NSF)的 Gil 提出的,用于描述当时已经变得过于复杂而无法用传统 IT 术语有效解释的系统(Tao and Zhang,2017;Qu et al.,2015)。

在 2006 至 2007 年间,美国相继发布了《美国竞争力计划》和《挑战下的领导——竞争世界中的信息技术研发》,CPS 随即被确立为美国研究投资的重点领域(Tao et al.,2019)。2010 年,德国政府发布了《德国 2020 高科技战略》,并在随后的汉诺威工业博览会上提出了"工业 4.0"概念,同时展示了"工业 4.0"的示范项目,其中也将 CPS 作为其核心概念的一部分(Wang et al.,2016)。

CPS 如今已被成熟地定义为一种集成网络世界与动态物理世界的多维度复杂系统,通过计算(computing)、通信(communication)和控制(control)的集成与协作,CPS 在制造业中提供了实时感知、信息反馈、动态控制及其他服务。CPS 建立在密集的连接和反馈回路之上,因此其物理进程与计算进程之间存在高度的相互依赖性,并在此基础上实现了信息世界与物理世界的集成与实时交互,以可靠、安全、协作、稳健和高效的方式监控物理实体。通过赋予物理进程精确控制、远程协作和自主管理等功能,CPS 提升了制造企业的控制水平、管理能力和经济效益(Lee,2008,2015)。

CPS 与物理世界的过程紧密结合,其智能源于物理世界的数据。物联网(IoT)是实现 CPS 的关键支持技术之一。为了实现数据的双向传输与交换,物联网中的传感器和控制器等通信设备构成了物理世界与信息世界交互的基础,这也是 CPS 的一个重要特征。物联网为实时通信和数据交换提供支持,物理进程中的变化会引发信息世界的变化,反之亦然。信息世界对来自物理世界的数据进行管理、处理和分析,并根据预定义的规则和控制语义生成控制指令。信息世界将分析结果反馈给执行单元,执行单元则根据控制指令执行操作,以响应物理世界的变化。

新的同步机制与方法、新材料技术及新型芯片技术为 CPS 的实现提供了经济可行的解决方案(Huang et al.,2008;Qu et al.,2017;Kuo and Szeto,2018)。过去,已有许多研究提供了具体的物联网技术应用方法。例如,Wang 等(2012)的研究表明,射频识别技术(RFID)能够提供自动和准确的对象数据捕获功能,从而实现车间执行过程的实时可见性和可控性。Zhong 等(2013)提出了一种支持 RFID 的实时高级生产计划与调度框架,利用 RFID 技术为生产计划、调度、执行与控制中的各方决策和操作提供支持。Lin 等(2017)介绍了一种在汽车标准件工厂中物联网的实时同步方法。Qu 等(2017)研究了典型的生产物流执行过程,并设计了具有成本效益的物联网解决方案,提出了一种定量的物联网系统分析方法。此外,有观点认为,相较于嵌入式系统、物联网、传感器等技术,CPS 更为基础,因为它并不直接引用具体的实现方法或特定的应用程序。因此,CPS 更适合被视为一个科学范畴而非工程范畴,这一点在美国国家科学基金会的声明中得到了体现,该声明指出,CPS 的研究目标是探索新的科学基础(Monostori et al.,2016)。

CPS 无疑能够带来巨大的经济效益,并将从根本上改变现有的制造工业运作模式。然而,当前对 CPS 的研究主要集中在概念、体系结构、技术和挑战的讨论上(Liu and Xu,2017),而在生产制造业的实际应用仍处于初级阶段(Lee,2015)。关键的制约因素在于缺乏能够将 CPS 概念具体实施的方法框架,而数字孪生作为一种能够实现 CPS 概念的突破性应用技术框架,受到了工业界研究者和从业者的广泛关注。数字孪生与 CPS 拥有相同的基本概念,即在物理世界和信息世界之间建立高密度和高实时性的连接,并通过实时交互、组织集成和深度协作来为实际生产、运营和管理创造价值。

2. 数字孪生与 CPS 的关联与区别

数字孪生是一个与 CPS 紧密相关的概念。数字孪生在信息世界中创建物理世界的高精度虚拟模型,以模拟物理世界中的行为,并向物理世界提供反馈或控制信号(Grieves,2015)。这种双向动态映射过程与 CPS 的核心概念非常相似。

从功能上看,数字孪生与 CPS 在制造业的应用目标一致,都是为了使企业能够更快、更准确地预测和检测现实工厂的问题,优化制造过程,并生产更好的产品(Tao et al.,2019)。CPS 被定义为计算进程和物理进程的集成(La and Kim,2010),而数字孪生则更多地涉及使用物理系统的数字模型来进行模拟分析并执行实时优化(Söderberg et al.,2017)。在制造业场景中,CPS 和数字孪生都包含两个部分:物理世界部分和信息世界部分。真实的生产制造活动由物理世界执行,而智能化的数据管理、分析和计算则由虚拟信息世界中的各种应用程序和服务完成(Monostori et al.,2016)。物理世界负责感知和收集数据,并执行来自信息世界的决策指令;而信息世界则负责分析和处理数据,并作出预测和决策(Liang et al.,2012)。物理世界与信息世界之间通过密集的 IoT 连接实现相互影响和迭代演化,丰富的服务和应用程序功能则使制造业人员参与到两者的交互影响与控制过程中,从而提升企业的控制能力和经济效益。

从时间角度来看,数字孪生的概念晚于 CPS 出现。CPS 概念始于 2006 年,并随后成为美国和德国智能制造国家战略的核心概念。根据现有文献记载,数字孪生最早是在 2011 年由 NASA 和美国空军提出,并在 2014 年由于全生命周期管理的研究而在制造业中逐渐受到关注。自 2017 年起,大量关于数字孪生的理论研究成果开始涌现。

从架构角度来看,虽然数字孪生和 CPS 都包含了物理世界、信息世界及两者之间的数据交互,但两者各有侧重。CPS 强调计算、通信和控制的三 C 功能,其中传感器和控制器是 CPS 的核心组成部分,CPS 面向的是基于 IoT 的多对多连接的信息与物理世界的融合。而数字孪生则更多地关注虚拟模型,虚拟模型在数字孪生中扮演重要角色,通过输入和输出解释和预测物理世界的行为,强调一对一的映射关系。相比之下,CPS 更像是一个基础理论框架,而数字孪生则更像是对 CPS 概念的工程实践。

3. 数字孪生与仿真的关联与区别

仿真技术是实现数字孪生的重要组成部分之一。在工厂规划与流程再造中,仿真分析是常用的技术手段,为提高制造企业的生产效率和绩效,已有许多仿真方法被提出,如数字仿真、蒙特卡罗仿真模拟及基于精益系统的仿真。可用于生产系统仿真的软件,如 Quest、FlexSim,以及支持整体解决方案的 DELMIA(digital enterprise lean manufacturing interactive application)和西门子公司的 Tecnomatix,均有成熟应用。在数字孪生方法中,系统通过虚拟镜像的仿真模拟找到最优解,并将决策或建议信息反馈给现实世界。

数字孪生与传统仿真方法的主要区别在于,数字孪生要求物理工厂与虚拟数字工厂之间不断循环迭代,因此,数字孪生所需的仿真具有高频次、不断迭代演进的特点,并伴随工厂的全生命周期。传统仿真方法由于人力投入大、人员素质要求高、耗时长等原因,导致中小企业难以承受成本或因实施周期过长而无法满足市场变化节奏,因而较少被采用(Sanchez and Mahoney,1996;Jahangirian et al.,2010;Kasperczyk et al.,2012)。现代制造业面临快速变化的市场环境和企业不断升级、转型、调整产能和生产方式的需求,因此需要一种敏捷的仿真方法来支持数字孪生的应用。

已有研究成果显示,传统仿真方法在工业规划项目上的实施存在便利性和灵活性限制。Gunumurthy 和 Kodali(2011)基于现有精益方法的不足,从精益生产的视角设计了精益制造系统,结合仿真技术和价值流图(VSM)显著改进了车间的生产绩效。然而,该研究未能解决实践中可能存在的局部精益问题,并且没有明确如何应对市场动态变化,也没有为临时项目规划提供合理的途径。McDonald 等(2002)提出,在生产改进分析中使用仿真软件有助于克服VSM 静态视角的局限性,并将其应用于订单控制产品制造工厂中的专用生产线,提高了解决方案的质量和效率。但该研究中的方法依赖于某些具体概念,如工艺改进和 5S 等,需要实施人员具备较高的理论素养。De Franca 和 Travassos(2016)为不同仿真模型提出了评估指南,集中研究动态仿真模型的实验,并指出大多数仿真方法存在实施障碍。

Zhou 等(2014)基于案例推理设计了一种敏捷的工艺规划方法,帮助再制造生产线的规划人员快速检索和利用过往问题的解决方案。然而,这种方法在应对快速变化的环境方面效果不佳。Zhou 等(2016)开发了集成仿真与可视化的方法,为过程优化、设计、扩展和故障排除提供了一个具有高投资回报效益的工具,但这种方法更适用于虚拟设计和虚拟培训场景,对于工艺与节拍问题的解决不够充分。从上述研究可以看出,为了应对制造业工厂的临时改造或中小企业的规划需求,需要研究快捷有效的仿真手段,以较低的仿真代价满足规划需求。

近年来,学者们针对工艺规划仿真难点进行了大量研究,并提出多种技术解决方案。例如,Zhao 等(2014)提出了一种基于模糊推理 Petri 网的产品拆卸序列决策模型,简化了拆卸过程,降低了使用成本。Mahapatra 等(2013)假设退货能够以固定速度进行再制造,并提出了一种模型来满足固定需求。Sung 和 Jeong(2014)建立了求解该问题的数学模型,确定了拆卸作业的顺序和数量,提高了再制造环境中拆卸规划的效率。Li 等(2015)提出了一种动态设备布局优化方法,以应对制造设备布局设计中的高不确定性。Huang(2018)建立了三种贸易策略下的制造模型,并分析了贸易策略对均衡决策和供应链成员利润的影响。

此外,一些研究还集中在制造过程的仿真分析方法上。Li 和 Tang(2011)提出了一种基于图形评价和评审技术的制造工艺规划分析方法,该方法考虑了来料零部件的质量不确定性。Cao 等(2010)建立了基于制造系统工程理论的决策框架模型,对制造工艺规划中的决策对象属性进行了形式化描述。Jiang 等(2014)为了充分利用专家的经验和知识,提出了一种基于质量功能展开(QFD)和模糊线性回归的制造工艺方案优选方法。然而,在制造背景下的工艺设计问题上,仍然缺乏基于工厂实践的研究及验证的方法和工具,无法有效解决回收产品的质量和成分差异较大情况下的再制造工艺过程设计问题。

4.3.2 面向制造的数字孪生实践环

数字孪生继承了数字工厂的技术发展路径。经过 30 年的持续演进和升级,数字工厂达到了当今最高级的形式,即智能化的数字孪生工厂(卢阳光等,2019)。以往对数字工厂的理解,通常强调其伴随工厂全生命周期,并在工厂规划、详细设计、建设、运营、生产、优化和退役过程中,与实体工厂一同不断发展和完善。然而,在新的智能制造背景下,数字孪生赋予了数字工厂更为先进的内涵,包括利用先进的传感器、物联网(IoT)和历史大数据分析等技术,具备超高保真度、多系统融合和高精度等特点,能够实现监控、预测和数据挖掘等功能。数字孪生可以依靠传感器及其他数据来感知环境,响应变化,提高运营效率,增加价值(尚吉永和卢阳光,2019;卢阳光等,2019)。

在智能制造的新背景下,新一代数字孪生是评估和优化工厂全生命周期内各种技术方案和技术策略的综合过程。结合现代管理科学的观点:智慧源自知识,知识源自信息,信息源自数据。新一代数字孪生实践围绕多源异构的工业大数据展开,通过大数据应用推动智能制造,将数字工厂实践从增强规划能力的 1.0 阶段推进到实现智能制造的 2.0 阶段,如图 4-6 所示。数字工厂的 2.0 版本即智能化的数字孪生工厂。

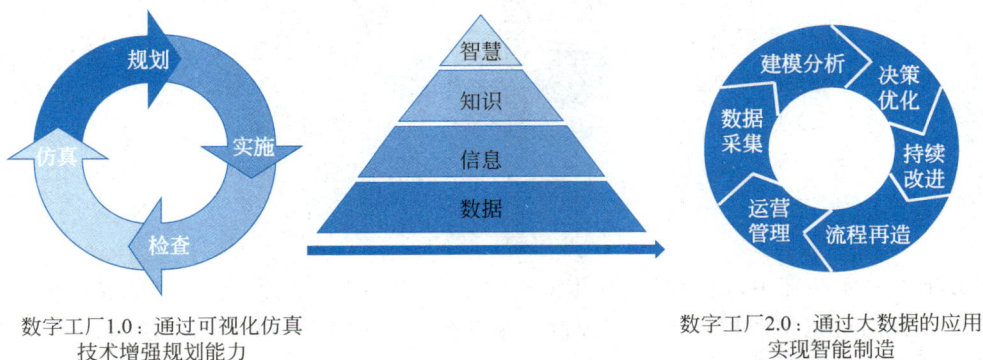

数字工厂1.0:通过可视化仿真
技术增强规划能力

数字工厂2.0:通过大数据的应用
实现智能制造

图 4-6　数字工厂实践环 1.0 到 2.0

数字孪生伴随工厂的全生命周期,并在工厂规划、设计、建设、控制升级和再造过程中,与实体工厂一同不断丰富、改进和演变。针对制造业工厂全生命周期的几个关键环节,数字孪生的具体应用体现在以下几个阶段。

(1)在工厂规划阶段,数字孪生如同工厂的灵魂,已经存在,通过虚拟仿真技术和物联网技术,将历史数据、经验和知识应用于工厂规划,帮助管理层快速决策。

(2)在工厂设计阶段,数字孪生作为未来实体工厂的预定义镜像,为设计单位和业主单位之间提供有效的沟通方式和决策依据,确保设计的安全性和合理性。

(3)在工厂建设过程中,数字孪生作为实体对象的数字化映射,是多物理、多维度、超写实和动态概率的集成仿真模型,用于模拟、监控、诊断、预测工厂实体项目的精度、时间进度和费用预算。同时,数字模型通过与物理实体之间的数据和信息交互,不断提升自身的完整性和精确度,最终完成对物理实体的完全和精确描述,以及建设过程信息的归档。

(4)在生产控制过程中,数字孪生作为与现实世界物理实体完全对应和一致的虚拟模型,实时模拟自身在现实环境中的行为和性能。此阶段利用数字孪生推动高性能计算技术和机器学习技术在生产过程中的应用,实现实时虚拟现实迭代交互,优化生产要素配置和生产控制过程。

(5)在工厂升级和流程再造过程中,数字孪生通过与实体工厂之间全要素、全流程、全业务的数据集成和融合,并在孪生数据流驱动下,实现对工厂生产要素、活动计划的模拟和优化,为物理工厂的持续升级改造提供分析支持。

从工厂规划、设计、建设、控制到升级、再造的运营过程中,数字孪生保存了工厂物理实体所有运营和运行数据的数据档案。这些档案在未来新工厂规划中可以作为参考依据,至此形成一个闭环循环。

生产制造的数字孪生方法框架以其核心的数字孪生实践环为基础,如图 4-7 所示。数字孪生方法框架涵盖了制造业环境中的物理对象、虚拟模型、参与生产控制和经营管理的人员,以及通过工业物联网(IIoT)将这些要素连接在一起并不断循环迭代的数字孪生实践环。

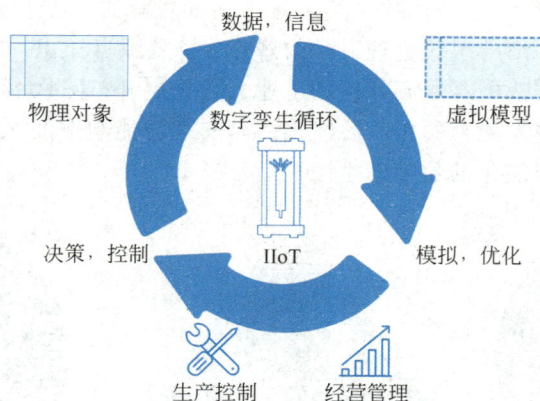

图 4-7 数字孪生实践环

在数字孪生实践环中,虚拟模型对其物理对象进行数字化、可视化、模型化和逻辑化模拟,模拟结果一方面可以实时展示给生产控制人员和经营管理人员,用于辅助决策;另一方面也可直接形成控制指令反馈到生产设备的控制器上。数字孪生实践环中的物理对象不断接收来自人员和虚拟模型的控制指令,执行生产任务,同时将自己的状态信息持续传递给参与人员和虚拟模型。实践环中的参与人员观察虚拟模型展示的动态可视化信息、孪生模型的模拟结果和实时优化建议,并据此对物理设备或加工对象进行实时控制决策。工业物联网(IIoT)将所有要素串联起来,形成一个不断循环的闭环。

4.3.3   基于数字孪生实践环构建数字孪生工厂

数字孪生的方法框架,包括数字孪生的方法和模型,在制造业工厂全生命周期的不同阶段,关注的重点各不相同,因此构建数字孪生的方法和模型也会有所区别。但在任何阶段,数字孪生的框架都必须围绕"人、信息模型、物理对象"三大要素构建,而实现这些要素之间信息双向交互的关键在于物联网(IoT)。

数字孪生工厂的组成要素,包括物理真实工厂、数字工厂模型,以及在二者之间双向传递的生产现场过程数据,如生产设备数据、测量仪器数据、生产人员数据和生产物流数据,这些过程数据实现了物理工厂和虚拟模型之间的关联映射与匹配。

支撑数字孪生映射关系的信息技术基础架构包括工业互联网、移动互联、物联网和云平台。支撑数字孪生在分析、预测、决策支持环节实现应用价值的技术则包括数据挖掘、数字网格、机器学习、大数据分析、模拟仿真和可视化操作虚拟现实计算。最终,数字孪生将在工厂的规划建设阶段通过规划仿真、建设管理数字化交付、企业过程资产管理等应用场景实现节省项目投资、加速投产上线时间。在工厂的生产经营阶段,则通过环境安全、生产管理、设备运维和人员培训等应用场景实现对产品和制造过程的精细化管控,从而提升企业的经济效益。

4.3.4   工厂不同阶段的数字孪生构建重点

基于通用的数字孪生框架,在工厂生命周期的不同阶段,具体的数字孪生落地应用方式各有其特定的方法和模型。在上述数字孪生应用的不同阶段中,与智能制造领域最密切相关的是规划、生产控制和流程再造三个阶段,因此本书将围绕这三个核心阶段探讨数字孪生的理论与应用方法,包括工厂规划、工厂生产控制和工厂流程再造。

1. 规划阶段的数字孪生构建

传统仿真方法和平台存在的缺陷限制了它们在现代制造业中的应用。这些问题主要体现在:对使用者的素质要求很高,需要长时间来培养一支熟练运用的团队;项目执行需要现场生产和管理部门提供大量配合,且现场研究和仿真建模的工作周期很长;许多仿真变量数据难以有效收集;一个仿真场景只能用于特定情况,当业务环境发生变化时需要重新构建模型。这些问题导致在许多情况下,传统仿真方法的成本高于其收益。规划阶段的数字孪生需要解决的关键问题是在制造业背景下设计一种通用性较高、应用门槛较低的数字孪生方法与模型,结合 IoT 技术提高规划分析效率,降低规划阶段的分析成本。

规划阶段的数字孪生首先需要设计一种数字孪生模型,用于工艺规划和流程分析;其次需要提供采集和处理物联网数据和已有历史数据的方法,以构建形式化的孪生模型;再次需要给出利用数字孪生模型指导规划的方法;最后基于特定工业情境,比较新的数字孪生方法与传统规划方法的差异,包括规划成本和规划效率等方面。

2. 生产控制阶段的数字孪生构建

已有研究表明,实体工厂产生的大量原始数据会导致严重的信息过载问题,而当前的数据挖掘技术仍不足以很好地处理这些数据用于智能生产控制(Cheng et al.,2018)。由于工业大数据的维度过大和数据生成速度快,目前基于机器学习的生产控制数字孪生框架模型的研究还相对少见。传统生产控制优化方法通常是单一过程的知识输出,而数字孪生方法则是物理制造工厂与虚拟数字工厂之间的持续交互过程。在一个数字孪生框架中,虚拟数字工厂模型会不断从物理生产线收集实时数据,并利用实时数据和历史数据进行模型训练、验证、更新,最终反馈给真实工厂以实现生产控制目的。在现实中,物理工厂将根据虚拟工厂模型的仿真和优化结果进行生产。

生产控制阶段的数字孪生需要解决的关键问题是构建生产控制优化的数字孪生方法,并设计一种在工业大数据背景下基于现有机器学习算法理论进行模型训练、评价和反馈生产控制的数字孪生模型框架。

生产控制阶段的数字孪生首先需要一种基于 IoT 和机器学习构建数字孪生的方法,以适应生产环境的不断变化;其次需要具体的数字孪生控制结构框架,包括基本步骤、训练算法和关键评价指标;再次需要解决在制造工业情境下用机器学习构建数字孪生所面临的问题,如制造数据的高维度、时间序列数据的对齐性高和时间滞后等问题;最后需要提出将数字孪生在线部署在工厂生产系统上的方法,并通过案例验证数字孪生方法对生产控制优化的有效性。

3. 流程再造阶段的数字孪生构建

在流程再造阶段,数字孪生需要解决的关键问题是如何结合价值流图(VSM)等传统精益管理理论,构建在制造业背景下基于数字孪生的生产流程再造方法,并设计能够提高传统流程再造精确度和可行性的数字孪生模型。在流程再造阶段的数字孪生构建中,首先,应以通过定量分析提升传统方法的准确性和有效性为目标,设计数字孪生模型框架;其次,基于数字孪生仿真模型,结合 VSM 等传统精益管理方法,为生产流程优化设计基于数字孪生的精益方法;再次,在中小型制造业和传统制造业背景下,给出数字孪生的数据采集和建模方法;最后,通过具体制造业情境下的案例进行检验,讨论基于数字孪生方法提升传统精益方法精确度和可行性的效果。

4.4 规划阶段的数字孪生

4.4.1 一种基于数字孪生的规划框架

本小节提出了一种规划阶段的数字孪生方法框架,实现物理世界与虚拟制造世界的有效交互。借鉴物联网技术和灵活模拟仿真(flexible simulation,FS)框架,设计了一种基于数字孪生的规划方法框架,如图 4-8 所示:第一步,规划人员在仿真平台上用较短的时间完成一个简化的模型搭建;第二步,对于物联网可以直接获取的仿真必要数据,如设备运转和人流物流数据,经过程序化自动处理后,直接用于仿真模型的数据输入;第三步,通过仿真模型的平台输出仿真后的关键数据信息,反馈用于现实中的规划决策或供优化讨论。考虑到生产制造业在规划工作中的普遍要求,本节设计了用于工厂规划阶段数字孪生的核心——效率验证分析(EVA)模型。基于 EVA 仿真的数字孪生规划方法旨在实现以下目标。

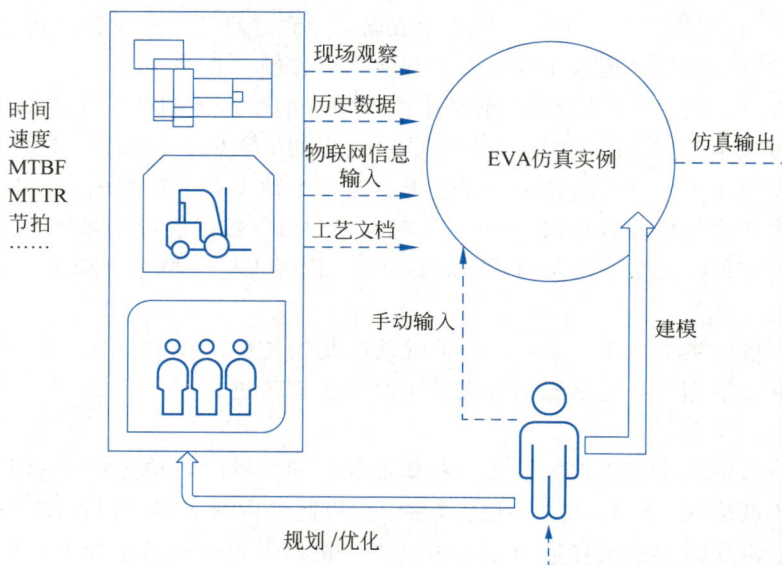

图 4-8 基于数字孪生和 IIoT 的规划方法示意图

（1）快速构建用于规划的仿真模型,并利用物联网数据和工厂数据等历史数据作为仿真建模的参考依据。

（2）应对现代制造业特殊工艺过程的仿真需求,如在再制造工业生产中,包括清洗、拆卸和分类等不同于传统制造业的生产过程,都能在仿真模型中进行有效模拟。

（3）使仿真模型能够灵活适应生产模式和工艺流程的调整与变更,利用现有模型快速调整,通过更改模型的组件连接和参数变化,适应生产升级和改造等小型规划任务。

（4）利用仿真模型模拟材料供应和市场需求不稳定的情况,并通过工厂物联网收集的丰富数据进行模拟数据计算。

从工厂物联网和现有信息系统获取的历史数据可以通过数据接口自动收集,并在服务器端进行预处理,转换为必要的仿真输入,如代理节拍、平均故障间隔时间(MTBF)、平均修复时间(MTTR)、运行速度、工人和车辆的移动速度等。通过对这些基础要素的设计,构成一个基本的工艺规划分析框架。该框架是为适用于制造业规划任务而设计的,集成了物联网历史数据和 EVA 仿真模型。

4.4.2　基于 IIoT 和仿真的数字孪生方法设计

现代制造业工厂越来越多地呈现中小型规模,且通常具有以下特征:首先,现代工业生产线自动化程度高,实时通信网络和通信接口成熟,新型材料技术和芯片技术大幅降低了 RFID 等生产线数据采集手段的成本,为实时数据采集的普及提供了条件,因此可以获得大量的 IIoT 数据;其次,过去相同产业工厂积累的历史数据丰富,尤其在诸如再制造等近几年蓬勃发展的新型工业中,这一特点尤为突出。即使是全新的再制造工厂规划,也将遵循与原有型号新产品工厂相同的工艺和生产模型,最终产品采用成熟技术方案,无须对加工工艺重新研发。因此,基于 IIoT 和历史经验数据的规划数字孪生方法,在现代制造工业环境中拥有了基本的技术基础和物质基础。

目前,制造业生产线大多为联网控制的数控系统。以汽车工业为例,其机械加工生产线和装配生产线基本上已经部署了工业网络,包含随产品制造过程流动的 RFID 芯片、控制生产机床的可编程逻辑控制器(PLC)和计算机数字控制机床(CNC)控制单元等,这些技术基础为实时获取丰富的工业大数据创造了条件。在数控机床的控制柜内,PLC 和 CNC 模块通常预留了用于外接数据采集的空闲以太网 TCP/IP 接口及电源接口。只需外接一个低成本的工业控制盒即可进行数据采集,在生产线安全级别要求不高的情况下,也可以直接将工业网口与办公网络的服务器连接。以 CNC 为例,汽车生产线工业数据采集方式的逻辑示意如图 4-9 所示。

通过物联网获取的机床工控数据是进行各种数据分析的快捷有效的信息资源。同时,存在从生产线获取工业数据及其相关数据向外传递的网络拓扑。

利用 IIoT 技术采集数据的好处包括:数据实时在线传输,提高了数据获取的即时性;避免人为干预导致的数据错误,保证了数据的准确性;借助边缘计算技术,在数据源处对大数据进行初步的清洗、筛选和整理,提升了数据的有效性。

在制造型工厂的规划任务中,在工艺规划阶段初期或每个再制造深度升级阶段,通常会更加关注效率的关键指标,如时间、节拍、瓶颈等。因此,在设计基于数字孪生的新型规划仿真方法时,需要重点考虑轻量化、易用性,以及模型与现实数据之间、模型与规划人员之间快捷有效的互动问题。

目前,广泛应用于传统大型工业的仿真方法并不适用于再制造等新型制造业的工艺规划任务。大多数传统仿真方法基于模型驱动架构(model-driven architecture,MDA)或高级体系结构(high-level architecture,HLA),以及以下典型框架:模型视图控制器(model-view controller,MVC)框架、可扩展建模和仿真框架(extensible modeling and simulation framework,XMSF)、基于线程的仿真框架。

基于以上架构和框架的传统仿真平台或工具(如 DELMIA、FlexSim 和 Tecnomatix)提供了丰富的信息,包括协作过程分析、人体工程学分析、可视化分析、物流运输路线分析、设备 ROI 分析、周转率分析、流程优化和流程可视化。然而,Van der Zee(2012)指出,传统的仿真方法并没有明确地将概念模型的设置与工业工程的过程结合起来,这导致了基于传统方法的

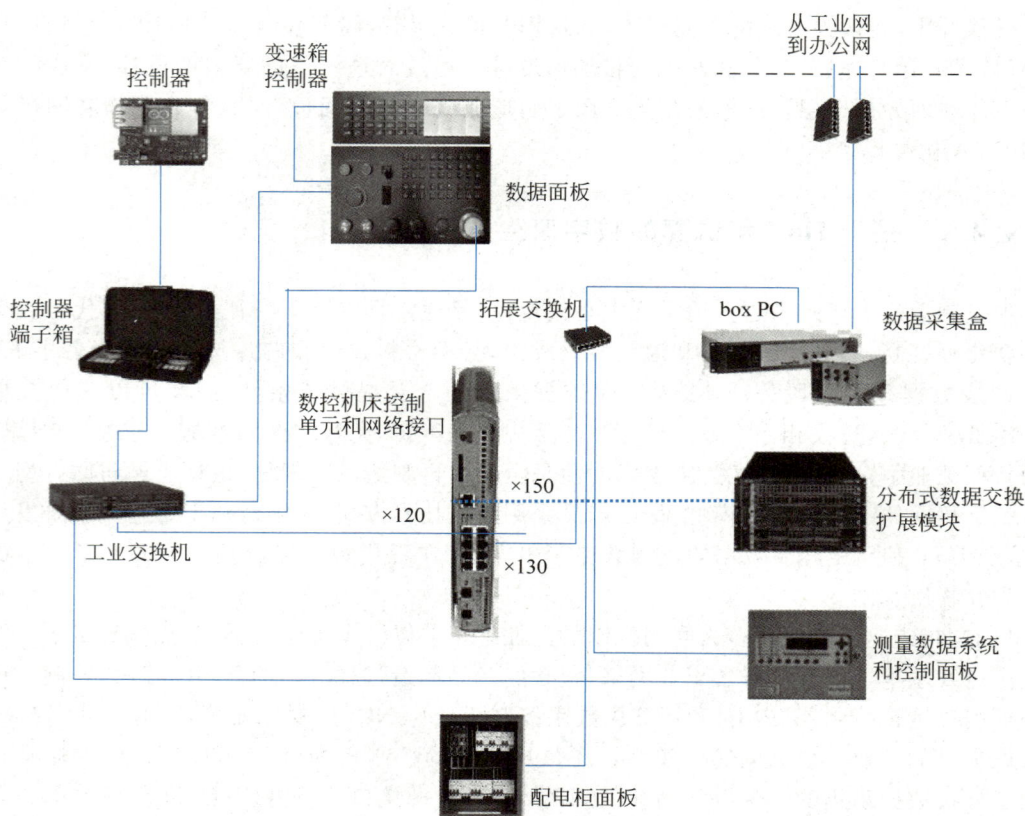

图 4-9 面向 CNC 的数据采集方式的逻辑

项目效率和有效性打了折扣。

在机床上直接采集的 IIoT 数据,包括设备的运行状态、能源消耗、加工过程指标、在线指令分析等一系列时序性信息。这些信息既可以直接用于生产线运行过程的实时监控,也可以结合办公网的应用系统,进行生产线指标分析,以及持续地管控和改进,如图 4-10 所示。

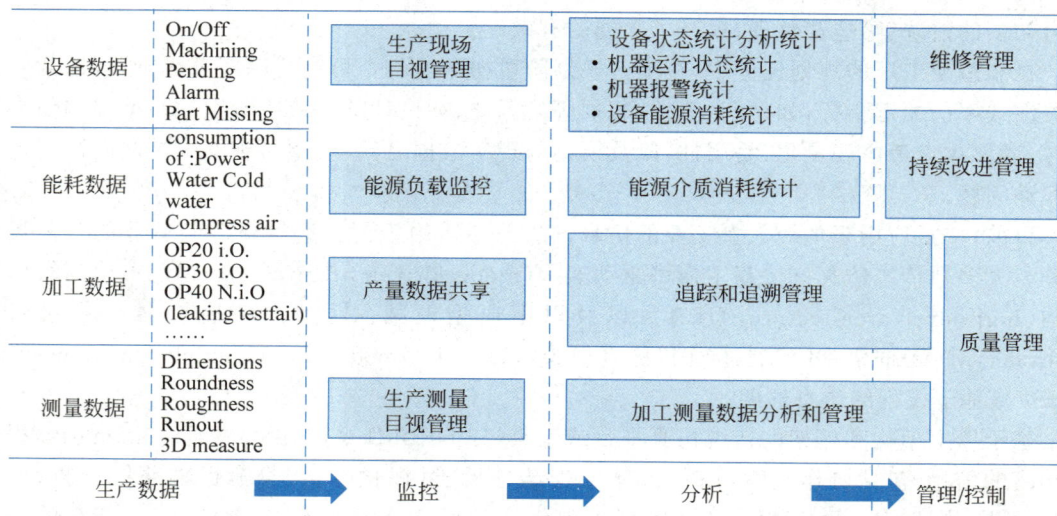

图 4-10 IIoT 获取的生产线数据和应用过程

生产线数据通过工业控制盒传递到办公网络中,不仅可以由办公电脑直接收集和计算,也可以通过服务器统一处理后,再将计算过的可以直接用于仿真的数据通过应用程序接口共享给办公电脑。

规划问题的仿真模型主要关心时间、效率等核心指标,如平均节拍时间、生产周期内平均性能、MTBF(平均故障间隔时间)、平均故障恢复时间(MTTR),以及数据的上下波动区间振幅等数值。通过 PLC 或工业大数据,推算主要仿真数据的逻辑公式,如式(4.1)~式(4.6)所示。

$$\text{TAKT}_{\text{PROCESS}\_i} = \frac{\sum\limits_{j}^{k}(\text{out\_times} - \text{in\_times})}{k - j + 1} \tag{4.1}$$

$$([j,k] \subseteq [\text{MTBF\_start}_m, \text{MTBF\_end}_m])$$

式(4.1)展示如何基于物联网数据计算节拍时间(takt time,TT)。在规划问题的仿真模型中,所需考虑的节拍时间是每个环节的过程输出能力,而不是传统精益制造理论定义的基于客户需求的节拍时间。每个制造环节中用于规划问题仿真的节拍时间,相当于通过该环节中每个单个在制品(work in progress,WIP)的实际作业时间的平均值,即只计算"在制品进入此加工环节"和"在制品输出此加工环节"之间的净时间。机器等待时间、阻塞时间和修理机器故障时间等与实际加工无关的时间将被剔除,不计入节拍时间内。

$$\text{PERFORM}_{\text{AGENT}\_i} = \begin{cases} \dfrac{T}{\sum\limits_{\text{AGENT}_i} \text{TAKT}_{\text{PROCESS}\_t}}, & \text{if SEQUE}_i = \text{serial} \\[4mm] \dfrac{T}{\max_{\text{AGENT}_i} \text{TAKT}_{\text{PROCESS}\_t}}, & \text{if SEQUE}_i = \text{parallel} \end{cases} \tag{4.2}$$

$$(T \in \{24\text{hours}, 60\text{min}\})$$

式(4.2)展示如何计算加工工位(机器)的性能。在实际生产流水线中,一个加工工位可能包含多个进程,因此加工工位(机器)的性能计算将有两种可能的公式,具体取决于进程之间的关系。如果是串行关系,则加工工位的性能取决于所有内部进程的总节拍时间;如果是并行关系,则取决于所有内部进程中节拍时间最长的那个进程。

式(4.3)描述如何计算 MTBF。MTBF 是在正常生产设备运作期间,机械或电子系统出现周期性故障之间的预测时间间隔。它可以通过系统每次故障之间的时间间隔的算术平均值来计算。在每次观察或自动采集的数据中,"停机时间"是指出现故障的瞬间时刻,该时刻大于上一次"开机时间"的时刻,两个时刻之间的时间差("停机时间"减去"开机时间")即机器在这两个事件时刻点之间运行的时间长度。每个生产设备的 MTBF 是其可观察到的运行时段总长度除以可观察到的总故障次数。

$$\text{MTBF} = \frac{\sum(\text{停机时间} - \text{开机时间})}{\text{总故障次数}} \tag{4.3}$$

$$\text{MTBF}_{\text{AGENT}\_s} = \frac{\sum\limits_{p}^{q}(\text{停机时间}_s - \text{开机时间}_s)}{q - p + 1} \quad (s \in \{\text{PLC log}, \text{abnormal interval}\}) \tag{4.4}$$

式(4.4)展示如何在特定时段内(故障序列号从 p 到 q 之间的时间段内)从某指定工位的

IoT数据计算该机器的MTBF。在规划类型的仿真问题中,机器停机(机器错误/维护)和异常间隔(如由操作员引起的中断)都应当被考虑到MTBF的计算中。在实际可获取到的生产线物联网数据中,多数情况下只能检测到机器错误/维护类型的事件标签,而无法判断是否出现了异常。这可能导致某些计划外异常、机器不能正常有效工作的时间被错误地统计为正常运转的时间,因此根据不同工业生产线的实际情境需要通过某些规则的预定义来让程序自动判断,以检测和甄别PLC和CNC标记的异常故障情况(如在汽车发动机的生产线上,一台生产设备的相邻上游和下游生产设备都在正常执行加工工作,而该机器停止加工工作超过10分钟,则可判定为异常间隔)。

$$\text{MTTR}_{\text{AGENT}\_i} = \frac{\sum_{p}^{q}(\text{开机时间}_s - \text{停机时间}_s)}{q - p + 1} \quad (s \in \{\text{PLC log}, \text{abnormal durat}\})$$

(4.5)

式(4.5)描述如何计算MTTR。MTTR和MTBF的计算逻辑和算法非常相似,它们的区别在于在某个指定的时间段内,MTTR和MTBF所计算的平均值采用两个不同时间段集合,这两个集合恰好互补,共同构成该完整的时间段。

$$\text{VIBRA}_x = \sqrt{\frac{\sum_{j=1}^{k}(\text{Values} - \text{AVERAGE\_x})^2}{k - j - 1}} \times 100\% \quad (x \in \{\text{TAKT}, \text{PERFORM}, \text{MTBF}\})$$

(4.6)

式(4.6)显示如何根据一组实际的IoT序列数据计算指定参数的振幅。计算振幅的方式是从同一个变量用于计算均值的一组原始数据中计算方差,从而得到不同仿真变量的不同振幅值。振幅值影响到在仿真过程中某个特定变量的随机波动区间,从而使仿真结果尽可能接近于真实工厂环境的情况。

上述定义和公式有助于为规划方案计算尽可能接近真实物理环境的仿真变量,并基于这些仿真变量设计不同的规划方案,通过仿真输出不同方案模型的模拟生产结果,以评估不同规划方案中的关键指标。

4.5　生产控制阶段的数字孪生

4.5.1　面向智能制造的生产控制数字孪生构成讨论

基于数字孪生的智能化生产控制方法的核心在于面向制造业的数字孪生实践环,其包括以下三个要素。

(1)实体物理工厂,涵盖生产单位、芯片、生产服务系统及环境,以及它们之间的互联。

(2)虚拟数字工厂,包括虚拟模型、仿真、验证算法及数字仿真模型,旨在模拟与优化生产和操作过程。

(3)物理工厂与数字工厂间的双向映射关系。

相较于传统方法,数字孪生在生产控制优化方面表现出显著差异。传统方法主要依赖于稳定的专家经验或单一的机器学习结果,而数字孪生则在物理制造工厂和虚拟数字工厂之间建立了持续的交互过程。在此框架下,虚拟数字工厂持续收集物理生产线的实时数据,并利用这些实时数据和历史大数据进行模型迭代训练、验证、优化及更新发布,以提供持续的生产控制优化反馈。

为了阐明工业大数据与机器学习系统在功能上的界限,图 4-11 通过数据是否可统计和是否可推理两个维度将其划分为四个象限。

(1)第一象限,数据既不可统计也不可推理,这类问题则需通过工业大数据与机器学习系统来解决。

(2)第二象限,数据可统计但不可推理,对应系统为基于统计规律建模的应用系统,如 APC、RTO、PIMS 等。

(3)第三象限,数据既可统计又可推理,对应系统为传统的业务驱动型应用系统,如 ERP、MES、DCS、LIMS 等。

(4)第四象限,数据可推理但不可统计,对应系统为基于机理模型的仿真与优化系统,如 OTS、ASPEN PLUS 等。

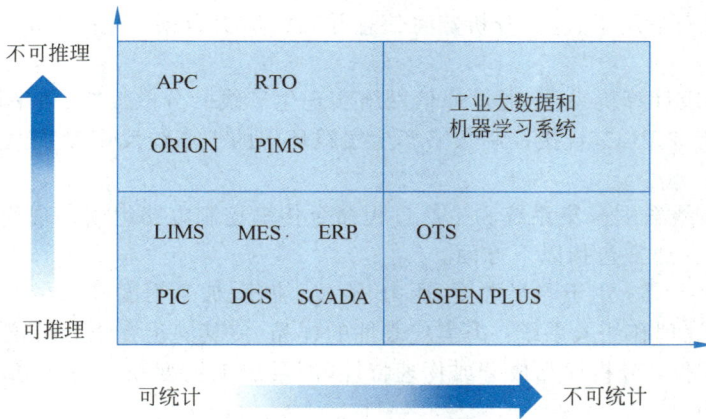

图 4-11　工业大数据和机器学习系统在功能上的界限

与传统研究的智能制造生产控制方法相比,基于数字孪生改进的生产控制优化方法设计原则是减少对机理模型的依赖,以提高模型精度和预测准确度为目标,并确保在控制时效性基础上实现基于机器学习的黑箱建模,同时保持虚拟模型与实体工厂运行状况的一致性。

4.5.2　设计基于 IoT 和机器学习的数字孪生方法

根据上述设计原则,我们提出了一个基于数字孪生的生产控制架构,其中包括模型训练数据来源、实体工厂与数字模型间的数据交换、机器学习和模型评估,以及生产要素与信息要素的集成。这些元素构成了持续优化和改进生产控制的数字孪生实践环,IoT 在这个框架中是实现物理世界与信息世界互动的基础。

实现工业生产控制优化的步骤如下。

(1)构建基于生产工艺框架、生产要素及专家知识的工艺运行机理数学框架。

(2)利用现有工业系统和生产经营系统的历史大数据训练数字孪生模型。

（3）根据综合评价指标对训练出的模型进行评估、筛选与优化。

（4）将优化后的模型在线部署，结合市场需求信息及实时工业大数据在模型上的模拟最优解，反馈至工业控制系统指导生产。

（5）数字孪生模型依据新数据不断迭代优化，适应工厂环境的变化。

（6）循环上述步骤，形成虚拟与现实之间的持续互动。

4.5.3　生产控制数字孪生的组成要素分析

在基于数字孪生架构的生产控制优化方法中，需要利用工厂现有的业务驱动型信息系统及其数据。以下按类别介绍数字孪生涉及的主要组件，包括生产服务系统、IoT 系统、市场和经营决策系统、仿真和优化系统，以及工业大数据和机器学习系统。

1. 生产服务系统

生产服务系统为生产管理和控制设计，主要包括以下方面。

（1）MES：通过数据的收集、存储、集成与利用，实现对生产过程的实时监控，为数字孪生模型训练提供生产计划、调度、物料使用、能耗和设备状态数据。

（2）LIMS：为实验室环境设计的数据和信息管理系统，为模型训练提供产品质量数据。

（3）实时数据库：用于查询、分析实时信息并归档历史数据，存储模型训练所需的实时和历史数据。

（4）DCS：多级计算机系统，通过通信网络实现生产线的分散控制、集中操作和层次管理。包括 SCADA 系统和 PLC，直接控制数字孪生实践环中的生产线反应参数。

2. IoT 系统

IoT 系统由在线数据采集系统和生产过程命令传输控制电路组成。现代 IoT 系统具备一定的边缘计算能力，通常包括以下方面。

（1）在线测量工具：用于测量温度、压力、液位、流速、加工精度等。

（2）采样、预处理和注入系统：采集代表性的样品，使其满足在线分析仪分析要求。

（3）在线分析仪：分析样品成分或物理特性，测量加工精度和产品等级，并将结果转化为电子信号。

（4）电气和电子电路：作为仪器电源，控制仪器工作，放大分析仪发送的信号，并向监视器输出信号。

（5）监视器和记录器：显示和记录电子信号。

（6）工业互联网：连接生产线、计算机和服务器的数字通信网络。生产线实时数据获取通过 API 分类，如 OLE、OPC、UIP 等，如表 4-1 所示。

表 4-1　物联网数据类型和访问 API

数 据 类 型	数 据 目 录	访问 API
材料测量数据	液位、流速、温度和储罐储备等	OLE
能耗测量数据	水、电、气和压缩空气等的能耗	OLE
质量数据	成分、密度、质量和含水量等	OLE
SIS(safety instrumented system，安全仪表系统)锁定数据	泵运行状态信号、联锁旁路信号、联锁动作信号、报警信号设备振动、位移、速度和油压等	OPC
生产过程数据	温度、压力和进料速度等	OPC
手动数据	手动抄表数据、补偿数据和手动校正数据等	UIP

3. 市场和经营决策系统

制造型企业基于市场和经营决策系统制订生产和运营计划,此类系统包括 ERP、PIMS、RPMS、GRTMPS 等。这些系统旨在集成物质资源、资金资源和信息资源,优化上游资源选择与分配,追踪原材料市场变化、预测市场趋势,并优化供应链的原材料选择和运输。此外,此类系统还向数字孪生提供模型训练所需的各类数据。

4. 仿真和优化系统

制造工业中的仿真和优化系统包括 APC(先进过程控制)和 RTO(实时优化)。APC 是一种广泛应用于工业过程控制系统中的技术和工艺,旨在优化生产流程的控制性能,从而提高经济效益。APC 融合了建模技术和高级计算能力,为生产操作带来了先进、平滑、有价值的控制手段。RTO 则是一种整合了规划、调度、优化和控制技术的集成应用系统。RTO 利用实时在线计算确定最佳控制指标,并及时响应各种干扰和过程变化,不断更新控制指令。它依赖于快速收敛算法来提供满足约束条件的在线诊断和操作决策信息。APC 和 RTO 将为数字孪生模型的构建提供先验的知识库,这些知识在数字孪生数据处理和模型训练的步骤中提供有益的参考,而其控制逻辑单元也可辅助用于数字孪生模型的在线部署和生产控制环节。

5. 工业大数据和机器学习系统

工业大数据和机器学习系统涵盖了工业大数据的采集、清洗、选择、特征工程处理、机器学习建模、模型验证和评估等多个功能模块。

4.6　流程再造阶段的数字孪生

4.6.1　生产流程再造的数字孪生方法

本节研究的生产流程再造的数字孪生方法,旨在将传统的精益管理优化流程(如 VSM 等方法)与基于 EVA 的生产线规划和优化方法相结合,以获得新的生产优化工作方法。EVA 框架的设计和应用方法参考 4.3.3 小节的内容。

基于 EVA 的生产流程再造数字孪生实践环,持续支持工厂的优化和升级工作。该环由以下步骤组成:首先,基于工厂生产线的物联网数据,在 EVA 平台中创建生产流程模型;其次,分析关键指标,重新设计流程模型的多个版本并通过仿真评估几种可能的方案;再次,工厂根据仿真结果选择最合适的数字孪生模型,进行详细设计和升级改造;最后,改造后的工厂投入运行,车间物联网数据继续传递到仿真平台作为数字孪生建模和工厂改造的参考依据,同时,相关的运营数据和模拟分析数据传递到管理层,用于持续分析和讨论新的流程再造计划。以上步骤不断循环迭代,形成生产流程再造的数字孪生实践环。

4.6.2　基于数字孪生改进的 VSM 方法

为了提高传统精益方法的过程分析能力,将数字孪生与传统精益方法相结合,在此以 VSM(价值流图)为具体例子进行说明。传统的 VSM 工作流程包括五个基本步骤:调查当前生产状态,包括物料流、信息流和车间布局;绘制当前 VSM;分析当前 VSM 并讨论优化计划；绘制未来 VSM；作出优化计划的最终决定。基于 EVA 的数字孪生实践环结合了传统 VSM 工作流程，在此基础上构建仿真模型并计算准确的性能指标。

基于数字孪生的 VSM 方法的工作过程。该方法同样包含五个基本步骤：①根据实际情况绘制当前 VSM 并进行分析；②从车间和仓库收集物联网数据，记录生产线的必要仿真信息，并用 EVA 创建当前生产过程的模型；③分析仿真结果，提出改进建议，并在 EVA 平台进行未来的建模与仿真（M&S）；④比较步骤②和步骤③的结果之间的关键性能指标，并草拟未来的 VSM；⑤步骤④的结果应由生产改造决策小组进行分析，以检查其可行性和完整性。如果所有关注的问题都得到解决并且新方案可以接受，那么继续下一步，否则返回步骤③。最终，基于 VSM 的最终版本提出工厂生产流程的改造计划，该计划将被执行以实现生产流程优化。

数字孪生结合传统精益方法对流程再造工作有以下三点提升效果：一是建模和仿真变得更加容易，不需要参与者具备工业工程等专业知识；二是可以有效地分解复杂问题，在数字孪生模型中，一个复杂的问题可以被拆分成小问题进行部分分析，为小问题构建的模型，在被模拟和讨论清楚后，可以进一步耦合集成，并在更高层次上进行讨论；三是为了解决特定问题，可以聚焦在特定对象进行仿真，并以简化方式处理其余对象。例如，当关注的问题是工位的节拍时间而非缓冲区时，缓冲区可以简化为模型中工位之间的运输线的负载容量。

在流程再造业务的数据分析过程中，以下 KPI 是主要考察点，这些 KPI 可以为流程再造的前后分析提供比较基础。

（1）库存天数（days of inventory，DOI）是评估企业当前库存合理性的 KPI。一般情况下，DOI 值越低越好。DOI 等于名义库存数量（nominal inventory quantity，NIQ）除以平均每日需求（average daily demand，ADD），如式（4.7）所示。

$$\mathrm{DOI} = \frac{\mathrm{NIQ}}{\mathrm{ADD}} = \frac{\mathrm{Volume_{Storage}} + \mathrm{Volume_{WIP}} + \mathrm{Volume_{raw\_material}}}{\dfrac{\mathrm{MDQ}}{\mathrm{WD}}} \tag{4.7}$$

（2）库存周转率（inventory turn over，ITO）是评估制造企业资本运营效率的 KPI。一般情况下，ITO 值越高越好。ITO 的计算方法是年度产品成本（annual product cost，APC）除以年度库存成本（annual inventory cost，AIC），如式（4.8）所示。

$$\mathrm{ITO} = \frac{\mathrm{APC}}{\mathrm{AIC}} = \frac{\displaystyle\sum_{\mathrm{January}}^{\mathrm{December}} \mathrm{Total\ sales_{month}}}{\mathrm{Cost_{raw\ material}} + \mathrm{Cost_{WIP}} + \mathrm{Cost_{products\ storage}}} \tag{4.8}$$

（3）增值和非增值比率（value and non-value ratio，VNV）是传统精益方法中 VSM 工具需要考量的一个重要精益指标，通常情况下，该指标值越高越好。

（4）节拍时间，尤其是生产线综合节拍（overall takt，OT），代表整个车间或生产线的整体生产效率水平，以及能否满足市场需求。从市场需求出发对节拍时间提出目标要求的计算方法，如式（4.9）所示。

$$\mathrm{TT} = \frac{\mathrm{MWT}}{\mathrm{MDQ}} \tag{4.9}$$

如果将节拍时间精确到秒，并考虑午餐和休息时间，以天为考察对象计算，通过式（4.9）可进一步推导生产线的目标节拍时间，如式（4.10）所示，其中 WD 表示当月工作日天数。

$$TT = \frac{\left[(T_{\text{work hour}} - T_{\text{off duty hour}}) - T_{\text{lunch}} - T_{\text{rest}}\right] \times 60 \times 60}{\dfrac{\text{MDQ}}{\text{WD}}} \tag{4.10}$$

根据瓶颈原理,生产线的整体节拍时间不能小于任一工序的个体节拍,如式(4.11)所示。

$$TT_{\text{productionline}} \geqslant \max_i TT_i \, (i \in \{1, 2, \cdots, N\}) \tag{4.11}$$

其中,TT 代表单个工序的节拍时间;N 代表工序的数量。换句话说,若要满足市场需求,则任何一个工序的能力节拍时间都必须小于或等于目标节拍时间。将当前生产线实际达到的能力节拍时间和目标节拍时间进行对比,即可评估当前生产线的产能是否满足市场需求。如果生产线的能力节拍时间小于或等于目标节拍时间,则表明产能可以满足市场需求。通过数字孪生模型的仿真,可以准确且迅速地计算生产线的能力节拍时间。

另一个重要的 KPI 是人均日产量(per capita daily output,PCDO),它反映了工厂的实际劳动生产率水平,计算方法如式(4.12)所示。

$$PCDO = \frac{MO}{DW \times WD} \tag{4.12}$$

其中,MO 表示月产量;DW 表示直接参与生产的工人数量;WD 表示月工作日天数。通过与同行业内其他企业的人均日产量进行对比,可以评估企业在直接工人劳动效率方面的竞争力水平。

第 5 章　面向智慧城市的数字孪生

　　当前,中国城市经济呈现出新常态,经济社会发展已经进入了新的阶段。在此阶段,智慧城市建设日益成为各地发展的新热点。截至 2023 年年底,中国已经有超过 500 个城市宣布建设智慧城市。这些城市包括一线城市、二线城市,以及部分三线城市和新兴城市。随着中国政府对智慧城市建设的重视及相关技术的不断成熟和应用,越来越多的城市加入智慧城市建设的行列中来。这些城市智慧城市建设的内容和重点可能有所不同,但它们都致力于利用信息技术和数据科学手段来提升城市的管理和服务水平,改善居民生活环境,促进城市可持续发展。

　　智慧互联与信息消费的社会特征越发明显,加上"新型城镇化""互联网＋""大数据战略""特色小(城)镇"等一系列政策红利的刺激和城市发展的内生需求,我国智慧城市发展在整体上会成为一种逆势上扬、融合创新,引领中国经济发展的新角色和新动力,呈现出智慧城市发展的"新阶段"。

　　数字孪生是一种将物理世界与数字世界紧密结合的创新技术,它可以为智慧城市建设提供重要支持和保障。在智慧城市建设发展中,数字孪生提供了一种全要素、全天候、全生命周期、实时感知监测、交互控制、推演预测、科学决策的支持,对于城市运营管理具有重要的颠覆性意义,将成为智慧城市建设的重要抓手和核心技术。

5.1　智慧城市与数字孪生城市

　　智慧城市代表了当今城市管理发展的趋势和潮流,不仅是从技术手段上对原有的方式进行了改造和升级,更是从体制和模式上对旧有的制度进行了革新和完善。于是,城市迎来了它的又一次变革,在中国经济"数字经济"背景下,无数人致力于解决城市的各种问题、提高人们的生活质量、保证城市可持续发展的能力,信息技术的突破将使居民生活变得非常便捷。智慧城市也是一个不断演进的发展主题,是信息技术发展到一定阶段的产物,其推进方式和发展思路会伴随着经济、社会和技术的发展而不断丰富完善。

5.1.1　智慧城市的定义

　　当前,全世界范围内已有多个城市围绕智慧城市建设开展了相关课题的研究和政策的制定,许多国家和地区在中长期发展战略中将智慧城市建设纳入重点,并已实施多项相关政策和措施,以维护城市的可持续发展。就全球来说,智慧城市建设呈点状分布,各城市和地区也在探索适合自己城市发展的智慧路径。

国外智慧城市最早可以追溯到 1992 年新加坡首次提出"智慧岛"计划。21 世纪初期,美国、韩国、新加坡等国均开展了智慧城市的实践,全球掀起了智慧城市建设的热潮。其中,智慧城市建设开展较为积极的地区是欧洲和亚洲。在智慧城市建设的大环境中,国外许多城市率先开展了城市更新改造,进行智慧城市建设。整体来说,它们较国内起步早,其建设经验对于我国的智慧城市建设也有一定的借鉴意义。

发达国家在智慧城市建设过程中,几乎都制订了相应的规划或计划。美国纽约市于 2009 年提出"城市互联"行动计划,通过完善移动通信、网络热线服务等,增加政府、民众和企业之间的联系。法国巴黎于 2006 年推出了"数字巴黎"计划,旨在快速发展城市光纤网络、推广 Wi-Fi 及实现全民共享网络。日本东京则提出了基于智能卡技术的"东京泛在计划",以便让市民无论何时何地都能通过"电脑终端电子向导社会"获取所需信息。与此同时,新加坡于 2006 年制定了"智慧国家 2015"规划,旨在将其发展成为一个由信息通信驱动的智慧国家和全球都市。

发达国家在智慧城市建设中更加注重居民的互动与参与,强调对居民服务的提升。同时,它们普遍重视绿色低碳发展。欧洲的智慧城市通过知识共享和低碳战略实现减排目标,推动可持续的低碳城市发展。这些城市投资于智能交通、智能电网和低碳住宅,以提高能源效率,应对气候变化,致力于构建绿色智慧城市。

智慧城市建设不仅是提升城市承载能力的必要手段,同时也是推动新型工业化、信息化、城镇化、农业现代化和绿色发展进程的重要战略选择。智慧城市集成了多种内容、应用和资源,伴随新型城镇化的加速推进,城市人口和公共设施需求不断增加。这一发展过程涉及政务管理、产业升级及民生服务等多个领域。作为一项复杂的系统工程,智慧城市的实施需要多方协同配合,包括城市规划者、运营商、设备提供商及系统集成商等多种角色,共同推动城市的智能化与可持续发展。当前,智慧城市建设过程中出现了诸多问题,推动智慧城市建设需要探索有效的实施路径,兼顾考虑过去资源现实问题和未来规划。

近年来,国内众多城市把建设智慧城市作为转型发展的战略选择,掀起了智慧城市建设热潮,国家先后公布了三批智慧城市试点名单,试点规模不断扩大。各地的智慧城市建设也处于积极探索当中,并且相继出台了相关规划政策。但由于国内城市和地区基础条件的不同,因此为实现智慧城市建设和城市既定的发展战略目标,各地在建设智慧城市的过程当中选择的建设方式和路线各有侧重。随着国家强国战略、大数据战略、"互联网+"行动等计划的实施,城市也被赋予了新的内涵,对于智慧城市建设提出了新的要求。

智慧城市是利用先进的信息和通信技术(ICT),以及物联网、大数据、人工智能等技术,以数字化、智能化的手段来优化城市运行和管理,提升城市居民的生活质量、社会效益和经济效益的城市。智慧城市通过实时收集、分析和利用各种数据,包括交通、能源、环境、安全等方面的数据,以智能化的方式管理城市资源,提供更高效的公共服务,推动城市的可持续发展和数字化转型。智慧城市的核心目标是提高城市的可持续性、可靠性、安全性和包容性,实现城市的可持续发展和数字化转型。

智慧城市建设的内容广泛,可从两个层面进行概括。首先,在技术操作层面上,通常采用自下而上的流程。建设的第一步是搭建网络和数据感知系统,确保数据采集和传输的基础设施到位。其次,需要收集、整合大量数据,并构建大数据平台,为各类智能应用提供支撑。基于这些平台,最终开发出面向公众、企业和政府的智能应用系统,提供多样化的公共服务,实现城市的智能化运转。

在规划设计层面,则需要采取自上而下的思路。规划者应优先考虑当地政府、企业和居民的实际需求,找出亟待解决的问题,并通过合适的技术手段加以应对,确保科技切实融入生活,提高城市的宜居性和管理水平。这种自上而下的规划方法,能够让智慧城市建设更加贴近民生,实现技术与社会发展的协同。

智慧城市建设在全球范围内也存在共性,主要体现在服务对象和建设模式的相似性。智慧城市的服务主体大致可分为四类:公众、企业、政府和城市管理者。其建设目标分别是提升居民生活的便利性,推动企业数字化转型,提高政府的服务效率,以及保障城市管理的智能化运转。在建设模式方面,智慧城市通常依托先进的信息感知技术和智能系统,重点围绕政务、民生和产业等领域展开。通过新一代通信技术与信息化手段的深度融合,实现产业转型与信息化发展的协调,进而提高城市的管理效率、推动经济发展、优化公共服务,并全面提升居民的生活质量。

实现基础设施智能化。发展智能建筑,旨在实现建筑设施的智慧化管控,包括节能管理、设备运行优化及安全保障等多方面的智能化管理。通过这些技术手段,能够提升建筑的运行效率,减少能源消耗,并提高管理的便捷性和安全性。在智能交通领域,重点是推动交通系统的智能化,实现交通诱导、指挥控制、调度管理和应急处理的高效协调。智能交通系统不仅能够优化道路资源的使用,还能提升交通应急响应能力,减少拥堵,提升出行体验。智能电网的发展则聚焦于支持分布式能源的接入,并实现居民和企业用电的智能管理。这种系统不仅可以提高电力供应的可靠性,还能通过智能技术优化电力资源的分配与使用,促进绿色能源的利用。发展智能水务的核心在于构建覆盖供水全过程的管理系统,实现对供排水和污水处理的全流程智能化监控,以保障供水质量和安全。通过智能水务系统,可以有效减少水资源浪费,提高水务系统的运行效率。在城市地下管网方面,推进智能管网建设是关键,旨在实现对地下空间和管网设施的信息化管理和运行监控的智能化。智能管网系统能够提供实时的监控和预警,提高管网的维护效率,减少隐患,保障城市基础设施的安全稳定运行。

对城市状态、功能及管理的实时监测,全面、真实地感知。采用各类传感技术和智能系统,立体、全方位地感知城市环境、状态、位置等信息的变化;并对感知数据进行融合、分析和处理,与业务系统集成并做出主动的响应,保障城市各系统高效、和谐地运行。

开发智能融合的应用。融合是智能应用的关键和前提。现代城市管理是开放、复杂的巨大系统,由全面感知带来的海量数据,要通过智能融合技术实现对海量数据的存储、计算和分析,所以要引入综合集成法(信息融合综合研判、关联),对数据进行深入的挖掘,得到具有预测性的信息(由数据处理产生的价值),提高系统的决策能力和水平。

实现社会治理的精细化,需要在信用服务、应急保障、环境监管、治安防控、市场监管和公共安全等领域深化信息技术的应用。通过建立完善的信息服务体系,创新社会治理模式,实现更高效的社会管理与服务,提升治理的精准度与响应速度。实现公共服务的便捷化,关键在于构建跨区域、跨部门协同的公共信息服务体系,推动资源的共建共享。借助信息技术,创新就业、社会保障、教育、养老、医疗和文化等领域的服务模式,使城市公共服务更加高效、智能,满足市民的多元化需求。推动产业发展的现代化,需要加速传统产业的数字化转型,推动制造模式向网络化、智能化和服务化转变。同时,应积极发展信息服务业,促进电子商务与物流的信息化集成,创新商业模式,培育新的经济业态,为产业转型升级注入新的动能。

总体而言,与发达国家相比,我国智慧城市建设在总体上尚处于起步时期和探索阶段,还没有完全找到符合自身城市发展的机制体系和运营模式。我国有很大一部分城市的生产力水平和政府治理水平存在较大差异,并且这种差异在相当长一段时期内将持续存在。不同层次的城市建设智慧城市的侧重点各有不同,需要围绕自身发展的战略需要,选择相应的重点领域进行突破,从而实现智慧城市建设和城市既定发展战略目标的统一。

5.1.2　数字孪生城市的内涵及特征

1. 数字孪生城市的内涵

数字孪生这一概念起源于航空航天、工业领域,并且随着信息技术的发展,逐渐落地各行各业,数字孪生城市也成为一个新的风口。数字孪生城市强调建立一个与物理城市实时交互的虚拟城市,精准映射物理城市运行情况,形成虚实交互格局,以提升、优化城市的综合治理规划水平。数字孪生城市的概念自提出以来不到十年,尽管各国积极推进相关建设,但目前仍处于单一场景和部分功能实现的初步探索阶段。在我国,早在 2018 年雄安新区规划纲要中就首次引入了数字孪生城市的概念。随后,在"十四五"规划纲要中,明确提出要完善城市信息模型平台,并探索数字孪生城市的建设。这为数字孪生城市的发展创造了良好的环境,鼓励全国各省市加快相关项目的实施。尽管数字孪生城市的发展前景广阔,但市场仍面临着机遇与挑战并存的局面。2020 年 7 月,大数据战略重点实验室全国科学技术名词审定委员会研究基地收集并审定了第一批 108 条大数据新词,其中包括"数字孪生城市"。这些新词随后被报送至全国科学技术名词审定委员会进行批准,并准予向社会发布。

系统越复杂,建立数字孪生体后管理效率提升越高,收益越大。而城市就是最为复杂而庞大的系统之一。随着城市规模的扩张和发展,城市运行中会遇到交通堵塞、公共服务短缺、环境约束等一系列问题。建立一个与物理城市并行的孪生虚拟城市,将城市建设规划、管理运行等在虚拟世界进行仿生,会大幅提升城市效率,减少资源损失。因此,数字孪生城市应运而生。

数字世界为服务物理世界而存在,物理世界因数字世界的融入而变得高效有序。在此背景下,数字孪生技术应运而生,从制造业逐步延伸拓展至城市空间,深刻影响着城市规划、建设与发展。数字孪生因感知控制技术而起,因综合技术集成创新而兴。数字孪生城市是在城市数据累积从量变到质变,在感知建模、人工智能等信息技术取得重大突破的背景下,建设新型智慧城市的一条新兴技术路径,是城市智能化、运营可持续化的前沿先进模式,也是一个吸引高端智力资源共同参与,从局部应用到全局优化,持续迭代更新的城市级创新平台。

根据中国信通院的描述,数字孪生城市可以广泛理解为通过对物理世界的人、事、物等所有要素数字化,在网络空间再造一个与之对应的"虚拟世界",形成物理维度的实体世界和信息维度上的数字世界同生共存、虚实交融的格局,实现城市全要素数字化和虚拟化、城市全状态实时化和可视化、城市管理决策协同化和智能化。

数字孪生城市通过数字技术在物理城市与数字城市之间建立相互映射的关系。它通过对物理实体、规则、边界和系统属性的数字化映射,实现对物理城市的动态监测与模拟仿真,支持城市从规划、建设、管理到服务的全过程、全要素、全方位和全周期的数字化、在线化与智能化。这一过程旨在优化城市形态,重塑现代城市治理模式,推动城市的可持续高质量发展。

数字孪生城市的内涵是一个复杂而综合的技术体系,支撑着智慧城市建设。它代表了城市智能运行的前沿模式,是实体城市与虚拟城市在物理和信息维度上的相互共生与融合。数字孪生城市依托于一套完整的信息技术体系,包括数字化标识、自动化感知、网络化连接、普惠化计算、智能化控制和平台化服务,构建出一个与物理城市相对应的数字城市模型。

在这一数字空间中,数字孪生城市能够全息模拟、动态监控、实时诊断和精准预测物理实体在现实环境中的状态。通过推动城市各要素的数字化与虚拟化,以及实时状态的可视化,城市运行管理也得以实现协同与智能化。最终,这一系统促进了物理城市与数字城市之间的协同交互和平行运转,为城市的发展注入新的活力与可能性,如图 5-1 所示。

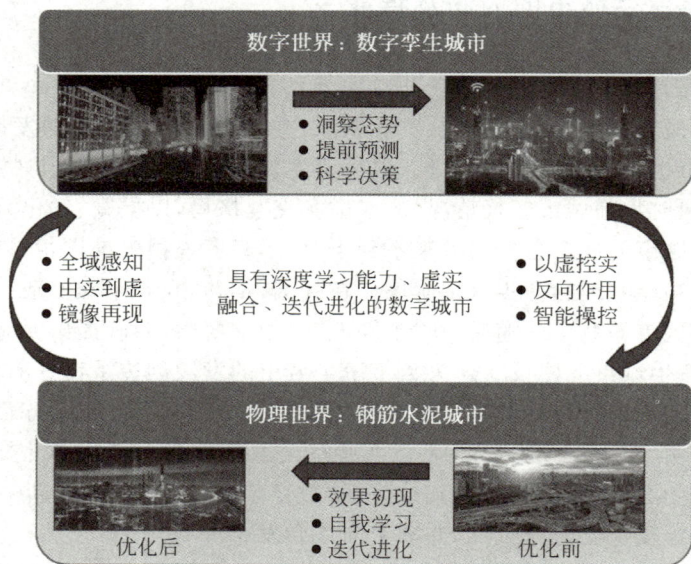

图 5-1　数字孪生城市

城市孪生是通向智慧城市的"罗马大道"。智慧城市是城市发展的一个科技愿景。在城市不断进化的过程中,从数字化到智能化再到智慧化,数字孪生是通往智慧城市的一个重要技术路径。

数字城市发展阶段以城市数据为核心,其核心任务实现城市要素和业务数字化。经过近十年的数字城市建设,大量城市运行数据汇聚积淀,城市画像日益清晰,跨层级、跨地域、跨系统、跨部门、跨业务的数据资源加速有序融合,基于海量多维数据分析的智能应用不断涌现,以"智能"场景为核心的智能城市已悄然而至。城市智能应用随着技术创新及业务融合,已逐渐走入人们日常的生产生活,但对城市治理如此复杂的问题改进还未有质的提升。城市系统的复杂特性,迫切需求技术应用实现新突破,以支持从物理空间到数字空间用全局视野实现精准映射、感知交互、智能监测、模拟仿真,具备从高纬宏观视角分析城市系统运行规律的能力。数字孪生城市——物理城市与数字城市虚实融合,以数据驱动业务、业务融合智能、智能服务场景、场景交互系统,系统虚实管控的新型城市治理模式呼之欲出。

城市全域数字孪生化和全域智能化不可一蹴而就,城市的智能演进是必不可少的一环。数字孪生更加侧重系统科学的认知,关注城市局部系统与城市整体系统的科学发展。智能化更加偏向与城市场景结合,关注场景化应用与人的获得感。两者发挥各自的技术特长共生互补,相互促进,让城市向更高级的智能转变,从而引领城市高质量发展,提升政务效率,提振经济运行,创新城市治理,优化公共服务,促进生态文明,实现城市智慧化的持续发展,建设成为一条通向智慧城市的罗马大道。

智慧城市建设的目标是提升城市治理和服务水平,以人民的需求为核心,并通过新一代信息技术的深度融合推动城市治理和公共服务的提升。其核心要素包括五个方面:无处不在的惠民服务、透明高效的在线政府、精细化的城市治理、融合创新的数字经济,以及自主可控的安全体系。

在实施过程中,智慧城市建设强调分级分类、标杆引领、标准统筹、改革创新和安全保障,确保各项措施的有效落实。同时,注重城乡一体化,打破信息壁垒,促进信息资源的共享与流通,从而提升整体的城市管理与服务效率。通过这些措施,智慧城市将更好地满足居民的需求,推动社会的可持续发展。智慧城市建设的总体原则如图 5-2 所示。

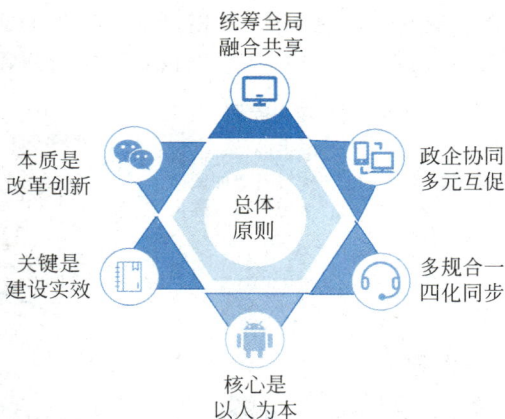

图 5-2　智慧城市建设的总体原则

2. 数字孪生城市的特征

数字孪生城市的特征主要有精准映射、虚实交互、软件定义、智能干预。

(1)精准映射。数字孪生城市通过空天、地面、地下、河道等各层面的传感器布设,通过全面数字化建模,城市的道路、桥梁、井盖、灯盖、建筑等基础设施将被精准地再现。同时,借助先进的传感技术,实现对城市运行状态的全面感知与动态监测。这一过程将形成一个虚拟城市,能够在信息维度上准确地表达和映射实体城市的各项信息。这种精准的数字化表示不仅有助于实时监控基础设施的运行状态,还能为城市管理和决策提供数据支持,促进城市的智能化治理与高效运作。

(2)虚实交互。城市基础设施、各类部件建设即有痕迹,城市居民、来访人员上网联系即有信息。未来数字孪生城市中,在城市实体空间可观察各类痕迹,在城市虚拟空间可搜索各类信息,城市规划、建设及民众的各类活动,不仅在实体空间,而且在虚拟空间得到极大扩充,虚实融合、虚实协同将定义城市未来发展新模式。

(3)软件定义。孪生城市针对物理城市建立相对应的虚拟模型,并以软件的方式模拟城市人、事、物在真实环境下的行为,通过云端和边缘计算,软性指引和操控城市的交通信号控制、电热能源调度、重大项目周期管理、基础设施选址建设。

(4)智能干预。通过在“数字孪生城市”上规划设计、模拟仿真等,将城市可能产生的不良影响、矛盾冲突、潜在危险进行智能预警,并提供合理可行的对策建议,以未来视角智能干预城市原有发展轨迹和运行,进而指引和优化实体城市的规划、管理、改善市民服务供给,赋予城市生活“智慧”。

数字孪生城市的核心价值在于通过建立高度集成的数据闭环,赋能一个全新的城市管理体系,从而生成城市的全面数字虚拟映像空间。利用数字化仿真和虚拟交互技术,结合模块化拼接的方式,构建一个软件定义的城市,使得数据驱动决策成为可能。在这一过程中,虚实之间的充分融合和交织,使得城市的运行、管理和服务从实体转向虚拟。在虚拟空间中,可以进行建模、仿真、演化和操控,这不仅提升了城市管理的效率和灵活性,也为决策者提供了更加精准的数据支持。同时,数字孪生城市的建设还能够通过虚拟的优化配置,改变和促进物理空间中城市资源要素的优化配置,从而开辟出智慧城市建设和治理的新模式。这一创新方法将极大地推动城市的可持续发展和智能化进程。其价值主要体现在建设方面与治理方面。在建设方面,对一张白纸零起步的城区,与物理城市同步规划建设数字城市,规划阶段即开始建模,建设阶段不断导入数据,运营阶段则依托数字城市模型和全量数据管理物理城市。对已建成并运行多年的城市,通过后台物联网设施的全面部署和对城市进行数字建模,同样可以构建数字孪生城市。在治理方面,数字城市与物理城市两个主体虚实互动,孪生并行,以虚控实。通过

97

数字空间的信息关联,可增进现实世界的实体交互,实现情景交融式服务,真正做到信息随心至、万物触手及。数字孪生技术在城市建设中的综合应用如图 5-3 所示。

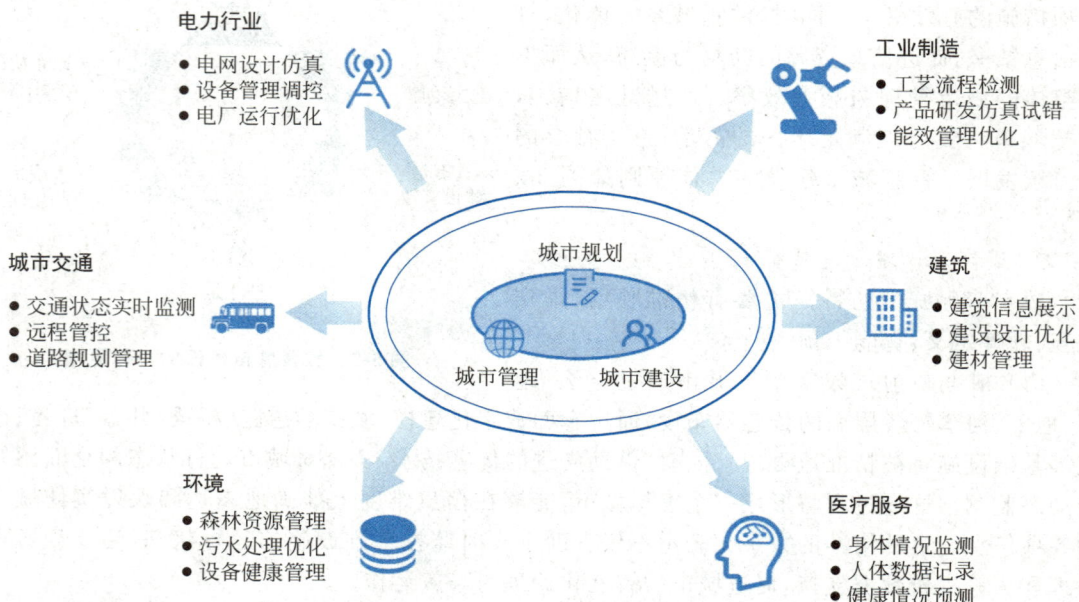

电力行业
- 电网设计仿真
- 设备管理调控
- 电厂运行优化

工业制造
- 工艺流程检测
- 产品研发仿真试错
- 能效管理优化

城市交通
- 交通状态实时监测
- 远程管控
- 道路规划管理

城市规划
城市管理　城市建设

建筑
- 建筑信息展示
- 建设设计优化
- 建材管理

环境
- 森林资源管理
- 污水处理优化
- 设备健康管理

医疗服务
- 身体情况监测
- 人体数据记录
- 健康情况预测

图 5-3　数字孪生技术在城市建设中的综合应用

数字孪生城市是指数字孪生技术在城市规划、建设、管理等过程中的综合应用,而不细化到具体行业。通过建立能感知现实城市变化并进行智能管控的虚拟孪生城市模型,实时反映城市基础设施运行状态,提升城市运行综合水平和智能决策能力。

5.2　数字孪生城市架构及生态

数字孪生镜像平面是“虚实”镜像的介质。就像镜子前面是你,镜子后面是你的“数字镜像”!

在数字孪生世界中,也存在一个虚实镜像的介质,我们将它定义为“数字孪生镜像平面”(简称孪生平面),平面一侧是物理世界的属性,平面另一侧是镜像的数字表达。孪生平面自下而上包括智能设备、连接网络和数字孪生平台,分别归属于传统 IT 架构划分的感知层、传输层和平台层,如图 5-4 所示。

随着 5G、AI 芯片的普及和技术推广,感知终端由原有的“哑终端”逐步向智能终端演进,更加可通、可管、可控。感知终端以标准的传输协议将状态数据传送到应用层,支持实现物理城市的感知、互联、监测与预测。目前,物联感知终端在城市的诸多领域已发挥巨大作用,主要包括计量终端(水务、燃气、热力、电力等)和环境监测传感器(大气、水、噪声、辐射、土壤、生态等)。未来,具备多样复合能力的智能终端将走进城市,给我们带来更多惊喜,如城市巡检机器人、智能停车机器人、智能市政终端及智能监控终端等。

连接网络是智能终端的通信基础,不同的物联网场景和设备使用不同的网络接入技术和连接方式,包括有线和无线方式。有线方式主要应用在室内和大带宽有线连接业务场景。无

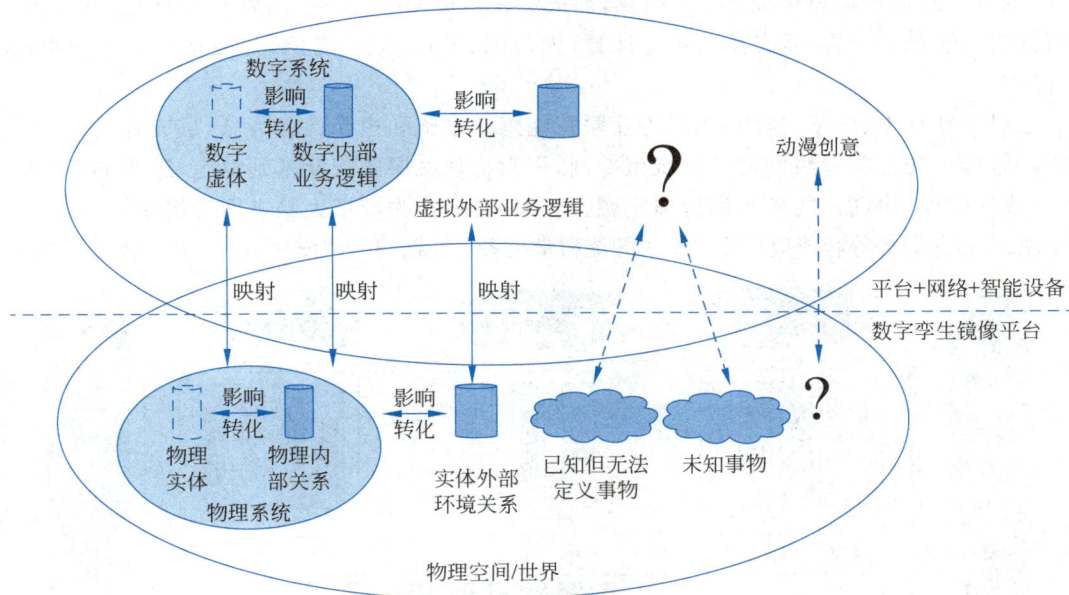

图 5-4　数字孪生镜像平面

线连接分为短距无线和长距无线,短距无线技术包括蓝牙、Zigbee、Wi-Fi 等技术,主要应用在室内和短距离连接场景,一般是多个无线终端通过网关进行汇聚后连接到物联网平台。长距无线包括无线专网、运营商蜂窝网络等不同方式,主要应用在野外和长距离连接场景。多样性的网络接入技术,支持更加丰富的智能终端,面向场景化应用灵活选择合理的接入方式。

　　日益复杂的数据处理与多样性的网络接入,需要强大的数字孪生平台化能力作为支撑。数字孪生平台须具备端到端的 IT 服务能力,从功能角度划分,包括物联网平台化能力、网络虚拟化管控能力、大数据平台能力、视频汇聚分析能力、融合通信能力、地理信息服务能力、孪生模型设计与管理能力及人工智能服务能力等。数字孪生平台是孪生平面的核心,在一定程度上决定了物理城市与数字城市间“虚实”连接的数量及交互质量。

　　数字孪生城市是与物理城市相对应的概念,要实现智慧城市建设,需要建立相关城市的数字孪生体,因为城市整体的数字化是实现智慧城市的前提条件。过去,由于认识水平和技术条件的不成熟,我们并没有数字孪生的概念。随着信息通信技术的迅速发展,我们已基本具备了构建数字孪生城市的能力。数字孪生城市的核心技术模型包括全域立体感知、数字化标识、万物可信互联、普惠计算、智能定义一切及数据驱动决策等。这些技术模型为数字孪生城市的建设提供了坚实的基础。同时,随着大数据、区块链、人工智能、智能硬件、增强现实(AR)和虚拟现实(VR)等新技术和应用的不断涌现,这些模型也在不断完善,其功能不断拓展,使得在城市中模拟、仿真和分析各种问题成为可能。然而,尽管技术条件已基本成熟,实现数字孪生城市的方案依然相当复杂。这一过程不仅是新技术融合创新的试验场,更是对人类智慧的一次重大挑战,要求我们在理论与实践之间找到平衡,推动智慧城市向更高水平发展。数字孪生城市的建设需要各个领域的专业知识和技术的跨界融合,同时也需要对城市运行机制、社会管理、隐私保护等诸多方面进行深入思考和不断探索。只有通过持续不断的努力和创新,才能真正实现数字孪生城市的目标,为城市居民提供更加便利、高效、智能的生活环境。

　　数字孪生城市建设依托以“端、网、云”为主要构成的技术生态体系。端侧,形成城市全域感知,深度反映城市运行体征状态;网侧,形成泛在高速网络,提供毫秒级的双向数据传输,奠定智能交互基础;云侧,形成普惠智能计算,大范围、多尺度、长周期、智能化地实现城市的决策、操控。

通过泛在地上、地下、空中、水域等互联智能感知设施和边缘计算节点,形成有线、无线、卫星等综合接入弹性配置组网的智能城市专网,作为物理底层的智能基础设施,进而采集数据资源,形成数据库,协同使能平台进行虚实融合智能操控,作为城市大脑进而为规建管一体、一盘棋管理、虚拟化服务等智能应用服务提供智能科学决策。"端、网、云"技术生态体系如图 5-5 所示。

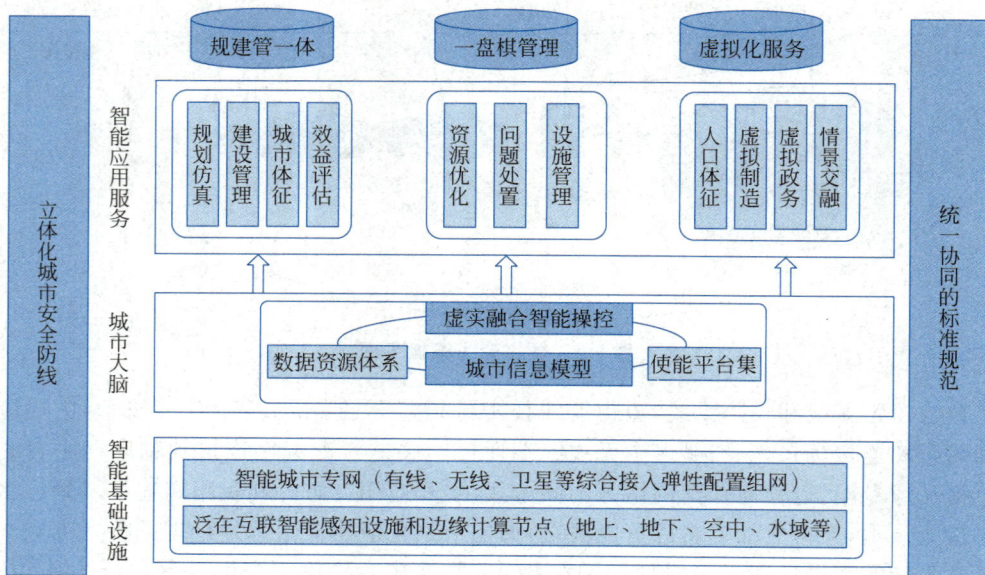

图 5-5 "端、网、云"技术生态体系

5.2.1 数字孪生城市的整体架构

数字孪生城市因其多学科交叉融合的特征,成为建设智慧城市的"一把双刃剑",如果运用好,它将成为智慧城市建设的利器;如果过度消耗理念,将为城市建设带来灾难。因此,需要建立体系化的方法作为导引,并在实践中不断总结、优化,指导其运用。

数字孪生城市工程方法。理论上,物理世界万事万物皆可实现数字孪生,包括人、车、物、环境、城市部件等。但在一个城市里要把所有物理实体进行数字孪生化,不仅成本极高,难度极大,还为维护和管理带来极大挑战,造成社会资源浪费。我们认为,数字孪生需要以问题作为导向,以价值作为驱动,"按需孪生"。基于这一理念,我们在实践中思考,提炼并总结出一套指导数字孪生建设的"DOS"工程方法,即 D(disaimminate)识别——7 个关键要素识别,O(opimize)优化——3 类优化,S(scenarios innovate)场景试错。

这些过程强调了通过数字孪生技术进行模拟和仿真,从而实现创新、优化和识别,推动更有效的城市管理和系统优化。

这些要素共同构成了对物理实体内外部状态的持续跟踪和识别框架,旨在提升数字孪生系统的精确性和有效性。

3 类优化通过数据分析与监测,获得物理主体间动态变化的特征,并模拟判断通过外部干预调整物理主体间的关系,从而得到解决问题的可行方法;通过数据分析与监测,获得系统资源配置的动态变化特征,模拟判断资源配置的调整,以得到解决问题的最优方案;通过外部干预条件的数据监测,获得物理系统与外部环境的作用关系,模拟调整外部干预条件,使物理系统状态最优化,以达到解决问题的途径。

任何创新都有试错过程,试错是一种创新模式。如何优化城市路口交通红绿灯变化时间,得到最高的通行效率;如何识别一个高风险生产企业在发生事故时对城市造成的影响;如何预测城市新产业导入对本地企业的带动作用等诸如此类问题,在物理世界中缺乏有效的监测和预测手段。数字孪生城市专题建设可以作为解决此类问题的一个创新试验沙盒,基于理论的模拟仿真与价值创新,让很多由于物理条件限制、依赖于真实的物理实体而无法验证的解决方案或城市管理理论,经过不断试错、优化而变成可能。

数字孪生城市的价值就是帮助城市找到了一条低成本甚至趋于零成本的治理创新试错之路。

数字孪生城市的功能框架是物理系统设计与 IT 系统设计的融合。数字孪生城市功能框架如图 5-6 所示。

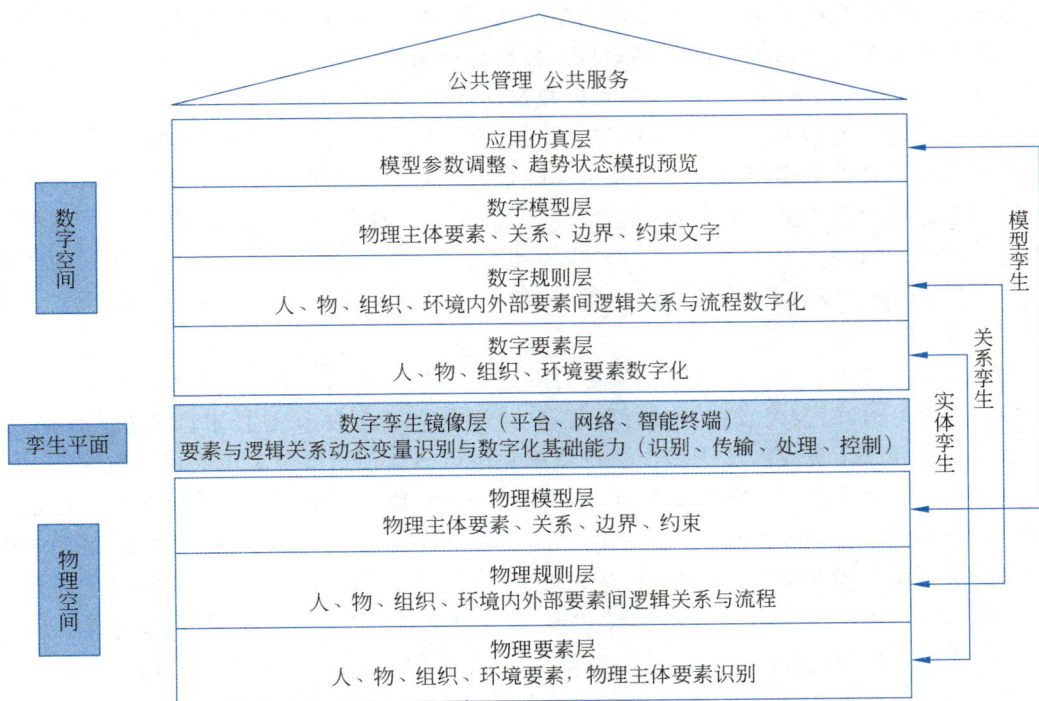

图 5-6　数字孪生城市功能框架

数字孪生城市在物理空间模型设计中,依据"DOS"工程方法,分别设计物理要素层,主要包括人、物、组织、环境等关键主体要素特征与定义;物理规则层,主要包括系统中人、物、组织、环境内外部要素间逻辑关系与业务流程;物理模型层,主要建立涵盖系统主体要素、主体间关系、系统边界及外部约束的物理模型。在数字孪生镜像层(孪生平面)上,主要包括智能终端、连接网络和数字化平台等能力的设计。用合理的技术手段,获得物理系统的数据状态并进行分析,同时提供有效技术预测的能力。在数字空间模型设计中,建立与物理模型映射的数字化表达,主要包括实体孪生、关系孪生和模型孪生。值得关注的是,物理空间模型到数字空间模型的映射,不一定是可视的,甚至可能仅仅是一个简单的数据,重点是采用孪生思维,聚焦解决的问题本质。在应用仿真层设计上，通过数字模型实现对物理系统的模拟/预测，获得解决问题，优化城市的最优方案。

数字孪生城市数据框架，依据"按需孪生"的核心理念，城市可根据不同的需求建立基础数据框架体系及数据更新频度。通常我们认为，数字孪生城市的基础数据框架由宏观、中观与微观三层不同颗粒度数据框架组成。

围绕数字孪生城市数据体系建设和管理全过程，整合、集成和规范时空基础数据、工程建设项目数据、公共专题数据和物联网感知数据等数据资源，由按尺度分级的基础地理信息数据库向按地理实体分类的无尺度基础时空数据库转变，实现不同精度、不同层次、不同时相的地理实体数据集成，形成地上地下全域空间立体的三级数据框架体系，为数字孪生城市运行管理提供统一的数据底板。从城市宏观数据来看，城市宏观数据框架包括两部分，一是以卫星遥感数据为主的覆盖城市山水林田湖草沙等大颗粒度城市自然资源宏观数据框架；二是利用更先进的机载、车载、船载及背包式等新型测绘设备，通过无人船和无人机航拍等创新测绘技术，有效覆盖陆地、海洋、空间及地下。这种基于地理实体对象的增量式数据更新方法，能够实现海量城市实体地理信息的快速更新和动态调整。从城市中观数据的角度来看，基础地理信息数据库正在从按尺度分级向无尺度的基础时空数据库转变。通过地理实体建库技术，可以实现不同精度、不同层次和不同时相的地理实体数据的集成，进而形成一个全空间城市信息模型，该模型整合了地上与地下、室内与室外、二维与三维及历史与现状的数据。这种一体化的模型将有效支撑基础地理数据与城市专题数据的融合，为城市管理和决策提供更为全面和准确的信息支持。从城市微观数据来看，城市微观数据由地理实体最小颗粒度组合的城市物联场景组成，如道路交通物联、个人物联、建筑物联等场景，将地理实体间或人与地理实体间的实时属性挂接，包括地理实体语义、地理实体位置、地理实体城市属性、地理实体关系及地理实体演化过程等属性，实现场景的孪生能力。

数字孪生城市平台能力。数字孪生平台的核心架构以云为基础，联结无处不在的智能终端；以数据为驱动，融合大数据、物联网、视频、地理信息等多种ICT技术；以孪生数据服务、孪生应用服务和孪生集成服务为城市运行监测和城市仿真预测预警应用提供相应服务。

数字孪生平台应具备基础服务特性、专业服务特性、集成服务特性。基础服务特性是指数字孪生平台是城市大数据汇聚、应用的载体，是数字孪生城市的基础支撑平台，为相关应用提供丰富的信息服务和开发接口，支撑智慧城市应用的建设与运行。专业服务特性是指数字孪生平台应具备一系列基本功能，包括城市基础地理信息的汇聚、三维模型与建筑信息模型（BIM）的整合、数据的清洗与转换、模型轻量化、模型抽取、多模集成、模型浏览，以及多场景的融合与可视化表达。此外，平台还需提供开放接口，以支撑各类应用，并为工程建设项目的各个阶段提供模型汇聚、物联监测和模拟仿真等专业服务功能。集成服务特性主要分为两类。一类是新技术的集成及服务能力。数字孪生平台以云计算、大数据、视频技术、物联网、人工智能和下一代安全等新兴技术为核心，在不断整合现有技术的同时，持续纳入新技术。通过全面融合新技术与现有技术，平台将这些技术的驾驭能力封装在内部，为上层业务应用提供强大的技术服务支持。这种集成不仅提升了平台的功能性，也增强了其对城市管理与发展的支撑能力。另一类是孪生应用集成能力，数字孪生平台可与城市已建成的城市建设、城市管理、城市体检、城市安全、住房、管线、交通、水务、规划、自然资源、工地管理、绿色建筑、社区管理、医疗卫生、应急指挥等领域的应用集成，并基于孪生数据服务、孪生业务服务和孪生集成服务开展城市运营监测和城市仿真预测预警两大类的应用建设与运行。数字孪生镜像平台模型如图5-7所示。

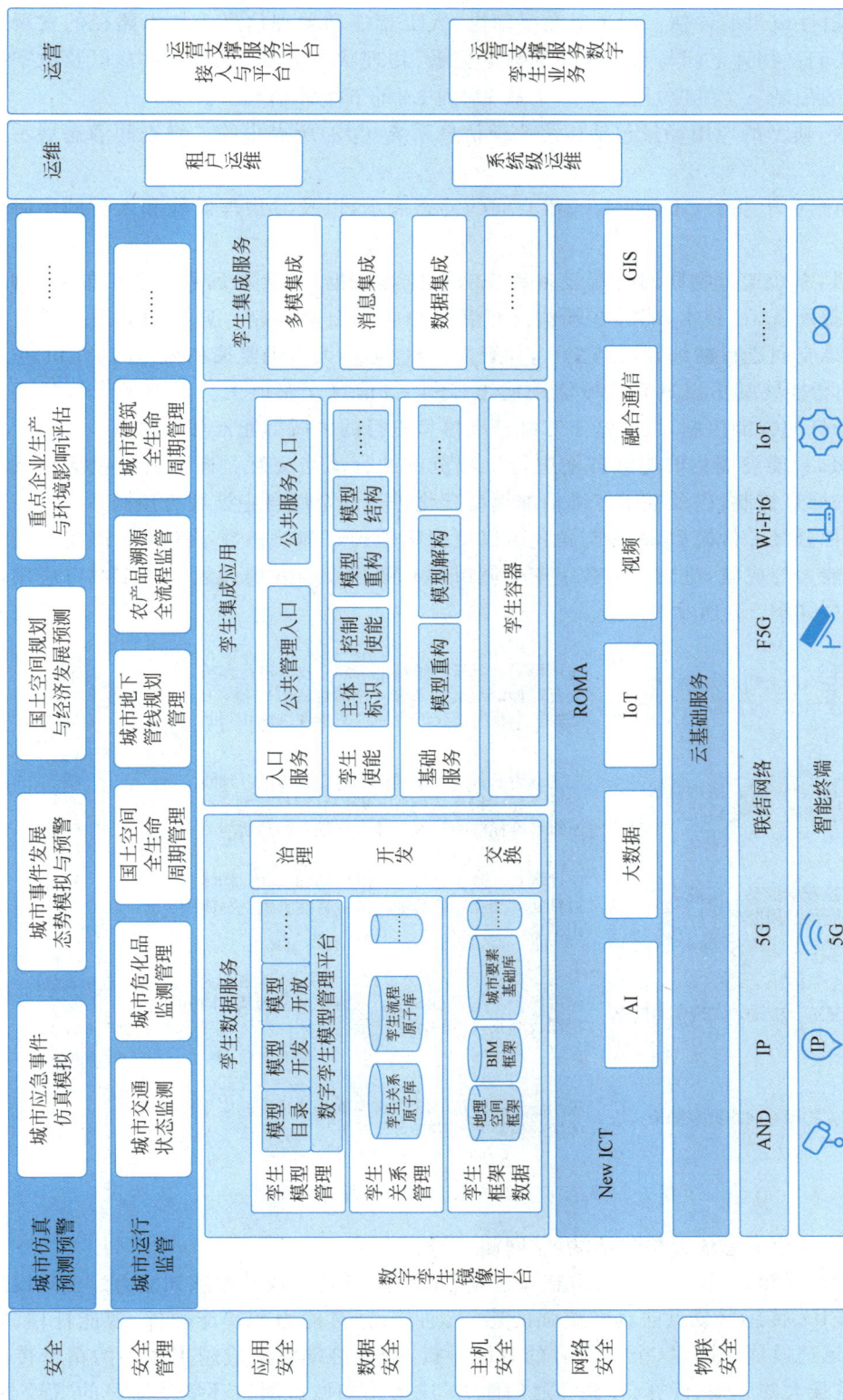

图 5-7　数字孪生镜像平台模型

建立数字孪生城市的应用能力分级评价模型,有助于各参与方在数字孪生城市建设中明确方向和阶段性成果的评估。通过对数字孪生、人工智能和地理信息等技术路径的发展历史进行研究,我们从物理空间与数字空间的数据关系、物理状态监测与预测能力,以及数字技术对物理实体的控制三个维度,构建了一个从 L0 到 L4 的五级评估模型。

在 L0 级,典型的应用场景包括传统地理信息系统(GIS)所提供的二维空间静态展示及信息管理系统。

L1 级则侧重于基于 GIS 的二、三维空间的动态展示,以及对物理设施和人员的实时监测与定位功能。

在 L2 级,系统通过物联网终端设备动态获取监测数据,并具备远程控制的能力。此时,单个终端设备配备 AI 技术,能够在端侧进行智能分析与自动控制。典型的应用场景包括基于二维或三维空间进行精细判断与交互,如智能闸机、远程无人机监控和物体的 AI 识别。

L3 级的智能终端不仅具有区域活动能力,还具备信息交互能力。典型场景包括无人驾驶、跨域红绿灯的智能控制,以及基于三维精准模型进行的区域智能推理与预测。

在 L4 级,智能终端集群能够自主进行全域范围的行动与交互。典型场景包括全域无人驾驶、智能红绿灯控制,以及基于三维精准模型变化进行的全域自主推理与预测。

通过这种分级评价模型,各参与角色可以更清晰地理解和评估数字孪生城市在不同发展阶段的应用能力与成就,进而推动数字孪生城市的有效建设与发展。数字孪生城市应用能力分级评价模型如图 5-8 所示。

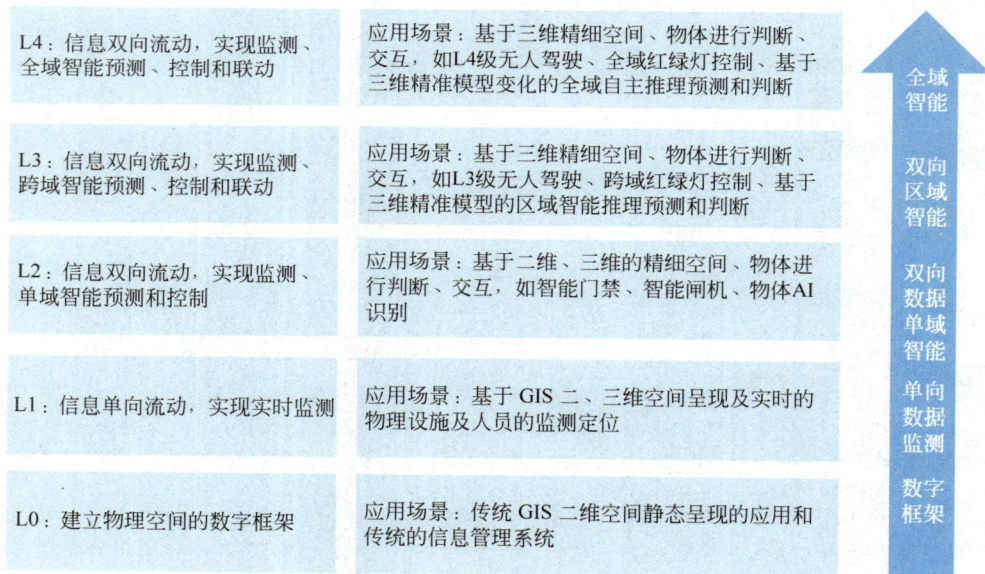

图 5-8　数字孪生城市应用能力分级评价模型

数字孪生城市的总体架构包括端侧、网侧、云侧。

端侧,群智感知、可视可控。城市感知终端“成群结队”地形成群智感知能力。感知设施将从单一的 RFID、传感器节点向具有更强的感知、通信、计算能力的智能硬件、智能杆柱、智能无人汽车等迅速发展。同时,个人持有的智能手机、智能终端将集成越来越多的精密传感能力,拥有日益强大的感知、计算、存储和通信能力,成为感知城市周边环境及居民的“强”节点,形成大范围、大规模、协同化普适计算的群智感知。

构建标志和感知系统,全面提升传统基础设施的智能化程度。通过建立基于智能标志和监测的城市综合管廊,实现管廊规划协同化、建设运行可视化、过程数据全留存。通过建立智能路网实现路网、围栏、桥梁等设施智能化的监测、养护和双向操控管理。通过多功能信息杆柱等新型智能设施全域部署,实现智能照明、信息交互、无线服务、机动车充电、紧急呼叫、环境监测等智能化能力。

网侧,泛在高速、天地一体。提供泛在高速、多网协同的接入服务。在网络边缘,实现全方位的高速接入,形成一个天上地下无缝覆盖的综合信息网络。通过协同部署 4G、5G、VLAN、NB-IoT 和 eMTC 等多种网络技术,推动虚拟化与云化技术的应用,为无线感知、移动宽带及万物互联提供全面接入服务。这一网络基础设施支撑了新一代移动通信网络在各个垂直行业的深度融合。通过整合新型信息网络技术,充分利用空中、天基和地面信息技术的独特优势,结合海洋等多维信息资源,进行有效的数据采集、协同传输与汇聚。实现资源的统筹管理、任务的高效分配及行动的组织,使得复杂的时空网络能够得到一体化处理和充分利用。最终,为不同用户提供实时、可靠、按需的服务,构建出一个高效、智能、协作的信息基础设施和决策支持系统。

云侧,随需调度、普惠便民。由边缘计算及量子计算设施提供高速信息处理能力。在城市的工厂道路、交接箱等地,构建具备周边环境感应、随需分配和智能反馈回应的边缘计算节点。部署以原子、离子、超导电路和光量子等为基础的各类量子计算设施,为实现超大规模的数据检索、城市精准的天气预报、计算优化的交通指挥、人工智能科研探索等海量信息处理提供支撑。

人工智能及区块链设施为智能合约执行。构建支持知识推理、概率统计、深度学习等人工智能统一计算平台和设施,以及知识计算、认知推理、运动执行、人机交互能力的智能支撑能力;建立定制化、个性化部署的区块链服务设施,支撑各类应用的身份验证、电子证据保全供应链管理、产品追溯等商业智能合约的自动化执行。

部署云计算及大数据设施。建立虚拟一体化的云计算服务平台和大数据分析中心,基于 SDN 技术实现跨地域服务器、网络、存储资源的调度能力,满足智慧政务办公和公共服务、综合治理、产业发展等各类业务存储和计算需求。

数字孪生城市的建设将彻底改变城市管理与服务的方式。设想一下,与物理城市相对应的数字孪生城市,在这个数字世界中,所有人、物、事件、建筑、道路和设施都有其虚拟映像,信息随时可见,轨迹清晰可追溯,状态一目了然。虚拟与现实的无缝连接,使得城市运营更为顺畅,场景交融得以实现。历史数据可以追溯,未来趋势可以预判,当下状况也能及时掌握,细微变化随时洞察。在这样的体系中,整个城市的运行如同一盘棋,所有信息尽在掌握之中,一切事务可管理、可控制。同时,管理变得更加扁平化,服务模式转向一站式,信息传递效率提升,民众的奔波减少,虚拟服务与现实服务无缝对接,决策过程通过模拟和仿真变得更加科学。精细化管理将不再是难题,人性化服务也将变得更加可行,城市智慧的实现不再是空谈,而是实实在在的未来。

5.2.2　数字孪生城市生态体系

数字孪生城市生态体系是指数字孪生技术、数据、平台、应用、产业等多方面的互动关系,构成了一个复杂而动态的系统。这个系统不仅是为了建设智慧城市,更是为了实现城市的可持续发展和提升城市治理能力。

数字孪生城市的生态体系就是通过运行机理来建立一种数字化的生态治理模式,实现对城市的实时监测、分析和优化,从而提升城市的运行效率和居民的生活品质。运行机理就是以全域数字化标识和一体化感知监测为数字孪生基础,以全域全量的数据资源(数据)、高性能的协同计算(算力)、深度学习的机器智能平台(算法)为城市信息中枢,以数字孪生模型平台为城市运行信息集成展示载体,操控城市治理、民生服务、产业发展等各系统协同运转,形成一种自我优化的智能运行模式,实现"全域立体感知、万物可信互联、泛在普惠计算、智能定义一切、数据驱动决策"。数字孪生城市运行机理如图 5-9 所示。

全域终端数字化标识是万物互联的基础,是数字孪生城市构建的前提条件,是数字空间中用于区分实体身份的基础信息。一体化感知监测体系是万物感知、万物互联、万物智能的通道、入口和"神经系统",是数字孪生城市实现由物理世界到虚拟世界转化的全域全量的数据资源。全域全量的城市数据是数字孪生城市构建的基础,为深度学习自我优化功能提供数据要素。高性能的协同计算是数字孪生城市构建的效率保障、为深度学习自我优化功能提供算力要素。深度学习的机器智能平台是数字孪生城市构建的运行决策保障,为深度学习自我优化功能提供算法要素。实时映射的孪生模型平台是构建数字孪生城市综合信息载体平台,是城市统一展示窗口的"决策中心"。智能操控现实的应用体系是构建数字孪生城市的"总控开关""指挥中心"。

数字孪生城市模式下,城市具备了一种能力,这种能力包括实时、动态、精准、定位、可视化展示、仿真、验证、回溯、协同、联动等。城市的运行状态将与以往大为不同。可以肯定的是,未来科学发现和智慧应用将会不断涌现,使我们的生活充满了惊喜体验。从数字孪生城市的"规建管"协同管控、虚实互动以虚控实、情景交融以人为本这三大典型场景,可以获悉数字孪生城市生态体系的布局。

在数字孪生城市模式下,集成了数据和软件的城市信息模型已成为城市基础设施的重要组成部分。其中,"规建管"全生命周期的协同管控是最典型的应用场景。这一模式使得城市规划布局可以进行仿真计算,城市建设和运行过程得以全面控制,同时城市管理和服务的资源要素可以灵活调配,从而显著提高城市规划、建设和管理的一体化水平,真正实现"蓝图绘到底、建到底、管到底"的目标。

此外,数字孪生城市能够实时展现城市的整体运行情况,促进集中治理的"城市一盘棋"模式的形成。通过在城市运行监测、管理、处理和决策等治理领域的应用,该模式建立了物理世界与虚拟世界之间的数据映射和数字展示平台(即数字孪生城市模型平台)。这使得跨层级、跨地域、跨系统、跨部门及跨业务的城市治理协同成为可能,形成了一个全程在线、高效便捷的城市智能治理体系,具备精准监测、高效处置、主动发现和智能响应的能力。

数字孪生城市将全面采集城市居民的日常出行轨迹、收入水准、家庭结构、日常消费、生活习惯等,通过洞察并提取居民行为特征,在"数字空间"上,预测人口结构和迁徙轨迹、推演未来的设施布局、评估商业项目影响等。借助智能人机交互、网络主页提醒和智能服务推送等方式,城市居民能够实现对政务服务、教育文化、医疗健康和交通出行等各类服务的快速响应。这种个性化的服务模式形成了一个具有显著影响力和重塑能力的数字孪生服务体系,从而提升了居民的生活质量和便利程度。

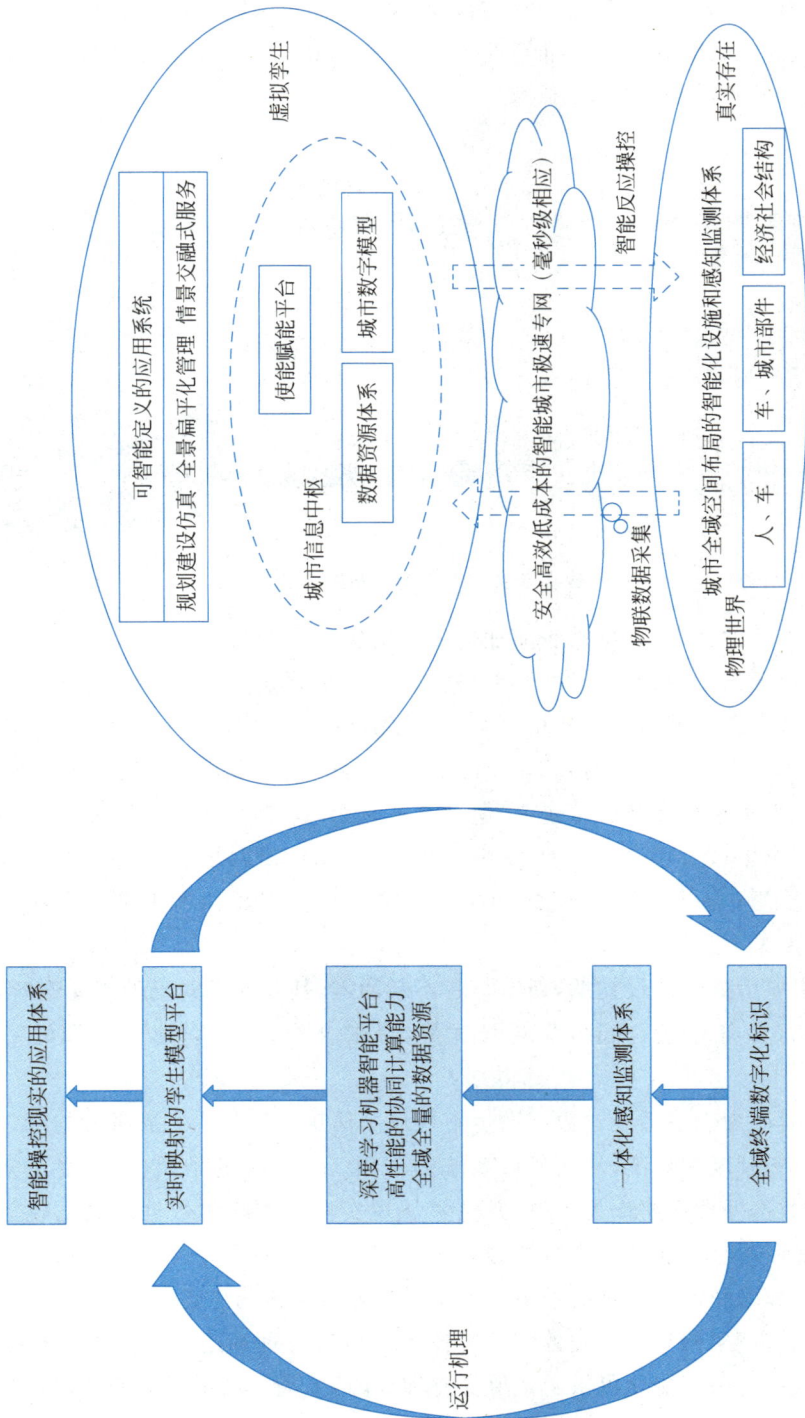

图 5-9　数字孪生城市运行机理

数字孪生城市从技术、功能、价值等多角度优化城市综合管理数字孪生城市的建设，可以多角度赋能城市综合管理。数字孪生融合了多种新型信息技术，以平台化的理念打破了技术孤岛，赋予城市全域感知、信息交互、精准管控等功能，整体提升了城市综合运行水平。数字孪生城市赋能城市综合管理如图 5-10 所示。

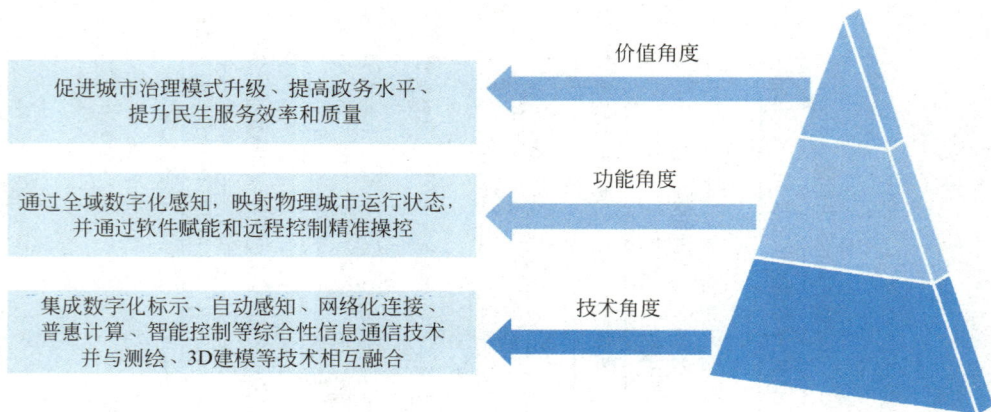

图 5-10　数字孪生城市赋能城市综合管理

数字孪生城市庞大的产业链，使得企业加速入局构建合作生态。

数字孪生城市目前处于建设初期，多类型科技企业入局，依靠自身技术、资源优势探索数字孪生城市建设。数字孪生城市技术架构复杂，涵盖物联感知、测绘建设、图像渲染、虚拟现实等多种信息通信技术，产业链条也囊括芯片、终端、设备等制造业和网络服务、云计算、大数据等服务业。因此，无论是传统智慧城市企业、新型科技企业，还是互联网巨头，都在从不同角度切入赛道，探索数字孪生城市建设。例如，从事地理信息、新型测绘的企业将为数字孪生城市建设提供城市基础信息；从事三维建模、BIM/CIM、可视化、场景渲染等业务的企业将着重建立数字孪生城市模型平台。

目前，数字孪生城市处于建设初期，新参与者不断涌入，其商业模式仍处于探索阶段，尚未形成完整的竞争格局。各企业之间依靠自身优势，寻求合作关系，以建立稳固的商业合作生态。

将数字孪生发展视为生态系统。数字孪生不仅仅是信息虚拟化。它通过参与者之间的协作及建立适当的网络、制度和标准，从而发挥系统的作用。最关键的是，它必须由一整套嵌入式感应基础建设和数据处理程序作为支撑，并负责从现实世界中收集数据。数据收集依赖众多平台支持，这些平台通过机器学习和数据分析为实时应用提供具有价值的信息。这些活动受数据标准、安全性和隐私保护法规的约束。数字孪生城市架构与生态如图 5-11 所示。

因此，数字孪生城市架构和生态是数字孪生技术在城市管理和运营中的整体框架和生态系统，它为城市的数字化和智能化提供了重要支持和保障，推动了城市管理的现代化和智能化进程。

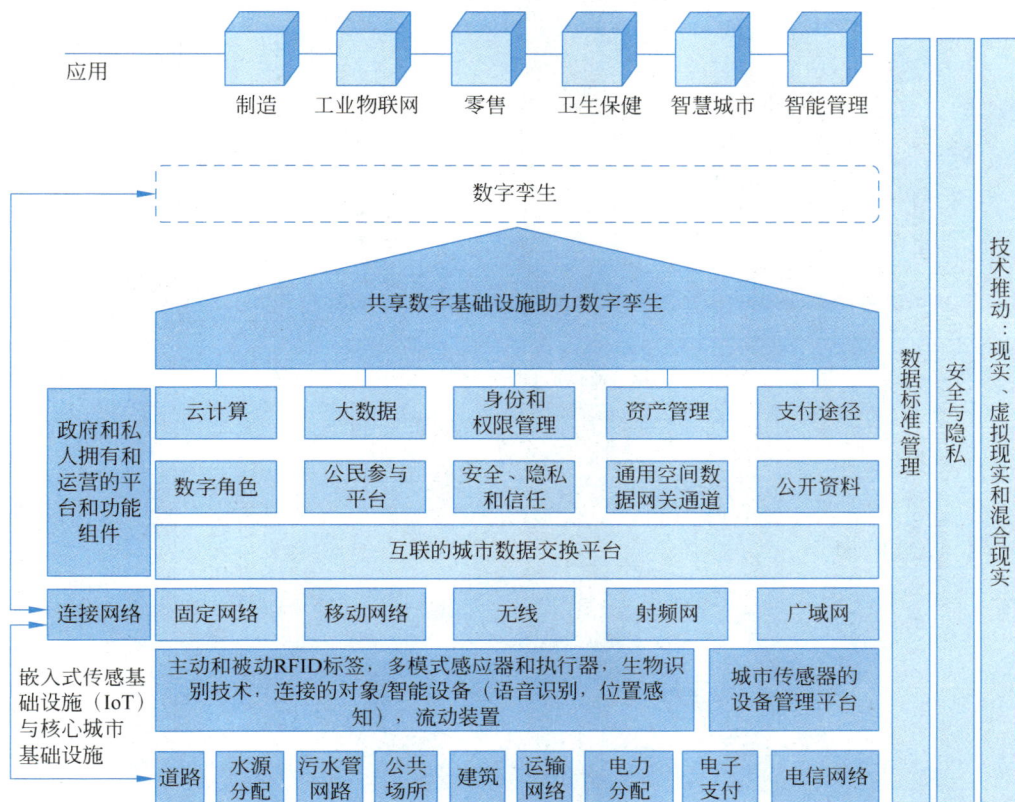

图 5-11　数字孪生城市架构与生态

5.3　面向智慧城市的数字孪生技术体系

数字孪生城市不是一项技术,是多维技术融合的综合应用。

数字孪生城市的落地应用离不开 New KCT 技术的支持,包括 5G 广连接特性支撑下的物联网虚实互联与集成,基于新型测绘的三维建模技术,以及大数据、云计算、模拟仿真、虚拟现实(VR)与增强现实(AR)的相互映射与可视化监测;基于数据挖掘、人工智能、深度学习的城市变化预测等。数字孪生城市技术图谱如图 5-12 所示。

数字孪生城市概念的提出,是几十年来技术发展的必然结果,我们将几个维度的相关概念放在一起发现,它是一个螺旋式融合演进的过程。在工业领域,CPS(cyber-physical systems)作为德国工业 4.0 的关键技术,在应用一段时间后遇到了发展瓶颈,随后与数字孪生相互融合,推动了智能制造产业的快速发展。

BlM(building information modeling,建筑信息模型)技术是 Autodesk 公司在 2002 年率先提出的。随着城市信息技术需求的不断提升,ClM(city information modeling,城市信息模型)这个新概念应运而生。CIM 旨在实现跨部门、跨学科的信息融合,将信息化技术应用到城市生产生活中,继承并融合了 BIM 的发展理念。

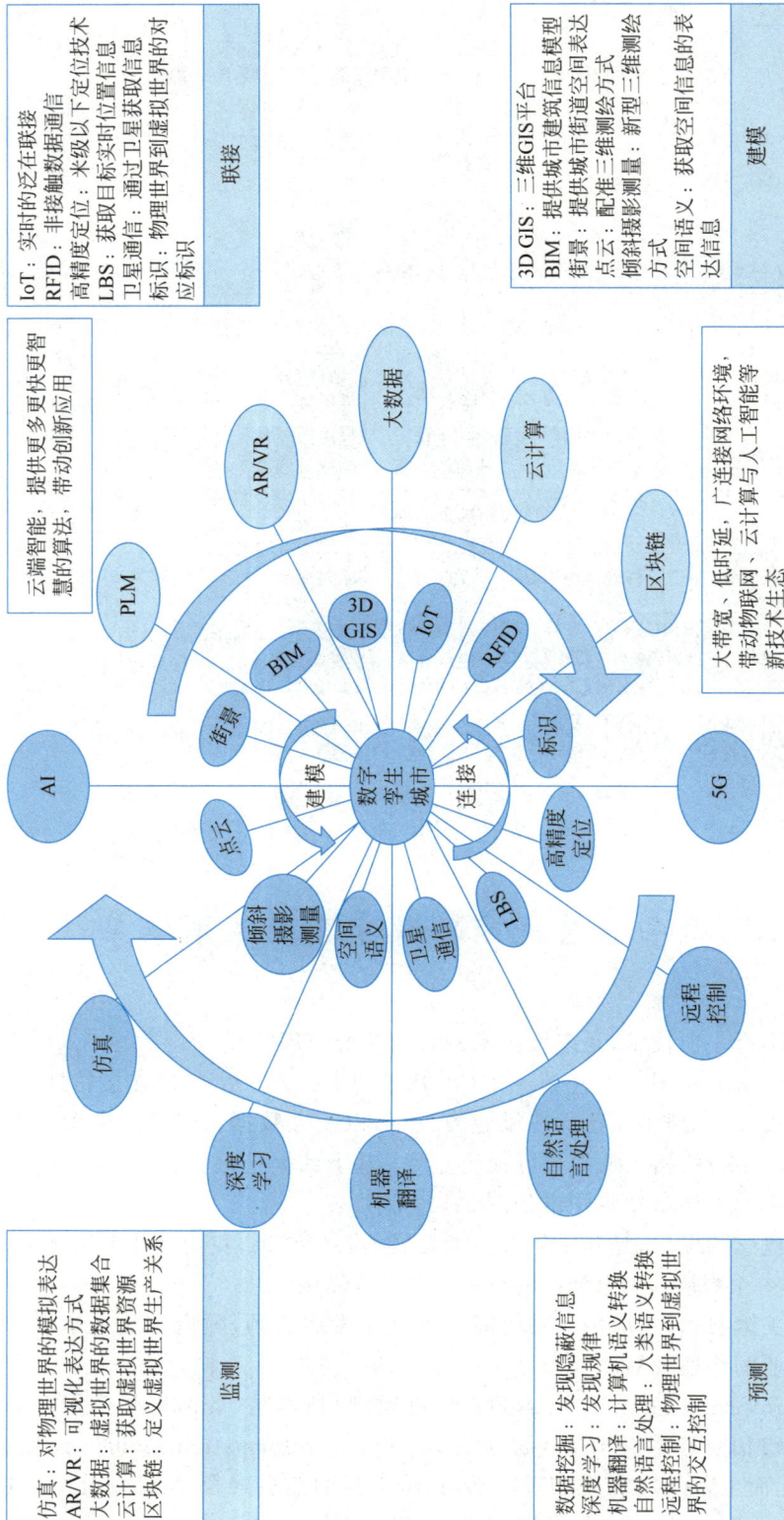

图 5-12　数字孪生城市技术图谱

联接

IoT：实时的泛在联接
RFID：非接触数据通信
高精度定位：米级以下定位技术
LBS：获取目标实时位置信息
卫星通信：通过卫星获取信息
标识：物理世界到虚拟世界的对应标识

建模

3D GIS：三维GIS平台
BIM：提供城市建筑信息模型
街景：提供城市街道空间表达方式
点云：配准三维测绘方式
倾斜摄影测量：新型三维测绘方式
空间语义：获取空间信息的表达信息

云端智能：提供更多更快更智慧的算法，带动创新应用

大带宽、低时延、广连接网络环境，带动物联网、云计算与人工智能等新技术生态

监测

仿真：对物理世界的模拟表达
AR/VR：可视化表达方式
大数据：虚拟世界的数据集合
云计算：获取虚拟世界资源
区块链：定义虚拟世界生产关系

预测

数据挖掘：发现隐藏信息
深度学习：发现规律
机器翻译：计算机语义转换
自然语言处理：人类语义转换
远程控制：物理世界到虚拟世界的交互控制

　　CPS 与数字孪生本质来讲都是为了描述信息空间与物理世界融合的状态,但这两个概念的历史渊源和工程意义并不完全相同。CPS 主要是产生于嵌入式系统在工业领域的深度应用,偏向一些科学原理的验证,而非工程应用的优化,所以,在实际工作中,真正采用 CPS 概念去指导工程实践的情况,主要限于一些航天军工领域,这些领域的工程系统复杂,用传统的工程系统难以描述清楚。为了寻找一种能够降低复杂工程系统建设费用的方法,数字孪生的价值得以显现。数字孪生以数据、模型为基础,采用 AI 和大数据等新技术能力,广泛应用于工业领域仿真分析、产品定义、制造装配工艺、测量检验等模型构建等环节,成为智能制造、工业互联网等现代化先进制造业中的核心概念。

　　BIM 覆盖了建筑的整个生命周期,从设计、施工到运营和最终结束,所有信息都整合在一个三维模型数据库中。BIM 的高度集成性显著提升了建筑工程的信息化水平,为项目各方提供了一个信息交换和共享的平台。然而,BIM 在提供准确的地理位置、建筑周边环境展示和空间地理信息分析方面存在一些局限性,而三维地理信息系统(3D GIS)能够有效弥补这些不足,进行建筑物地理位置定位及周边环境分析,增强大场景的展示,确保信息的完整性和全面性。通过与 GIS 技术的结合,BIM 的应用范围从单一建筑扩展到建筑群、道路、隧道、铁路、港口和水电等多个工程领域。

　　BIM 侧重于城市建筑物的整体信息,而 GIS 则集中于管理建筑物外部环境信息。两者的融合催生了 CIM 的概念。CIM 是在城市信息数据基础上建立的三维城市空间模型,形成了一个有机综合体。从数据类型的角度看,CIM 是由大场景的 GIS、BIM 和物联网(IoT)数据构成的,属于智慧城市建设的基础数据。通过融合 BIM 和 GIS 技术,CIM 能够将数据颗粒度细化到城市建筑物内部的单个模块,使传统静态的数字城市转变为可感知、实时动态和虚实交互的智慧城市,为城市的综合管理和精细化治理提供了重要的数据支持。

　　数字孪生城市的理念提出,是继承、融合工业领域的数字孪生、建筑信息领域的 BIM 和城市信息领域的 CIM,同时融入现代城市学科而催生的城市科技发展新理念。

　　数字孪生城市作为一种复杂而强大的技术体系,不仅是单一技术的结合,更是多项前沿技术的巨大融合,如物联网、大数据、BIM、GIS、人工智能等。其核心在于通过模拟城市的物理结构、运行机制和人群行为,为城市决策提供数据支持、方案验证和未来预测。在构建数字孪生城市技术体系时,需要重点关注数据管理、信息模型和仿真分析三个关键环节。

　　在数据管理方面,数据管理是数字孪生城市技术体系的基础,而数据接入环节的统一标准尤为关键。政府层面应制定统一的数据标准和接入规范,以确保不同部门和机构采集的数据可以互通互用。同时,数据安全和隐私保护也是不可忽视的问题,需要建立完善的数据管理和保护机制,确保数据的安全性和可信度。

　　在信息模型方面,信息模型是数字孪生城市的核心,它不仅需要脱离形式主义,更需要关注语义建模。传统的建模方法往往局限于表面的形式,而忽视了数据背后的含义和关联。因此,建立具有丰富语义的信息模型是至关重要的,它能够更准确地描述城市的各种要素和关系,为仿真分析提供更可靠的基础。

　　在仿真分析方面,仿真分析是数字孪生城市技术体系的应用层,其目的在于通过建立数字模型,模拟城市的运行状态和各种场景,为城市规划、管理和应急响应提供决策支持。在提升仿真分析的能力时,需要建立多领域的模型库,涵盖城市的各个方面,如交通、能源、环境等;同时,还需要不断优化和完善仿真算法,提高其商业化落地能力。

　　数字孪生城市技术架构主要由三部分组成,包括数据管理、信息模型和仿真分析,这三部分相互融合,共同构建数字孪生城市的核心平台。在技术架构的设计上,需要充分考虑多种信息技术体系的融合,以实现数据的高效管理、信息模型的准确建立和仿真分析的精确预测。同时可以看出,面向智慧城市的数字孪生技术体系是一个复杂而庞大的系统工程,需要政府、企业和学术界的共同努力,以推动数字孪生城市技术的发展和应用,实现城市智慧化和可持续发展的目标。

5.3.1　GIS、BIM、IoT、CIM、大数据、AI、区块链、5G 等技术

GIS 是一种基于计算机技术和地理学原理,用于采集、存储、管理、分析和展示地理空间数据的系统工具。它将地理空间数据(如地图、地形、人口统计、环境特征等)与属性数据(如人口数量、土地用途、建筑物信息等)结合起来,通过空间分析和地图制作等功能,帮助用户更好地理解地理空间数据之间的关系、模式和趋势。简单来说,GIS 就是将地理位置和属性信息结合起来,通过计算机技术进行处理和分析,以解决地理空间数据管理和应用问题的系统工具。

GIS 在智慧城市建设中扮演着关键的角色。在空间数据管理方面,GIS 能够有效地管理和整合城市的空间数据,包括地形地貌、地理位置、土地利用、交通网络、建筑物分布等信息。通过 GIS,城市管理者可以轻松地收集、存储、更新和查询这些空间数据,为城市规划和管理提供可靠的数据基础。在空间分析与规划方面,GIS 具有强大的空间分析功能,可以对城市的空间格局、资源分布、环境质量等进行深入分析。基于 GIS 的空间分析结果,城市规划者可以制定更加科学合理的城市发展规划,优化土地利用、交通布局、生态保护等方面的决策。在基础设施管理方面,GIS 可用于管理城市的基础设施,如道路、桥梁、供水管网、排水系统等。通过GIS,可以实现对基础设施的位置、状态、维护情况等信息的实时监测和管理,提高基础设施的利用率和运行效率。在应急响应和灾害管理方面,在灾害事件发生时,GIS 可以提供快速的空间信息支持,帮助应急部门准确定位灾害地点、评估灾情范围、规划救援路线等。同时,GIS 还可以用于预测和评估灾害风险,指导城市的灾害管理和风险防范工作。在城市环境监测方面,GIS 可以集成各类环境监测数据,如空气质量、水质等数据,实现对城市环境的实时监测和评估。通过 GIS 空间分析功能,可以发现环境污染源、评估污染扩散范围,并采取相应的环境保护措施。在市民服务和决策支持方面,GIS 不仅为城市管理者提供了数据支持,也为市民提供了便利的服务。例如,通过 GIS 可以开发城市导航、交通拥堵监测、公共设施查询等应用程序,提升市民的生活品质。同时,GIS 分析结果也为政府决策提供了科学依据,帮助政府制定更加精准的政策和措施。因此,GIS 技术是数字孪生城市技术体系中不可或缺的一部分。

BIM 是一种基于数字化技术的建筑设计、建造和管理方法。它不仅是一种软件工具或技术,更是一种全新的建筑行业工作流程和理念的体现。BIM 技术的核心思想是通过建立数字化的建筑模型,将建筑项目的各个方面信息集成到一个统一的平台中,实现对建筑全生命周期的综合管理和优化。BIM 技术是一种基于数字化建模、信息集成、协作协同、全生命周期管理和模拟分析的建筑设计、建造和管理方法。它将建筑项目的各个方面信息集成到一个统一的平台中,实现了建筑行业的数字化转型和智能化升级。

BIM 在面向智慧城市的发展中,作为数字孪生技术体系的一部分,体现了重要的作用。在建筑物模型中,BIM 技术可以创建高度精确的建筑物模型,包括建筑的几何形状、结构、材料、设备等各个方面的信息。这些模型可以作为数字孪生城市的一部分,用于模拟和分析建筑

物的运行状态、能耗情况等,为城市的能源管理和环境保护提供数据支持。在城市规划和设计中,基于 BIM 的建筑模型可以用于城市规划和设计,帮助规划者和设计师更好地理解建筑与城市环境之间的关系。通过 BIM 技术,可以模拟不同规划方案的效果,评估建筑对城市空间的影响,从而制订更加科学合理的城市规划方案。在智能建筑管理中,BIM 技术可以用于建筑的智能管理和运营。通过建立建筑信息模型,可以实现对建筑设备和系统的监控、维护和优化。智能建筑管理系统可以通过 BIM 模型实时监测建筑的能耗、设备运行状态等信息,提高建筑的能效性和运营效率。在交通和城市基础设施规划中,BIM 技术不仅可以用于建筑物的模拟和分析,还可以用于城市的交通和基础设施规划。通过 BIM 技术,可以模拟和分析交通网络、道路、桥梁、管道等城市基础设施的运行情况,优化城市的交通布局和基础设施建设方案。在城市环境监测和预测中,基于 BIM 的数字孪生城市模型可以集成建筑物、交通、环境等多个方面的数据,实现对城市环境的综合监测和预测。通过模拟不同环境因素的影响,可以预测城市的环境变化趋势,为城市的环境保护和气候应对提供决策支持。

IoT 技术是一种将传感器、智能设备、互联网和数据分析技术相结合的新型信息技术。其核心思想是通过将各种物理设备连接到互联网上,并通过数据采集、传输、处理和分析,实现设备之间的互联互通,以及设备与人之间的交互。物联网技术将物理世界与数字世界相互连接,实现了物理设备的智能化、自动化和远程控制。这项新型信息技术通过连接传感器、智能设备和互联网,使设备之间能够互联互通,同时也促成了设备与用户之间的交互。借助物联网,设备能够实时收集、传输和分析数据,从而提升操作效率和决策能力。

IoT 技术与智慧城市之间有着密切的关系,物联网技术是实现智慧城市的重要基础和关键支撑。它为智慧城市建设提供了数据采集、信息交互、智能控制等基础设施,促进了城市的数字化、智能化和可持续发展。在基础数据实时采集与监测上,物联网技术可以实现对城市各个领域的实时数据采集与监测,包括交通、环境、能源、水务等。这些数据可以帮助城市管理者更好地了解城市运行状况,及时发现问题和变化。在智能设备与城市设施上,物联网连接了城市中的各种智能设备和城市设施,如智能交通灯、智能垃圾桶、智能停车系统等。这些设备能够实现智能化管理和控制,提高城市设施的效率和服务质量。在智慧交通与智能运输上,物联网技术为智慧交通和智能运输提供了基础支持。通过传感器、智能交通信号灯、智能交通管理系统等,可以实现交通流量监测、交通信号优化、智能导航等功能,提高交通运输效率和道路安全。在智能能源管理上,物联网技术可以实现城市能源系统的智能监测、控制和优化。通过智能电表、智能电网、智能照明系统等,可以实现能源消耗的实时监测和节约,提高能源利用效率和减少能源浪费。在环境监测与保护上,物联网技术可以用于城市环境的监测与保护。通过环境传感器、空气质量监测系统、水质监测系统等,可以实时监测环境污染情况,及时预警和采取措施,保护城市环境和居民健康。在智慧城市服务与管理上,物联网技术为智慧城市的各种服务和管理提供了基础支持。通过智能城市平台、智能手机应用等,可以实现智慧城市服务的提供,如智能停车、智能家居、智能健康等,提高市民生活质量和城市管理效率。

CIM 技术是一种类似于 BIM 技术的概念,它专注于城市规划、设计和管理的数字化建模技术。CIM 基于 BIM、GIS 和 IoT 等技术,整合了城市的地上与地下、室内与室外,以及历史、现状和未来等多维多尺度的信息数据。通过这种整合,构建了一个三维数字空间的城市信息综合体,实现了城市感知数据的全面汇聚与分析。CIM 技术的主要特点在于以城市为单位,通过综合城市各个领域的数据和信息,包括地理信息、建筑信息、交通数据、能源消耗、环境质量等,建立起数字城市模型。这个模型可以以三维、二维或其他形式呈现,全面反映城市的地理空间布局、建筑物分布、交通网络、环境特征等方面的信息。CIM技术不仅可以用于城市规划与设计,支持规划者和设计师进行城市发展方案的模拟和评估,优化城市布局、土地利用和交通规划;而且可以用于城市管理与运营,帮助城市管理者实时监测城市运行状况,预测城市发展趋势,采取相应的管理和控制措施,提高城市管理的效率和水平。此外,CIM技术还为城市的服务与决策提供了科学依据和技术支持,可用于制定城市发展规划、交通管理方案、环境保护措施等,为城市的可持续发展和智能化进程提供强大的支持。

大数据技术是一种利用计算机技术和算法,对海量、异构和高速生成的数据进行采集、存储、处理、分析和挖掘的技术手段。它的主要特点包括三个方面:数据的"3V",即数据的体量(volume)、速度(velocity)、多样性(variety)。首先,大数据具有巨大的体量,包括传统结构化数据、半结构化数据和非结构化数据,如传感器数据、社交媒体数据、图像数据等。其次,大数据的生成和传输速度快,要求系统能够实时地处理和分析数据流。最后,大数据具有多样性,涵盖了不同来源、不同格式和不同类型的数据,需要综合分析挖掘。

在智慧城市发展中,大数据技术发挥着至关重要的作用。首先,大数据技术为智慧城市提供了数据基础。智慧城市中涉及的各个领域,如交通、环境、能源、公共安全等,都产生大量的数据。利用大数据技术,可以实时、全面地收集、存储和管理这些数据,为智慧城市建设提供数据支撑。其次,大数据技术为智慧城市提供了数据分析和决策支持。通过对大数据的挖掘和分析,可以发现城市运行中的规律和模式,预测未来的发展趋势,为城市规划、管理和决策提供科学依据和技术支持。例如,通过分析交通流量数据,可以优化交通信号控制,缓解交通拥堵;通过分析环境监测数据,可以预警环境污染事件,采取相应的环境保护措施。最后,大数据技术为智慧城市的应用和服务提供了技术支撑。

大数据技术在智慧城市发展中发挥着至关重要的作用,为智慧城市建设提供了数据基础、数据分析和决策支持,同时也为智慧城市的应用和服务提供了技术支撑。随着智慧城市建设的不断深入,大数据技术的应用和发展将更加广泛和深入,为城市的数字化、智能化和可持续发展注入新的活力。

AI技术是一种模拟人类智能的计算机系统,它通过模仿人类的思维和学习方式,实现了自主学习、推理、识别和决策等智能行为。AI技术的主要特点包括学习能力、适应能力、自主决策能力和智能交互能力。AI技术具有学习能力,可以通过大量的数据和算法进行学习和训练,不断提升自己的识别和预测能力。AI技术具有适应能力,可以根据不同的环境和任务进行调整和优化,适应新的情境和要求。AI技术具有自主决策能力,可以根据所学习的知识和规则进行推理和决策,实现自主的智能行为。AI技术具有智能交互能力,可以与人类进行自然和智能化的交互,实现更加人性化和高效率的服务。

AI技术为智慧城市提供了智能化的服务和应用。智慧城市中涌现出各种智能化的应用和服务,如智能交通、智能安防、智能环境监测、智能医疗等。这些应用和服务都依赖于AI技术,通过对数据的分析和处理,实现了智能化的功能和服务,提升了城市管理的效率和水平。AI技术为智慧城市提供了数据分析和决策支持。智慧城市涉及各种复杂的数据和业务,需要进行数据分析和决策支持,AI技术可以通过对数据的挖掘和分析,发现数据之间的规律和关联,预测未来的发展趋势,为城市规划、管理和决策提供科学依据和技术支持。AI技术可以实现智慧城市的自动化和智能化。智慧城市中存在大量的物联网设备和传感器,通过AI技术的应用,这些设备可以实现自动化的监测和控制,实现智能交通、智能环境监测等功能,进而提升了城市服务的智能化水平。AI技术可以实现智慧城市的智能化管理和运营。智慧城市的管理和运营涉及各个领域和部门,需要实现数据的集成和交互,AI 技术可以通过数据的智能化处理和分析,实现城市管理的智能化和优化,提高了城市的管理效率和水平。

AI 技术是智慧城市发展的关键引擎,它不仅是一种模拟人类智能的计算机系统,更是智慧城市建设中的智慧大脑。通过 AI 技术,智慧城市得以实现智能化的服务和应用,从智能交通到智能环境监测,无所不在地为城市居民提供便捷、高效的生活体验。AI 技术的强大数据分析和决策支持功能,使城市管理者能够基于数据洞察未来,规划智慧城市的发展路径,作出更明智的决策。自动化和智能化是智慧城市的关键特征,而 AI 技术的应用使得城市中的各个系统和设施都能实现智能化的管理和运营,提升城市的运转效率和资源利用率。最终,AI 技术不仅为智慧城市提供了新的思路和解决方案,更推动了智慧城市向着数字化、智能化和可持续发展的方向迈进,成为现代城市发展的引领者和先锋者。

区块链技术是一种分布式账本技术,它的主要特点包括去中心化、不可篡改、透明公开和智能合约。区块链是去中心化的,它没有中心化的管理机构,所有的数据和交易记录都存储在网络中的多个节点上,任何人都可以参与到区块链网络中,没有单一的控制权。区块链的数据是不可篡改的,一旦数据被写入区块链中,就无法被修改或删除,确保了数据的安全和可信度。区块链是透明公开的,所有的交易和数据都是公开可查的,任何人都可以查看和验证,增强了数据的透明度和公正性。区块链支持智能合约,是一种基于代码的自动化合约,可以在区块链上执行和管理各种复杂的交易和业务逻辑,提高了交易的效率和安全性。

在智慧城市发展中,区块链技术具有重要的作用。区块链技术可以实现智慧城市数据的安全共享和交换。智慧城市涉及各种数据的收集、存储和共享,如交通数据、环境数据、医疗数据等,而这些数据往往涉及个人隐私和商业机密。区块链技术可以通过加密和去中心化的特点,确保数据的安全和隐私,实现数据的安全共享和交换。区块链技术可以提升智慧城市的数据管理和治理能力。智慧城市中涉及的各种数据往往分布在不同的部门和组织之间,数据的管理和治理存在着诸多挑战,如数据安全、数据一致性、数据权限等。区块链技术可以通过分布式账本和智能合约,建立起去中心化的数据管理机制,实现数据的统一管理和控制。区块链技术可以支持智慧城市的数字身份和物联网设备认证。智慧城市中存在大量的物联网设备和传感器,这些设备需要具有独特的身份标识和安全认证,以确保设备的安全和可信度。区块链技术可以通过建立去中心化的身份认证机制,为物联网设备提供安全的身份认证和管理。区块链技术可以实现智慧城市的数字货币和支付系统。智慧城市中存在着各种交易和支付行为,如公共交通费用、能源消费费用等,传统的支付系统存在着诸多问题,如交易成本高、交易速度慢、安全性低等。区块链技术可以通过建立去中心化的数字货币和支付系统,实现低成本、高效率和安全的支付交易,促进智慧城市的经济发展和城市服务的提升。

区块链技术通过确保数据的安全共享和交换、提升数据管理和治理能力、支持数字身份和物联网设备认证、实现数字货币和支付系统等方面的应用,为智慧城市建设提供了新的思路和解决方案,推动了智慧城市的数字化、智能化和可持续发展。

5G 高性能通信网络从多层面优化数字孪生城市建设。在网络连接端,5G 作为数据采集、传输、处理、输出的重要媒介,引领数字孪生城市迈入一个新的发展阶段。与 4G 相比,5G 性能有了大幅提升:数据传输速率提高了约 100 倍、移动性增加了 1.5 倍,同时降低了成本,节约了能源,增加了系统容量。这些技术优势将在数据采集与处理的基础上,从以下四个方面有力推动数字孪生城市建设。

5G＋AIoT 基础设施升级:5G 将提升智能硬件基础设施和感知环境变化能力,推动智慧路灯、智能充电桩等建设。

5G＋MEC技术融合加速：5G作为底层技术，加速融合云计算、大数据、边缘计算、物联网等核心技术，实现万物互联。

5G＋IoC数据资源传输：推动建立人、事、物之间的泛在连接，推动传感器和智能终端的普及，将物理城市的信息导入数字城市。

5G＋行业创新场景应用：5G商用将推动数字经济发展，推动AI、VR前沿技术落地，在多个垂直行业加速城市创新应用。

5G技术是第五代移动通信技术的简称，是一种新一代的无线通信技术，具有超高速率、超低时延、超大连接和超高可靠性等特点。5G技术具有超高速率的特点，理论上可达到几十到上百Gbps的传输速率，远远超过了现有的4G技术，可以满足大规模高清视频、虚拟现实和增强现实等应用的需求。5G技术具有超低时延的特点，可以实现毫秒级的响应时间，适用于对实时性要求较高的应用场景，如自动驾驶、远程医疗等。5G技术具有超大连接的特点，可以同时连接更多的设备和用户，支持物联网的发展，实现万物互联的愿景。5G技术具有超高可靠性的特点，可以保证网络的稳定性和可靠性，适用于关键性应用场景，如工业控制、智能交通等。

5G技术为智慧城市提供了快速、稳定的通信基础设施。智慧城市中涉及大量的数据传输和通信，需要有高速率、低时延、高可靠性的通信网络来支撑。5G技术正是满足这一需求的理想选择，可以为智慧城市提供更快速、更稳定的数据传输服务，为各种智能化的应用和服务提供坚实的技术支持。5G技术为智慧城市的物联网发展提供了重要的技术基础。智慧城市中存在大量的物联网设备和传感器，这些设备需要实现高速、高效的数据通信，以实现智能化的监测、控制和管理。5G技术的超大连接和高可靠性特点，为物联网设备的连接和通信提供了更好的条件，促进了智慧城市物联网的发展。5G技术为智慧城市的智能交通、智能医疗、智能安防等应用提供了技术支持。智慧城市中存在各种智能化的应用和服务，如智能交通信号、智能医疗诊断、智能安防监控等，这些应用需要实时、可靠的通信支持，而5G技术正是满足这一需求的最佳选择，可以实现智慧城市各个领域的智能化和高效运行。

5G技术为智慧城市的数字化、智能化和可持续发展提供了重要的技术支持。智慧城市建设需要依赖于先进的信息通信技术，而5G技术的出现和发展，为智慧城市的数字化、智能化和可持续发展提供了新的技术手段和解决方案，推动了智慧城市建设迈向更高水平。

5.3.2 数字孪生城市的技术体系架构

数字孪生城市是一项综合性的技术构想，其核心理念是将多项前沿技术如物联网、大数据、BIM、GIS、人工智能等，以积木式组装的方式融合在一起，形成一种"巨技术"。这一构想的实现并非易事，因其技术复杂性和建设难度颇高，具有多学科交叉汇聚、多技术跨界融合的典型特征。在数字孪生城市的建设过程中，得益于一定的历史积累和产业基础。目前，前端传感器设备的产业链已经相对成熟，随着5G的普及，稳定且高速的通信服务即将实现。在技术进步和政策支持的推动下，云服务的应用也在不断深化。然而，数字孪生城市在实施过程中仍面临一些技术挑战，主要集中在数据管理、信息模型和仿真分析等三个环节。通过多种技术的融合，采用自下而上的方式，由实际世界转向虚拟世界再回归于现实，形成了一个支撑数字孪生城市技术理念的闭环运行机制，即技术堆栈。数字孪生城市的技术堆栈如图5-13所示。

数字孪生城市的技术堆栈

	场景应用	空间规划	城区交通	地下管廊	安全应急	环保水务	园区社区	……

仿真分析

城市交通仿真 | 排水防涝仿真 | 城市宜居环境仿真 | 能耗仿真 | 消防仿真 | 风环境仿真 | ……

城市信息模型CIM

场景建模			渲染		
3DGIS	BIM	语义建模	WebGL	UE/Unity	低代码引擎

数据管理

数据标准与接入 | 数据融合与治理 | 数据存储与计算 | 数据挖掘与分析 | 数据安全与开放

数据通信

WiFi | Zigbee | 蓝牙 | 4G | 5G | NBIoT

物联采集

传感器 | RFID | 视频监控 | 智能化设备 | LBS与高精度定位

物理对象	人	车	道路	建筑	环境	事件	其他城市部件

IT基础设施

计算	存储	网络

关键技术环节

应用层　仿真层　模型层　数据层　连接层　感知层

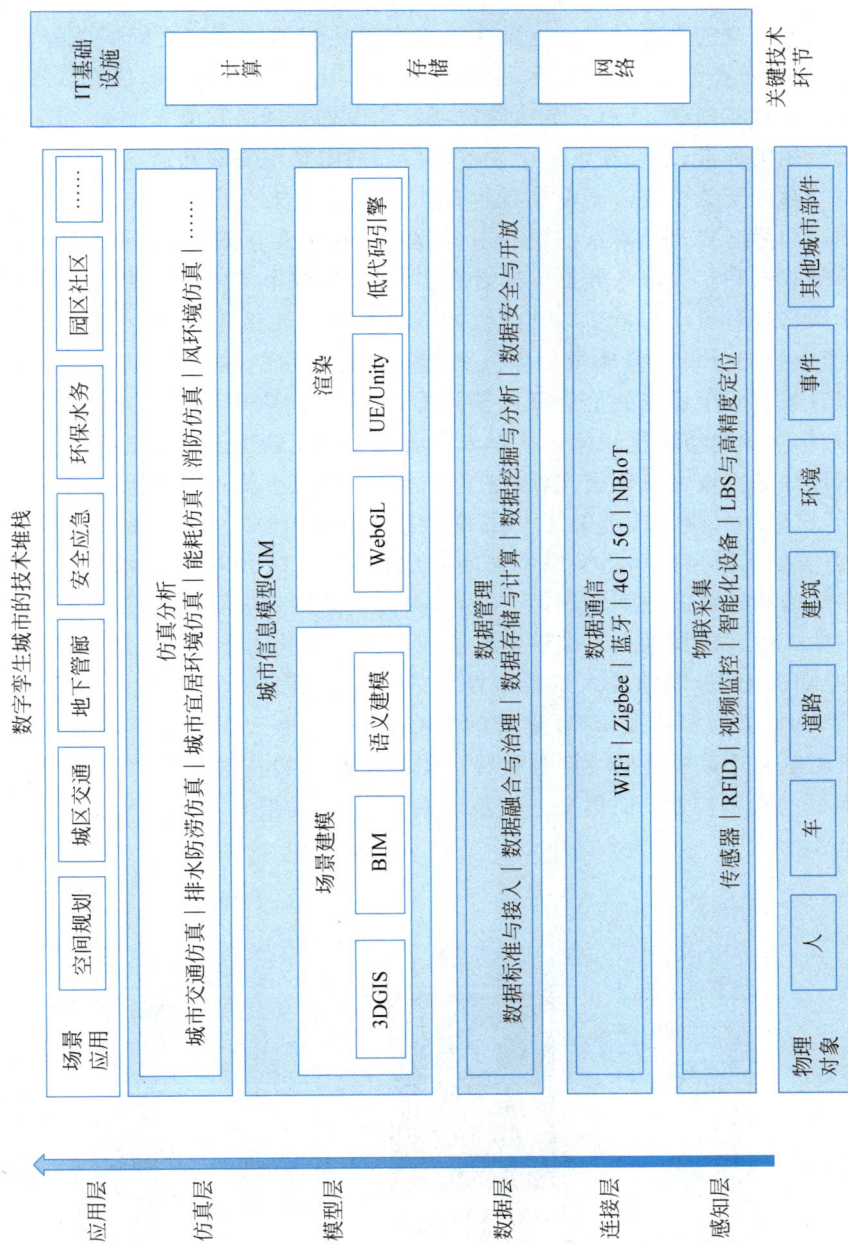

图 5-13　数字孪生城市的技术堆栈

物联网平台的设备接入能力是数字孪生城市建设的基石。广泛部署的传感器和全面连接的智能设备不仅是数字孪生城市构建的基础条件，也是其动态数据的主要来源。在物联网中，设备的接入、通信、控制和联动是核心功能。然而，随着对全面感知的需求增加，确保所有现有和新增设备与平台之间实现双向通信，使得建设的复杂性大幅提升。由于面临多种异构通信协议的挑战，厂商的物联网平台主要通过设备直接连接、网关接入和云端对接三种方式来建立高并发、稳定、可靠且安全的设备通信。这旨在消除海量终端通信协议之间的差异，实现统一标准，但网关接入的设备类型受限、接口不标准或被占用、无法新增等问题依然存在。依赖平台侧软件集成来解决这些问题，不可避免地导致项目建设进度延后和成本增加。因此，国家和行业层面亟需出台相关标准，以期在下一个设备更新周期内实现物联网通信协议的统一。

高效管理时空数据至关重要。城市是自然和社会深度耦合的复杂系统，涵盖了自然资源和人造实体的动态与静态要素。对这些要素进行数字化和集约化管理，形成了城市时空大数据资产。时空基础数据和相关业务数据支撑着真实、精准的城市信息模型构建，物联感知数据通过分布式计算网络进行流动与革新，从"脏数据"经过清洗、加工和标记，逐步转变为专题数据，以支持高级商业智能分析。低质量的输入必然导致低质量的输出（GIGO），因此，时空大数据的高效管理对数字孪生系统的价值释放至关重要，是北向应用的数字基础。此外，海量、多维、实时和非结构化的时空数据积累也将对未来城市基础设施建设提出新的要求。

建模的根本目的是实现可视化交互，服务于机器学习建模。关于信息建模，有些人将其与可视化大屏等同，这显然只是片面地关注了数字孪生的外表和形式，而忽视了其真正的本质。数字孪生CIM由实景三维模型和语义模型共同构成，如图5-14所示。空间几何建模是对物理世界三维立体结构和外观的数字表达，旨在为人类提供浏览和理解的交互界面，更加注重模型的精度和准确性。语义模型则在三维模型的基础上对物理世界进行深入理解，提炼信息、总结规律，构建时空知识图谱，以满足人工智能算法的开发和信息检索需求。实景三维模型是CIM的空间基础，而语义模型则是CIM建设的核心目标，服务于高阶机器学习算法的训练。几何建模在摄影测绘和计算机辅助设计等领域已积累了较长的技术实践和经验，但其技术难点在于高精度模型的成本控制；而语义建模技术尚不成熟，需要行业中的领先企业进行探索和定义。

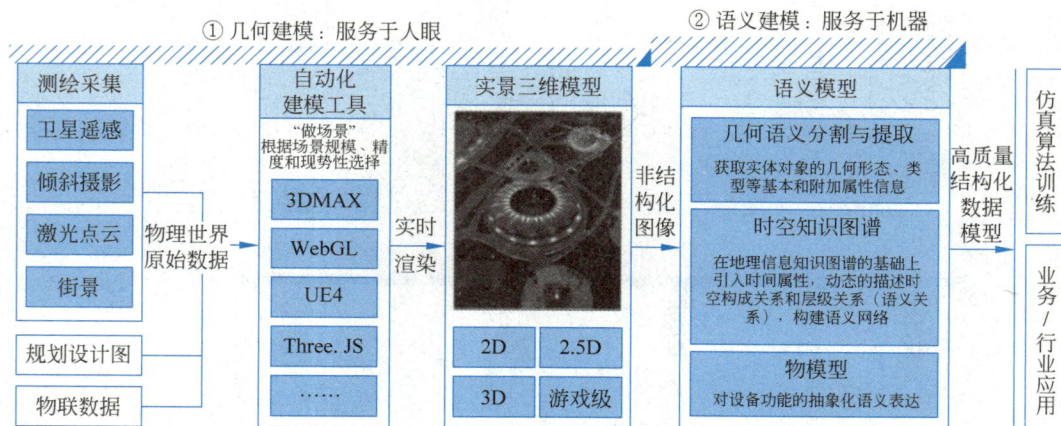

图 5-14　城市信息模型构建的流程

数字孪生城市的核心是高精度城市信息模型。数字孪生城市可一定程度上对城市的人、事、物进行前瞻性预判,进而通过智能交互,实现城市内各类主体的适应性变化和城市的最优化运作。其核心是高精度、多耦合的城市信息模型。通过加载其上的全量全域数据,在城市系统内汇集交融,产生新的涌现,实现对城市规律的识别,为改善和优化城市系统提供有效的指引。

城市初始建模的方法有空中城市 3D 建模、地面高精度 3D 建模、室内 3D 建模三种。空中城市 3D 建模,通过采集空中城市数据,快速构建城市外轮廓模型,可提供厘米级别分辨率和逼真的建筑表面纹理,这一过程涉及无人机倾斜摄影、3D 建模算法、图像识别技术。地面高精度 3D 建模通过地面数据采集,可提供高精度近地面的城市 3D 数据,直接支持城市导航、自动驾驶等应用。对于无 BIM 模型数据的城市建筑,室内 3D 建模可利用专用室内 3D 模型数据采集设备及配套软件,通过激光、图像等手段捕获室内数据,可以完成建筑内部的高精度、逆向建模。对于拥有 BIM 模型数据的城市数据,可利用建筑 BIM 模型数据,进行室内数字化建模。

CIM 的构成:GIS 实现了城市宏观大场面的数字化模型表达和空间分析;BIM 实现对城市细胞级建筑物的物理设施、功能信息的精准表达;IoT 反映城市即时运行动态情况,与城市 3DGIS/BIM 空间数据相加,将静态的数字城市升级为可感知、动态在线的数字城市。

时空大数据的汇集、三维导览和虚拟漫游、空间规划推演、方案对比分析、方案模拟验证、三维可视化管理、空间测量和分析、空间 3D 导航,以及应急预案模拟验证等诸多方面,为城市规划、建设和运行管理全过程注入了"智慧"。通过时空大数据的汇集,城市管理者可以获取大量实时、多源的数据,从而深入了解城市的运行情况和发展趋势。三维导览和虚拟漫游技术使得城市规划和建设过程更加直观和生动,方便各方对城市未来发展方向进行沟通和协商。空间规划推演、方案对比分析和方案模拟验证等工具,则为城市规划和建设提供了科学的决策支持,减少了试错成本,提高了规划和建设的效率和质量。三维可视化管理和空间量测和分析技术,则为城市运行管理提供了直观、全面的数据支持,帮助管理者及时发现问题、制定应对措施。而空间 3D 导航和应急预案模拟验证等工具,则为城市的应急管理提供了有效的支持,提高了城市应对突发事件的能力和效率。综上所述,这些技术和应用的结合,为城市规划、建设和运行管理的全过程赋予了智慧,促进了城市的可持续发展和提升了城市治理水平。

城市模型与数据的协同运行是数字孪生城市建设中至关重要的一环。在这个过程中,城市模型充当着展示、渲染和虚拟漫游等角色,而 CIM 则负责数据分析和数据发布。CIM 是一个多源异构城市模型数据汇聚中心,为城市管理者提供了一个全面的数据视角。通过 CIM 数据发布服务,城市管理者可以获取来自各个领域的数据,如交通流量、环境质量、能源消耗等,以支持对城市运行情况的深入分析和决策制定。这种模型与数据的协同运行不仅为城市管理提供了全面的数据支持,也为居民提供了更加智慧、高效的城市服务和生活环境。

通过多领域构建仿真算法模型库,可以实现数字孪生应用价值的显著提升。初次接触数字孪生概念时,许多人对其如水晶球般的预测能力感到惊艳,而往往忽视了其实时监控的潜力。以往城市治理方案或理论的可行性验证多受到客观物理条件的制约,而数字孪生城市提供了一条低成本的试错之路。通过输入历史和实时数据、假设条件及运行仿真算法,可以识别最优策略,从而为决策提供支持。目前,我国数字孪生城市正处于从 L2"理解现状"向 L3"防微杜渐"跃升的关键阶段。然而,针对城市内部不同行业的算法模型尚显不足,除了交通领域有较为成熟的模型库,大多数城市治理领域仍处于起步阶段,主要以单一且分散的场景应用为主。这种状况可能会阻碍数字孪生城市的价值挖掘与未来发展。

要突破仿真算法发展的瓶颈,赋能决策过程的"谋定而后动"至关重要。仿真算法发展的瓶颈主要由多种因素造成。在技术层面上,数据积累不足是首要原因,需要建立丰富的CIM模型以支持算法训练。在某些场景下,如桥梁的运力、隧道的稳定性和空间气体分布等,实时仿真模型的参数计算量大、耗时长,难以规模化落地,因此需进行轻量化改进以满足实时性和高精度的需求。此外,现有算法多基于开源学习框架,其精度和性能仍有待提升。在业务层面上,仿真算法与业务场景紧密相连,需明确场景需求的痛点,综合考虑模型的精度、完备度与有效算力之间的平衡,以实现仿真算法的商业化落地。

在短期内,我国的数字孪生城市仍停留在L2层级,实时响应异常事件和真实呈现城市形象对于城市管理、品牌形象及美誉度具有现实意义。然而,从中长期来看,仿真算法模型的普及将是释放数字孪生城市价值的关键,这将真正服务于城市的全生命周期,提升城市的宜居性、弹性、可持续性和居民的幸福感。

5.4　智慧城市数字孪生建设路径

在智慧城市数字孪生建设路径中,需要牢牢把握以下四个方面的内容,全域联接、三维模型、实时监测、智能应用。

(1) 全域联接是数字孪生城市建设的重要基础。有关数据显示,2025年全球连接数量将会超过1000亿。一方面,随着5G、Wi-Fi 6、IoT、RFID等技术的日益普及,体验和业务驱动联接与计算无处不在;另一方面,随着卫星定位及通信技术的不断发展,以高精度定位和卫星通信的时空联接将在经济社会各领域得到广泛应用。基于标识的全域联接打通了云计算、AI、边缘计算、物联网、高精度定位、高清视频等新技术,使行业数据采集、传送、存储、计算、分析及反馈实现了闭环,并实现了"端、边、网、云"贯通的分布式体系,成为数字孪生城市建设的重要基础。

(2) 三维模型是数字孪生城市可视化的重要载体。随着国家在"实景三维中国"和"三维立体自然资源一张图"建设方面的全面推进,测绘地理信息技术在经济和社会各领域得到了广泛应用。通过倾斜摄影、无人机技术和BIM等手段,可以实时且准确地获取城市局部的正射影像、倾斜数据或激光点云数据,以及单体建筑的三维数据。借助实景三维重建技术、激光点云构建技术和多源数据融合等先进技术,采用自动化处理流程,最终生成三维点云、三维模型、真正射影像(TDOM)、数字表面模型(DSM)及建筑信息模型等测绘成果。

在数字孪生的背景下,测绘地理信息行业正从传统的地图产品制作转型为一个面向城市治理、社会经济发展、专业建设及公众生活服务的行业。数字孪生城市的构建对新型测绘提出了更高的要求,尤其是在时空大数据管理、地理监测和高精度实体化测绘等方面。因此,基于新型测绘技术构建的城市三维模型,成为数字孪生城市运行的核心支撑。

(3) 实时监测是数字孪生城市运行的基本诉求。数字孪生城市的本质是城市级信息模型赋能体系,通过建立基于立体感知的数据闭环赋能新体系,利用物联网、大数据、云计算、视频感知、数字化仿真、AR/VR、区块链等关键技术,以积木式组装拼接,生成城市全域数字虚拟映像空间,实现对物理世界的实时监测。为了让数字孪生城市能够动态、及时地虚拟出真实世界的运行,就要内置强大的计算能力,边缘计算和云计算能为数字孪生城市与现实城市平行发展提供算力支撑,保证两者如影随形,相互作用。运用模拟仿真技术,可进行自然现象的仿真、物理力学规律的仿真、人群活动的仿真、自然灾害的仿真等,为城市规划、管理、应急救援等制定科学决策,促进城市资源公平和快速调配,支撑建立更加高效智能的城市现代化治理体系。AR/VR 不仅是下一代的显示技术,更是数字化进程中最重要的数据采集及互动的接口。AR/VR 发展的浪潮冲破了许多原有的界限,教育、军事、医疗、文旅、地产等细分领域都已开始引入 3D 虚拟场景或应用内容的全新交互体验方式。城市运行态势的多维度、多层次精准监测,是建设数字孪生城市的基本诉求。

(4) 智能应用是数字孪生城市发展的高阶智慧。数字孪生城市对人工智能领域数据挖掘、深度学习、自我优化技术的应用,可使城市从以往单域智能、被动响应逐步转变为全域协同治理、智能响应、趋势预判的模式,构建起高效智慧的城市运行规则。深度学习核心应用技术包括计算机视觉、自然语言处理、生物特征识别、知识图谱等,它从已有城市数据中挖掘出新的数据并结构化当前数据,并将数据与数据联系起来以形成决策的基础模型,经过不断的试错,推动系统不断自优化,实现数字孪生城市内生迭代发展,最终为城市提供智能预测,呈现数字孪生城市发展的高阶智慧。

5.4.1　智慧城市的顶层设计体系

智慧城市建设中存在的"孤岛""烟囱"等问题的解决,需要一套全新的、科学的体系指导,转变智慧城市的管理和建设方式,使智慧城市建设从局部规划和设计向全局规划和顶层设计转变,最终走向可持续发展的轨道。智慧城市顶层设计新体系的构建是确保信息化支撑业务发展实现信息系统集成整合、信息资源共享的关键一步,是保证智慧城市建设质量更好、建设效率更高、建设费用更低的重要举措和科学方法。

基于对智慧城市发展新常态的理解、对智慧城市发展新思路的梳理及对智慧城市顶层设计新方法的总结,全面、多维、立体地分析智慧城市顶层设计视角下的城市要素体系架构及其内在逻辑关系,构建包含基础设施、数据融合、领域应用、建设运营、标准评价、发展环境等多方面内容在内的智慧城市顶层设计新体系架构,促进城市各要素高效、协调运作。

"顶层设计"是一个由来已久的术语,源于工程学领域的自顶向下设计(top-down design)。顶层设计的本意是指自高端开始的总体构想,是一种针对某一具体的设计对象,从目标系统的整体高度和全局观念出发,运用系统论的方式自高端开始的总体构想和战略设计,自顶向下逐层分解、细化注重规划设计与实际需求的紧密结合,强调设计对象定位上的准确、结构上的优化、功能上的协调、资源上的整合,是一种将复杂对象简单化、具体化、程式化的设计方法。

在理论上,顶层设计是非常有效的设计方法,是对发展战略在时间、空间的展现形态和发展路线的整体设计,不仅取决于技术,更取决于理念和人。在开展顶层设计工作的过程中,最关键、最核心的是要对系统的整体目标和全局观念有着准确的感知和把握。对于复杂、庞大的系统而言,如同在漆黑的夜空中无法看清事物的轮廓与全貌,因此需要设计者具备敏锐的洞察力和判断力,快速准确地对其进行全面的感知和把握。一般而言,顶层设计应基于现状,开展体系需求分析、体系架构设计、体系方案验证等工作,提出建设目标、应用需求、能力要求、技术体制、实施途径等总体构想,以便多、快、好、省地提升体系化、智能化的服务能力。

5.4.2　数字孪生城市的建设路径

数字孪生城市前提是全域布局的智能设施。当前,城市在感知业务领域处于各自为政、条块分割、烟囱林立、信息孤岛的状态,数字孪生城市将针对不同的应用场景,统筹感知体系建设,统一采集汇聚,实现城市动态数据整合与共享,形成全域覆盖、动静结合、三维立体的规范化、智能化、全域联接的感知布局,实现物理城市在数字城市的精准映射。

智能设施空间布局。通过规划部署信息杆柱、智能网关和边缘计算节点,采集数据信息,支持各种近距离及远距离通信协议标准,统一汇聚处理后上传至物联网平台和城市大脑进行管理。在空间维度上,可将感知载体和设施体系分为地上、地下、空中、水域等感知体系进行布局。针对不同感知载体和设施特点,在传输方式上,可采用无线为主或有线为主两种方式进行布局。

全域布局标识体系和编码设计。面对海量的物联网设备,有必要建立设备的统一编码标识,规范物联网标识体系,是实现物联网各领域信息互联、产业提升的重要前提条件。设备的统一编码标识 IMSI,通过 eSIM 卡将 IMSI 与物联网设备绑定;同时,构建城市级物联标识解析体系,实现不同标识之间的互联互通。物联设备连接管理平台。城市物联网连接适配和管理平台,适应多语言、多操作系统的不同端设备的接入和输出。为支撑数字孪生城市的高效运行,满足城市各类智能化运行场景需求,保障城市全域空间布局的智能化设施感知信息流动,必须建设地上地下全通达、有线无线全接入、万物互联全感知的城市智能专网。这样的专网才能满足数字城市与物理城市虚实融合、孪生并行的运行模式需求。

数字孪生城市的重点是智能操控的城市大脑。数字孪生城市通过城市大脑,汇聚与交融不同来源的数据,如实记录呈现城市动态,尽可能预见到政策干预对各个子系统的影响,充分考虑各种规避行为、时间延迟和信息损失等问题,将"自学习、自优化"功能融入城市管理过程之中,最终达到增加城市系统整体福利的理想效果。

在数字孪生模式下,城市大脑紧密围绕 CIM 和叠加在模型上的多元数据集合,充分运用人工智能和深度学习的技术来治理城市。数字孪生模式下的技术支持如图 5-15 所示。

图 5-15　数字孪生模式下的技术支持

通过一体三翼构建数字孪生城市大脑,创新全景全要素的城市治理新模式。只有在数字孪生模式下,城市画像和居民画像才能得以实现,实现城市大脑的运行管理"一盘棋",为城市发展提供精准的数据支持和决策依据。数字孪生模式下的城市大脑如图 5-16 所示。

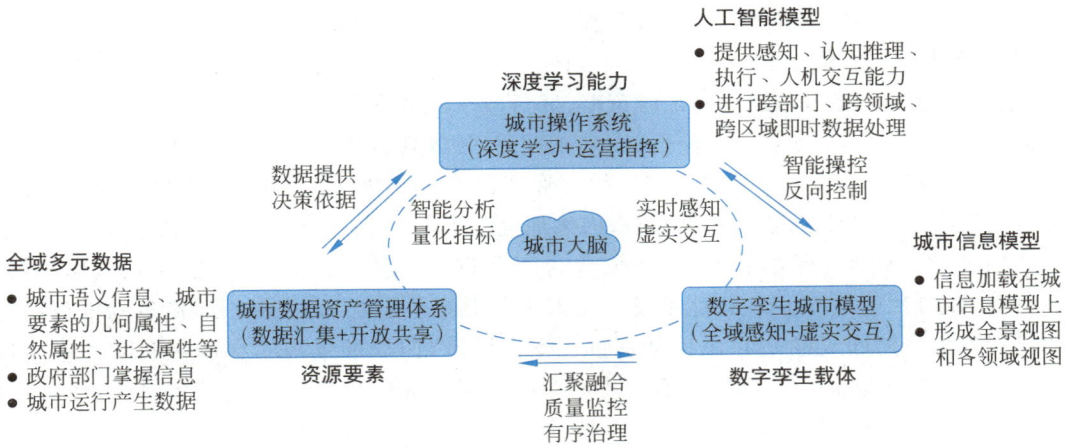

图 5-16　数字孪生模式下的城市大脑

人工智能模型
- 提供感知、认知推理、执行、人机交互能力
- 进行跨部门、跨领域、跨区域即时数据处理

深度学习能力

城市操作系统
（深度学习+运营指挥）

数据提供
决策依据

智能分析
量化指标

城市大脑

实时感知
虚实交互

智能操控
反向控制

城市信息模型
- 信息加载在城市信息模型上
- 形成全景视图和各领域视图

全域多元数据
- 城市语义信息、城市要素的几何属性、自然属性、社会属性等
- 政府部门掌握信息
- 城市运行产生数据

城市数据资产管理体系
（数据汇集+开放共享）

资源要素

数字孪生城市模型
（全域感知+虚实交互）

数字孪生载体

汇聚融合
质量监控
有序治理

5.5　典型案例

2019 年 3 月,Z 区大数据实验区管委会与华为公司联合打造基于现实、面向未来的城市全景实验室。将华为数字生态与 Z 区资源开放相结合,利用数字孪生、5G、人工智能等新 ICT 技术,全面数字化标识;利用二维码、GIS、移动互联等技术手段,对中央商务区城市公用设施、交通设施、园林设施、特种设备等实体城市部件进行唯一数字化身份标识;以大数据为基础,基于 GIS+BIM+IoT+AI,打造 1∶1 的数字孪生体系,为 Z 区的规划、建设及运营提供决策支撑,搭建起面向未来的城市全景实验室。数字孪生城市全景实验室如图 5-17 所示。

图 5-17　数字孪生城市全景实验室

智能终端,城市之"眼"。Z 区通过无人机、无人售货车、AR 眼镜、智能巡检机器人、高空瞭望监控摄像头、智能交通高清视频监控摄像头等智能终端建设城市之"眼",快速发现关于

人、地、物、事、组织的多维度信息和城市问题,实时监测城市状态。

典型场景:通过采集区域内及周边 28 个路口 136 路 AI 视频数据,基于 AI 集群进行区域协同分析,快速完成路口红绿灯的配时策略,通行效率有效提升 15%。

5G"新联接",创新风向标。基于 5G 基础网络,Z 区建设了 Z 区 5G 智能公交(载人)、5G 无人售货车(载物)、高点 5G 网络高清监控图像回传、5G AR 眼镜人脸身份识别、5G 无人机无人船自主巡逻、5G 地面机器人智能巡检,极大地提高了 Z 区无人值守的城市服务水平。

典型场景:天、地、空立体化安防。它包含四个 5G 示范应用:高空智能巡航、地面机器人智能巡检、高清视频回传、AR 智能眼镜。无人机负责高空巡航、高清视频回传负责城市高点、地面机器人负责路面巡检、AR 眼镜负责重点安保区域,四类场景构建立体化安防体系,将高清视频回传给智能管理中心。智能管理中心对高清影像进行智能分析,识别敏感人群、城市敏感事件、违章违法事件并自动预警。

智能中枢,核心载体。按照 Z 区城市发展需要和一期项目规划内容,打造城市智能中枢。完成数字孪生底座建设,包括 370 平方公里的数字影像,11 万平方米 BIM 精细化楼宇建模等。基于华为 OceanStor 海量数据存储的 BIM+GIS,形成了与物理世界 1:1 的数字孪生世界;通过 GIS 数据+小场景的 BIM 数据+物联网的有机结合,以城市信息数据为基数,建立起三维城市空间模型和城市信息的有机综合体,从而建立了物理世界与数字世界的映射关系。基于大数据平台、物联网平台、融合通信平台、视频云平台、人工智能平台和能力开放平台,实现大数据资源、物联网资源、融合调度资源、视频资源、地理信息资源的统筹管理,针对城市管理、企业及市民服务,提供基础的应用算法支撑能力。城市智能中枢各专项能力通过能力开放平台对外开放,大数据企业、应用开发企业等都可以通过标准化接口调用数字孪生平台各项能力,直接验证、开发、测试、上线业务应用,大幅节省了基础资源的投入。

按需"孪生",逐步激活城市动能。根据 Z 区所处发展阶段,着力建设智慧招商、智慧政务、智慧交通、智慧楼宇、协同办公等 14 个业务应用系统。各系统获取的环境状态信息、业务信息、数据等,均被汇总到智慧大脑——智能管理中心,进行统一的汇总分析和处理。同时,充分发挥物联网信息感知和大数据价值挖掘作用,开展运行仿真与分析评估。在整合运行各项数据的基础上,进行大数据分析,编制全面、动态的运行报表,并对可能发生的灾情、突发事件进行预警,实时监控城市运行状况,为分析城市问题提供决策支持。

智能管理中心包含概况专题、Z 区交通服务专题、Z 区政务服务专题、Z 区招商引资专题、Z 区产业监测专题、Z 区数字孪生城市专题、Z 区 5G 创新专题。专题信息以数字沙盘为基础,进行数据可视化演绎,让参观者可以直观了解 Z 区实时数据的动态情况,为观众展现一个"智慧化""活起来"的 Z 区。

打造数字孪生第一城。2020 年 6 月,J 区联合华为发布"孪生计划",共同推进全国数字孪生第一城的建设,通过"虚实对应、相互映射、协同交互、推演进化"实现感知新区,发展新区,让城市更加智慧,让政府决策更加科学,让企业更快更好发展,让百姓更有幸福感和获得感。数字孪生第一城整体框架图如图 5-18 所示。

数字孪生,规划引领。J 区全面规划了"数字孪生第一城"的发展蓝图,通过"虚实对应、相互映射、协同交互",促进孪生城市"城市要素数字化和虚拟化、城市运行状态实时化和可视化、城市管理决策协同化和智能化"的"六化发展"。建设包括新区数字孪生城市底板、全区城市感知体系、智慧城市孪生平台"中枢"在内的三大内容。

J 区将依托"数字孪生城市"新理念、新技术,着力推动城市发展向智能化高级形态迈进,

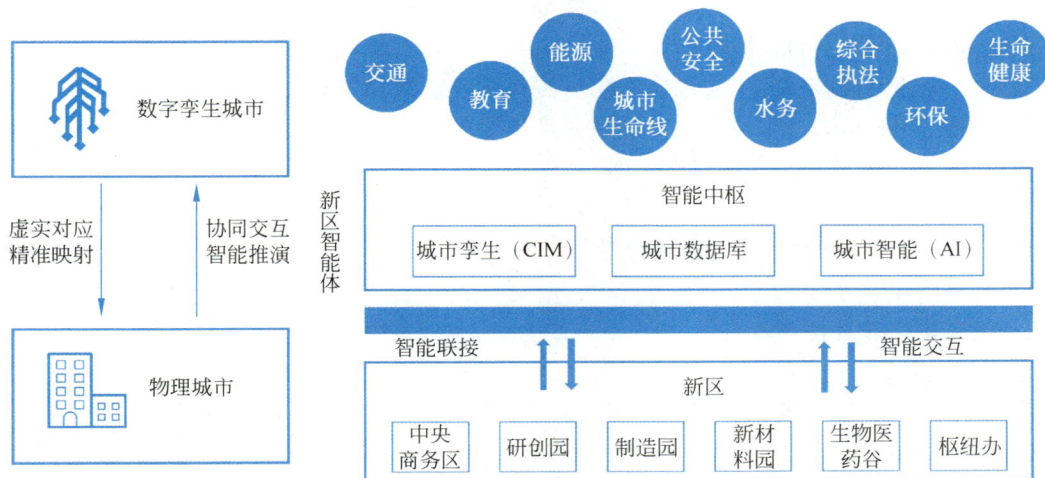

图 5-18　数字孪生第一城整体框架图

力争到 2025 年率先实现"全域立体感知、万物可信互联、泛在普惠计算、智能定义一切、数据驱动决策",实体城市和虚拟城市同生共长、相互映射、联动发展,用数据驱动城市智能运行、迭代创新,充分发挥新区体制优势和人才优势,以前所未有的速度、广度、深度,推进全国数字孪生第一城的建设。

打造数字孪生镜像平面。J 新区将率先建成高精度的数字孪生城市信息模型,实现新区直管区域内的人、物、事件等全要素的数字化,将物理要素完整映射到城市信息模型中,并对其进行前瞻性预判。

建设新区数字孪生城市底板,在全国范围内第一个完整建成高精度数字孪生城市信息模型。逐步分节奏,先核心区和重点部门将直管区域的人、企、物、事等城市要素数字化,通过数字化标识,精准地映射在城市信息模型中。

建设全区城市感知体系,利用视频、传感器、5G 等构建城市"明亮的眼睛",实时感知城市脉动。

建设新区智慧城市孪生平台"中枢",虚拟服务现实,模拟仿真决策,精细化管理,人性化服务。

打造数字孪生智能场景,构建全生命周期的城市管理服务能力。建立全生命周期的数字孪生城市运行管理系统。该区采用国内最先进的数字孪生还原技术,初步建成 CBD 数字孪生城市运行管理系统,实现城市全生命周期的统一数字化管理。系统凭借数字孪生技术,刻画城市全貌、呈现城市趋势、推演城市未来。系统对相应区域进行了大场景数字化建模,对重点片区进行了精细化呈现,同时通过各类传感设备,结合 5G 网络、NB-IoT 物联网,整合 BIM、数字图像 AI 技术,实现"全域感知、数据共享、交叉指挥、精准反馈"。

建设服务城市全生命周期的数字孪生智能应用场景。新区基于数字孪生底座,建设了"智慧城建""智慧城管"等数字孪生城市场景应用,以数字孪生技术,全面提升了城市全生命周期的管理和服务能力,并统一纳入 CBD 数字孪生智慧城市系统进行管理。

智慧城建,基于数字孪生,实现城市建设的今天和明天的管理。在系统的数字孪生场景中,对中央商务区 25.4 平方公里大场景进行全局俯瞰。运用 BIM 模型展示在建项目的形象进度管理,使整体进度一目了然。"5G＋无人机的巡航功能"作为中央商务区的数字孪生"空中之眼",实现指定线路巡航和应急突发事件响应,对建设中工地进行监控,对裸土覆盖情况、违章搭建情况进行判别,精准执法。

智慧城管,基于数字孪生,实现精细化的城市管理。智慧城管主要分为城市管理、安全管理、环保管理三部分,通过末端物联传感器或其他设备数据接入,经由后台管理系统进行业务判定后,生成相关的业务预警事件,纳入数字孪生底板中进行业务呈现。

5.5.1 国内智慧城市案例分析

1. 南京江北新区智慧城市

南京江北新区 2019 年提出《南京江北新区智慧城市 2025 年规划》,其中建设重点是"打造全国数字孪生第一城"。南京江北新区于 2015 年 6 月 27 日由国务院批复建立,是全国第 13个,江苏省唯一的国家级新区。2019 年 6 月,江北新区在"2019 南京创新周——创新江北专场"上发布了由华为技术有限公司编制的《南京江北新区智慧城市 2025 规划》。该规划根据江北新区建设国内一流智慧新区目标,全力建设"数字化、智能化、网格化、融合化"的智慧新区目标,将建立"数字孪生城市"作为新区建设重点。

江北新区规划到 2025 年,建成"全国数字孪生城市第一城",建立高精度数字孪生城市信息模型,将直管区 386 平方公里区域的人、物、事件等全要素数字化,并完整映射在模型中达成以物联、数汇、智创为特征的智能感知、智敏响应、智慧应用、智联保障的数字孪生城市。利用数字孪生城市信息模型实现数据互联共享、运行全生命周期监测、智能化管理的新型城市规建管一体化。高精度数字孪生城市信息模型如图 5-19 所示。

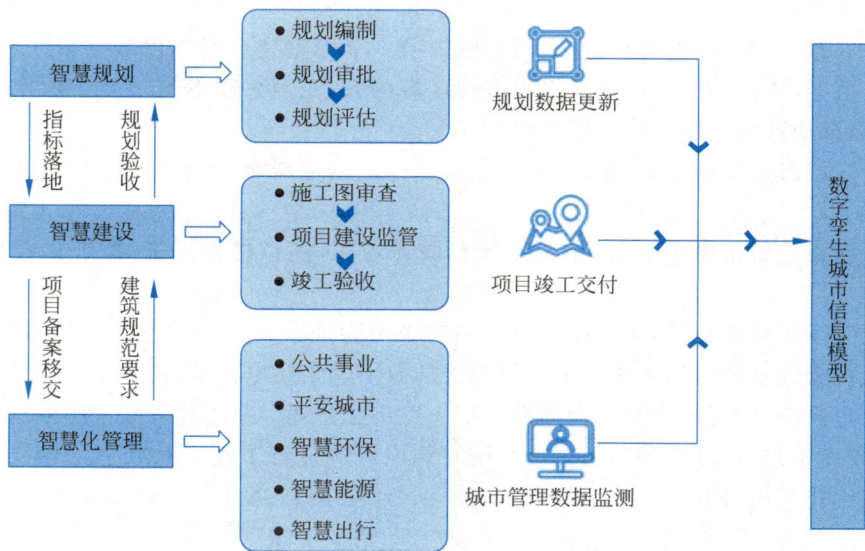

图 5-19 高精度数字孪生城市信息模型

智慧规划解决新区建设开发过程中的城市空间规划冲突问题,促进资源集约利用、规划方案科学、城市发展决策高效。智慧建设构建新区统一、动态更新的房屋数据库,通过数字模型仿真建筑信息,推进社区、园区智慧化建设。智能化管理城市运行环节全面实现水、电、煤、气城市生命线、公共安全、生态环境等各领域的实时监测、智能预警、多级协同处置,保障城市稳定有序运行。

2. 江北新区数字孪生城市规建管一体化

江北新区设置两个建设阶段,目前仍处于第一阶段建设。按照规划,江北新区数字孪生城市建设分为两大阶段:一是 2019—2021 年为加速推进期,以"强基础、聚核心、出亮点"为主,基于数字孪生城市信息模型,汇聚城市运行多类型数据,整合政府和市场服务资源,提升城市服务体系。同时,依靠全域数字标识和一体化感知监测体系,通过高性能协同计算和深度学习的机器智能建设城市信息中枢,推进城市智能化运行。二是 2022—2025 年的深化应用期,强调"深应用、强功能、扩影响",在建立"全国数字孪生城市第一城"基础上加强城市规划、社会治理、城市服务等智能场景应用。在两阶段建设期内,江北新区的数字孪生城市需达到既定指标。数字孪生城市建设指标对比如表 5-1 所示。

表 5-1　数字孪生城市建设指标对比

领域	指标	2021 目标	2025 目标
基础支撑	高速宽带标准	高速宽带无线通信全覆盖、200 兆入户、千兆入企	高速宽带无线通信全覆盖、千兆入户、万兆入企
	多尺度地理信息覆盖度	70%	100%
	三张数据画像完成度	70%	100%
数字孪生城市	智慧工地占比	70%	100%
	公共事业智慧化应用数量	12 个	30 个
	大数据在城市精细化治理和应急管理中的贡献率	70%	≥90%
	重点污染源在线监测覆盖率	80%	100%
	公共安全视频监控资源联网率	70%	100%
技术创新应用	新技术创新应用场景数量	12 个	30 个

江北新区依靠自身信息化基础,搭建数字孪生城市模型。江北新区的数字孪生城市模型依托于新区的信息化、数字化基础,打造以大数据管理平台及基础数据库、综合感知平台、数字孪生信息平台、视频监控联网平台协同构成的江北新区数字孪生城市模型。通过对数据资源采集、管理、治理、共享、分析和应用,实现对新区城市治理的改善和优化。

5.5.2　国外智慧城市案例分析

新加坡是全球领先的智慧城市建设者之一,其智慧城市项目涵盖了多个领域,包括交通、能源、环境、安全等。其中,新加坡的"智慧国家"计划是一个典型案例,利用数字孪生技术实现了对城市的全方位数字化和智能化管理。通过实时数据采集和数字建模,新加坡能够实时监测城市运行状况,并通过智能决策和优化调控,提高城市的效率和安全性。在探索建设智慧城市的道路上,新加坡一直被当成全球智慧城市建设标杆,被世界各地争相效仿学习。新加坡一直以来将建立"智慧国家"的目标放在了国家战略高度上,在顶层设计推动下设立长期发展规划。自 20 世纪 80 年代起,新加坡政府通过提出《国家计算机化计划》开启了信息化建设,这一领域随即成为新加坡发展的重要领域,为之后智慧城市建设奠定了坚实基础。2014 年,新加坡在顺利完成其之前的智慧建设规划后,提出《智慧国》计划,在 2025 年实现"全球第一个智慧国家愿景"。作为建成"智慧国"的重要一环,2015年,新加坡政府与法国达索系统等多家公司和研究机构签订协议,启动"虚拟新加坡"计划。

"虚拟新加坡"计划实际上就是基于数字孪生理念,完全依照真实物理世界中的新加坡,建造一个可感知动态信息的三维城市模型和协作数据平台。该模型基于达索系统的3DEXPERIENCE平台,在政府机构的数据支持下,将新加坡的建筑、基础设施、绿化空间等进行数字化建模,并加入了从公共机构和传感器收集到的图像和数据的复杂分析,为居民企业、政府机构和研究社区提供城市环境模拟仿真、运行情况分析、规划管理决策等用途。

虚拟调试,如可利用虚拟体育馆模型模拟人群分散情况,建立疏散程序;规划决策,如利用虚拟模型分析公园交通流量和人流运动情况;公民生活,虚拟新加坡的部分功能会对民众开放,可以查看居住建筑信息;动态分析,依托建立的完善建筑模型进行建筑能耗分析、太阳能能耗分析等规划。

"虚拟新加坡"计划是数字孪生城市的积极尝试,目前处于数字孪生城市建设的第一阶段末尾,即成功建立城市三维可视化模型,向第二阶段进发的过程。新加坡政府与西门子合作,依托物联网操作系统,充分利用传感网络设备收集城市动态数据,帮助"虚拟新加坡"升级为"数字孪生新加坡"。

新加坡之所以可以走在全球智慧城市前列,最重要的是其智慧化发展一直是国家战略,政府在该过程中起到了重要引领作用,制订建设方案并斥资与企业达成合作。同时,在数字政府网络通信、传感器标准化等方面都设计建设了统一标准,避免重复建设,为后面的智慧城市发展打下基础。

这些典型案例展示了数字孪生技术在智慧城市建设中的应用和效果,为其他城市的数字孪生城市建设提供了借鉴和参考。通过数字孪生技术,城市可以实现对城市运行状况的实时监测和智能决策,提高城市的管理效率和服务水平,推动城市的可持续发展和数字化转型。

第6章　面向智慧能源的数字孪生

数字孪生是电网物理世界和数字虚拟世界沟通的桥梁，数字孪生技术作为电网实现数字化转型的关键，针对其在电网工程中的应用研究正在不断被推进。将数字孪生技术引入电网，可以实现物理电网的同步映射。随着物联网、大数据、人工智能等技术的日臻成熟，数字孪生将会在电网领域得到普遍应用，并在电网规划、建设、运营等环节发挥强有力的支撑作用，如图 6-1 所示。

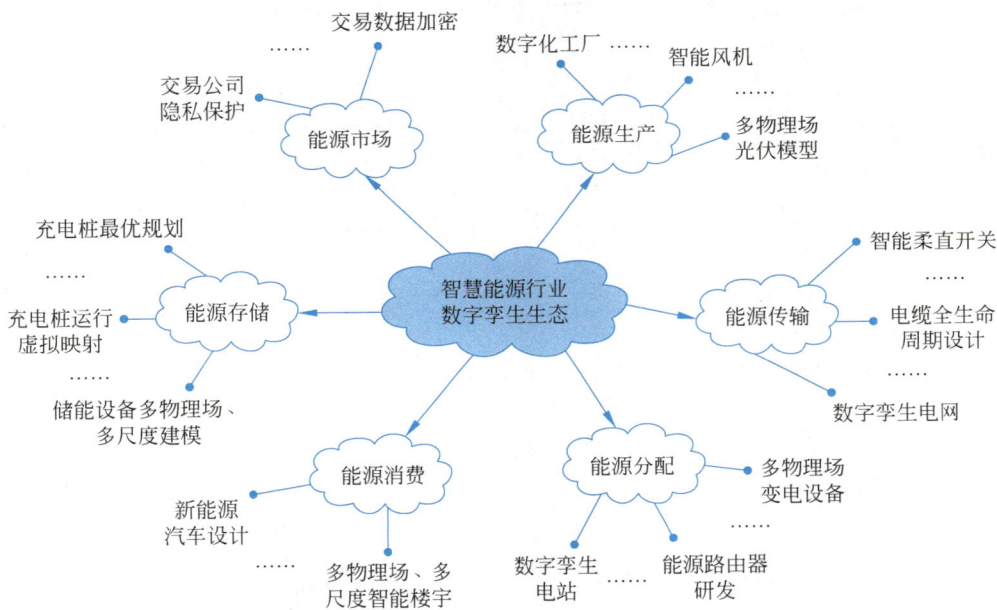

图 6-1　智慧能源的数字孪生生态

数字孪生广义上是指将现实世界中的物体通过虚拟映射手段与人工智能等新一代信息技术，在虚拟空间构建与物理实体属性相同的数字化孪生模型，并借由人工智能技术来实现对实际物体的规划设计、检测分析和运行优化。数字孪生作为集成了多学科、多维度、多物理量等的仿真过程，兼容了从智能数据采集到 5G 通信数据传输，再到云端平台数据分析及物理实体平台映射等多个环节。将数字孪生技术应用于工业领域，目的在于解决复杂系统中的问题，并为物理系统提供决策支持，这对于加速推进产品设计和提升产品经济性具有重要意义。

能源电力系统模型复杂化及数据多样化的背景促进了数字孪生在能源电力领域的融合应用与技术再发展。相较于通用技术领域的数字孪生，能源电力领域的数字孪生更侧重数据驱动的实时态势感知和超实时虚拟推演，旨在为能源电力系统的运管调控等多方面问题提供决策参考。此外，能源电力领域数字孪生未来也会更全面地引入"人"的概念，在原有物理空间与虚拟空间的映射关系上,转型为"信息—物理—人"的交互系统,使数字孪生技术成为促进能源电力系统发展的利器。

6.1 智能电网中数字孪生的定义及发展

近年来,国外对数字孪生技术的理论层面和应用层面研究均取得了快速发展。美国通用电气公司和辛辛那提大学应用涵盖从设计到维护全过程的数字化来优化产品生产,但尚未实现数字孪生的统一建模技术。美国 ANSYS 公司提出 ANSYSTwinBuilder 技术方案,创建数字孪生并可快速连接至工业物联网,用于改善产品性能、降低意外停机风险、优化下一代产品;同时,提出了数字孪生参考模型及多模式数据采集方法,将生产系统与数据库耦合,为数字孪生提供了状态感知与分析的基础能力。与国外的快速发展势头相比,国内在数字孪生技术方面的研究仍处于萌芽阶段。智慧能源的数字孪生架构如图 6-2 所示。

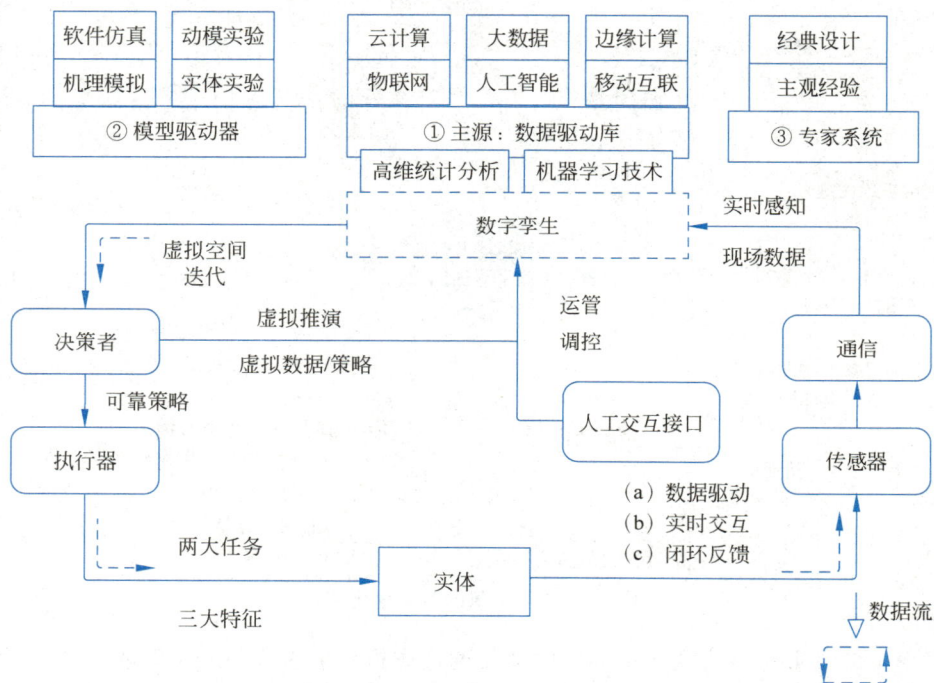

图 6-2　智慧能源的数字孪生架构

能源电力行业作为国民经济基础产业,以国家电网、南方电网及五大发电集团等为代表的电力央企,深刻领会习近平总书记关于数字经济发展的重要讲话精神,深入贯彻落实国资委国有企业数字化转型各项部署,牢记"国之大者",在推动国有企业数字化转型中彰显"大国重器"和"顶梁柱"的责任担当。数字孪生技术在电力行业的应用,分为发电、电网、电建等各专业领域与数字孪生技术融合,范围涉及电力规划、勘测设计、设备制造、物资供应、施工安装、运维检修等诸多环节。

数字孪生技术在电力行业应用以感知、网络为基础技术,以建模、仿真、推演为关键技术,以数据为核心,对智慧电厂、智能电网、智慧能源、集团管控、运营优化与数字化营销等领域展开探索与应用,实现了源网荷储的协调互动,促进了国有电力企业数字化、网络化、智能化发展。特别是基于"30·60"双碳目标,构建以新能源为主体的新型电力系统,电力行业数字孪生技术应用得到前所未有的重视。数字孪生技术与电力行业的深度融合,有力促进了电力行业数字化转型的进程。

目前,数字孪生技术在电力行业的应用仍处于初级阶段,基于数字孪生的特征、特点及典型成功应用案例和场景实践,可以预见未来数字孪生技术在电力行业的应用价值将得到进一步提升,数字孪生技术在电力行业的应用前景十分广阔。

6.2　智能电网数字孪生架构

结合数字孪生的通用架构,本文给出了数字孪生在智慧能源系统中的架构,针对智慧能源系统的特点,该架构分为五部分:物理层、数据层、机理层、表现层和交互层。数据层从物理层中收集大量数据,然后进行预处理并传输;机理层从数据层接收多尺度数据(包括历史数据和实时数据),通过"数据链"输入仿真模型后进行数据整合和模拟运算;表现层获得机理层仿真的结果,以"沉浸式"方式展现给用户;交互层可以实现精准的人机交互,交互指令可以反馈至物理层并对物理设备进行控制,也可以作用于机理层实现仿真模型的更新和迭代生长。面向智慧能源系统的数字孪生架构如图 6-3 所示。相应层次的特点具体阐述如下。

1. 物理层

常规的能源系统状态监测,先在能源设备上安装传感器,然后由数据采集软件汇总,但分散的数据采集系统交互困难。物理层基于能源物联网平台,在各智能设备中应用先进的传感器技术,以收集系统运行的多模异构数据,集成了物理感知数据、模型生成数据、虚实融合数据等海量数据;支持跨接口、跨协议、跨平台交互,可实现能源系统中各子系统的互联互通。

2. 数据层

常规的能源系统状态监测只关注传感器本身的数据,而数字孪生更关注贯穿智能设备全生命周期的多维度相关数据。数据层在各智能设备本地侧对数据进行实时清洗和规范化,采用高速率、大容量、低延迟的通信线路进行数据传输;同时,依托云计算和数据中心,动态地满足各种计算、存储与运行需求。

3. 机理层

数字孪生所构建的智慧能源系统仿真模型使用了"模型驱动＋数据驱动"的混合建模技术,采用基于模型的系统工程建模方法学,以"数据链"为主线,结合 AI 技术对系统模型进行迭代更新和优化,以实现真实的虚拟映射。这一模型对智能设备的选型、设计和生产制造都有指导价值,而不仅限于根据数据变化来决定能源设备是否需要检修或更换。

4. 表现层

数字孪生技术应用虚拟现实(VR)、增强现实(AR)及混合现实(MR)的 3R 技术,建立可视化程度极高的智慧能源系统虚拟模型,提升了可视化展示效果。利用计算机生成视、听、嗅等感官信号,将现实与虚拟的信息融为一体,增强用户在虚拟世界中的体验感和参与感,辅助技术人员更为直观、高效地洞悉智能设备蕴含的信息和联系。

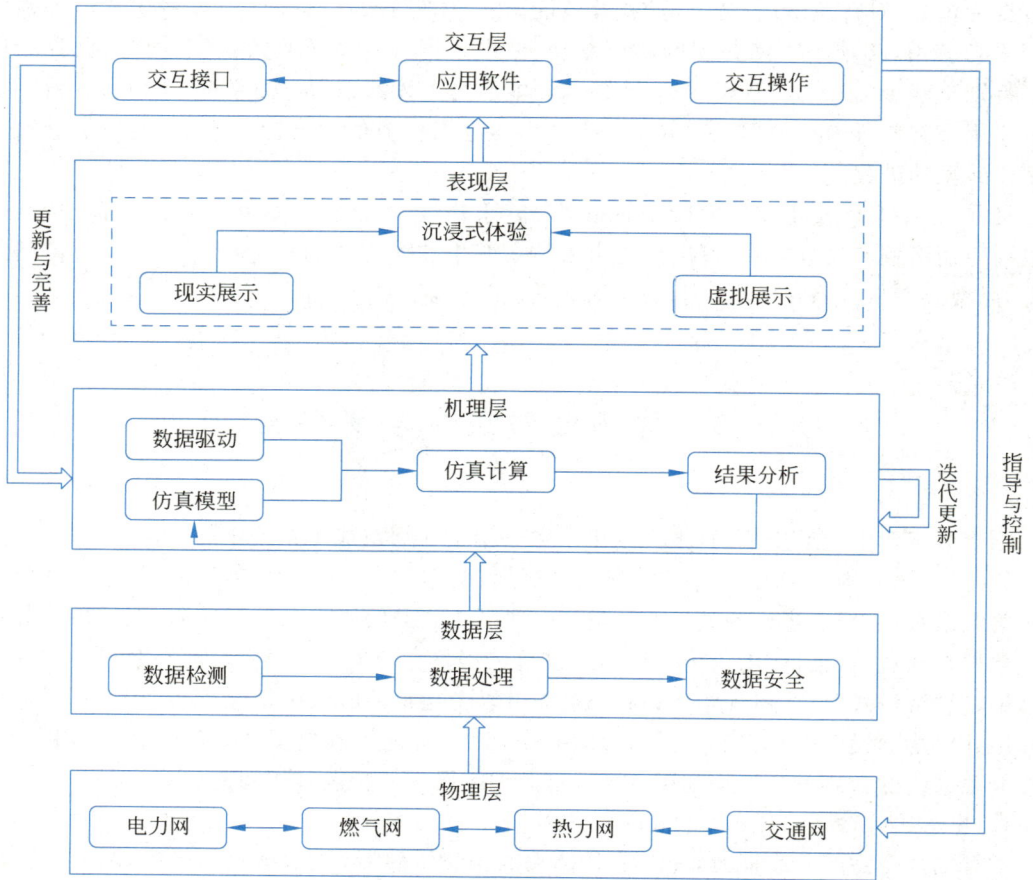

图 6-3　面向智慧能源系统的数字孪生架构

5. 交互层

基于数字孪生的智慧能源系统虚拟模型不再仅仅是传统的平面式展示或简单的三维展示,而是实现用户与模型之间的实时深度交互。利用语音、姿态、视觉追踪等技术,建立用户与智能设备之间的通道,实现多通道交互体系来进行精准交互,以支持对电力网、燃气网、热力网、交通网、供水网等多能耦合的能源系统的高效精准控制和交互。

整体来看,数字孪生既不是对物理系统进行单纯的数值模拟仿真,也不是进行常规的状态感知,更不是仅仅进行简单的 AI、机器学习等数据分析,而是将这三方面的技术有机整合于一体。数字孪生对能源系统进行数字化建模,并在数字空间与物理空间实现信息交互。它利用完整信息和明确机理预测未来,进而发展到基于不完全信息和不确定性机理推测未来,最终实现能源系统的数字孪生体之间共享智慧、共同进化的孪生共智状态。

6.3　数字孪生在智能电网中的作用

数字孪生在智能电网中的作用包括以下方面,如图 6-4 所示。

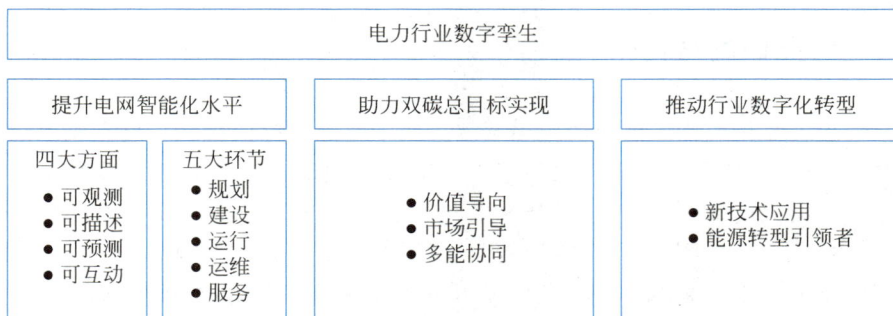

图 6-4　数字孪生在智能电网中的作用

第一，通过建设全电压等级的电网数字孪生体，健全电网的智能感知能力。在数字空间构建实时性、高保真、无限逼近物理空间的数字映射，并可反向作用于实体电网，形成可观测、可描述、可预测、可互动的电网数字孪生体，实现虚实同步、闭环互动。

第二，通过研发跨环节的能源控制数字孪生体，增强多能源协调控制能力。通过构建高保真模型与精准仿真计算，数字孪生技术在规划设计与验证、电网运行、智能巡检、协同控制、智能决策与长期演进等方面，实现电网运行状态实时监管、源网荷储协同调控、提升电网安全稳控、现场运维检修作业的管理水平，使电网由数化、先知、先觉、互动最后达到共智。此外，数字孪生技术为新能源消纳、多能互补、电力系统安全稳定控制等能源互联网典型业务场景提供了运行推演与决策支撑，持续增强了电力行业的数字化、可视化、智能化控制能力。

第三，通过助推行业各数字孪生体互动融合技术，提升电力供给效率和效益。融合大数据分析、人工智能、物联网、三维可视化等一系列技术手段的数字孪生电网，推动了电力行业高度数字化、智能化和融合化发展，实现了对电力行业的数字贯通和价值整合。在电力运行数据管理、新能源消纳、异常状态预测预警、设备精准监控与运维等诸多方面成效显著。利用数字孪生技术，能够增强新型电力系统的感知、认知、决策等能力，解决新型电力系统在全面采集测控、实时仿真计算和智能优化协同等方面的共性需求问题，进而提升社会效益。

第四，通过推广数字孪生技术示范，推进电力行业的服务延伸与数字化转型。电力行业通过数字孪生技术手段完成产业数字化升级，统筹推进人工智能、区块链、大数据、能源互联网等领域各类试点示范，进一步提升电力安全稳定运行水平，激发新型服务模式，为智慧城市建设提供支撑，助推经济社会数字转型。在数字化转型推进的基础上，数字孪生技术的应用会随发、输、变、配、用的产业链和价值链不断延伸，实现传统电力行业的全面数字化升级，从而实现降低电力损耗，增加有效消费。

第五，通过发展数字孪生技术打造行业整体认识，助力"碳达峰，碳中和"总体目标。在"碳中和"目标下，中国能源的生产将发生重大变革，化石能源支柱地位的变化必将对电力生产、输送和消费的总体格局产生重大影响。电力行业数字孪生在支撑综合能源体系构建、明确能源价值传导、强化清洁能源应用推广、引领市场良性循环等方面具有重要价值，不仅有利于促进能源体制的变革和发展，还有利于认知新形势下能源产业的上下游关系，推动能源生产的低碳化升级，从而能够助力电力行业实现"碳达峰，碳中和"的总目标。

6.3.1　智能调度与优化

数字孪生理念及相关技术已成功应用于解决我国复杂大电网在线分析和调度运行中的实际生产问题,填补了目前国内外电网数字孪生在纯理论性研究之外缺乏实践应用的空白。基于数字孪生电网虚拟模型,在研究了复杂大电网安稳规定知识模型和安稳规定数字化解决方案的基础上,构建了调规数字化与限额智能监视系统,改变了目前电网调度员靠人工理解和记忆来开展调控业务的现状,并在实际生产应用中成功解决了网级电网调度运行的安稳校核问题。

基于数字孪生的“数字调控中心”,数字孪生系统可为各类高级应用提供安全校核服务,确保这些应用输出的电网运行计划与决策安全、可靠。同时,以数字孪生系统为基础建设电网运行方式沙盘推演系统,实现电网运行计划编制、校核的智能化、互动化推演,提高计划的准确度和效率,最终实现以数字孪生系统为基础的整体控制决策系统,确保电网的安全稳定运行和可靠供电,进而提升电网运行的智能化、精细化管理水平。

尤其是针对新型电力系统下传统调度自动化系统存在可扩展性和决策前瞻性不足等问题,通过数字孪生技术应用,提出新一代调控系统预调度方法,在描述子系统层建立能够反映电网一次设备、二次设备和环境等状态的电网数字孪生体;在预测子系统层,电网数字孪生体基于电网运行数据进行深度学习,并预测电网运行的未来态势和事故风险。在此基础上,面对新型电力系统新能源的随机性和不确定性,决策智能算法可以在数字孪生基础上不断学习,为新型电力系统计划内和计划外的场景提供有效、快速的解决方案。以华东电网新一代调控系统的预调度试点应用为例,验证所提方法的可行性。应用结果表明:该预调度方法提高了系统处理新型电力系统运行控制问题的效率,为新一代调控系统的全面建设和推广应用提供了有益参考。

数字孪生综合能源系统的概念最早起源于热电协同运行领域,目前已发展为整合一定区域内多种能源的一体化能源系统。安世亚太数字孪生体实验室构建了热电厂的数字孪生应用案例,相应模型能准确预测热电厂的运行性能;基于系统约束解决管理故障和系统瓶颈问题,为日常维修或更换提供前瞻性指导,对停机后的工作优先顺序进行评估。该案例以评估冷凝器内结构影响为例,判断积垢对主冷凝器背压有负面影响的概率,为相关设备的设计与运维提供了有效参考。清华大学研究团队借助数字孪生 CloudIEPS 平台,建立了包含电负荷、冷负荷、热负荷、燃气发电机、吸收式制冷机、燃气锅炉、光伏、蓄电池及蓄冰空调系统等设备在内的数字孪生综合能源系统模型,利用该模型对系统内各装置的容量进行优化来降低系统运行成本。

(1) 可控负荷资源库和负荷调控管理机制。根据公共场所大型用电设备(装备)的使用情况及环境的变化,进行电力资源合理分配,以数据分析成果驱动孪生,以孪生提高电网供用电稳定性。

(2) 电动汽车充电负荷资源调控。随着新能源的发展趋势,电动汽车与充电桩成为用电侧电网规划和电力消耗的新板块。根据人工智能算法,对充电网的分布网络进行按需供电。例如,住宅区域 80% 以上的充电桩在夜间使用,CBD 写字楼及工厂办公区的充电桩在工作日的使用率较高。通过对充电的用电分析,可对供电的功率、充电的时间及收费标准进行决策。

6.3.2　新能源接入与并网运行

从能源侧的角度来看,以清洁能源光伏发电举例来说,其全生命周期都需要严格的安全生产管理。因此,在能源从生产到传输的全路径中,都需要安全可控的技术来管理全部流程。以数字孪生技术为依托,基于丰富的数据,可以对电力从预测、生产到传输的全部流程进行监管。

在光伏发电设备中,具体来看,仿真模拟的数字孪生技术主要从状态的诊断、生产调试、运行分析、安全控制等几个核心层面展开。

在光伏发电过程中,光伏太阳板的位置、角度、光照、风速等变化,会影响太阳能发电功率的变化,如果能够根据仿真模拟的技术提前预测发电功率进行调配的话,可以很好地解决电网配平的问题。只有能源端发电侧预测准确及时,才能给下游输送端留出足够时间调配储能额度。

与此同时,光伏发电站被要求每隔一段时间报告预估的发电功率,因此仿真模拟的预测功能是各大光伏发电站的必备需求。在光伏发电的预测功能方面,以往业内人士采用的是算法预测的方式,但由于算法模拟的“黑箱”特性与一些突发的天气影响因素等,无法应用算法准确地模拟,算法预测的方式逐渐被数字孪生的技术思路所取代。

数字孪生技术可以 1∶1 还原整座光伏发电站的形态、结构和地理位置,然后通过输入外部参数变化(如风速、温度和天气状况),使用物理仿真模型,对现实世界的电站运行情况实时模拟,提前作出预判。

由于数字孪生技术在工业、智慧城市、智慧建筑等领域的成功应用,它在清洁能源领域中的应用也引起了许多业内人士的期待。目前,整个行业内可以提供光伏预测技术的服务企业屈指可数,国外以 Solargis 为主的几个少数企业比较知名,而国内目前则以少数初创企业探索为主,处于亟待突破的空白阶段。

光伏预测的难度高主要原因是光伏仿真模拟对于气象数据的要求较高,并且融合的数据相关度不高,如太阳光、气象物理、地形地貌等参数不相关,并且气象数据偶发的频次不低,对于预测的准确度也有影响。如果想要提高各类模型互相耦合后的精度,则对复合型人才及专家型人才的协同提出高要求。因此,光伏仿真模拟领域存在较高的专业壁垒这一点也就不难理解了。

随着数字孪生技术的不断落地与持续演进,对于光伏市场的扩增与装机量的不断提升,光伏仿真模拟正在逐渐崭露头角,成为国内企业开始争相布局的领域。这不仅是因为潜在的市场规模与商业机遇,从数据安全的角度来看,由于光伏仿真模拟涉及国土资源、气象等核心数据,国产化的仿真数字孪生技术的发展正当其时。

光伏仿真模拟是典型的数字孪生在能源生产阶段的场景应用,数字孪生通过建立虚拟映射的仿真模型,实时对光伏发电站的运行状态和运行环境等进行监控和模拟仿真运行,及时制定生产机组的最优运行策略,不仅获取更高的发电功率,也能够提前预测发电功率进行并网的调优。

在能源的传输侧,数字孪生可以把控传输过程的安全与优化能力。例如,对于电缆设备可以进行映射建模,通过输入的参数与数据,对输电设备的运行状况和各节点的负荷状况进行监测;通过大数据和智能算法,实时监控电网并及时对电网可能出现的问题进行预警,方便管理人员的监管,以提高电缆设备的运行性能,增加设备的使用寿命。

在能源的分配侧,数字孪生可以针对能源分配环节存在的大量变电设备,采用映射的方式将设备虚拟化,在智能安全监测设备的辅助下,实现海量数据与物理设备的关联映射,在可视化平台进行实时展现,形成数字孪生变电站,提升能源分配的经济性和安全性。

数字孪生技术在能源领域的全生命阶段都可以深度参与,提高可控性与安全生产,不过数字孪生技术的应用发展仍然存在"瓶颈"挑战。

未来,整个电力系统,从能源生产侧到应用侧,都会迎来较大的改革。可能在未来,电网中的每一台设备都会接入数字孪生系统,能够准确满足精细化管理的需求,映射仿真的颗粒度会越来越细,朝着精细化方向发展;系统化发展也是数字孪生电网的另一个发展趋势,以往碎片式的构筑应用方式,也会随着颗粒度的变化和部件设备功能模块化的整合而转变,可以实现区域级的响应与调控,满足对实时状态的把控;而随着 AI 技术、边缘技术、云计算等的发展,数字孪生的电网智能化水平也会大幅提高,不仅能够预估各类警报信息,也能够提前采取措施以应对,从而提升整个电力能源系统的稳定与经济运行。

在大电网的并网挑战中,数字孪生、储能等都是有效的措施,并且在电网的规划、建设和运营等过程中发挥关键的支撑作用。数字孪生电网的应用升级,最终也会对数字孪生在智慧城市、智慧交通、智慧楼宇等领域的发展提供技术的支撑。这些平行领域之间的技术互相迁移与应用,共同构筑着未来数字生活的智能化、绿色化发展。

"双碳"不仅为千行百业带来了商业机遇与挑战,也为能源结构的变革、产业数智技术空间的跃升带来了质变。以往,我们一直强调的是各行各业如何利用"双碳"目标的契机获得发展机会;现在,深入能源领域,会发现产业与"双碳"目标相互为对方带来了前所未有的改变,而这些变化也会深入日常生活中,为未来社会披上可持续的"绿色外衣"。

6.3.3　电网安全与稳定

数字孪生电网先对电力网络中的智能设备进行数据采集,随后建立电网的数字孪生模型,实现对电网运行状态的实时感知,进而对电网的健康状态进行评估和预测(如异常检测、薄弱环节分析、灾害预警等)。上海交通大学研究团队通过潮流方程(有导纳信息)和数据驱动(无导纳信息)两种驱动模式进行对比,分析并验证了数字孪生电网的可行性,证明了当机理模型存在不足时,数据驱动模式仍能得到满足实际运行需求的结果,对数字孪生电网的可行性开展了有益探索。

6.3.4　电力设备预测性维护与故障诊断

输电线路跨越地形地貌复杂的区域,暴露在户外环境中,容易受到极端天气等外部灾害的影响,危害电网的正常运行。在台风、暴雪、雷电、地质灾害、山火等自然灾害来临前,进行防灾减灾工作亟须输电线路三维数据作为支撑。通过三维模型,结合各类力学传感器、气象传感器及卫星遥感影像、气象预报等多源感知、预报设备,能够对输电线路当前及未来的状态进行实时掌握和查看。利用这些设备,能够对输电线路实时受力状态进行模拟,并在灾害来临之前进行受力状态计算分析,及时对危险点进行预警。在灾害来临前进行重点加固及应急方案的预生成。同时,对线路的弧垂、绝缘子串强度等进行实时计算和预判,模拟灾害来临时的线路状态,对邻近树木、建筑等进行处理或预警,并针对性地安排重点地段的巡视人员,以提升应急处置的速度和能力。

基于数字孪生技术,研究变电设备数字孪生模型,构建变电站设备数字孪生运维系统及框架。实现变电站设备健康状况和运行动态的实时感知,以及特高压设备感知的可视化或透明化。在提升安全性方面,通过构建变电站设备数字孪生系统,有效减少因设备缺陷导致的事故率,缩短非计划停电时间。通过数字孪生系统,能真实刻画和映射设备使用状态,从因果驱动、数据驱动双维度加强物理设备的故障诊断、定位、分析、评估,实现对受损老化器件的精密远程诊断,从而有利于系统运维,提高设备的使用寿命与可靠性,由被动定期巡检向主动按需巡检逐步过渡,提升人员工作效率,延长检修周期,最终实现变电站内多个系统融合协同,数据共享集成,减轻一线人员的工作强度。

同时,变电站作为电网生产安全重要场所,倒闸操作、安全措施布置及安全消防等工作,受安全、调度等多重因素影响,无法便捷开展操作演练。通过建立等比例实景三维模型,运行人员可在线上针对所辖站的设备布局或作业任务,模拟进行操作演练,系统自动安全校核,如安全措施演练:可以在系统中操作包括悬挂标示牌(如禁止合闸、有人工作,从此进出,高压危险等)、布置安全围栏、进行空间安全距离测量等;通过对典型安全措施布置方案的学习和模拟安全措施布置的反复练习,有效提升运行人员的安全意识和安全措施布置水平。

安全管控是保障现场作业安全的必要手段。传统的安全管控主要依赖于安全员通过肉眼对作业人员的监控,这对于安全员的经验、精力要求较高。通过利用三维空间数据,集成电网设备现场安装的物联感知装置、运行状态监测装置、安全闭锁装置等设备,在工作许可前,通过三维形式模拟显示站内各项作业的安全措施布置要求,有效提高了工作票签发人及许可人对安全措施合理性、完备性的检查效率;在工作许可时,利用三维模型,实时精准地比对安全措施的布置要求与实际布置情况,可以快速完成远程的工作许可。在作业过程中,利用可穿戴智能装置,在变电站三维模型中实时展示作业人员的实际位置,结合立体展示的作业区域相邻设备带电部位,有效保障了作业安全。

6.3.5　微电网与能源互联网发展支持

能源互联网数字孪生通过平台支撑层的大数据、深度学习、边缘计算等新一代信息技术赋能,将规划、调度、控制中的前瞻预测和在线优化决策等问题与智能技术深度融合,其中的应用主要体现在三个方面。

(1) 能源互联网多类型负荷联合预测。负荷预测作为能源互联网系统规划设计与优化运行的基础,其预测精度直接决定着系统规划与运行结果。然而,随着电网、热网、气网等用户量激增带来的海量运行数据使得精确预测变得愈发困难。数字孪生技术为能源互联网系统中的多元负荷预测提供了新的思路。基于数字孪生建立负荷预测模型,获得设备在全生命周期的数据,通过数据驱动技术使其在模型中不断迭代,能够更好地处理序列性负荷数据,实现对负荷的精准预测。提出数字孪生楼宇型能源互联网供应系统,并利用海量孪生数据在负荷预测软件中驱动构建楼宇用户负荷预测孪生模型,从而实现对负荷需求的精准预测。针对电力负荷具有波动性和周期性的问题,采用改进门控循环(gated recurrent unit,GRU)神经网络算法对数字孪生数据反复迭代,从而实现对数字孪生模型特征提取,并用该方法对实际负荷进行预测,有效提升了预测的准确度和精度。从影响负荷的多种因素入手,建立考虑多气象条件的数字孪生短期负荷预测模型,利用改进反向传播(back propagation,BP)神经网络提高了短期负荷预测精度与收敛速度。

（2）能源互联网发展演化下的规划设计。在传统的综合能源系统规划设计方法中，针对系统中的源—荷未来发展的不确定性构建的模型较为保守。通常，为了保证规划设计满足发展需求，可能出现规划冗余度高、资源分配过度超前的现象。且对于综合能源系统中的电—热—气—氢系统的源—网—荷—储设备的全生命周期能效水平变化及其对系统运行的影响建模较为简单，忽略了多系统间全生命周期的变化耦联机理与影响级联放大效应。而基于数字孪生技术构建的孪生模型，涉及了能源互联网全生命周期中各个系统的健康水平演化规律及全链条耦合影响。通过图计算与多场景并行仿真技术，生成运行远景库，有效提升了应对不同规划策略下运行与收益场景的预演分析能力。将数字孪生技术加入发展演化视角下的能源互联网规划设计，能够更加有效地提升规划设计效能。建立一种基于数字孪生的虚拟电厂系统框架，用户可基于数字孪生技术在虚拟空间规划与仿真未来电厂的运行状态，其运行结果反馈至物理对象，从而形成闭环反馈。

（3）考虑多重随机性的能源互联网优化运行。能源互联网中包含由内源和外源导致的多重随机性与不确定性。在调度运行方面，近年来，一次性能源的不确定性受到了广泛关注，这包括煤等传统化石能源供应的不确定性，以及长时间连续高温极端天气导致的水力、风能低出力的不确定性等。以近端策略规划为代表的无模型深度强化学习算法可以很好地解决能源互联网优化运行过程中的序贯决策问题，并应对马尔科夫决策过程中状态转移概率因不确定性和随机性导致的不可知问题。同时，提出多重随机性场景下面向能源互联网调控运行规则的电子化方法，实现基于知识图谱的运行规则知识抽取，将离散知识形成可以支撑数字孪生能源互联网运行的调控知识体系，支撑调控运行业务场景的自动处置。能源互联网的数字孪生模型可以作为深度强化学习的训练环境，并通过平台层与交互层引入外部随机变量，支撑强化学习智能体在虚拟信息物理空间中学习能源互联网的优化调度决策。通过在线部署基于深度强化学习智能体的智能调度系统，提升在线能源互联网运行的优化水平。

6.3.6　智能电表与用电信息管理

基于"站—线—变—户"配用电数字孪生技术的应用，通过停电地图开展停电模拟分析、报障研判等，实时掌握停电影响范围、停复电情况，有效确保对各类停电事件影响配变及用户分析的准确性。客服人员根据影响用户信息评估对重要客户的影响，做好事先通知工作。通过对用户的用电量、用电习性及用电行为的数据分析，为客户提供精准画像，合理地对重要用电客户进行按需供电。这些用户的画像数据同时也为保电工作提供了高度可靠的计算与分析工具。

6.3.7　电力系统规划与优化

基于数字孪生的能源互联网综合评价系统是数字孪生技术在能源行业的落地实践，可通过熵权法与层次分析法等技术手段构建多层级指标体系。其中，一级指标包括数字孪生在工业领域应用的四个重要特征：可视性、可预见性、可假设性和可解释性。针对这些特征，数字孪生在能源互联网综合评价中的典型应用如下。

（1）在基于数字孪生的能源互联网可视性评价体系方面。通过智能交互层的虚拟现实技术、3DGIS技术、混合现实技术生成的虚拟映射与能源互联网的多源数据及多主体模型相结合，实现能源互联网全生命周期运行态势实时展示。可视性的二级指标一般包括五个方面：

用户友好的可视化界面；关键设施虚拟现实数字模型；实际系统实时运行态势跟踪；孪生模型的运行态势展示；未来场景的可视化预演。

（2）在基于数字孪生的能源互联网可预见性评价体系方面。能源互联网的数字孪生模型应可通过图计算、多场景并行仿真等技术，实现对未来海量可能场景下系统运行的多时间尺度预演，提升对未来演化路径的可预见性。可预见性的二级指标一般包括三个方面：可预演计算的关键设备、参数、系统状态量占比；预演计算的准确性，包括误差、置信度区间等；保证一定准确性下预演计算的未来时间长度与时间颗粒度。

（3）在基于数字孪生的能源互联网可假设性评价体系方面。国家在"十四五"规划中明确提出了建设韧性城市与坚强局部电网，能源互联网也应具备韧性和反脆弱性，能够抵御极端自然灾害、物理攻击、网络攻击等"黑天鹅"事件。由于极端事件历史案例少，强度大，破坏方式具有很强的随机性，只能通过假定极端场景并加以仿真分析验证。基于数字孪生的能源互联网模型应具备提供设定极端运行工况的能力，支撑假设极限场景下的推演计算。可假设性的二级指标一般包括两个方面：孪生模型极端场景下反映系统响应能力的完备性；可人为设定运行极限条件的变量占比。

（4）在基于数字孪生的能源互联网可解释性评价体系方面。能源互联网的孪生模型可以通过各类型场景仿真预演、运行状态模拟、全生命周期加速分析等流程提供全链条影响机理分析，进而弥补数据驱动模型的黑箱问题，让用户能够从实际物理系统的虚拟映射上了解各类事件场景未来发展演化的合理解释。可解释性的二级指标一般包括两个方面：分析解释结果的可信性、可靠性；物理模型的完善度。

6.4　数字孪生在电力行业的应用典型案例

6.4.1　新能源发电预测

发电企业以数字化转型为契机，利用数字孪生技术，结合常规火电灵活性改造、水电（包括抽水蓄能）、风力发电、光伏发电、地热能发电、核电等业务融合。目前，比较广泛且成熟的应用方向机组运行优化调度、设备状态检修、新能源发电并网优化等方向是数字孪生应用的趋势，持续推进业务创新和模式变革，催生出许多典型应用案例及场景，为发电企业在推进数字化转型的过程中提供了学习借鉴的宝贵经验。

火电数字孪生是在数字化基础上，基于企业信息系统产生的过程大数据，应用智能算法分析，实现由传统的设备监控发展到设备诊断、预测及主动干预，再逐步发展到状态检修。通过建立设备故障知识库、维修知识库、可靠性策略体系，实现远程辅助诊断，落实精益生产。同时，通过对生产、经营数据的一体化集成分析，实现经营在线和实时决策。此外，运用信息化、智能化和移动化技术实现电厂生产管理在本质安全基础上的智能作业。最终，形成人机互联、智能作业、本质安全、状态检修、精益生产、实时决策、智慧经营的高效新型智能电厂的数字孪生。

数字孪生通过多源数据采集层对能源互联网各子系统的工况数据进行采集与检测，主要体现在两个方面：①在设备方面，由高速传感器构成的泛在传感网络可获得海量传感量测数据，基于平台支撑层中的多源数据管理技术为海量数据处理分析提供支撑；②在系统方面，数字孪生技术可从海量、多源、异构的能源互联网系统数据中有效、精准地提取重要特征信息,完成对实际物理对象的精确模拟,以满足当前优化分析和运行决策的要求。

能源互联网系统涵盖海量复杂的运行数据,且用传统方法难以高效处理。一方面,电、热、气等不同类型的能源数据掌握在不同运营商处,从信息安全与商业利益的角度,存在各类数据壁垒,无法利用多源数据描绘系统的全景态势信息;另一方面,随着新型电力系统与能源互联网的发展,海量分布式源—荷—储资源及电—热—气—氢等多类型能源交互设备接入能源互联网,产生了高维、异构的海量数据,对传统的数据采集、处理、分析、存储、再利用提出了更高的要求。数字孪生可以通过多任务学习等人工智能算法实现对感知数据的充分挖掘,以全面覆盖能源互联网系统各设备的泛在传感网络为依托,能够深入底层能源设备进行精确测量和高效信息交互;同时,数字孪生借助能量流计算、云计算等技术体系中的先进内核,实现数据在不同维度的提取和计算,支撑能源互联网系统数字孪生多维度、多层次的数据监控和计算分析。

6.4.2　输变电设备状态评估和故障诊断

输变电设备作为电网中的电能输送和传输的枢纽设备,其运行的可靠性直接关系到电网的安全稳定运行。因此,及时掌握输变电设备当前的运行状态及未来一段时间的运行趋势,实现对设备运行状态的准确评估,对于保证设备安全可靠运行具有重要意义。由于输变电设备特殊的运行工况,在设备状态出现劣化趋势时,无法及时进行停电检修,因此,在输变电设备安装各种传感装置,实时获取用于反映设备运行情况的各类状态量,并基于此建立输变电设备的评估模型,及时掌握设备的运行状态,是确保设备安全可靠运行的主要手段。

随着智能电网、能源互联网的大力推进和快速发展,输变电设备的检修方式已经由传统的"计划检修"方式转为"状态检修"。对输变电设备进行"状态检修",要先基于各种传感器感知反映设备运行情况的状态量;随后,对状态量数据进行分析处理,构建用于评估输变电设备运行状态的模型。在此过程中,采用试验模拟、数据驱动等方法不断优化模型,使其状态量数据更加丰富、数据质量不断提升、模型准确性和可靠性不断增强,从而更好地表征实际输变电设备的运行规律。基于上述步骤,实现输变电设备运行规律的挖掘过程本质上是输变电设备状态评估的数据孪生技术实现的过程。目前,中国电子信息产业发展研究院给出的最新数字孪生技术架构包括物理层、数据层、模型层、功能层和应用层等五层结构。其中,物理层对应物理实体,数据层包括数据采集、处理和传输,模型层包括机理模型和数据驱动模型,功能层包括描述、诊断、预测、决策,应用层则包括智能工厂、车联网、智慧城市等。基于该技术架构,考虑输变电设备所具有的自身属性及运行环境特点,对输变电设备状态评估过程中的技术架构进行分析。现场实际的输变电设备包括变压器、换流变压器、电缆、气体绝缘全封闭组合电器、输电线路、电容器、避雷器等,对应输变电设备状态评估中的数字孪生技术架构的物理层。输变电设备特殊的运行环境和工况使得其无法在物理空间被实时的分析和运维,因此,需要基于各种传感装置感知表征设备运行情况的各种状态量;同时,融合设备的在线监测数据、运行环境数据、工艺制造数据、离线试验/运维检修数据等多维度数据,实现输变电设备运行状态和运行环境数据的全方位感知。因此,区别于通用的数字孪生技术架构,在输变电设备状态评估的数字孪生技术架构中,物理层之后是用于全方位感知设备运行数据的感知层。在获取到数据之后,考虑到输变电设备复杂的运行工况和电磁环境,需要对数据进行清洗,以提升数据质量,从而为输变电设备数字孪生体的模型提供数据支撑。此过程包括对异常传感装置的评估、对数据进行清洗、选择最优数据等，该过程是通用数字孪生技术架构中的数据层，对应输变电设备状态评估数字孪生技术架构的数据层。基于输变电设备的全景式、多维度数据，可以构建输变电设备的数字孪生体，根据实际的业务需求，构建输变电设备的数字孪生体的具体功能模型，主要包括设备状态评价模型、设备故障诊断模型和设备状态预测模型等。在输变电设备的状态评估中，模型与功能是一致的，即基于现场实际的应用业务需求构建相应的模型，实现设备的评估、诊断及预测功能。因此，上述内容均属于输变电设备状态评估数字孪生技术架构中的模型层。而输变电设备状态评估数据孪生技术架构的应用层包括指导现场检修、为调度提供服务、对设备寿命进行评估、指导设备物资采购、为设备和装置升级提供建议、指导改进设备制造和组装工艺、辅助进行设备资产管理等，其与通用数字孪生技术架构中的应用层对应。综上所述，输变电设备状态评估中的数字孪生技术架构如图 6-5 所示。

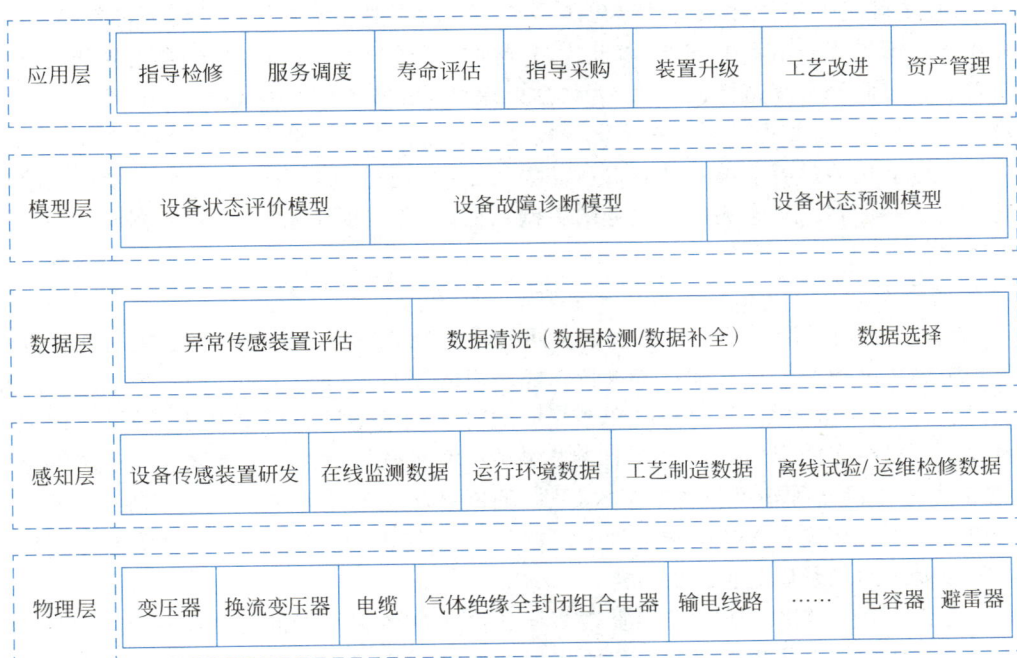

图 6-5　输变电设备状态评估中的数字孪生技术架构

在图 6-5 所示的输变电设备状态评估中的数字孪生技术架构中，物理层对应着具体的物理实体设备，应用层是输变电设备数字孪生体模型的具体业务应用，而感知层、数据层和模型层则是目前输变电设备状态评估中最重要的研究内容。

6.5　数字孪生在电力行业存在的问题及发展展望

6.5.1　数字孪生在能源互联网综合评价中的应用难点

1. 数字孪生在监测分析中的应用难点
（1）受不确定性因素影响，量测数据与仿真数据对比分析难度大。数据采集面临的一个关键问题是如何将能源互联网的量测数据与数字孪生模型仿真产生的数据进行对比与分析。由于量测设备的精度误差、环境因素及能源互联网的分布式能源、可接入负荷等随机性因素，量测数据具有灵活性和随机性。同时，数字孪生的仿真输出结果也同样具有随机性。因此，多维随机变量的对比问题属于数学复杂概率分布的求解问题，目前仍是数字孪生在能源互联网数据采集中需要解决的综合技术问题。

（2）不同量测设备数据采集的一致性较难统一。能源互联网中各种能源的生产、输送、消耗过程涉及大量的数据采集和传输，各种量测装置测得的数据有不同的尺度、采集周期及计量单位，这导致不同数据之间无法融合，主要体现在数据采集的尺度及计量单位的一致性问题、数据采集参数及格式的一致性问题、数据采集周期的一致性问题。

（3）数据的准确性与传输的安全性难以保障。能源互联网数字孪生属于信息—物理耦合系统，对数据传输的准确性和稳定性提出了一定的要求。但在实际的数据传输过程中，存在数据丢失或传输网络安全漏洞的问题，因此容易受到外界的攻击，从而影响信息与系统之间的交互。随着能源互联网覆盖范围的扩大，大数据处理对信息安全提出更高的要求，数字孪生技术面临着更大的挑战，需要进一步提高系统的安全性能以保护用户隐私，保障用户与系统的安全双向交互。自动机器学习能够自动获取所需要的数据，通过与电力系统仿真环境或数字孪生系统进行交互，自动收集、合成特定任务的关键数据集，并实现原始数据自动预处理，减少或消除数据错误。

2. 数字孪生在能源互联网模型构建中的应用难点

（1）数字孪生模型准确率与计算效率之间的矛盾难以平衡。利用数字孪生对能源互联网物理实体构建精准模型是对实际系统进行智能决策的核心。但能源互联网本质上是多层耦合的非线性系统，由于电力网、热（冷）网和燃气网的时间尺度不同且误差精度不同，使数字孪生模型的构建需要在多能源的耦合问题上寻求多颗粒度切换与集成复杂度之间的动态平衡。同时，随着能源互联网各种新型设备的接入，系统的网络架构和运行方式更加复杂，数字孪生模型在精细化的同时会带来复杂的求解计算问题。如何平衡能源互联网系统数字孪生模型的精确度与复杂度之间的矛盾是目前的难点。

（2）数字孪生模型自主演化机制复杂多样。现实世界中的能源互联网处在实时变化中，其动态特性与变化特点体现在量测数据中。能源互联网系统中的模型具有很大的灵活性，其要求数字孪生必须根据运行条件和运行环境的不同对实际系统进行精准刻画，但由于多能源系统的复杂性，通过运行数据驱动逆向构建数字孪生模型属于高维数学问题的逆向求解问题，具有很大的挑战性。同时，能源互联网的时变特性要求数字孪生模型能够实现自主演化，但机理模型无法反映设备运行过程中运行状态改变导致的不确定性问题对设备的影响，而数据驱动模型以机理模型的运行参数作为先验知识，可解释性较差，目前无法根据运行状态实现动态更新。

（3）难以准确刻画外界复杂环境因素对数字孪生系统的影响。能源互联网系统内部设备的运行参数时刻受周围环境及需求侧负荷类型的影响，环境条件对系统的影响机理复杂，且能源互联网中的电负荷、冷热负荷、气负荷属于多维度、多时间尺度的综合负荷，难以用数学公式对关键因素具象表达。能源互联网各子系统之间依靠耦合关系相互影响，目前对耦合设备建模主要基于机理方法实现，当耦合设备运行条件改变时，其无法反映对设备的影响。

3. 数字孪生在能源互联网规划与运行中的应用难点

（1）多系统联合规划设计存在高度耦合性。能源互联网中包含电、热（冷）、气、氢等各类型非线性子能源系统且相互耦合。随着各种新型设备的接入,系统的网络架构和运行方式更加复杂,规划问题本质上是多层耦合的非线性问题,需要在多能源的耦合问题上寻求动态平衡。如何在数字孪生模型中合理忽略或简化非线性特性,如何对多能源系统进行解耦,进而获得近似线性化模型,使得所求结果接近原始问题的最优解还面临着一定的挑战。

(2)规划与运行受多重不确定性因素影响。能源互联网系统由于不同形式能源之间相互耦合导致运行场景复杂多变,同时受到来自源、荷两侧的多时间尺度与空间范围上的多重随机性影响,其规划与运行是一个存在大量不确定性、不可量化因素的多目标优化问题。如何利用数字孪生技术对能源互联网模型在受多重不确定性影响下进行演化分析,保证系统运行的安全性和长时间的规划有效性是目前的研究重点。

(3)规划与运行的边界条件难以确定。能源互联网系统的运行是指对系统整体或各区域中的运行数据、运行状态及运行策略的设计和控制。能源互联网系统中的模型具有很大的灵活性,要求数字孪生必须能够根据运行条件和运行环境的不同对实际系统进行精准刻画,但现实世界中的能源互联网处在实时变化中,其动态特性与变化特点蕴含在运行数据中。对于无法在真实系统运行状态中直接获取的环节,需要通过关键量测数据和有价值的历史运行数据对系统建立数字孪生镜像模型的边界条件,如何通过有限的有价值数据构建边界是当前面临的问题。

4. 数字孪生在能源互联网综合评价中的应用难点

(1)数字孪生对能源互联网复杂动态变化过程评价困难。当前,能源互联网系统设备众多,且存在信息多源、状态评价困难、故障维护复杂等难点。能源互联网数字孪生系统通过对可观测信息的采集,能够构建能源互联网数字孪生多维动态模型,实现物理对象在虚拟空间的镜像映射。然而,数字孪生中接入的状态评价与故障诊断技术、知识规范与融合技术、图谱构建与认知推理技术多是通过数据模型进行评估,面对能源互联网中设备运行的动态变化过程,多层次地刻画设备在不同环境下的老化过程、决策者的运维行为,以及与环境交互产生的复杂演变过程,仍存在较大困难。

(2)基于数字孪生的能源互联网评价指标体系不完善。目前,针对能源互联网系统可靠性评价的指标体系不够完善,同时行业内数据采集能力参差不齐、底层关键数据难以获得,存在已有数据闲置度高、数据关联度较低和缺乏深度挖掘的集成技术等问题。有效提取并充分利用数据库中的有效信息,利用数字孪生技术为能源互联网系统建立有效的可靠性评价指标体系是当前研究的重点和难点之一。

总体上,数字孪生在能源互联网应用中的难点主要集中在三个方面:①现实能源系统存在的系统功能滞后性与系统之间差异性导致的数据质量问题;②能源互联网客观物理系统所存在的多重不确定性、随机性与复杂现实环境导致的模型建立复杂度提升问题;③数字孪生自身技术瓶颈导致的数字孪生技术与能源互联网融合度较低的问题。

对于上述集中体现的难点问题,首先应当明确能源互联网数字孪生的技术基础是建模与仿真,数字孪生深度融入了能源互联网系统的数字化业务链,不能单纯作为仿真工具使用。其次,对于建模问题,应加大科研投入,可利用人工智能技术与大数据融合平台,建立各类完善的能源互联网模型。最后,可健全能源互联网建设运行统一标准,完善数据管理体系,设立能源互联网运行云平台,集中力量统一规划、统一管理。

6.5.2 展望与发展

中国能源互联网仍处于初步发展阶段,目前落地应用相对较少,还不具备共性技术体系和大规模应用条件。要实现数字孪生在能源互联网中的广泛应用,需要更加智能的科学决策、精准映射的仿真平台及更加具体的技术路线。能源互联网将充分利用数字孪生实现信息—物理系统的融合、信息传输的高速同步、能源信息系统的安全与保护、数据的安全可靠共享等重要目标,从而保障实际物理系统能够利用数字孪生模型精准映射至虚拟空间。相信未来能源互联网数字孪生系统会继续朝着智能化、平台化、体系化的方向发展。

(1)智能化。长期以来,提升数字孪生在能源互联网应用中的智能化一直是热点研究问题,其中最重要的是利用海量数据库及智能决策算法进行智能决策。智能化不仅基于数据特征,而且需要足够的综合性知识和信息辅助来完成科学决策。从根本上说,其与单纯基于数据的智能算法相比,难度更大且技术尚未成熟。

(2)平台化。涉及多能源耦合的能源互联网系统的规划设计、运行维护离不开仿真平台的支撑。仿真平台将为能源互联网数字孪生模型构建提供可靠的数据传输环境和数据分析技术,有助于推动物理空间与虚拟空间的互联互通。与此同时,还可依托智能化平台,构建共享机制,形成完整的技术产业链,推进能源互联网与数字孪生融合发展。

(3)体系化。能源互联网的智能化、网络化及平台化所涉及的技术不是孤立工作的,要实现能源互联网的数字孪生,需要建立统一的总体架构,逐步突破数字孪生关键核心技术瓶颈,以智能算法为核心,制定数字孪生共性技术体系路线,形成兼容共享、创新稳定的技术体系。未来要坚持物理系统与仿真系统同步设计、同步管理、适度超前推进智能感知设备建设,打造具有自发展、自适应、自学习、自进化能力的能源互联网信息管理中枢,发展高效便捷的智能化、信息化服务,构筑自我学习、自我优化、自我成长的智能发展体系。

第7章 数字孪生的挑战与趋势

7.1 数字孪生技术面临的主要挑战

在人类走向数字化时代的进程中,数字孪生作为一种新兴技术孕育而生,被视为虚拟世界与现实世界的桥梁,将为人类认知和利用客观世界提供全新思路。然而,数字孪生技术在快速发展的同时,也面临着一系列亟待解决的挑战。本章将重点探讨数字孪生技术在数据采集与集成、建模与仿真、计算能力、安全隐私、人机交互等方面所面临的主要挑战,并对应提出相关的应对策略和发展方向。

7.1.1 数据采集与集成的挑战

数据是数字孪生技术的核心基础,没有高质量、全面的数据支撑,就无法构建精确可信的虚拟模型。然而,在实际应用场景中,获取所需的数据并不是一件容易的事情。

首先,数字孪生需要多源异构数据的融合。一个复杂系统往往包含多个子系统,每个子系统可能采用不同的数据格式、存储方式,甚至使用不同的软硬件平台。将这些异构数据集成,并形成统一的数据视图,是一个巨大的挑战。例如,在智能交通系统中,交通信号灯、车辆监控摄像头、天气传感器等设备可能由不同的制造商提供,它们产生的数据需要被整合到一个中央控制系统中,以实现交通流量的优化管理。

其次,许多传统系统并未设计数据采集功能,要获取所需数据很难。以工业设备为例,绝大部分现有设备并未内置传感器用于数据采集。要实时监控设备状态,就需要依赖人工检查或外部探测手段,这不仅效率低下,而且成本高昂。例如,老旧的机械设备可能需要安装额外的传感器和数据采集系统,以便能够收集到温度、振动等关键性能指标。

最后,数字孪生对数据的需求是全生命周期、全方位的,需要涵盖系统设计、制造、运行、维护全过程的海量数据。而在实践中,很多环节的数据往往无法获取或质量不佳。以建筑物为例,它的设计数据、施工数据、使用数据分属不同主体,互相难以共享和集成。例如,建筑设计可能由一家设计院完成,施工由另一家建筑公司执行,而后期的物业管理则可能由第三方负责,这些不同阶段的数据集成和共享存在很大的障碍。

此外,数据采集过程中存在多种干扰噪声,如何对原始数据进行有效净化处理,确保数据质量,也是一个挑战。在很多情况下,噪声数据会直接导致虚拟模型的失真。例如,在环境监测中,传感器可能会受到电磁干扰或温度变化的影响,导致数据读数不准确。因此,需要开发高级的数据清洗和校准算法,以提高数据的准确性和可靠性。针对以上挑战,可以采取以下对策。

(1)制定统一的数据标准,实现异构数据互操作。行业内应建立数据标准化委员会,对关键数据要素、格式等达成共识。

(2)在传统系统中嵌入数据采集模块。对于无法采集数据的遗留系统,应考虑增加数据采集硬件或软件,补充必要的数据接口。

(3)建立数据共享机制,打通数据壁垒。鼓励跨组织、跨领域的数据开放共享,打造数据生态体系。

(4)开发智能数据清洗算法,提升数据质量。利用机器学习等技术自动识别异常数据、修复丢失数据、过滤噪声干扰。

(5)发展自主数据采集新技术,拓展采集手段。例如,无人机、机器人等可以有效采集人力难以触及的环境数据。

综上所述,数据采集与集成是推进数字孪生应用的关键瓶颈之一。只有持续创新数据技术,实现高质量、全方位的数据支撑,数字孪生技术才能充分发挥作用。

以航空发动机为例,传统燃气涡轮发动机的维修成本高昂,如果能够获取发动机全寿命周期的海量数据并构建数字孪生模型,就可以实时分析发动机状态,预测故障发生,及时调整维护策略,大幅降低运维开支。

事实上,通用电气(GE)公司就采用了数字孪生技术对其航空发动机进行预测性维护。他们在每一台发动机上安装了数百个传感器,实时采集飞行数据,包括发动机温度、燃油流量、振动等关键参数。这些数据与发动机的 3D 模型相结合,形成了数字孪生。基于数字孪生模型,GE 可以精准预测发动机各部件磨损状态,提前制订维修计划。据估算,该技术每年可为 GE 节省数亿美元的维护成本。

7.1.2　建模与仿真的复杂性

1. 复杂系统建模的挑战

构建数字孪生模型是将现实世界中的物理实体或过程数字化的关键环节,也是数字孪生技术面临的一大挑战。数字孪生所涉及的对象通常是高度复杂的大系统,包含众多的子系统、组件、要素,彼此之间存在着错综复杂的相互作用关系。如何对这些复杂系统进行精准建模,全面刻画其内在机理和动态行为,是一个巨大的挑战。

以航空发动机为例,它是由上千个不同部件组成的复杂系统,部件之间存在着热力学、空气动力学、结构动力学等多重耦合作用,如何准确描述这些复杂的物理过程及其相互影响关系,对于模型的建构提出了极高的要求。此外,航空发动机在实际运行中还会受到多种不确定因素的影响,如环境温度、湿度、压强的变化,燃油质量的波动等,这些都需要在模型中加以考虑,进一步增加了建模的复杂程度。

2. 多物理场耦合建模的挑战

现实世界中的大多数复杂系统都涉及多个不同的物理场,如热、力、光、声、电等多个物理场相互耦合,它们彼此之间存在着错综复杂的相互作用关系。如何对这种多物理场耦合现象进行精准描述,是数字孪生建模面临的一大挑战。

以智能电网为例,它集成了电力物理系统、通信网络系统、信息系统等多个子系统,涉及电场、磁场、热场等多个物理场,各物理场之间存在着复杂的耦合关系。要构建准确的智能电网数字孪生模型,就需要对这些多物理场的耦合作用机理有深入的理解,并在模型中进行精确描述,这无疑给建模工作带来了极大的挑战。

3. 多尺度建模的挑战

数字孪生技术往往需要描述系统在不同尺度层面上的行为特征,这就需要在模型中同时融合宏观、中观、微观等多个尺度,实现无缝耦合,这给建模工作带来了极大的复杂性。

以复杂生态系统为例,生态系统是一个典型的多尺度系统,既包括宏观的群落、景观层面,也涉及微观的个体、基因水平。要构建生态系统的数字孪生模型,就需要将这些不同尺度层面的要素及其相互作用关系融合到统一模型框架之中,对模型的表达能力和计算效率提出了巨大挑战。

4. 多理论模型融合的挑战

复杂系统的本质往往需要多个理论模型来共同描述。例如,在构建人体数字孪生时,既需要解剖学、生理学模型描述人体的物理结构和生命过程,也需要分子生物学、基因组学等模型刻画人体的微观生物化学反应,还需要引入系统生物学、人工智能等模型对多源异构数据进行分析和智能决策。如何将这些理论模型高效融合,实现模型间的无缝集成,是一个亟待解决的难题。

5. 数字孪生仿真计算的挑战

除了模型构建,仿真计算是数字孪生技术的另一大挑战。一方面,大多数复杂系统的动态行为描述往往需要解决高度非线性、多尺度、多物理场耦合的数学模型,给仿真计算带来了巨大压力;另一方面,高保真仿真要求对时空精度有很高的要求,导致网格剖分极为精细,未知量数目激增,进一步加大了计算负担。

以气象数字孪生为例,要高精度模拟天气的动态演化过程,需要将整个大气层分隔成数十亿个网格单元,求解每个单元内大量的流体动力学方程组,不仅计算量巨大,还需要大量的并行计算资源,对高性能计算提出了极高的要求。此外,如何将离散时间、离散空间的数值方法与连续体物理模型相耦合,进一步增加了气象模拟的复杂度。

6. 应对建模仿真挑战的策略

针对上述复杂系统建模与仿真所面临的诸多挑战,可以采取以下对策。

(1) 发展基于大数据和人工智能的数据驱动建模方法。借助大数据和人工智能技术,可以从海量数据中自动提取系统的本征模式和内在规律,进而构建出具有更高精度的系统数学模型。与传统的理论推导模型相比,数据驱动建模不但降低了人工经验知识的依赖性,而且能充分利用多源异构数据,提高建模的智能化水平。

(2) 融合多理论描述,构建多尺度、多物理场耦合的新模型。针对复杂系统中的多尺度、多物理场耦合现象,需要综合借鉴多个理论模型,并将它们融合到统一的数学框架之中。例如,可以通过多尺度分析方法,将不同尺度模型进行无缝衔接;通过多场理论,描绘不同物理场间的耦合作用关系。同时,还应积极吸收新兴交叉学科的理论成果,不断完善模型理论体系。

(3) 提高并行计算能力,发展高精度数值仿真算法。大幅提升计算能力是解决数字孪生建模仿真挑战的根本措施。一方面,需要加大对高性能计算硬件的投入,特别是大规模并行计算能力的建设;另一方面,需要创新高精度、高效率的数值计算算法,提高对复杂模型方程组的求解效率,如智能网格划分、自适应时间步长控制、异步并行算法等前沿技术。

此外,量子计算机虽然目前仍处于初级阶段,但其日后的成熟必将极大地推进数字孪生建模及仿真技术的发展。量子计算机天然适合解决高度并行、高维度的复杂问题,对于模拟量子系统行为、解决大规模优化问题等具有巨大优势,因此在量子化学、量子生物学、量子材料等领域的数字孪生建模中有望发挥重要作用。

(4)构建基于云计算的建模仿真平台。借助云计算技术,可以构建基于互联网的数字孪生建模仿真平台,集成海量计算资源、模型库、仿真引擎等,极大地提升了建模仿真的能力。通过云平台,用户可以按需调用所需的模型组件和计算资源,高效完成复杂系统的虚拟构建和仿真分析,而无须购置昂贵的专用硬件和软件。

云计算平台还可以支持多用户远程协作,实现分布式建模和众包仿真,有助于打破学科壁垒、整合全球化资源,共同攻克建模仿真的重大挑战。同时,基于云平台,还可以更好地管理、存储和共享大规模的模型数据,推动模型及仿真资产的重复利用。

(5)发展基于数字孪生的自主学习新范式。未来,数字孪生技术有望突破现有的被动建模和仿真范式,发展出主动式的、自学习优化的新机制。基于机器学习等人工智能技术,数字孪生系统能够自主观察和感知客观世界,自动形成模型假设,并通过仿真实验加以验证、完善,进而不断优化模型的精度和适用性。

在这一新范式下,数字孪生不再是被动对象,而是具有一定认知能力的主动实体,能够通过与现实世界的持续交互学习,自主进化,甚至发现崭新的认知模式,从根本上推动模型和仿真技术的革新,助力人类对客观世界规律的揭示和认知能力的提升。

7. 典型案例分析

以下通过两个典型案例,进一步说明数字孪生建模仿真面临的挑战及解决方案。

(1)心脏数字孪生建模案例。构建高保真的人体心脏数字孪生模型是一项极具挑战性的复杂系统建模任务。心脏是一个多尺度、多物理场耦合的复杂系统,涉及从基因水平到器官水平的多个尺度,包括分子生物学、细胞生物学、解剖学、流体动力学、电动力学等多个物理场。

要全面描述心脏的结构、功能和行为过程,就需要将上述多理论模型进行融合,构建多尺度、多物理场耦合的新模型。例如,在分子水平上,需要利用分子动力学模型描述离子通道的开合行为;在细胞水平上,需要离子动力学模型描述细胞的兴奋传导规律;在器官水平上,需要流体动力学和固体力学模型描述心肌收缩产生的泵血过程。

同时,这些不同尺度、不同物理场的模型之间需要实现无缝耦合,才能全面重现心脏的综合行为。此外,由于人体的个体差异,模型中还需要引入不确定性数据,以提高个体化水平。可以预见,实现心脏数字孪生的高保真建模是一个极具挑战性的复杂系统。

(2)智慧城市数字孪生仿真案例。智慧城市是一个典型的复杂巨型系统,涵盖城市规划、建筑、交通、能源、环境及安全等多个子系统,需要实现多个异构模型的高效集成。例如,城市交通子系统不仅要建立准确的道路网络拓扑模型,还需要引入交通流理论、车辆行驶动力学模型等;再如,建筑物需要将热工、结构、光学等模型进行耦合。

同时,智慧城市内的子系统之间也存在着密切的相互作用,如交通拥堵会影响环境污染水平,环境改变又会反过来影响交通流量等,这就要求将各个子系统的模型高度集成,实现全局协同。此外,智慧城市的动态演化还会受到气象、人口、经济等外部条件的影响,模型需要具备敏捷响应这些变化的能力。

构建智慧城市的数字孪生需要融合上述多个子模型,并与城市运行的海量实时数据相结合,进行高保真、高效率的仿真计算,这对现有的建模和并行计算技术都是一大挑战。仅以交通模拟为例,如图 7-1 所示,要对全城数十万条路段、数百万辆汽车的动态变化进行精细求解,模拟计算量是传统交通模型的数百万倍,给算力提出了极高的要求。因此,发展新一代高性能建模仿真技术是推进智慧城市数字孪生的当务之急。

图 7-1　数字孪生的车路协同仿真图

7.1.3　计算能力与存储容量需求

1. 数字孪生对计算能力的极高需求

要构建高保真度的数字孪生模型并开展实时仿真,对计算能力提出了极高的需求。一方面,复杂系统的精细化模型往往包含大量的未知量、方程组和约束条件,求解计算量巨大;另一方面,为了捕捉系统的动态行为,需要进行时间步进,时间步长越小,时间步数就越多,计算量也随之增加。

以天气数值预报为例,要高精度模拟大气运动,需要将整个大气层分隔成数十亿个微小网格,针对每个网格单元求解包含数百个变量和上万条控制方程的流体动力学模型,其计算量之大可想而知。而且,为了准确捕捉天气系统的快速变化,需要以极小的时间步长(几秒至几分钟)进行时间推进计算,给计算能力提出了巨大挑战。

此外,大部分复杂系统都存在多物理场耦合、多尺度等特征,需要引入多理论模型协同描述,模型复杂程度进一步加剧,对算力的需求就更加迫切。例如,心脏数字孪生模型需要把分子动力学、细胞电动力学、可扩展多尺度模拟等理论模型融合,其复杂度可想而知。

2. 海量数据存储的挑战

除了极高的计算能力需求,数字孪生技术对存储容量的需求也是巨大的。构建一个精细的高保真模型需要消耗大量的设计数据、传感器数据,而且在仿真计算过程中也会产生大规模的中间数据和结果数据,这些庞大的数据存储将是一个重大的挑战。

以飞机数字孪生为例,一架大型客机的设计数据就包括数十太字节(TB)的 CAD 模型文件、有限元分析数据、试验数据等,而在飞机服役期间,各类运行监测数据的累积量也是极为惊人的。据估算,一架大型客机 30 年的使用寿命中,其产生的全生命周期数据量将超过 1EB(10^6 TB)。

如此大规模的数据存储不仅对存储容量提出了巨大需求,而且数据的高效检索、管理和分析也是一个挑战。此外,数字孪生系统往往还需要与多个异构数据系统集成,对数据的实时流转和同步也是一大考验。

3. 深度学习等新兴算法的计算挑战

近年来,基于深度学习的人工智能技术在数字孪生领域得到了广泛应用,如用于高精度模型构建、智能仿真分析、自主决策控制等。然而,深度学习算法对计算能力和存储资源的需求也是巨大的。

以卷积神经网络(CNN)为例,在对高分辨率遥感影像进行语义分割时,需要对成百上千层的网络进行并行计算,且每一层参数矩阵都是超大规模的,计算量之大可想而知。此外,训练深度神经网络时,还需要大量的标注数据样本和多次迭代,对算力和存储资源要求也异常高昂。

可以预见,未来数字孪生系统中各类智能算法的应用将呈现爆炸式增长,对算力存储的需求将进一步剧增,充足的计算资源将成为智能数字孪生系统建设的最基本保证。

4. 提升算力存储能力的对策

针对上述算力存储挑战,可以从以下几个方面着手。

(1)加大计算硬件投入。持续加大对高性能计算硬件的投入力度,包括通用的并行计算机集群、专用的加速硬件(如 GPU、FPGA 等)等,显著提升计算能力。同时,还需要建设大容量、高性能的存储系统,满足海量数据的存储需求。

(2)发展智能算法优化技术。在算法层面,需要发展自适应网格划分、异步并行、低精度计算等一系列智能优化技术,最大限度地提升算法的计算效率,降低对硬件资源的依赖。同时,基于人工智能的自动建模技术也有助于减少手动参与,节省计算资源。

(3)发展云计算等新型计算模式。充分利用云计算、边缘计算等新兴计算模式,构建基于互联网的按需计算新范式。在云端统一调度和管理海量的计算资源,为用户提供可伸缩、按需付费的算力租赁服务,可大幅降低数字孪生系统的计算成本。

(4)推进新型计算架构发展。保持对新型计算架构前瞻布局,如量子计算、生物计算、类脑计算等,这些全新的计算理念有望极大地提升计算能力。同时,结合 5G/6G、卫星互联网等新型网络基础设施,将进一步扩展数字孪生系统的算力上限。

(5)优化数据压缩与传输。通过高效的数据压缩、智能缓存等技术手段,减少数据存储和传输所需的资源开销。同时,发展新型数据编码和存储架构,提高数据 I/O 效率,为数字孪生系统的实时数据处理提供支撑。

总之,算力和存储资源一直是数字孪生技术发展的"瓶颈"。只有持续加大投入,同时推进技术创新,才能不断突破算力存储能力边界,为数字孪生的广泛应用铺平道路。

7.1.4 安全性和隐私保护

1. 数字孪生系统面临的安全风险

作为映射和模拟现实世界的虚拟系统,数字孪生技术在广泛应用的同时,也面临着诸多安全隐患和潜在风险,这不仅关乎系统本身的可靠性和完整性,也关乎现实世界中相关物理实体的运行安全。

首先,数字孪生系统需要与众多异构系统、传感器等集成,导致了系统攻击面的增大,更易遭受黑客入侵、病毒传播、数据窃取等网络攻击。一旦系统被攻破,不仅会造成虚拟模型的损毁,还可能被不法分子远程操控,对映射的现实世界造成巨大危害。

其次,作为虚拟系统的"大脑",数字孪生所构建的模型及其仿真分析结果,也可能遭到攻击者的恶意篡改、数据污染。如果被植入恶意代码,模型输出就会失真,进而导致现实世界中的设备故障、决策失误等严重后果。

最后,数字孪生技术广泛应用于关键基础设施领域,如电力系统、交通系统、城市管理等,这些系统的安全问题更是关乎国家安全和公众利益,防范和抵御攻击的压力巨大。

2. 隐私保护的挑战

隐私保护也是数字孪生技术面临的另一大挑战。由于数字孪生需要采集大量来自现实世界的数据,其中不可避免地包含了大量个人或企业的隐私信息,如何有效保护这些隐私数据,避免泄露、滥用等风险,已成为一个亟待解决的难题。

以数字人体孪生为例,构建高保真人体模型需要采集个人的基因信息、生理健康数据、行为习惯数据等,这些都是高度敏感的个人隐私数据。这些数据一旦被攻破或恶意利用,将直接威胁到个人的切身利益。

再如智慧城市数字孪生系统,需要采集大量市民的出行数据、消费数据、通信数据等隐私信息,如果处理不当,同样将带来严重的隐私泄露风险。

3. 提升安全性和隐私保护的对策

(1) 构建安全可信的系统架构。数字孪生系统应该在架构设计层面就充分考虑安全性需求,采用"安全可信根"理念,构建端到端的全流程信任体系。可以借鉴区块链、量子通信等前沿技术,从根本上保障系统架构的安全性。

同时,还应对系统进行严格的威胁建模和风险评估,识别潜在的攻击面,并采取多重防护手段,如身份认证、访问控制、密钥管理、防火墙、防病毒等综合技术,全面筑牢系统的安全防线。

(2) 开发智能安全防护技术。借助大数据、机器学习等人工智能技术,可以自动检测和识别攻击行为,对系统的异常状况实现实时监测和主动防御,显著提升安全防护能力。如基于深度学习的入侵检测、基于知识图谱的威胁狩猎等前沿技术,都可以为数字孪生系统的主动免疫提供有力支撑。

同时,人工智能技术也可用于发现模型和算法中存在的缺陷和漏洞,并自动修复,减少人为失误,提升系统的完整性。

(3) 加强隐私计算和数据脱敏技术。可以借助同态加密、安全多方计算、联邦学习等隐私计算技术,实现对隐私数据的可信交换和安全计算,确保个人和企业的隐私信息不会在数字孪生系统中泄露。隐私计算还能支持对模型参数等核心资产的保护加密,防止数据被窃取。

数据脱敏技术则可以在不破坏数据分布和统计特征的前提下,对隐私数据的敏感部分进行掩码、编码等处理,确保即使数据被泄露,也难以识别出隐私信息。

(4) 制定数据隐私保护法规政策。政府应当制定更加明确和具有操作性的数据隐私保护法规政策,规范数字孪生系统对隐私数据的采集、存储、使用、共享和销毁全生命周期的安全管理。同时,加大违法违规成本,形成高压态势,促进企业和个人自觉重视隐私保护。

(5) 加强隐私保护教育和意识培养。持续加强公众的隐私保护教育和宣传,让每一个个体都能清晰地意识到隐私泄露的危害,自觉养成个人信息保护习惯。同时,还应加强企业员工的隐私保护培训,增强全社会的隐私安全意识。

综上所述,安全和隐私保护是数字孪生技术面临的严峻挑战,需要通过全方位的立体防护来加以解决。只有最大限度地确保系统安全和个人隐私不受侵犯,数字孪生技术在关键领域的应用才能真正落地,才能最终赢得广大用户的信任和接受。

7.2 数字孪生技术的发展趋势

数字孪生技术作为映射和模拟现实世界的虚拟系统,正在经历爆炸式的发展。随着相关技术的不断创新和应用场景的日益丰富,数字孪生技术展现出了诸多新的发展趋势和方向。本节将重点探讨 5G/6G 和边缘计算、人工智能、新型计算架构、元宇宙等前沿技术对数字孪生发展的深刻影响,以及数字孪生在智能制造、智慧城市、健康医疗等传统领域的创新应用,展望数字孪生技术的未来发展前景。

7.2.1 5G/6G 和边缘计算推动

1. 5G/6G 高带宽、低延时的支撑作用

5G/6G 通信技术凭借其超高带宽、超低延时等卓越性能,将为数字孪生系统提供坚实的网络支撑。

5G 网络最大可提供 20Gb/s 的峰值速率和 1ms 级的空口时延,而 6G 网络预计将进一步将带宽扩大 10 倍以上,达到 200Gb/s,时延降低至微秒级。这种极速极低延时的网络性能,可轻松满足数字孪生系统对海量视频数据、三维点云等大规模实时数据流的传输需求,并支持远程实时交互控制,确保数字孪生系统可高效实现跨域、跨地理位置的数据集成及实时协作。

以机场数字孪生为例,机场内的数千台摄像机将每秒产生高达 500GB 的视频数据流。借助 5G 网络,这些大规模视频流可被实时传输至服务器集群,在那里通过 AI 视频分析算法对乘客和车辆流动情况进行实时监测。一旦发现拥堵、滞留等异常情况,系统立刻触发预警并给出应对建议,实现机场运营的"秒级"智能调度。

2. 边缘计算赋能数字孪生的智能化发展

边缘计算是 5G 时代云计算的重要补充,通过在网络边缘侧部署计算资源,可实现对数据的就近采集、处理和分析,有效缓解数字孪生系统的带宽压力,降低云端负担,提高系统的实时响应能力。

以钢铁智能工厂为例,生产线上的数千台设备每分钟可产生近 1TB 的监控数据。如果这些数据全部上传云端进行分析处理,不仅对网络带宽是一大负担,云端的计算资源和时延也将成为瓶颈。

通过在生产线边缘部署边缘计算节点,可对海量数据进行实时分析处理,一旦发现异常,边缘节点立即触发预警,将决策响应时间缩短至 10ms 以内。而对于需要深度挖掘的数据,则只需上传数据子集和分析模型至云端,上传量仅为原始数据的 5%,大幅节省了带宽和云端资源。

当前,业界开始将人工智能模型部署在边缘侧,形成"云—边—端"的分层智能架构。结合 5G/6G 通信技术,这一架构必将推动数字孪生系统朝着智能化、实时化和轻量化方向发展。

3. 通信新技术对数字孪生应用的拓展

5G/6G 等通信新技术不仅为数字孪生系统提供了关键网络支撑,本身也将成为拓展数字孪生应用新场景的重要驱动力。

例如,6G 有望实现全球无缝覆盖,在此前提下,对应各类极端复杂环境的数字孪生系统均有望获得万物互联的支撑,实现全面的数据互通和远程交互协作。据估算,到 2030 年,6G 将使地球上 95% 的面积实现数据覆盖,全球数字孪生系统间的互联互通程度将超过 90%。

同时,5G 开始引入的大尺寸 MIMO、毫米波、terahertz 等新型无线接入技术,其超大带宽和高精度定位能力也将推动无线电数字孪生等新兴应用场景的兴起。例如,通过利用 MIMO 技术对城市街区进行覆盖仿真,可支撑高精度的 5G 网络规划决策,确保 5G 信号在街区间的无缝切换,避免"空口塌陷"等问题。

4. 案例分析:5G 工业无线远程操控

5G 通信技术为工业无线远程操控应用带来了契机。制造企业通过构建设备数字孪生系统并结合 5G 网络,可实现高效的跨地域远程专家维护服务。

以某重型机械制造商为例,他们生产的大型挖掘机遍布世界各地,为解决售后维修难题,企业构建了设备数字孪生平台。通过安装在机器上的数千个传感器,能实时采集发动机运转数据、液压系统压力、钻头磨损状态等关键信息,这些数据通过 5G 网络高速实时传输回位于上海的总部模型仿真中心。

在仿真中心,专家们可以对运行中的数字孪生模型进行实时诊断与修复模拟。一旦发现故障,如液压缸压力异常、钻头磨损超标等,就立即通过 5G 网络下达操作指令,并通过增强现实眼镜实现远程可视化指导,现场工人无须再"视而不见"。

与此同时,现场技术人员也可以通过 5G 网络与上海的远程专家实时交互,双向视频通话探求应对方案。

总之,5G/6G 通信和边缘计算等新兴技术必将成为推动数字孪生技术飞速发展的重要力量,不仅赋予数字孪生系统实时化、智能化和轻量化的新特性,还将极大地拓展数字孪生系统在复杂场景下的应用范围,加速虚实世界的深度融合与智能交互。

7.2.2　人工智能与机器学习的融合

人工智能(AI)和机器学习(ML)技术与数字孪生技术的深度融合,将推动数字孪生系统朝着自主化、智能化和自适应化方向发展,大幅提升数字孪生的价值创造能力。

1. AI 赋能数字孪生建模的智能化

AI 和 ML 技术可以极大地提高数字孪生建模的自动化和智能化水平,解决传统数字孪生建模过程中人工参与过多、经验规则依赖性强、难以挖掘复杂非线性规律等痼疾。

利用深度学习等机器学习算法,可以从海量历史运行数据中自动提取出系统内在的本征模式,替代以往完全依赖人工经验知识的建模方式,自动构建出更加精准的高保真数学模型。以某航空发动机制造商为例,他们利用卷积神经网络模型从上百万小时的运行数据中学习分析,成功捕捉到发动机高压涡轮叶片磨损过程的复杂非线性特征,从而能够高精度预测叶片剩余寿命。

除了数据驱动建模,机器学习算法还可通过持续的在线学习和自主优化,让数字孪生模型具备良好的自适应能力,使模型能够不断更新以跟踪现实系统的动态变化。例如,一些基于强化学习的建模算法,可以通过与现实系统的持续交互,自主探索模型参数的最优组合,并自主完善优化模型结构,形成一个自主进化的闭环模型更新机制。

可以预见,融合人工智能技术将极大地提升数字孪生建模的智能化水平,助力人类构建出更加精确、自适应的虚拟模型,从而更好地认知和理解客观世界的本质规律。

2. AI驱动智能仿真与分析决策

在数字孪生系统的运行阶段,人工智能技术也发挥着越来越重要的作用。传统的基于规则的仿真和分析方法已难以应对复杂系统的智能化需求,而AI技术能够赋予数字孪生系统强大的智能分析和主动决策能力。

以智慧电网数字孪生系统为例,电网运行涉及海量多源异构数据,包括电力设备监测数据、负荷实时数据、天气气象数据等,如何有效整合这些数据进行深度挖掘是一大挑战。通过融入AI技术,数字孪生系统能够集成多源数据,智能识别电网的薄弱环节和潜在风险,自主预测电网故障,并生成应对策略、优化运维决策。

系统中的机器学习模型通过持续训练和迭代,不断积累从实战中汲取的智慧,可以主动识别异常模式、提炼策略经验,为电网运维提供越来越精准的决策支持。与此同时,基于知识图谱的智能推理引擎也可以让系统具备一定的主动分析判断能力。

相比传统的被动式"人肉"分析方式,AI驱动的智能分析不仅速度快、成本低,而且能做到实时智能响应,及时发现并处置突发事件,最大限度地规避或减小损失。未来,AI与数字孪生系统的深度融合将成为大势所趋。

3. AI+数字孪生的创新应用场景

人工智能赋能数字孪生,数字孪生也将反过来为人工智能技术插上腾飞的翅膀。以AI+数字孪生为核心的新型应用场景正在不断涌现,展现出前所未有的创新活力和商业价值。

在智能制造领域,通过将人工智能计算机视觉与工厂设备数字孪生相结合,可实现工厂内设备的智能化远程巡检和预测性维护。该系统利用智能视觉算法从摄像头采集的视频流中实时追踪识别生产线各类设备,并与设备的数字孪生模型相匹配,自动分析设备的磨损、故障风险等状态,并制定相应的维护策略和操作指令。

借助这一系统,生产车间内不再需要大量人工巡检人员,可大幅降低运维成本。系统中的AI模型通过不断学习,可以主动发现设备异常的新模式,智能规划维修保养时序,防患于未然。预计该系统可使工厂的设备故障率降低60%,维修成本下降40%以上。

在健康医疗领域,AI与人体数字孪生的结合也将掀起行业变革。基于CT、MRI等医学影像数据,结合患者的基因信息、生理数据等,可以构建高精度的个体化人体数字孪生模型;通过融入AI医疗影像识别算法,能够精准检测和定位人体病理区域;再将诊断结果与患者数字孪生中其他相关数据结合,就可以实现精准的个体化智能诊疗。

借助这一范式,医生未来可以在虚拟环境中"提前"预演手术方案、模拟手术效果,有助于降低手术风险。而且通过持续训练,AI系统不断优化诊断和治疗策略模型,形成一个自主进化的人工智能临床决策支持系统。

可以预见,AI与数字孪生的融合必将成为未来技术发展的主流趋势,这种创新思路将为各行各业带来前所未有的效率提升和变革创新,成为推动产业数字化转型的重要驱动力。

7.2.3　数字孪生与物联网的融合

物联网技术正在加速向各行业渗透,为现实世界中的每一个物体赋予独一无二的数字化身份和网络连接能力,而数字孪生恰好是这些物体在虚拟世界的数字化映射。两者自然而然地具有高度的亲和力,物联网将为数字孪生提供坚实的数据基础,而数字孪生也将成为物联网数据的重要应用载体,两者将产生深度融合,实现"虚实一体"。

1. 物联网:数字孪生的"数据血管"

作为数字孪生构建的关键数据源,物联网将为数字孪生提供全方位、全生命周期的数据支撑,可被视为数字孪生的"数据血管"。传统的数字孪生系统所依赖的往往是分散、碎片化的数据源,缺乏统一的数据采集和传输通路,给数据获取带来诸多阻碍。

而物联网则提供了从底层感知到上层应用的端到端解决方案。在物联网基础设施的支撑下,无论是设备制造、工程建设,还是产品运行、资产管理等环节,都可以在系统或设备层面无缝嵌入各类智能化传感器,对关键数据实施全面感知和自动采集。

以某电力设备制造商为例,他们利用物联网技术,在变压器等关键设备上集成了数百个测温、测振、油液监测等智能传感器,将设备的全生命周期状态数据实时传输至云端,为变压器数字孪生提供了真实完整的数据支撑。

再如某大型钢铁联合企业,他们在矿山、炼铁、轧钢、物流等全流程环节部署了近 10 万个物联网节点,将生产运营的海量数据汇聚到集团数字孪生平台,实时反映整个生产运营系统的运行状态。

此外,随着 5G/6G、卫星互联网等新型网络基础设施的发展,物联网将进一步扩展覆盖范围,使海量数据源的互联互通成为可能,从而为复杂系统数字孪生提供无所不在的"数据血管"支撑。

2. 数字孪生:赋能物联网的"大脑"

与此同时,数字孪生作为物联网大数据的重要应用载体,将为物联网世界注入智能"大脑",赋予其强大的认知分析和智能决策能力,是完整物联网生态的重要环节。

传统的物联网应用大多停留在数据采集和设备控制层面,缺乏对全局的认知分析,无法很好地实现对复杂系统的智能管理和运营优化。而数字孪生恰好能够弥补这一缺陷,为物联网提供系统级的虚拟模型和仿真分析能力。

以智慧城市为例,通过构建城市数字孪生平台,可以将城市内各类物联网数据高度集成,形成虚拟城市模型,并配以人工智能分析算法,实现对城市运行的全面感知和智能决策。例如,通过机器学习算法分析交通物联网数据、环境监测数据等,可以自动识别城市交通拥堵点,并给出缓解措施,智能优化城市资源配置。

在工业领域,通过集成设备、生产线、厂区等不同层面的物联网数据,形成完整的制造系统数字孪生模型,并结合 AI 算法,能够实现智能化工厂运营管控。系统可精准预测产线故障、优化生产计划、规避风险隐患,实现自动化智能化运维。

此外,数字孪生也可赋予物联网一定的"自我修复"能力。通过持续对比实际物理系统和数字孪生之间的差异,数字孪生可以及时诊断物联网节点或应用系统的异常,并自主纠正或重新优化相关的控制策略,确保整个物联网生态的高效、稳定运转。

可以预见,随着数字孪生和物联网技术的不断融合演化,两者将建立一个相互赋能的良性循环,推动实现万物互联与虚实融合的愿景,成为未来智能世界的重要组成部分。

3. 典型应用案例分析

数字孪生与物联网融合的应用正在渗透到各行各业,展现出巨大的创新活力。以下通过几个典型案例加以阐释。

(1)智慧电网应用案例。为应对电网运维的巨大挑战,能源公司启动了智慧电网数字孪生项目。他们将电网内的数十万个变电站、输电线路等设备改造为物联网终端,实时采集状态数据;与此同时,将各类气象数据、负荷数据等也汇集到数字孪生平台。

通过对所有物联网数据进行建模和智能分析,可以实现对电网运行状态的全面感知和预判。系统能够自动识别电网薄弱环节,预警存在的风险隐患,并给出应对方案,避免大面积停电事故发生。

此外,通过对比物理电网和数字孪生之间的差异,系统还能主动发现电力设备功能老化或者数据异常等故障,下达检修指令,确保电网的高效平稳运行。

(2)智能建筑管理应用案例。与传统的独立式物联网系统相比,数字孪生赋予了物联网更强的系统级智能管控能力。系统不仅能自动识别异常情况,还能结合全局模型自主进行原因分析和制定应对措施。

例如,如果监测到某栋楼的用电量异常升高,传统物联网系统只能被动报警,而融合数字孪生的智能系统则能自动分析异常原因。它可能发现是该栋楼的部分电器老化导致能耗增加,于是下达维修命令;或者发现是租户的用电行为存在浪费,则可优化相关政策进行干预调节。

通过数字孪生技术,物联网数据的管理和应用获得了前所未有的智能化水平,整个系统也从原来封闭的“孤岛”模式,转变为与虚拟世界深度交互的开放态势,成为真正意义上的智能体。

(3)智能无人物流应用案例。某电商物流公司在全国范围内的仓储中心和配送网点部署了大规模物联网设施,并与其物流数字孪生系统深度融合,实现了高度智能化的无人化物流运营。

该系统内,每一件货物、每一辆运输车辆都被赋予了独立的物联网数字身份,通过全程的RFID、视频、卫星定位等技术,可实时掌握货物的流转路径和运输状态。这些海量物流数据被实时传输至智能调度平台,并与仓储和运输网络的数字孪生模型相集成。

借助人工智能算法的支撑,平台能够对整个物流网络的货物流向、交通状况、装卸作业等进行智能分析,自动规划最优调度方案,合理配置人力车辆资源,提高运营效率。一旦发生延误、拥堵等异常状况,平台也能自动诊断原因、重新规划路线,并远程指导人员或智能装备执行相应的应急措施。物联网与数字孪生的深度融合,让智能物流成为可能,也必将成为未来供应链运营的发展趋势。

总之,数字孪生与物联网的融合将推动两者的能力实现质的飞跃,物联网为数字孪生提供了全方位的“数据血管”支撑,而数字孪生则赋予了物联网强大的“大脑”智能,两者相互促进、相得益彰,必将成为未来智能世界的重要支柱。在制造、能源、城市、物流等众多领域,数字孪生和物联网的深度融合正在孕育出一个个创新应用,推动实体经济的智能化转型。

7.2.4　数字孪生与元宇宙的融合

元宇宙(metaverse)是一个虚拟与现实相融合的数字世界,它利用虚拟现实(VR)、增强现实(AR)、人工智能(AI)、区块链等新兴技术,为用户提供身临其境的沉浸式体验。在元宇宙中,数字孪生技术将发挥重要作用,成为连接虚拟世界与现实世界的桥梁。

数字孪生可以为元宇宙构建高度精确的虚拟环境。通过对现实世界进行数字化建模和仿真,数字孪生能够在元宇宙中创建与现实世界高度相似的虚拟空间,包括建筑、地形、设施等各种元素。这种精确的虚拟环境不仅能够提供逼真的视觉效果,还能够模拟现实世界的物理规律,使用户在元宇宙中获得更加真实的体验。例如,美国游戏公司 Epic Games 开发的虚拟社交平台"堡垒之夜派对皇家"(Fortnite Party Royale)就利用数字孪生技术,在游戏中构建了与现实城市高度相似的虚拟空间,玩家可以在其中自由探索、社交互动。

数字孪生可以实现元宇宙中虚拟对象与现实对象的同步。通过在现实世界中部署传感器和数据采集设备,数字孪生可以实时获取现实对象的状态数据,并将其映射到元宇宙中的虚拟对象上,实现虚实同步。这种同步机制使得元宇宙中的虚拟对象能够随着现实对象的变化而动态更新,从而提高了虚拟世界的真实性和交互性。例如,西门子公司利用数字孪生技术,将其位于德国安贝格的智能工厂与元宇宙进行连接,用户可以通过 VR 设备远程监控工厂的运行状况,并与虚拟工厂进行交互操作。

数字孪生可以优化元宇宙中的各种应用和服务。元宇宙涉及社交、娱乐、教育、商务等多个领域,需要开发大量的应用程序和服务。数字孪生可以基于对用户行为和反馈的分析,对这些应用进行优化和个性化,提高用户体验。同时,数字孪生还可以在元宇宙中构建智能代理,代表现实世界的个人、组织参与虚拟活动,实现现实与虚拟的无缝连接。例如,韩国科技公司 Maxst 开发了一个名为"LetinAR"的 AR 会议平台,利用数字孪生技术构建虚拟会议空间,用户可以通过数字化身参与会议、交流互动,平台还能根据用户的行为偏好提供个性化服务。

数字孪生技术与区块链、人工智能等技术的结合,将进一步拓展元宇宙的应用场景和价值空间。区块链技术可以为元宇宙提供去中心化的数字资产管理和交易机制,保障虚拟资产的安全性和价值流通。人工智能技术可以赋予数字孪生更高的智能化水平,使其能够自主学习、推理决策,为元宇宙提供智能服务。这些技术的融合将催生出更多创新应用,如虚拟经济、智能制造、数字艺术等,为元宇宙的发展注入新的活力。例如,微软公司正在开发一个名为 Mesh 的混合现实平台,利用数字孪生、人工智能、全息影像等技术,将现实世界的人、物、环境映射到虚拟空间中,实现跨地域的沉浸式协作和互动。

数字孪生作为元宇宙的重要使能技术,将在构建精确虚拟环境、实现虚实同步、优化应用服务、拓展应用场景等方面发挥关键作用。随着数字孪生技术的不断发展和成熟,其在元宇宙中的应用将更加广泛和深入,为元宇宙的建设和发展提供有力支撑。未来,数字孪生与元宇宙的融合将加速数字化转型进程,重塑人们的生产生活方式,开启全新的数字经济时代。

7.2.5　开源生态系统的建立与发展

数字孪生技术的发展离不开开源生态系统的支持。开源模式通过社区协作的方式,汇聚全球开发者的智慧,加速技术创新和迭代。近年来,围绕数字孪生的开源项目和社区不断涌现,形成了蓬勃发展的开源生态。

开源平台为数字孪生提供了基础设施和工具支持。各大科技公司和研究机构纷纷开放其数字孪生相关的平台和框架,供开发者免费使用和贡献代码。例如,微软公司发布了开源物联网平台 Azure IoT,其中的 IoT Plug and Play 功能可以帮助用户快速构建设备的数字孪生。截至 2021 年,该平台已经成为聚集了超过 1000 万开发者的社区。而 FIWARE 基金会则主导了一个名为 Orion Context Broker 的开源项目,简化了物联网数据的管理,方便开发者构建智慧城市、工业互联网等领域的数字孪生应用。该项目已由超过 530 名开发者贡献代码,在 GitHub 上获得 5.6k+stars。

开源组件加速了数字孪生应用的开发和集成过程。由于数字孪生涉及建模、仿真、分析、可视化等多个环节,因此需要一系列配套的软件工具。开源社区已经贡献了大量高质量的组件,涵盖了数字孪生应用开发的各个方面。例如,GIS 可视化工具 Cesium、3D 建模引擎 Blender、物理仿真引擎 PhysX 等,都是广泛使用的开源组件。以 Blender 为例,截至 2022 年,它已有 20 多年的发展历史,全球拥有 1000 多万活跃用户,并多次获得奥斯卡金像奖的科技成果奖,成为 3D 艺术创作领域的佼佼者。在数字孪生领域,Blender 可用于构建高精度的三维模型,支持数字资产的创建和管理。

开源数据推动了数字孪生模型的训练和优化。高质量的数据是数字孪生的核心要素,而开源数据集为全球研究者提供了宝贵的训练素材,加速了人工智能算法的进步。例如,欧洲航天局发布的哥白尼开放数据平台(Copernicus Open Access Hub),免费提供了大量高分辨率的对地观测数据,可用于环境监测、灾害应急等数字孪生场景。截至 2021 年年底,该平台已有约 40 万注册用户,日均下载数据量高达 322TB。而在智慧城市领域,像 OpenStreetMap 这样的开源地图平台,则汇聚了全球志愿者的力量,提供了海量的地理空间数据,成为城市信息模型(CIM)等数字孪生项目的重要数据源。

开源社区为数字孪生技术营造了开放、协作的生态环境。数字孪生是一个高度复杂的系统工程,需要多领域专家通力合作。开源模式打破了机构和地域的界限,让全球的开发者、研究者、企业家共同参与技术创新,分享知识灼见。例如,在工业互联网领域,对德国的 RAMI 4.0、美国的 IICF 等工业互联网参考架构,都采用了开源的思路,吸引了大量企业参与标准制定和技术研发,形成了开放、包容的产业生态。再如,buildingSMART 等组织主导的 openBIM 倡议,旨在推动建筑行业的数字化转型和数据互通,目前已有 1000 多家企业加入,覆盖了建筑全生命周期的各个环节。

开源生态系统为数字孪生技术提供了全方位的支撑,包括平台架构、工具组件、数据资源、社区协作等。随着越来越多的企业和机构加入开源阵营,数字孪生的创新力量将不断增强。未来,建立更加开放、高效的开源生态,将成为数字孪生技术发展的重要方向和驱动力,为数字经济时代的到来奠定基础。

7.3 数字孪生技术在各行业的应用前景

数字孪生作为一种革命性的技术范式,正在工业、城市、民生等众多领域加速落地应用,成为驱动经济社会数字化转型的新引擎。通过构建物理世界的数字镜像,数字孪生可实现对复杂系统的全息感知、实时分析、精准预测和动态优化,从而提高生产效率、优化资源配置、创新业务模式,催生新产业新业态。

纵观数字孪生的产业应用图景,呈现出如下特点。一是应用领域不断拓展。数字孪生从最初的工业制造领域,逐步扩展到能源电力、医疗健康、智慧城市等关系国计民生的重点行业,并开始在文旅、农业、教育、金融等新兴领域崭露头角。二是应用场景日益多元。数字孪生在不同行业呈现出多样化的应用场景,覆盖研发设计、生产制造、运营维护、营销服务等产业链条的各个环节,推动行业数字化转型不断向纵深演进。三是技术融合持续深化。数字孪生与人工智能、大数据、区块链、云计算等新一代信息技术加速融合,技术赋能不断强化,助推传统行业加速向智能化、网络化、平台化升级。四是产业生态加速构建。在数字孪生的产业应用进程中,互联网企业、行业龙头、科研院所、创新型中小企业密切协作,产学研用紧密结合,数字孪生的产业生态圈正在加速构建。

下面,我们将分别从制造业、能源与公用事业、医疗与健康、智慧城市,以及其他新兴领域五个方面,详细剖析数字孪生技术的典型应用场景和发展前景,以期勾勒出数字孪生赋能产业变革的宏伟蓝图。

7.3.1　制造业

在制造业领域,数字孪生技术正在成为驱动智能制造、推动产业升级的关键力量。通过构建产品、设备、工厂的数字孪生模型,制造企业可以实现全生命周期的数字化管理和优化,提高生产效率、产品质量和运营绩效。

数字孪生支持产品设计和性能验证。利用数字孪生技术,制造企业可以在虚拟环境中对产品进行建模、仿真和测试,评估其功能、性能和可靠性,优化设计方案,缩短产品开发周期。例如,通用电气公司(GE)开发了一款名为"数字风车"的数字孪生系统,可以对风力涡轮机进行全面的数字化建模和性能模拟。

数字孪生支持生产过程的实时监控和优化。通过在生产设备上部署传感器,并将其与数字孪生模型连接,制造企业可以实时获取设备的运行状态、性能参数和异常数据,进行故障诊断、预测性维护和过程优化。这不仅可以提高设备利用率和产品合格率,还能降低能耗和运维成本。例如,日本制造企业村田制作所开发了一个数字孪生系统,用于监控和优化电容器的生产过程。该系统可以实时追踪每个产品在生产线上的位置和状态,一旦发现异常,就会自动调整生产参数或报警给操作人员。

数字孪生支持供应链的协同和优化。通过构建供应链网络的数字孪生模型,制造企业可以实现端到端的可视化管理,优化物流、库存和交付计划,提高供应链的敏捷性和弹性。同时,数字孪生还可以支持供应商协同,实现设计、生产、物流等环节的无缝对接和实时同步。例如,西门子公司开发了一个名为"数字化供应链孪生"的解决方案,可以集成供应商、工厂、仓库、物流等各个节点的数据,构建一个虚拟的供应链网络。通过对数字孪生模型进行仿真和优化,西门子实现了供应链成本的降低、交付周期的缩短和库存周转率的提升。

数字孪生为制造业的服务化转型提供了新的可能。制造企业可以利用产品的数字孪生模型,开发基于使用量、性能、可用性的服务模式,实现从卖产品到卖服务的转变。例如,宝马汽车基于数字孪生技术推出了"车辆运行数据云平台",可以连接和管理千万级别的车辆,实时采集和分析车辆的驾驶数据、位置信息、故障码等,为车主提供个性化的增值服务,如远程诊断、预约保养、节能驾驶等。

综上所述,数字孪生正在重塑制造业的产品、生产、供应链和服务模式,成为实现制造业数字化、网络化、智能化的关键使能技术。未来,随着5G、人工智能、区块链等新技术的融合应用,数字孪生将进一步释放制造业数字化转型的潜力,推动形成更加敏捷、高效、可持续的智能制造体系,为制造强国建设赋能。

7.3.2　能源与公用事业

在能源与公用事业领域,数字孪生技术正成为实现能源互联网、智慧城市的关键支撑。通过构建发电、输电、配电、用电等环节的数字孪生模型,能源企业可实现电力系统的全景感知、实时分析、科学决策,提高能源利用效率和供给质量。

数字孪生支持发电设施的智能运维和优化控制。通过对发电机组、锅炉、汽轮机等关键设备进行建模和仿真,数字孪生可以实时监测设备状态,预测其健康程度和剩余寿命,制订最优的检修计划和运行策略。同时,数字孪生还可模拟不同工况下的发电效率和排放水平,优化发电机组的负荷分配和燃料配比。例如,中国华能集团开发了"雄安绿色火电数字孪生系统",该系统可对火电机组进行全要素数字建模,预测设备故障、优化能效指标。

数字孪生支持电网的实时仿真和智能调度。通过对输电线路、变电站等电网设施进行全面建模,并获取其运行参数和环境数据,数字孪生可以构建一张与物理电网映射的虚拟电网。利用这张虚拟电网,可实现电网状态的实时估计、故障预警、影响分析,制订最优的检修方案和调度策略,提高供电可靠性。例如,国家电网公司建设了"泛在电力物联网数字孪生系统",可同步物理电网的拓扑结构和实时状态,进行故障智能定位、负荷超前预测、新能源消纳分析等。

数字孪生支持综合能源和需求侧管理。在能源需求侧,数字孪生可对楼宇、小区、园区等用能单元进行建模分析,挖掘其节能潜力。基于用能数字孪生模型,可实施需求响应、能效诊断、电力交易等能源管理策略。在能源供给侧,数字孪生支持多能互补、源—网—荷—储协调优化,促进清洁能源高效利用。例如,新加坡樟宜机场利用数字孪生技术,对航站楼的供冷、照明系统进行了重新设计和优化。

数字孪生为新型能源基础设施建设提供支持。在特高压、柔性直流输电等新型输电通道建设中,数字孪生可模拟长距离、大容量的电力传输过程,评估不同接入方式和潮流控制策略的可行性和经济性。在微电网、能源互联网等新型配用电系统建设中,数字孪生可模拟和优化源、网、荷、储各环节的互动,探索分布式能源的高渗透运行模式。例如,日本横滨市利用数字孪生技术,对4000户居民家庭、2000台电动汽车、140兆瓦可再生能源进行了集成建模,构建了一个虚拟的能源互联网。通过数字孪生仿真优化。

综上所述,在能源电力领域,数字孪生正在推动形成全息感知、泛在互联、智慧服务的现代能源体系。未来,数字孪生与云计算、大数据、人工智能等新一代信息技术的深度融合,将进一步赋能清洁低碳、安全高效的能源变革,为实现"双碳"目标、构建美丽中国贡献力量。

7.3.3　医疗与健康

在医疗与健康领域,数字孪生技术正成为推动精准医疗、个性化健康管理的新引擎。通过构建人体器官、生理系统、疾病过程的数字孪生模型,可实现对患者的全面感知、动态分析和智能诊疗,提高医疗服务的质量和可及性。

如图 7-2 所示,数字孪生支持疾病的精准诊断和预后预测。利用医学影像、生理信号、基因组学等多模态数据,可构建个体化的人体数字孪生模型,模拟心脏、大脑等重要器官的解剖结构和生理机能。基于这些模型,可开展疾病的可视化诊断、多学科会诊、并发症预警等,提高疾病诊断的准确性和全面性。例如,法国达索公司开发了"Living Heart"数字心脏平台,可对患者的心脏进行个性化建模,模拟心肌梗死、心律失常等疾病过程。

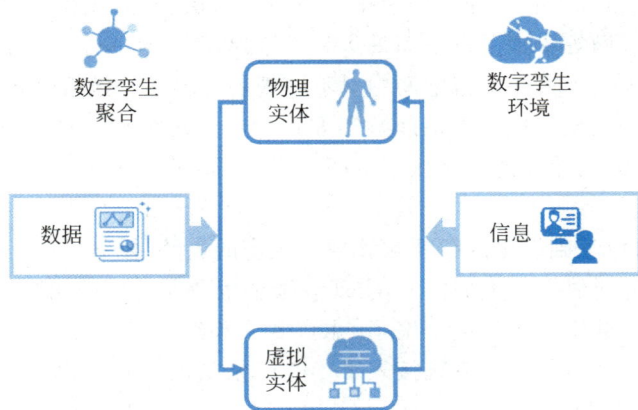

图 7-2　数字孪生的精准诊断图

数字孪生支持药物和医疗器械的研发及验证。药企可利用分子、细胞、组织、器官等不同层次的数字孪生模型,模拟药物在体内的吸收、分布、代谢、排泄过程,评估其疗效和毒副作用,加速新药的研发和审批。医疗器械厂商可利用数字孪生技术,对植入式心脏起搏器、髋关节假体等产品进行仿真验证,优化产品性能,提高植入手术成功率。例如,美敦力公司开发了 Optis 心脏起搏器数字孪生系统,可根据患者心电图特征,模拟不同起搏模式下的血流动力学效应,制订最佳起搏方案。

数字孪生支持手术规划和机器人辅助手术。外科医生可利用患者的器官数字孪生模型,在虚拟环境中反复演练、优化手术路径,评估手术风险,制订精准切除、微创介入方案。手术机器人可以患者数字孪生模型为基础,实现术中实时导航、智能避障和靶向控制,提高手术精度和安全性。例如,强生公司开发了 Ottava 数字孪生手术系统,可对患者腹部器官进行精细三维重建,并与达芬奇手术机器人实时链接。医生可通过控制数字孪生模型来规划和指导机器人手术,实现精准切除肿瘤、保护周围组织的目的。

数字孪生为个性化健康管理开辟新途径。公众可利用可穿戴设备采集的运动、饮食、睡眠等生活方式数据,构建个人健康数字孪生模型。基于对模型的智能分析,系统可评估个人的健康风险,提供针对性的运动处方、膳食指导和慢病管理方案。随着数字孪生模型的持续优化,个人可实现全生命周期的健康状态溯源、疾病预防、养生保健。例如,Philips 公司推出一款名为"双循环"的数字孪生健康管理平台,可同步分析用户的身体健康和心理健康状态。

综上所述,数字孪生正在重塑医疗健康的理念和模式,推动形成以健康为中心、以预防为主导、医养康养一体化的现代医疗卫生服务体系。未来,数字孪生与生命科学、医学工程等学科的交叉创新,将进一步突破疾病诊疗和健康管理的瓶颈,为全民健康、全周期管理、全方位服务赋能,让每个人都能拥有自己的"数字守护天使"。

7.3.4 智能城市

在智慧城市领域,数字孪生技术正成为实现城市数字化转型、提升城市智能化水平的关键支撑。通过构建城市的数字孪生模型,可实现对城市的全局洞察、精准管控和优化决策,提高城市治理的科学性和精细化水平。

数字孪生支持城市规划和设计的科学化。利用倾斜摄影、激光雷达、BIM 等技术,可对城市地形、地貌、建筑、管网等要素进行全面采集和三维建模,构建一个"1∶1"比例的城市数字孪生体。基于该模型,规划师可在虚拟空间中对不同规划方案进行模拟仿真和效果评估,优化城市空间布局。同时,公众也可通过虚拟漫游等方式参与到规划设计中,表达意见诉求。例如,上海市规划和自然资源局建设的数字城市空间平台,汇聚了上海 250 平方千米的高精度三维模型数据。

数字孪生支持城市基础设施的智慧化管理。城市的道路、桥梁、管网等基础设施可通过物联网、GIS 等技术映射到数字孪生平台上,实现设施全生命期的可视化管理和智能化运维。例如,北京城市副中心的数字孪生系统汇聚了 2000 多千米道路、2700 多千米管线的实时状态数据。再如,武汉市的泵站数字孪生系统接入了 105 座泵站的运行监测数据,可实现涝情预警、泵机调度、能耗优化等功能。

数字孪生为城市应急和公共安全赋能。突发事件发生时,数字孪生可同步呈现城市的地理场景和事态演进,辅助指挥人员快速评估灾情影响,优化应急资源调度和疏散撤离路径,提升城市应急响应能力。同时,数字孪生还可集成视频监控、人脸识别等数据,实现对城市安全态势的实时监测预警。例如,深圳市应急管理局打造了一套覆盖 10 区的城市安全运行数字孪生系统,建立了地震、洪涝、危险化学品等 12 类场景的应急处置方案。

数字孪生为智慧城市的顶层设计和统筹建设提供了新思路。通过数字孪生打通规划、建设、管理、服务等环节,实现多源数据共享和业务协同,破解"信息孤岛"和"数据烟囱"问题,推动城市治理体系和治理能力现代化。例如,广东省发展和改革委员会牵头建设的省域数字孪生平台"虚拟广东",已接入 21 个市县、50 多个部门的数据和应用。该平台为各地各部门提供统一的数据中心、算法中心、API 中心等能力,推动政务服务"一网通办"、城市管理"一网统管"。

综上所述,数字孪生正在重塑城市规划、建设、管理、服务的理念和模式,成为建设新型智慧城市的核心引擎。未来,随着数字孪生平台体系的日趋成熟,将进一步突破行业壁垒,实现跨部门、跨区域、跨层级的城市网络化、扁平化治理,为建设"数字中国"夯实基础。数字孪生也将与数字经济、数字社会深度融合,推动城市可持续发展,让城市更智慧、更韧性、更宜居。

7.3.5 其他新兴领域

除了上述领域,数字孪生技术还在文旅、农业、教育、金融等诸多新兴领域崭露头角,成为驱动产业数字化转型、催生新业态新模式的颠覆性力量。

文旅领域是数字孪生技术的一大应用热土。景区、博物馆、文创园区等文旅场所可通过数字孪生构建一个虚实交互的数字空间,游客可在虚拟场景中游览名胜、体验文化、感受历史,从而打破时空限制,提升文旅体验。例如,敦煌研究院利用数字孪生技术,对莫高窟的 9 个洞窟进行了全景扫描和三维重建。游客只需戴上 VR 头盔,就能 360°全方位欣赏壁画、塑像的精美细节,并聆听 AI 解说,身临其境地感受丝路文明。

在现代农业领域,数字孪生为智慧农业、精准农业插上了腾飞的翅膀。通过构建农田、大棚、牧场、渔场等农业生产系统的数字孪生模型,可实现农业生产过程的全流程数字化管控,农业资源的精准化配置,有效提高产量、降低成本、保障品质。例如,孙河农场利用北斗卫星遥感数据,对 3.2 万亩耕地、12 万亩林地建立了数字孪生模型。通过数字孪生驱动的精准气象预报、科学种植决策、智能农机调度。

教育培训领域也是数字孪生的一片沃土。教育机构可利用数字孪生技术,构建一个虚实融合的智慧校园,学生可随时随地在虚拟教室、虚拟实验室学习知识、开展实践,教师可根据学生在数字孪生系统留下的学习痕迹,实施因材施教。例如,树童科技公司开发了一款名为“未来校园”的教育数字孪生平台,该平台可同步学校的物理空间,教师和学生可通过数字分身开展教学活动。

在金融领域,数字孪生也大有可为。金融机构可利用数字孪生技术,对客户的资金流、信息流、行为习惯等进行全息画像,并模拟客户在不同场景下的行为反应,从而洞察客户需求,优化产品设计,管控金融风险。例如,蚂蚁集团构建了一个覆盖 10 亿用户的“数字客户”系统,该系统可实时链接用户在支付宝、网商银行、相互宝等平台的行为数据,并进行实时特征工程和风险计算。

未来,随着数字孪生的持续演进,将进一步突破物理世界与数字世界的边界,让虚拟与现实深度交融,数据与应用无缝流动,推动数字经济和实体经济双向赋能、协同发展,开创高质量发展新局面。

下篇：应用实践篇

第8章　数字孪生软件介绍

8.1　数字孪生软件概述

　　数字孪生软件是一种利用计算机技术对工业生产过程进行模拟和分析的软件工具,其主要目的是通过数字技术再现现实,使工业制造在虚拟与现实之间无缝衔接。随着其发展前景和产业应用不断扩展,数字孪生软件已成为制造业的热点话题。该软件广泛应用于工业生产的各个环节,包括建模、模拟和分析工业流程,成为工厂规划、设计和改进的重要辅助工具。它改变了传统上主要依赖经验和简单计算的规划方法,通过虚拟仿真技术对工厂的生产线布局、设备配置、生产制造工艺路径和物流等进行预先规划。在仿真模型的"预演"基础上,进行全面的分析、评估和验证,从而及时发现系统运行中的问题并确定改进空间。

8.1.1　数字孪生软件的重要性

　　数字孪生软件在产品设计、制造、测试和故障预测等方面发挥了重要作用。它能够及时调整和优化生产流程,减少实际生产过程中的变更和返工,从而有效降低成本、缩短工期和提高效率。此外,它还显著提高了产品的可靠性和稳定性。数字孪生软件通过在虚拟环境中对生产过程进行详细模拟和优化,为制造业带来了巨大的变革,成为现代工业生产不可或缺的工具。

　　当下,中国正处于数字化转型的关键时期。通常认为,数字化转型需要分四个阶段进行:首先是标准流程化,其次是数据的数字化,再次是系统之间的信息化,最后是在获得大量数据后进行智能化提升。这四个阶段需要循序渐进,不能片面追求数据的数字化或自动化,否则可能导致数据有效性低下或资源浪费。引入人工智能和机器学习等先进技术,是解决中国工业数字化转型面临问题的关键所在。工业软件通过打通研发域、供应链域、生产域等,实现业务链整体联动和高效协同,在推进智能制造数字化转型过程中发挥着重要作用。数字孪生软件能够帮助设计研发和使用者高效快速地处理历史数据,为数字化转型提供强大的数据支撑,最终提供技术领先的数字信息技术解决方案。通过创新性打造"工业互联网＋智能制造"产业新生态,涵盖产品全生命周期的工业软件系统及广泛分布的传感器技术,全面赋能产业供应链、行业线乃至产业集群的互联互通与应用。这不仅是推动工业互联网高质量发展的主力军,也是支撑中国制造领先地位的关键所在。

　　数字孪生软件在物理过程模拟和生产流程优化方面展现了显著的优势。通过对真实生产环境的模拟,企业可以在产品设计、研发和试产等阶段,以低成本、高效率的方式发现并解决潜在问题,从而提高产品的可靠性和生产效率。数字孪生软件不仅能够在虚拟环境中预演实际生产过程,避免了实际生产中的试错成本,还可以进行多种场景下的模拟分析,优化生产流程,提升整体生产系统的效率和灵活性。通过这些优势,数字孪生软件帮助企业在激烈的市场竞争中保持领先地位,实现智能制造和数字化转型的目标。

8.1.2 数字孪生软件的工作流程

目前,数字孪生主要分为布局仿真、物流仿真和工艺过程建模几个方面。其中,建模包括设备及流程的建模,涉及厂区、厂房、生产线和物料等对象的 3D 建模或模型处理。建模的关键在于模型的几何精度、精细度、数据量和纹理贴图效果等方面,确保符合预定要求。数字孪生建立的工作流程如图 8-1 所示。物流仿真的建模包括对不同类型设备和生产资源的实现逻辑建模,以及生产线流程的时序逻辑建模。工艺过程建模则是在布局模型的基础上,根据工位操作内容建立人员和设备的运动模型(如运动路径与速度等),以及工位上的运动时序模型。

图 8-1 数字孪生建立的工作流程

完成建模后,需要对整个生产系统进行调整和优化。优化后,企业可以发现并解决生产系统中的瓶颈和问题,提升生产效率和系统整体性能。通过这些全面而精细的仿真和优化过程,数字孪生软件帮助企业在数字化转型中实现更高的生产力和更低的成本。

数字孪生与优化的核心工作流程包括前处理、求解、后处理、优化和报告等步骤。

(1)前处理:进行几何图形处理和网格划分等工作。几何图形处理确保模型的精度和细节,而网格划分则为求解过程提供基础,保证仿真结果的准确性。

(2)求解:主要包括模态分析、刚度分析和强度分析等。通过这些分析,可以评估模型在不同工况下的行为和性能,识别潜在问题。

(3)后处理:在完成求解后展示仿真结果,如位移和应力等动态图表,为后续优化提供了直观的参考。

(4)优化:根据仿真结果对设计进行调整和修改,旨在提高产品的性能和效率,减少缺陷和问题。

(5)报告:将整个仿真和优化过程的结果汇总成报告。报告包括各个步骤的详细过程和输出结果,为决策提供数据支持。

通过这五个步骤,完成数字孪生工作流程,高效地提升产品设计和生产流程的质量和效率,支持企业在数字化转型过程中取得成功。数字孪生软件还可以帮助企业实现生产过程的可视化和实时监控,进一步提升生产效率和产品质量。在实际应用中,数字孪生软件已帮助众多企业提升了研发效率和优化了产品质量。许多企业的实践证明,通过引入数字孪生软件,可以缩短产品开发周期,减少研发成本和资源浪费,提升产品的稳健性设计,使产品在各种工况下的稳定性能显著提升。数字孪生软件的应用不仅提高了生产效率,还增强了产品在市场中的竞争力,为企业的持续发展提供了强有力的技术支持。

8.1.3　常见数字孪生软件简介

数字孪生软件在机械制造、航空航天、电子电器、化工、生物医药和能源等行业中有着广泛的应用,是工业研发和制造的核心驱动力。它可以极大地缩短从研发设计到商业量产的最后一步距离。伴随着高性能计算的普及,运行模型的规模和精度不断提升,再加上人工智能技术的全面介入,数字孪生软件市场将继续保持数量级的增长态势。

这些仿真软件通过精确的模拟和优化,提高各行业的生产效率和产品质量。例如,在机械制造领域,可以优化零部件设计和生产流程;在航空航天领域,可以模拟飞行器的性能和结构;在电子电器领域,可以优化电路设计和散热性能;在化工和生物医药领域,可以模拟复杂的化学反应和生物过程;在能源行业,可以优化能源利用和生产流程。数字孪生软件不仅提高了研发和制造的效率,还推动了各行业技术的进步和创新。目前,市场主流的数字孪生软件包括 FlexSim、西门子 Tecnomatix、美擎仿真 Miot. VC,这些在后续章节将会分别介绍,其他主流仿真软件包括以下几种。

1. DELMIA

DELMIA 是达索公司推出的一款产品,涵盖了多个面向不同制造过程和分析需求的功能模块。其主要模块包括:DPE,面向制造过程设计;Quest,面向物流分析;DPM,面向装配过程分析;Human,面向人机分析;Robotics,面向机器人仿真;VNC,面向虚拟数控加工仿真。其中,Quest 是一款专门针对设备建模、实验、分析设备分布和工艺流程的柔性、面向对象、基于连续事件的模拟软件。DELMIA 包含以下特点。

(1) 界面友好:通过按钮式界面和对话框可以轻松生成 2D 图表和 3D 模型,支持扩展标准库。

(2) 实时交互:实时交互界面允许用户在仿真运行期间修改变量,并观察各参数的演变。

(3) 灵活操作:可以单独运行模型,也可以从其他产品中导入模型,准确确定现有或新系统的优化车间布置、成本和工艺流程。

(4) 多功能性:在周边的机器人仿真等方面功能齐备,适用于大型制造业生产线。

DELMIA 软件在建模速度、建模操作简便性、模拟和仿真精确度等方面均处于世界领先水平。这些特性使其在全球范围内广泛应用。

2. Witness(SDX)

Witness(SDX)是由英国 Lanner 集团开发的动态系统建模仿真软件平台,已有数十年的系统仿真经验。Witness 主要面向工业系统和商业系统流程的建模与仿真,尤其侧重于离散型制造流程的仿真。Witness 的主要特点包括以下方面。

(1) 广泛的模型元素库:提供丰富的工业系统模型元素,支持用户对复杂系统进行精确建模。

（2）三维动态仿真：流程的仿真动态演示均为三维效果，用户可以直观地观察和分析系统运行状况。

（3）离散型制造流程：特别适用于离散型制造流程的仿真，通过模拟不同生产环节来优化流程，提高效率。

通过 Witness(SDX)，企业可以对生产和商业流程进行详细的模拟和分析，从而优化资源配置、提高生产效率和降低运营成本。这使得 Witness 成为各行业中不可或缺的仿真工具，帮助企业在竞争激烈的市场中保持领先地位。

3. AutoMod

AutoMod 是由 Autosumulation 旗下的 Brooks 软件部门开发的仿真软件，包含三个主要模块：AutoMod、AutoStat 和 AutoView。

（1）AutoMod 模块：提供了一系列物流系统模块，包括输送机模块、自动化存取系统、基于路径的移动设备和起重机模块等。通过这些模块，可以精确模拟物流系统中的各种自动化设备和流程。

（2）AutoStat 模块：为仿真项目提供增强的统计分析工具。在定义、测量和实验仿真参数后，模型可以自动执行统计分析，让使用者深入了解仿真结果并作出决策。

（3）AutoView 模块：定义场景和摄像机的移动，生成高质量的 AVI 格式动画，具有动态的场景描述和灵活的显示方式，使仿真结果更加直观和生动。

AutoMod 是目前市面上较为成熟的三维物流仿真软件，被广泛应用于物流仿真领域。它功能强大，如果能够灵活使用，可以实现相当高难度的仿真。然而，AutoMod 的建模操作较为复杂，需要对所有机器设备等对象进行编程命令语言设置，因此操作人员必须具备一定的编程知识。总体而言，AutoMod 为用户提供了强大的工具来模拟和优化物流系统，尽管其操作复杂，但对于具备相关知识和技能的用户来说，它是一个非常有价值的仿真工具。

4. Arena

Arena 是由美国 RockWell 公司开发的可视化通用交互集成仿真软件。这款软件成功实现了计算机仿真与可视化的有机结合，同时具备高级仿真器的易用性和专用仿真语言的灵活性。Arena 的主要应用包括以下方面。

（1）在生产过程仿真进行设备布置和工件加工轨迹的可视化仿真。通过对生产过程的动态模拟，帮助企业优化设备布局，提高生产效率。

（2）在生产管理仿真进行生产计划、库存管理、生产控制和产品市场的预测和分析。通过仿真工具，企业可以有效地管理生产资源，优化生产计划，减少库存成本，并进行市场需求预测。在生产价值分析中进行生产系统的经济性和风险性分析。

（3）帮助企业改进生产流程、降低成本，并辅助企业进行投资决策，提高经济效益。在企业流程再造仿真实现企业流程再造的可视化仿真优化，支持敏捷供应链管理的决策。通过仿真，企业可以重新设计和优化业务流程，提升供应链的敏捷性和响应速度。

Arena 无论是在生产过程优化、生产管理、经济性分析，还是在企业流程再造和供应链管理方面都表现出色，是企业提升运营效率和决策能力的重要工具。

5. ShowFlow

ShowFlow 是来自英国的一款仿真软件，专为制造业和物流业提供建模、仿真、动画和统计分析工具。它能够为生产系统提供详尽的数据和分析，帮助用户优化生产流程和决策。其主要功能模块包括以下方面。

（1）系统建模：提供用于创建生产系统和物流系统的详细模型，帮助用户准确模拟和分析生产流程。

（2）仿真：进行生产系统的仿真实验，评估不同制造策略的效果，帮助用户确定生产瓶颈位置、估测提前期，并找到生产系统的最优解决方案。

（3）统计分析：提供强大的统计分析工具，对仿真数据进行深入分析，了解生产系统的生产量、资源利用率和其他关键绩效指标。

（4）动画：生成三维动画，直观展示生产流程和物流过程，更清晰地查看系统运行状况和潜在问题。

（5）文档输出：支持生成详细的报告和文档，记录仿真结果和分析结论。这些文档通常被用作支持投资决策和验证制造系统设计合理性的依据。

通过 ShowFlow，用户可以对不同的制造策略进行仿真实验，找出最优解，从而提高生产效率和降低成本。ShowFlow 提供的详尽分析和直观展示，使其成为制造业和物流业优化生产系统和支持决策的重要工具。

6．SIMAnimation

SIMAnimation 是由美国 3i 公司设计开发的一款集成化物流仿真软件。该软件采用基于图像的仿真语言，旨在简化仿真模型的建立。与其他仿真系统不同，SIMAnimation 能够同时处理系统的物理元素和逻辑元件。其主要特点包括以下方面。

（1）高精度建模：支持多种精度参数，具有较高的建模精确性。用户可以通过多元非线性参数设置，建立高精度的三维实体模型。

（2）灵活性：在仿真软件开发和终端用户使用方面，SIMAnimation 具有较高的灵活性。用户可以根据具体需求调整仿真模型和参数设置。

（3）综合报告生成：仿真运行结束后，软件可以根据统计数据生成详细的仿真报告。报告形式多样，包括表格、直方图和饼状图等，显示各个物流设备的利用率、空闲率、阻塞率等关键数据。

（4）简化建模过程：采用基于图像的仿真语言，简化了仿真模型的建立过程，使用户能够更快速地构建复杂的物流系统模型。

（5）决策支持：可以根据仿真报告提供的数据对物流系统的优缺点进行判断，从而直接作出科学的决策。

SIMAnimation 的高精度建模、灵活性和综合报告生成功能，使其成为物流仿真领域的强大工具。通过对物流系统进行详细的仿真和分析，用户能够更好地理解和优化系统，提高决策的科学性和有效性。

7．Supply Chain Guru

Supply Chain Guru 是来自美国的供应链战略规划仿真软件。该软件允许用户输入或导入供应链网络信息，并使用人工智能和嵌入的知识库，自动建立强大的离散事件仿真和网络优化模型。其主要功能包括以下方面。

（1）供应链网络建模：用户可以输入或导入供应链网络信息，软件会自动生成供应链模型，涵盖从原材料采购到最终产品交付的整个流程。

（2）人工智能与知识库：利用人工智能和嵌入的知识库，自动建立高效的仿真和优化模型。通过智能算法，用户可以更快速地构建复杂的供应链模型。

（3）策略评估：用户可以评测改变供应链结构或策略所带来的影响。通过模拟不同的策略和结构变化,评估其对供应链绩效的影响。

(4)网络优化:软件提供优化模型功能,帮助用户选择最优的供应源关联,优化供应链网络,以达到最佳性能和最低成本。

(5)多方案评估:估计多个供应链设计方案,评估服务水平和费用之间的平衡,帮助用户做出更科学的决策。

(6)关键决策支持:通过仿真和优化,改善库存投资、运输费用及生产情况等关键决策,为企业提供可靠的预算功能和决策支持。

(7)预算功能:提供预算功能,帮助企业在规划和执行供应链战略时进行有效的成本管理和控制。

Supply Chain Guru 通过其强大的建模、仿真和优化功能,帮助企业优化供应链网络,提高运营效率,降低成本,增强竞争力。用户可以通过该软件进行详细的策略评估和优化,支持企业在复杂的供应链环境中做出明智的决策。

8. Classwarehouse

Classwarehouse 是来自英国的一款仓储物流仿真软件,通过在虚拟计算机环境中进行设计、改进和测试复杂的仓库解决方案,帮助用户评估产品产量、人员组织和设备情况,从而量化成本、效率和服务水平。其主要功能如下。

(1)新建仓库设计与评估:帮助用户在虚拟环境中设计和评估新建仓库。通过模拟不同的布局和流程,确定最优的仓库设计方案,提升空间利用率和操作效率。

(2)现有仓库改进:对已有仓库的具体生产工艺进行改进。通过仿真分析,识别瓶颈和低效环节,提出优化方案,提高仓库的运营效率和生产能力。

(3)供应链和客户需求变化管理:在面对供应链和客户需求变化时,帮助用户确保成本、服务和效率三者间的平衡和优化。通过仿真模拟不同的场景和策略,评估其对仓储物流系统的影响,并作出最优决策。

(4)成本量化与控制:量化仓库运营的各项成本,包括设备、人工和运营成本。通过仿真数据分析,提出成本控制和优化措施,帮助企业实现高效低成本运营。

(5)效率评估:评估仓库操作的效率,包括拣选、储存和运输等环节。通过仿真优化,提高各环节的效率,缩短操作时间,提升整体生产力。

(6)服务水平优化:评估和优化仓库的服务水平。通过仿真分析服务流程,提出改进方案,提高客户满意度和服务质量。

Classwarehouse 通过其强大的仿真和优化功能,帮助企业在设计和改进仓库解决方案时,进行全面的评估和分析。无论是新建仓库的规划,还是现有仓库的改进,Classwarehouse 都能提供可靠的数据支持和优化方案,帮助企业在面对变化时作出明智决策,提升整体运营效率和服务水平。

9. SimLab

Simlab 是由中国上海百蝶公司开发的一种专门以教学实验实训为目的的物流仿真软件。该软件允许使用者在物流系统中扮演不同角色,进入虚拟场景中进行任务实训。任务分为单人任务和多人协同完成任务,通过游戏对抗的方式,达到实训的目的,是一种新颖的教学手段。Simlab 的主要功能如下。

(1)真实再现物流企业运作环境:提供一个高度仿真的虚拟物流企业环境,让使用者能够体验到真实的物流操作和流程。

（2）逼真的物流相关设备操作体验：提供逼真的物流设备操作体验，使学习者能够掌握设备操作技能，提升实际工作能力。

（3）交互功能：支持人机互动和人人互动。用户可以在虚拟环境中与系统和其他用户进行互动，增强学习效果和参与感。

（4）精确的数据仿真：提供极其精确和朴实的数据仿真。信息系统与虚拟现实系统无缝对接，确保数据的真实性和可靠性。

（5）灵活可控的实验过程：实验过程中灵活可控，教师可以根据需要灵活调整实验内容和进度，极大地方便了教师的备课和教学管理。

（6）科学的实验评价体系：配备科学的实验评价体系和自动综合评分系统，帮助教师客观、公正地评估学习者的实训表现。

Simlab 通过其丰富的功能和新颖的教学手段，为物流教学提供了一个高效的实训平台。学生能够在虚拟环境中进行实战演练，提升实际操作能力和团队协作能力，同时教师也能轻松地进行教学管理和评估，是物流教育中不可或缺的工具。

10．ExtendSim

ExtendSim（原名 Extend）是由美国 Imagine That Inc 公司开发的一款强大的仿真软件。该软件广泛应用于各种时间周期、利用率、库存、产出率、生产方式及其他流程评价相关指标的评估。其主要功能和应用如下。

（1）时间周期评估：评估各类时间周期，如制造周期、采购周期、配送周期、客服周期和商业流程处理周期等，通过模拟分析，优化各环节的时间管理。

（2）利用率分析：对产能、设备和人员的利用率进行评估，帮助企业提高资源利用效率，优化生产和运营流程。

（3）库存管理：分析在制库存、供应链库存分配、订货点/安全库存、冻结期和备品备件可靠性等。通过仿真，优化库存管理策略，降低库存成本。

（4）产出率评估：评估投料策略、整体设备效率（OEE）等，优化生产策略，提高产出率。

（5）生产方式优化：仿真和优化多种生产方式，包括准时制（JIT）、看板、连续流生产（CONWIP）、精益制造和生产计划等，提升生产效率和灵活性。

（6）流程评价指标：评估与流程相关的指标，如业务流程重组（BPR）、六西格玛等，通过仿真分析，改进和优化业务流程。

ExtendSim 提供了强大的仿真和建模工具，使用户能够对复杂系统进行详细的分析和优化。通过精确的模拟和全面的评估，企业可以优化资源配置、提高生产效率、降低运营成本，并支持科学的决策制定。ExtendSim 的广泛应用领域和强大功能，使其成为各行业进行仿真和优化的重要工具。

11．AVEVA E3D

AVEVA E3D 是 AVEVA 公司于 1967 年起步于剑桥大学 CAD 中心的一个三维设计项目。在 20 世纪 70 年代末期的经济低迷时期，AVEVA 转向商业化运作，并开发出世界上第一个三维工厂设计系统——Plant Design Management System（PDMS）。如今，AVEVA 的主要三维工厂设计解决方案是 AVEVA E3D（Everything3D），它结合了先进的三维图形和用户界面技术与强大的数据管理能力，提供全面、高效、紧密集成的三维工厂设计解决方案。

AVEVA E3D 具备基于对象的工程数据库，能够高效地管理和组织设计数据。其主要特点和技术创新包括以下方面。

（1）多专业三维设计：提供跨专业的三维设计解决方案，支持机械、电气、管道、结构等多种专业的设计集成，确保设计的一致性和协同工作。

（2）先进的三维图形和用户界面技术：利用最新的三维图形技术和直观的用户界面，使设计师能够更高效地进行复杂的三维建模和设计操作。

（3）强大的数据管理能力：基于对象的工程数据库，能够有效管理大量设计数据，确保数据的一致性和完整性。

（4）最新技术创新：引进了移动计算、云计算和激光扫描等最新技术，使得设计过程更加灵活和高效。例如，激光扫描技术可以用于捕捉现有工厂的精确三维数据，移动计算和云计算则支持设计师随时随地进行设计和协作。

（5）精益管理方法：在工厂项目中采用精益管理方法，通过减少浪费、优化流程和提升效率，显著提高项目的执行效果和成本效益。

AVEVA E3D 的全面功能和先进技术，使其成为现代三维工厂设计的领先解决方案，广泛应用于各种工业项目中，帮助企业实现高效、精确和协同的设计流程。

12. 欧特克 Factory Design Utilities

Factory Design Utilities 软件是 Product Design & Manufacturing Collection 软件包中的一部分，专为工厂布局规划和验证而设计，能够有效地布置设备。其主要功能包括以下方面。

（1）创建、发布、共享和管理工厂布局的 3D 内容：支持用户创建精确的工厂布局三维模型，并发布和共享这些模型。通过高效管理三维内容，确保团队间的协作和信息一致性。

（2）聚合不同 CAD 系统的 3D 数据：将来自不同 CAD 系统的三维数据聚合到一个数字模型中，支持跨平台的数据集成和协同设计。通过统一的数字模型，提高设计和制造的效率。

（3）设计设施布局：提供强大的工具，用于设计和优化工厂设施布局。在三维环境中进行设计，使得布局更加直观和精确。

（4）检测大型设施布局中的冲突：在可视化环境中检测和解决大型设施布局中的冲突，确保设备和设施之间没有干涉，从而减少设计错误和后期修改的成本。

（5）流程分析和优化：使用流程分析工具完成建模，研究和优化制造流程。通过对制造流程的详细分析，识别瓶颈和优化机会，提高生产效率。

Factory Design Utilities 通过这些功能，为工厂布局规划和验证提供了强大的支持。它不仅提高了设计的精度和效率，还通过集成和优化制造流程，帮助企业在竞争激烈的市场中保持领先地位。

13. Bentley PlantWise

Bentley 公司的 PlantWise 软件致力于为建筑师、工程师、地理信息专家、施工人员和业主运营商提供促进基础设施发展的综合软件解决方案。其覆盖的行业包括建筑设施、通讯、离散制造、电力及燃气公用事业、政府、测绘和勘测、采矿、石油天然气、发电、流程制造、轨道交通、公路和高速公路、给排水等。在工业领域，PlantWise 软件具备多专业工厂设计和分析解决方案，主要功能如下。

（1）应力分析和模拟：对工厂结构和管道进行应力分析，确保设计符合安全标准和规范。

（2）三维干扰分析：执行三维干扰分析，检测和解决设计中的潜在冲突，确保设备和管道布局的合理性。

（3）电气系统设计：设计工厂的电气系统，提供完整的电气布局和设备配置方案。

（4）仪表系统设计：设计工厂的仪表系统，确保各类测量和控制设备的合理布置和集成。

（5）三维碰撞检查：管理和解决三维碰撞检查，通过详细的仿真分析，避免设备和管道之间的碰撞。

（6）点云建模：使用点云技术为改造工厂建模，提供精确的三维数据来支持改造项目。

（7）多领域工厂设计：支持多领域的工厂设计，包括结构、管道、电气和仪表等各个专业的集成设计。

（8）管道应力分析：参考结构模型进行管道应力分析，确保管道系统在各种工况下的安全性和可靠性。

PlantWise 软件利用综合数字协作设计环境中的协同设计、工作共享和虚拟化功能，提供涵盖整个资产生命周期的集成工厂设计和分析解决方案。用户可以通过这些功能，加快工厂基础设施项目的交付和信息管理，提高项目执行效率和质量。

14. Demo3D

Demo3D 是 Emulate3D 公司开发的三款软件中的核心产品，主要致力于自动化系统的数字化敏捷设计、方案展示和设计验证。其独特之处在于将摩擦力、重力、阻力、惯性等物理特性融入物流运动过程中，使仿真方案更加逼真，产生的效果更加真实可信。以下是 Demo3D 的主要功能和特点。

（1）物理特性仿：将摩擦力、重力、阻力、惯性等物理特性融入物流运动过程中，使仿真过程更加接近真实世界的操作环境。

（2）双向导入和导出：支持双向导入和导出 AutoCAD 2D/3D DXF 图纸，方便用户在不同设计工具之间无缝衔接。

（3）多设计工具兼容性：可以将来自 AutoCAD Inventor、SolidWorks、Pro/E、3DS MAX、Google SketchUp 等设计工具的设备模型导入 Demo3D 中，并迅速制作成动态模型。

（4）动态模型制作：导入设备模型后，能够快速制作动态模型，并结合数字化流程进行验证和展示。

（5）静态设计与动态流程结合：支持静态设计、动态流程验证和动态流程展示之间的良性循环。通过这一过程，用户可以实现从设计到验证再到展示的全面优化。

（6）方案展示和设计验证：提供高效的方案展示工具，帮助用户验证设计的可行性和效果。用户可以在虚拟环境中演示自动化系统的运行，确保设计的准确性和可靠性。

Demo3D 通过其逼真的物理特性仿真和强大的设计验证功能，为自动化系统的数字化设计提供了高效的解决方案。其多设计工具的兼容性和动态模型制作能力，使得设计、验证和展示过程更加高效和可靠，促进了静态设计和动态流程验证之间的良性互动，提升了整体设计流程的质量和效率。

15. ProModel

ProModel 是由美国 ProModel 公司开发的一款离散事件仿真软件，可以构建多种生产、物流和服务系统模型。它是美国和欧洲使用最广泛的仿真系统之一。ProModel 的主要特点和功能包括以下方面。

（1）基于 Windows 操作系统：采用图形化用户界面，为用户提供人性化的操作环境，便于快速上手和操作。

（2）二维和三维建模及动态仿真：支持 2D 和 3D 建模，用户可以创建逼真的仿真场景，进行动态仿真，直观地观察系统的运行状况。

（3）易用的建模工具：用户可以利用键盘或鼠标选择所需的建模元素，快速建立仿真模型。建模过程简单直观,适合各类用户使用。

(4) 多种定义系统输入输出、作业流程和运行逻辑的方法:ProModel 提供了多种手段定义系统的输入输出、作业流程和运行逻辑,用户可以借助参数或条件变量进行弹性调整,也可以使用程序语言实现精确控制。

(5) 动态建模元素的属性设置:对制造和物流系统中的人员、机器、物料、夹具、机械手、输送带等动态建模元素,用户可以设定其速度、加速度、容量、运作顺序和方向等属性,精确模拟实际操作。

(6) 广泛的应用领域:ProModel 可以用于制造、物流、服务等多个领域的系统仿真,帮助企业优化流程、提高效率、降低成本。

ProModel 通过其强大的建模和仿真能力,为用户提供了一个全面、高效的工具,能够模拟复杂的生产和物流系统。其直观的用户界面和灵活的定义手段,使得用户可以根据具体需求,快速构建和调整仿真模型,进行详细的系统分析和优化。

16. RaLC(乐龙)

RaLC(乐龙)软件是由上海乐龙人工智能软件有限公司(日本人工智能服务有限公司在华子公司)提供的一款仿真软件。该软件主要面向物流配送中心,仿真基本搬运器械设备的运行。其主要功能和特点包括以下方面。

(1) 多种搬运器械设备仿真:支持各种传送带、自动立体仓库、平板车、工作人员的装卸、分拣、叉车搬运等设备的仿真,全面覆盖物流配送中心的各类设备和操作。

(2) 直观的组件库:组件库以按钮形式摆放在工具栏上,用户可以方便地选择和使用各类仿真组件。通过拖放操作,快速建立仿真模型。

(3) 配置属性修改:用户可以修改对象物体的配置属性,根据具体需求调整设备的形状和规格。配置属性包括尺寸、容量、速度等,满足多样化的仿真需求。

(4) 形状和规格建模:支持各类对象物体的形状和规格建模,用户可以直观地看到仿真效果,确保设计的准确性和可行性。

(5) 用户友好的界面:提供用户友好的操作界面,通过简单的按钮操作,用户可以快速进行仿真模型的创建和调整,提升使用体验和工作效率。

RaLC(乐龙)软件通过其强大的仿真能力和直观的操作界面,为物流配送中心提供了高效的设备运行仿真解决方案。用户可以通过修改配置属性,精确模拟各类搬运器械设备的运行情况,优化物流配送流程,提升整体运营效率。

17. Unity

Unity 是一款实时 3D 互动内容创作和运营平台,广泛应用于游戏开发、美术、建筑、汽车设计、影视等多个领域。它提供了一整套完善的软件解决方案,支持创作者将创意转化为现实,并可用于创作、运营和变现任何实时互动的 2D 和 3D 内容。Unity 支持的平台非常广泛,包括手机、平板电脑、PC、游戏主机、增强现实和虚拟现实设备等。以下是 Unity 的主要功能。

(1) 场景编辑与设计:Unity 编辑器允许开发者创建、编辑和组织场景。在编辑器中,开发者可以添加、移动、旋转和缩放游戏对象,并设置其属性和参数。

(2) 资源管理与导入:Unity 编辑器提供资源管理功能,开发者可以在编辑器中导入、管理和使用各种资源,包括模型、纹理、音频、动画等。

(3) 组件添加与调整:Unity 编辑器允许开发者通过界面和属性面板,添加、移除和调整各种组件,如碰撞器、渲染器、脚本等。

（4）脚本编写与调试：Unity 编辑器集成了脚本编写和调试环境，支持使用 C♯、JavaScript 和 Boo 等编程语言编写逻辑和功能代码。开发者可以在编辑器中创建、编辑和管理脚本文件，并通过调试功能对脚本进行调试和优化，以确保其正确性和稳定性。

（5）多平台支持：Unity 支持多种平台，包括移动设备、PC、游戏主机以及增强现实和虚拟现实设备，确保创作者可以将内容发布到各种设备上。

（6）实时渲染与预览：Unity 提供实时渲染功能，开发者可以在编辑器中实时预览和测试场景，验证设计逻辑和功能，确保最终效果符合预期。

（7）动画与物理引擎：Unity 集成了强大的动画系统和物理引擎，支持复杂的动画效果和物理模拟，使得内容更加真实和生动。

（8）网络功能与多人游戏：Unity 提供了强大的网络功能，支持多人游戏开发，允许开发者创建联网游戏和实时互动应用。

Unity 的强大功能和多平台支持，使其成为创作者和开发者的首选工具，广泛应用于各个行业的实时 3D 内容创作和运营。Unity 可以与数字孪生软件结合使用，进行场景预览和运行测试。开发者可以在虚拟环境中模拟工业场景，验证设计逻辑和功能，优化系统性能。Unity 支持虚拟现实和增强现实设备，使得数字孪生和培训更加沉浸和直观，增强培训效果和操作安全性。通过 Unity，工业企业可以创建交互式培训和模拟系统，帮助员工熟悉操作流程和应急措施，提高生产效率和安全水平。

这些工业软件在功能和应用上有许多共性，如强大的仿真和编程功能，以及友好直观的界面。大多数软件（如 FlexSim、RaLC、Classwarehouse、Simlab 和 Unity）都是三维仿真软件，其中 FlexSim 和 RaLC 具有很好的面向对象设计。Supply Chain Guru 是专门用于供应链仿真的软件，Classwarehouse 专注于仓库仿真，而 Simlab 则偏向于教学实验。Arena 和 ProModel 是二维仿真软件，分别侧重于离散事件仿真和多种生产、物流及服务系统的建模。无论是在生产、物流，还是在教育培训中，这些软件都通过提供高效的仿真和优化工具，帮助企业和机构提升效率和降低成本。

8.1.4 数字孪生软件的国产化发展

过去，数字孪生软件长期被国外软件巨头垄断，国内企业在使用上常常面临高昂的授权费用和技术壁垒。然而，随着中国智能制造行业的市场扩大，情况正在逐步改变。

2022 年，我国智能制造行业市场规模（包括智能制造装备及智能制造系统解决方案）约为 4 万亿元。其中，智能制造装备市场规模约 3.2 万亿元，智能制造系统解决方案市场规模约 0.8 万亿元。

预计到 2027 年，我国智能制造行业市场规模将达到 6.6 万亿元，其中智能制造装备市场规模约 5.4 万亿元，智能制造系统解决方案市场规模约 1.2 万亿元。国外软件对于快速增加的国内市场无法较快适应，一些设计和服务方案也不符合中国国情，这给了国产工业软件崛起的机会。

国产工业软件正在根据中国智能制造行业的需求，打造具有中国特色的、持续创新的数字孪生软件生态，在技术架构、协作模式等多个维度进行全方位攻坚。这些软件不仅帮助客户提升了生产效率和降低了成本，还在应用过程中积累了丰富的本地经验，反哺自身的技术进步和创新。这种本土化优势使得国产数字孪生软件更能适应中国制造的独特需求，成为推动国内工业转型升级的重要力量。

生产系统的仿真是一个复杂的过程,不仅需要掌握仿真软件的操作技术,还需要对工厂的工艺、生产和流程有深入的了解。在仿真软件的设计规划阶段,需要明确仿真要解决的问题,搜集大量所需的资料。这包括工厂布局图、设备清单、生产流程图及相关的工艺参数等。只有在充分理解生产系统的各个方面后,才能有效地进行仿真建模和分析,从而获得准确和有用的仿真结果。这个过程通常涉及多学科的知识和跨部门的协作,是实现高效生产和流程优化的重要手段。

国产化软件可以充分发挥国内设计和操作人员对于国内工厂和园区的熟悉程度,在测试生产系统仿真功能时即可收集大量的资料,包括厂区布局图、设备清单与设备规格说明、生产线产品及零部件清单,零部件三维模型、厂区效果图、线边仓对应零部件或半成品数量、产品模型、工艺说明书、工艺布局图、工装夹具、工时定额、物料信息表,以及各工位上人员和设备的动作顺序、动作时间、动作路径信息等,这是国外的仿真软件难以做到的。因此,国内软件信息翔实,资料完备,能够进行充分的测试和运行,在本土适应性上具有极大的优势。个别领先的自动化装备制造商,掌握了数字化装备行业暨工业 4.0 的核心技术,组建了数字孪生运营调试团队,并提供技术服务。这些制造商配合工业软件,必将在 IT 外包服务蓬勃发展之后,占据 OT 领域外包服务的主战场。

8.2 Tecnomatix 软件介绍

西门子有一套全面的数字化制造软件解决方案,称为 Tecnomatix,专门设计用来模拟、分析和优化制造过程中的各个方面,帮助企业通过虚拟仿真和分析来优化生产流程、提高生产效率,并降低制造成本。Tecnomatix 为制造企业提供了一个平台,可用于创建、测试和优化整个制造系统的数字孪生模型,从而在物理实施之前预测和解决可能的问题。

Tecnomatix 套件包括多种软件,其中两种和数字孪生息息相关:PD(Process Designer),主要功能是数据管理与工艺规划;PS(Process Simulate),主要功能是实现仿真验证与离线编程。在建立数字孪生仿真操作时,两者需要协同配合共同完成任务。因此也简称为 PDPS。

8.2.1 Tecnomatix 的优势

Tecnomatix 不仅被应用于汽车、航空、电子、机械和其他制造行业,还通过其开放和灵活的平台支持与第三方应用的集成。这使得企业可以根据自身特定需求定制和扩展其数字化制造能力。总的来说,Tecnomatix 强调通过数字化工具预测问题、优化流程和提高效率,从而帮助企业实现高效和创新的制造解决方案。它的主要优势如下。

(1)可以通过预先的虚拟验证减少实物原型的数量。

(2)通过模拟优化循环时间。

(3)模拟演练符合人体工程学的安全流程。

(4)可以重复使用标准工具和设施来降低成本。

(5)通过模拟多种生产场景,将生产风险降到最低。

(6)可以完成机电一体化生产工艺(PLC 和机器人)的早期验证。

（7）能够在虚拟环境中进行生产调试的早期验证，从而尽早发现并解决产品设计中的问题，降低变更成本。

（8）在整个流程生命周期中模拟真实的流程，提高流程质量。

8.2.2　Process Designer 组件介绍

Process Designer 软件是 Siemens PLM Software Tecnomatix 产品的一个重要组成部分，其主要功能是进行生产工艺过程的规划、分析、确认和优化。通过不同产品工艺规划团队间的协同作业，使用 PD 软件可以大幅缩短产品生命周期，使制造过程的规划变得更加简单。

Process Designer 使用图形化的方法，让开发者用最少的时间设计或修改企业工作流程，其界面如图 8-2 所示。建模工具提供了相当丰富的流程逻辑表达方式，可以表示非常复杂的流程，和界面开发工具相结合，可以轻易地设定每个流程步骤要执行的功能；和组织机构建模工具相结合，可以方便准确地选择每个活动执行的参与者，通过资源管理服务进行设计结果的保存与打开，并进行一致性的有效控制。

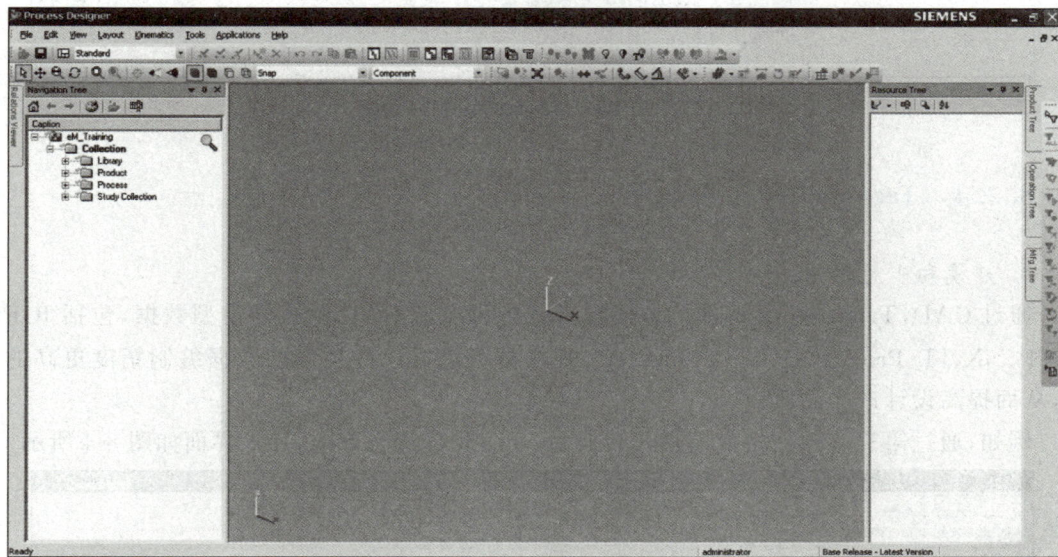

图 8-2　Process Designer 组件界面

Process Designer 支持在工作流开发实例中，让开发人员在设计与仿真流程时能够避免复杂且耗时的流程程序开发过程。

8.2.3　Process Simulate 组件介绍

Process Simulate 是一个利用三维环境进行制造过程验证的数字化制造解决方案。制造商可以利用 Process Simulate 在早期对制造方法和手段进行虚拟验证。该解决方案对产品和资源的三维数据的利用能力极大地简化了复杂制造过程的验证、优化和试运行等工程任务，从而确保更高质量的产品被更快地投放市场。

Process Simulate 可提供高级工具用于仿真和优化制造过程中的自动化程序，其界面如

图 8-3 所示。它能够允许制造企业在虚拟环境中设计、验证和优化制造任务和系统,特别是那些涉及机器人、自动化设备和复杂机械操作的场景。在从概念、工程和调试到生产和持续改进的整个产品开发生命周期中,规划、模拟和验证人工任务、机器人流程和自动化。

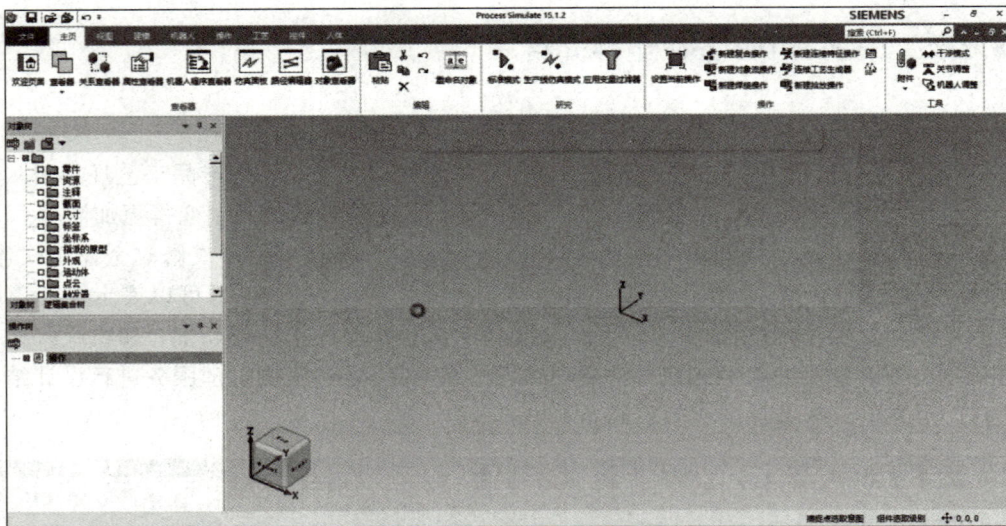

图 8-3　Process Simulate 组件界面

8.2.4　Tecnomatix 主要功能

1. 建模和布局设计

通过 CAD,Translators 组件可方便地导入各种主流 CAD 格式的模型数据,包括 IGES、STEP、NX、JT、ProE、DXF 及 CATIA 等。程序员可依据这些精确的数据编制精度更高的程序,从而提高设计产品品质。

例如,通过第三方软件将数模格式转换为 cojt 格式,进行导入,导入界面如图 8-4 所示。

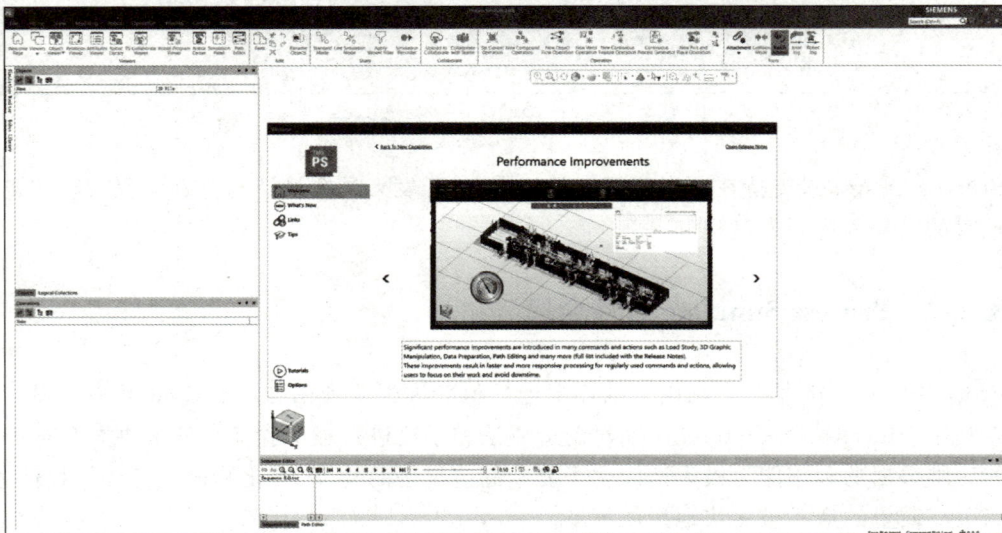

图 8-4　导入界面

除了支持点、线、面的构建,它还支持模型坐标及角度的变换,如图 8-5 所示,能够调整设备模型进行虚拟布局,也支持环境模型的整体导入。

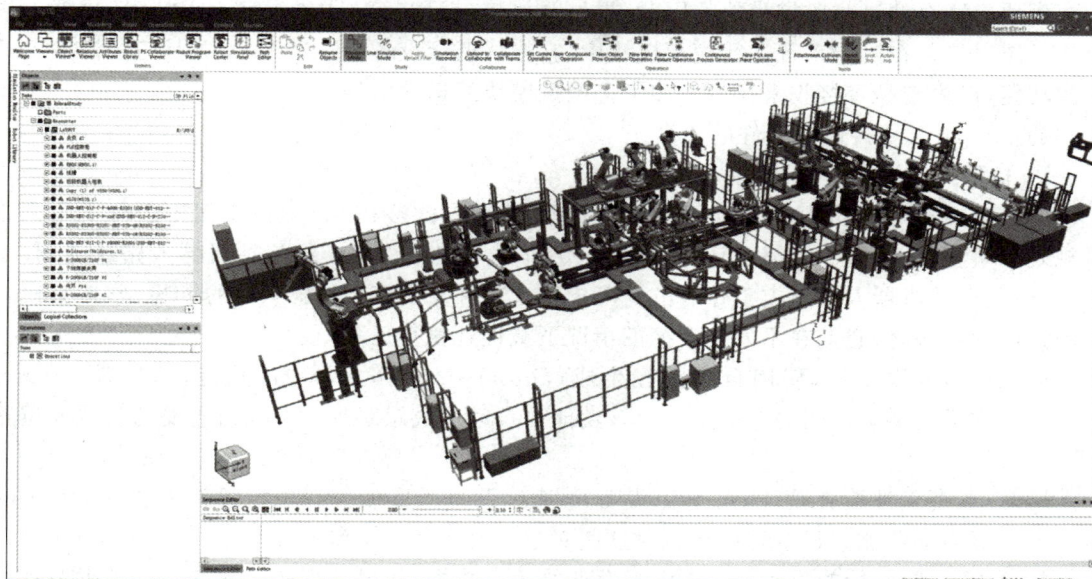

图 8-5　建模与坐标系统

完成模型导入后,可以自定义设备模型的材料,如图 8-6 所示,包括体积、密度、摩擦系数等物理属性修改,并支持如旋转、平移等运动副的设置。

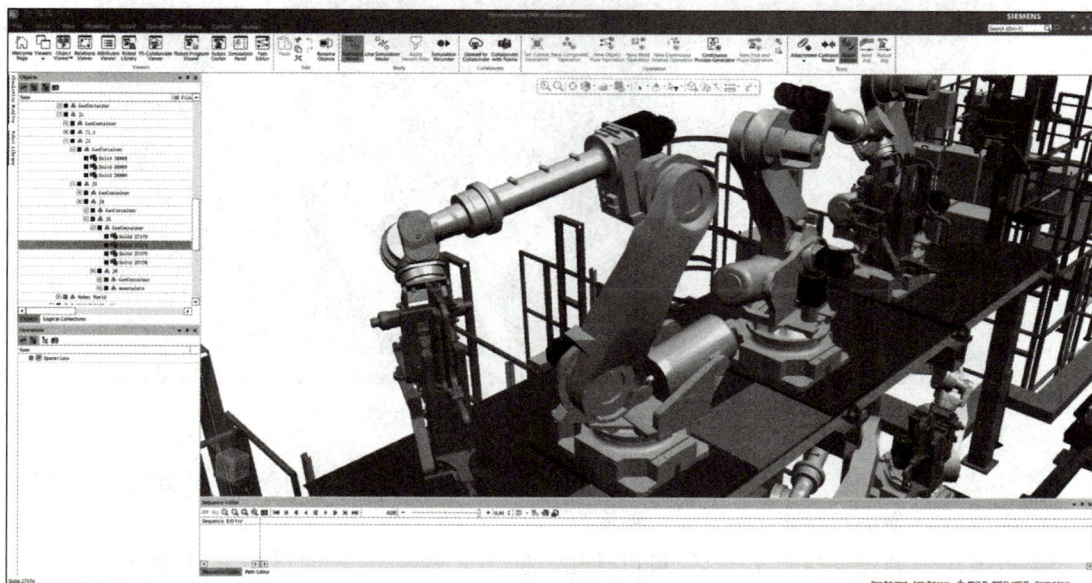

图 8-6　模型自定义修改

对于机器人或工件,具备可达性验证(validate reachability)功能,确保用户能够确认任意设备到达所有预设位置,在数分钟之内便可完成工作单元平面布置验证和优化。

2. 仿真

Tecnomatix 组件具备制造机器人编程和仿真模块、设备与工艺调试模块、制造系统运行模拟模块与联合调试与监控模块。同时,提供开放接口可与第三方"数字孪生技术"数据采集分析系统对接。在制造系统运行模拟模块中,它能够展示设备的端口编号,并具备控制设备开关的功能,以决定是否接收来自设备和工艺调试模块的运动信号。

Tecnomatix 支持以下部件的仿真。

1) 机器人

Tecnomatix 提供了机器人仿真和编程功能,使用户能够在 3D 虚拟空间中进行机器人路径规划和编程,使制造商能够设计、验证和优化机器人应用程序。这包括机器人路径规划、工作区分析,以及机器人与人类工作者的交互模拟。软件支持多个机器人品牌和模型,能够模拟机器人的动作,确保它们在不发生碰撞的情况下最优地执行任务。

插入机器人模型后,使用自动路径生成(automatic path planner)功能,这也是 Process Simulate 中最能节省时间的功能之一。该功能可自动生成跟踪加工曲线所需要的机器人位置(路径)。

同时,具备干涉检查功能,可避免设备碰撞造成的严重损失。选定检测对象后,Process Simulate 可自动监测并显示程序执行时这些对象是否会发生干涉。

接收 PLC 中回传的机械臂、CNC 等设备的运动数据,并根据真实设备的运动数据驱动虚拟模型运动,如图 8-7 所示。

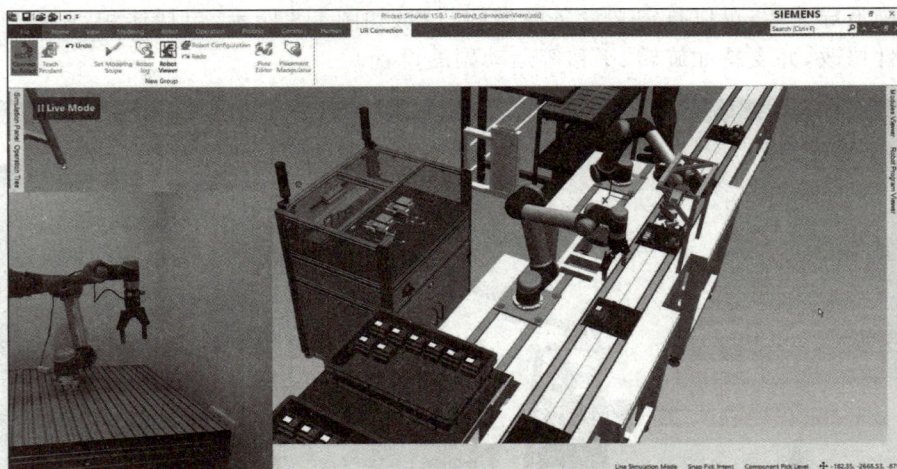

图 8-7　真实设备数据驱动模型运动

进行设备运动参数和运动时间的规划和设置,能够根据设备运动参数,驱动制造系统运行模拟模块中的设备进行运动,如图 8-8 所示。

模拟模块中的设备进行运动后,可以使用时间关联参数,进行时序仿真,如图 8-9 所示。

PLC 连接:Process Simulate 通过 OPC DA、OPC UA 服务器或者 PLCSIM Advanced 软件,可以轻松地与 PLC 通信,如图 8-10 所示。其中 PLCSIM Advanced 所连接的 PLC 为软件生成的虚拟 PLC。

机器人程序下载(OLP and download to robots):通过仿真验证后,可以将机器人程序导出,并下载到机器人中。

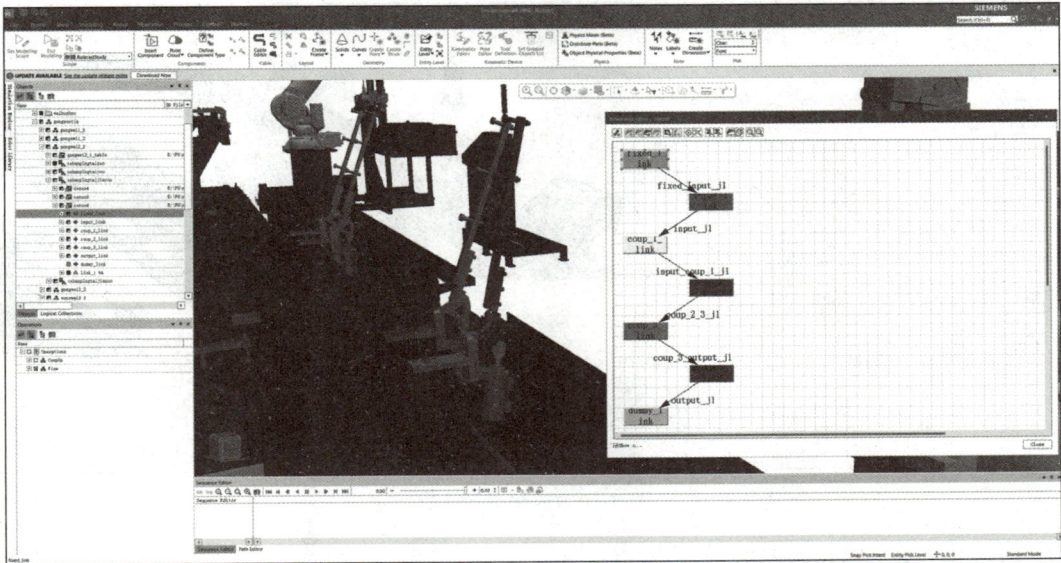

图 8-8　pdps 关节设置——关节气缸移动方式参数配置

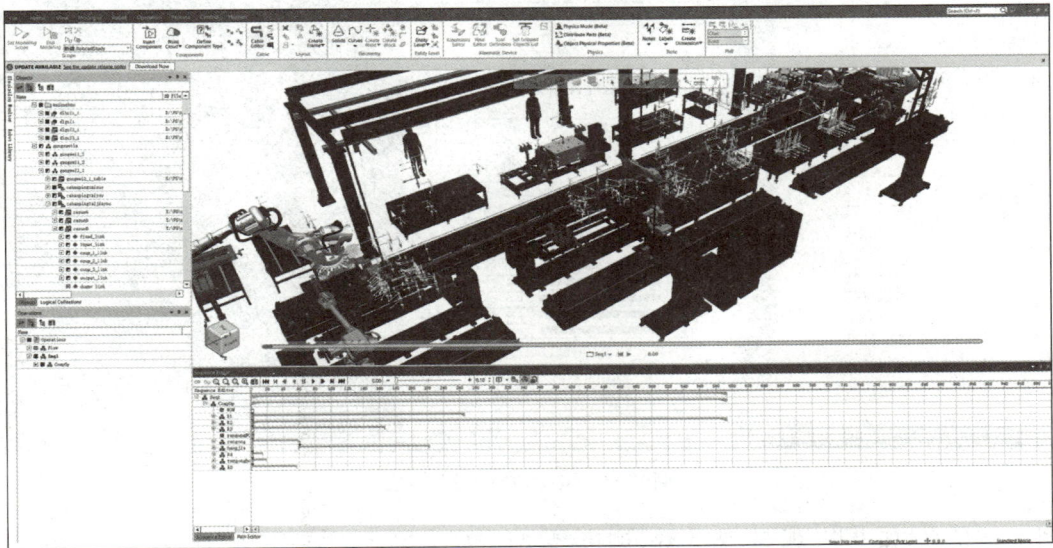

图 8-9　时序仿真

2）自动化设备

该软件提供了工具来验证和优化自动化系统的性能,如自动化传送带、装配线和其他物料搬运系统。用户可以测试不同配置的性能,以确定最有效的流程布局。

例如,支持 3D 打印机和 CNC 的虚拟动画设置,可实现对工序中各工步 PLC 指令的设置,支持与 PLC 数据交互进行带有虚拟传感器的现实自动化设计,如图 8-11 所示。

3）工艺流程

通过全面的仿真功能,Process Simulate 允许用户在实际生产之前验证生产过程,包括装配和加工制造任务。这样可以在投入昂贵的物理资源前识别并解决潜在的问题。同时,支持

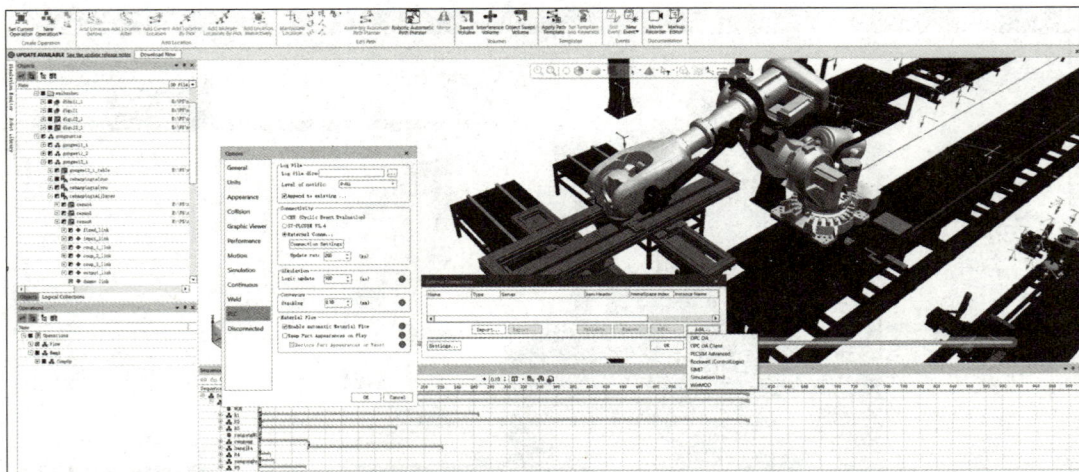

图 8-10　连接虚拟 PLC

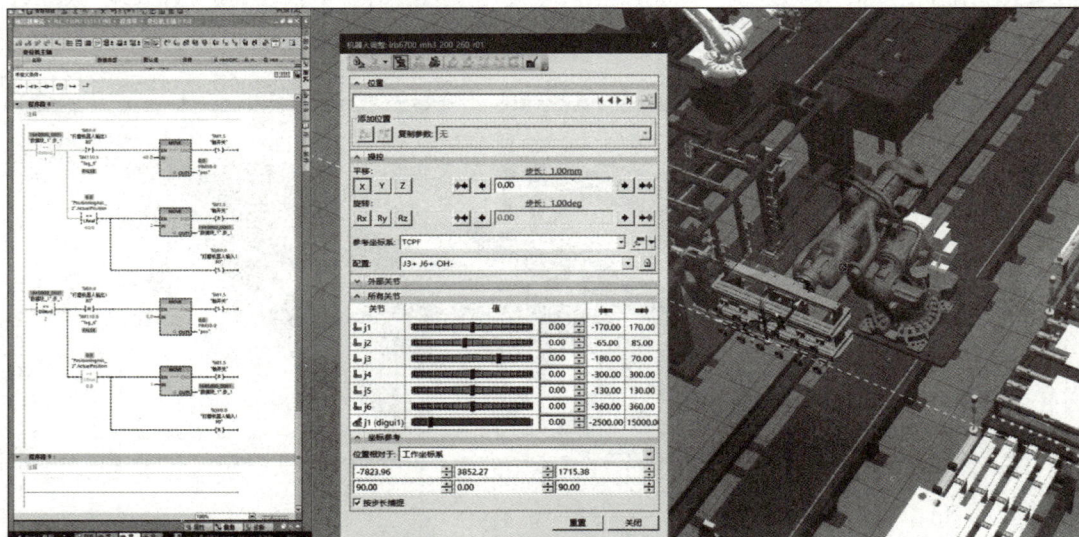

图 8-11　与 PLC 的数据交互

多种工艺仿真,如点焊、弧焊、激光焊、铆接、装配、包装、搬运、去毛倒刺、涂胶、抛光、喷涂、滚边等。

4) VR 互动

支持 VR 设备实时交互、基于 VR 虚拟现实的数字孪生展示,沉浸式动态展示具体的生产装配过程、支持 VR 虚拟产线互动,如图 8-12 所示。

3. 工厂设计与优化

Tecnomatix 允许用户通过虚拟布局进行工厂设计,优化生产线布局和物料流动。

在软件中完成模拟整个生产流程,包括物料流动、工作站操作和人员动线,让用户可以识别生产瓶颈、评估不同布局方案的效率,从而选择最佳的生产流程配置,有助于减少循环时间和评估系统的整体性能。

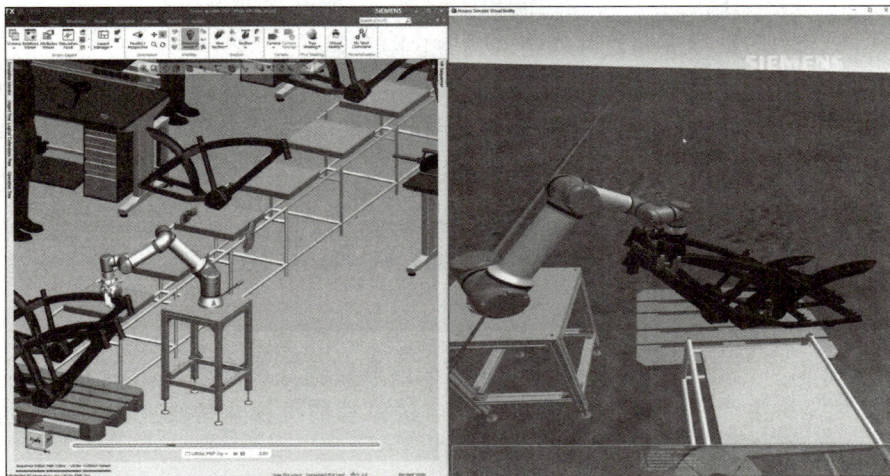

图 8-12 VR 互动

节拍计算与优化:软件在仿真环境下可以估算并且生成生产节拍,依据机器人运动速度、工艺因素和外围设备的运行时间进行节拍估算,然后通过优化机器人的运动轨迹来优化节拍、提高效率。通过 RCS 接口,可以获得更精确的工作节拍。

4. 人机工程学评估

Tecnomatix 强调人机工程学的应用,模拟工人在生产线上的操作,评估工作站设计对工人舒适性、安全性和效率的影响,如图 8-13 所示。这主要包括对人机工程学的评估,允许用户模拟人类工作者在自动化环境中的互动,实现人、实体 PLC、虚拟设备、VR 设备多方实时交互实时控制实时仿真,支持运行控制实时指令进行实时仿真计算,这有助于设计符合人体工程学的工作站,确保操作的安全性和有效性,减少工伤和提高生产效率。

图 8-13 人机工程

5. 生产流程管理

Tecnomatix 提供了工具来管理和优化生产计划,包括高级计划和调度(APS)功能,帮助企业合理安排生产活动,优化资源利用和库存管理。

质量管理：通过集成的质量管理功能，Tecnomatix 能够帮助制造企业监控和控制产品质量，通过预先设定的质量标准和检测程序来减少缺陷和返工。

离线编程（OLP）：局部离线编程功能，这意味着可以在不停机的情况下编程和优化机器人及其他自动化设备。这有助于减少系统停机时间和提高生产线的灵活性。

8.3 FlexSim 软件介绍

FlexSim 是美国的三维仿真软件，是一个通用性和特用性兼具的数字孪生工具，侧重于建模、仿真和优化复杂生产和制造系统、物流和供应链流程的可视化仿真。同时，也适用于各种行业和应用场景，包括制造、物流、医疗、物联网等。

该软件采用先进的离散事件仿真技术，支持离散事件仿真和连续仿真，同时具备高度可视化和交互性，用于建立复杂的制造、物流、服务等系统的模型并运行模拟进行仿真分析。它可以模拟出复杂的业务流程，以便客户预测和优化系统的表现，并优化生产流程和决策。

该软件包括以下主要产品。

FlexSim Simulation Software：这是 FlexSim 的核心产品，可以通过建立模型来模拟流程，使用 Flexscript 编写自定义代码，进行数据分析和可视化。

FlexSim Healthcare：这是专门为医疗模拟而设计的产品，包括基于医院和门诊的模板，用于模拟各种医疗服务的流程，如急救、手术、门诊和住院服务。它具有高度详细的医疗设备和工具库，以及医疗专业人员的角色和知识。

本书主要介绍 FlexSim Simulation Software。

8.3.1 FlexSim 的优势

FlexSim 用户友好的界面和边界的图形化开发工具，方便用户快速创建、编辑和运行模拟模型，其主要优势包括以下方面。

（1）FlexSim 界面具有清晰的层次结构，对象、视窗、图形用户界面、菜单列表、对象参数等都直观可见。FlexSim 支持面向对象开发，这些对象可以在不同的用户、库和模型之间进行交换，再结合对象的高度可自定义性，可大幅提高建模的速度。FlexSim 的友好可移植性扩展了对象和模型的生命周期。

（2）支持广泛的行业和应用领域，如制造业、物流、医疗保健、航空航天、交通运输等。

（3）提供丰富的模型组件库，包括设备、物流、人员、资源等，可根据不同需求自定义模型。模型库中的对象参数基本涵盖所有存在的实物对象，如机器装备、操作人员、传送带、叉车、仓库、集装箱等，同时数据信息也可以用 FlexSim 丰富的模型库表示出来。

（4）支持多种数据分析和可视化的方式，如交互式图表、热力图、散点图等。

（5）提供高级模拟方法，如优化、实验设计、决策树等，可根据不同场景快速调整模型参数和条件。

（6）可以与其他软件和系统集成，如 ERP、MES、物流系统等。

（7）提供丰富的培训和支持资源，包括在线教程、论坛和技术支持服务。

8.3.2　FlexSim 主要功能

1. 三维模拟

FlexSim 具有离散事件仿真的所有成熟优势,同时还具有高度逼真的 3D 场景,如图 8-14
所示,可帮助模拟真实系统的外观和感觉,因此更容易看到和理解正在发生的事情。

图 8-14　高度逼真的 3D 场景

构造模型方面,FlexSim 在易用性和建模最复杂系统的能力之间找到了平衡点。FlexSim
尽可能方便地复制系统外观,同时保留准确分析所需的细节。用简单的拖放控件将对象和资
源直接放入 3D 环境,无须后期处理。三轴布局和 CAD 绘图导入帮助在实际系统中保持精确
的空间关系,如图 8-15 所示。

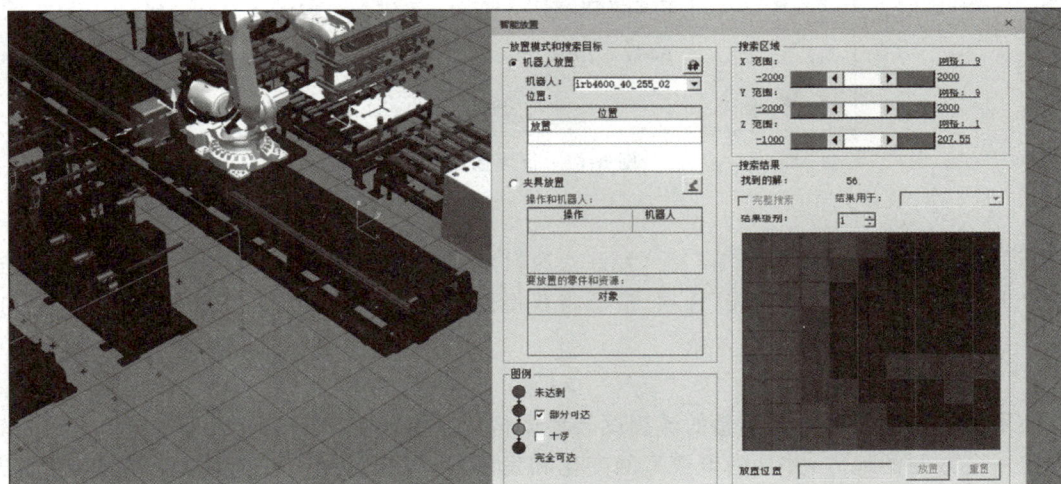

图 8-15　3D 绘图

导入自定义 3D 对象来复制实际系统的外观和感觉。此外,所有真实的视觉效果,如阴影和灯光效果,都是默认的,其效果如图 8-16 所示。

图 8-16　3D 视觉渲染效果

提供标准目标库,包含各种可用于立即构建模型的对象。定制非常简单,只需从预配置的行为、混搭选项中进行选择,甚至创建自己的行为,如图 8-17 所示。

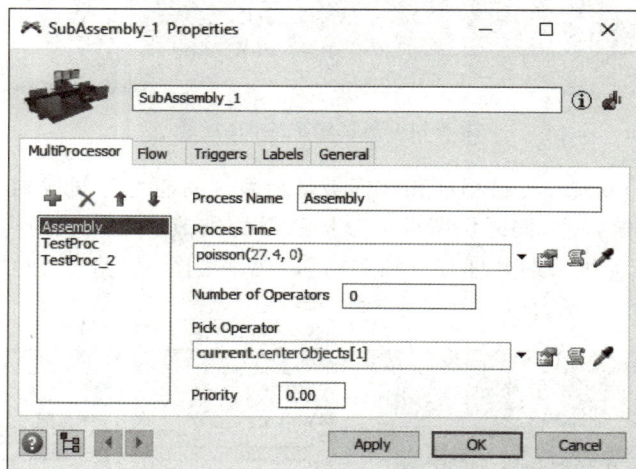

图 8-17　行为创建

2. 行为模拟

其下拉列表和属性菜单范围广泛,允许快速自定义单个对象、触发器和系统属性。只需选中一个框或选择一个"选项列表"选项,资源将获得模拟多种真实情况的逻辑和行为,如图 8-18 所示。

3. 工艺流程

使用预构建的活动块在熟悉的流程图环境中构建基本或复杂的工艺流程逻辑。它将逻辑保存在一个方便的地方,并且随着模型的变化和发展,可以很好地与任何模型一起伸缩,工艺流程创建如图 8-19 所示。

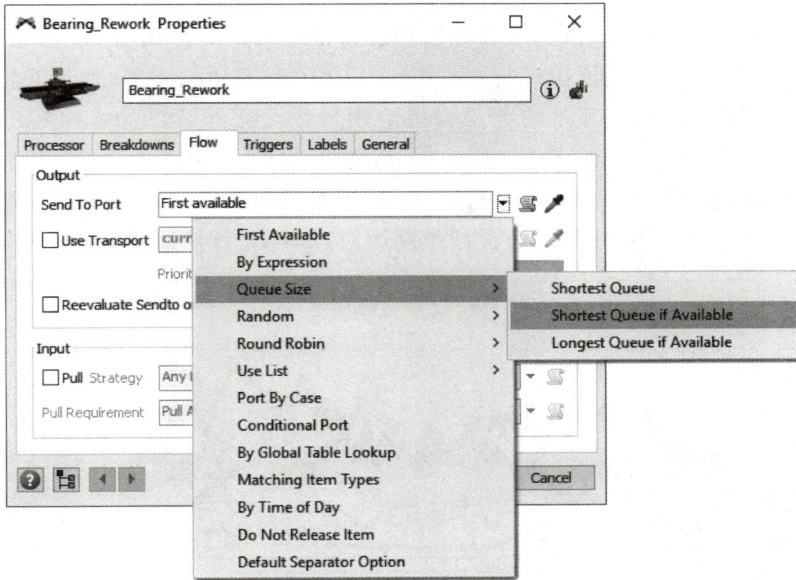

图 8-18 行为模拟

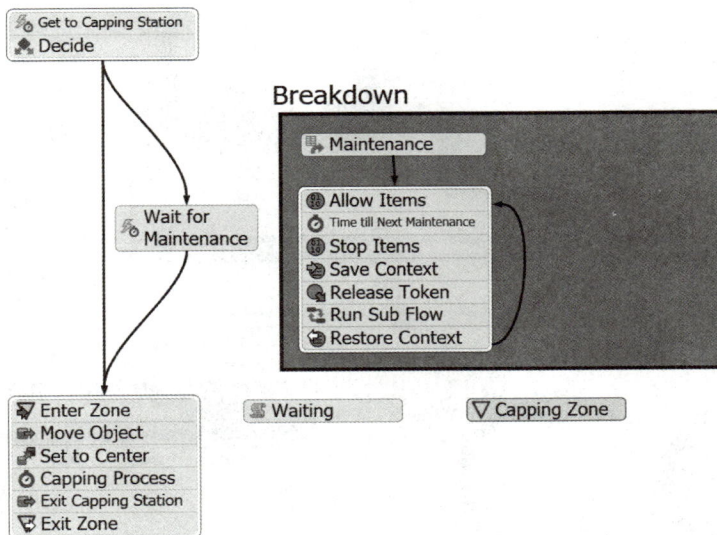

图 8-19 工艺流程创建

4．脚本编程

FlexSim 附带了一种强大的脚本语言——FlexScript。这种类似 C 语言的语言是数百个建模命令的入口，这些命令将允许用户编写简单的表达式来完成不可思议的事情。FlexSim 还采用开放式架构设计，该架构与 C++完全集成，可以扩展到做几乎任何事情。

5．分布拟合

FlexSim 封装有专家配合，分布拟合软件的行业标准。ExpertFit 将获取用户在现实世界中收集的数据，并准确地确定哪种概率分布最能代表数据。它有 40 个发行版和 4 个拟合优度测试。

6. 模型分析

一旦准备好使用模型进行模拟,全套分析功能将帮助用户更深入地了解正在发生的事情。

这些功能包括帮助可视化模拟运行数据的图表和图形的详细列表,使用户能够跟踪大范围的数据点,然后导出到用户喜欢的电子表格应用程序。此外,通过 Stats Collector 对象和 Zone activity 等功能强大的工具,数据收集的灵活性得到了显著提升。

同时,该模型具有 xMark 统计验证功能,这是模型验证的第二级功能。它能够评估一次或多次模拟运行的数据,以验证系统是否按预期运行,xMark 评估如图 8-20 所示。

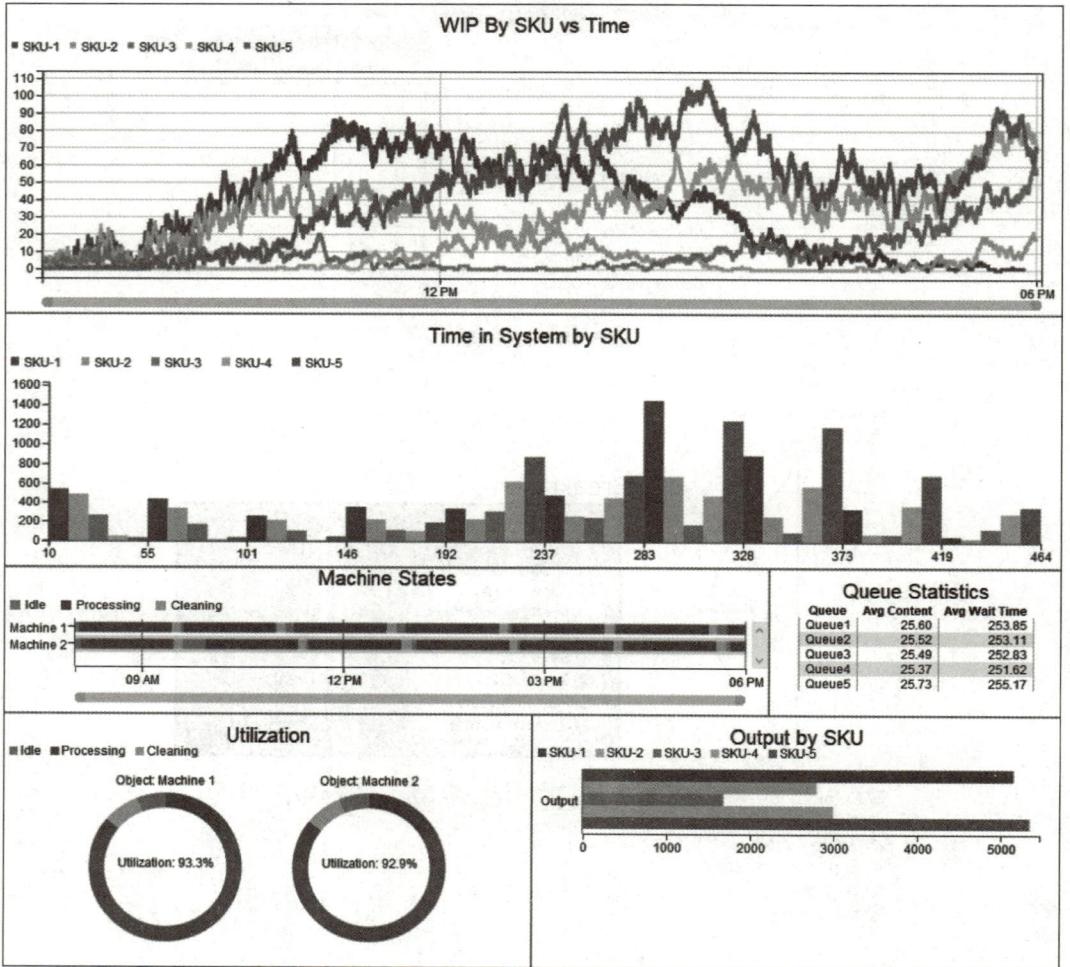

图 8-20　xMark 评估

此外,该模型还具有最佳化测试功能,能够测试"假设"场景,以找到在现实世界中可能做出的最佳选择,如图 8-21 所示。

在需要测试多个场景时,FlexSim 集成了强大的场景优化包,允许在模型上设置变量和约束,进行数百个解决方案的评估,如图 8-22 所示。甚至它可以设计实验多重目标来考虑系统中的竞争力量,进行对变量和性能测量的控制,寻找最适合的流程的解决方案。

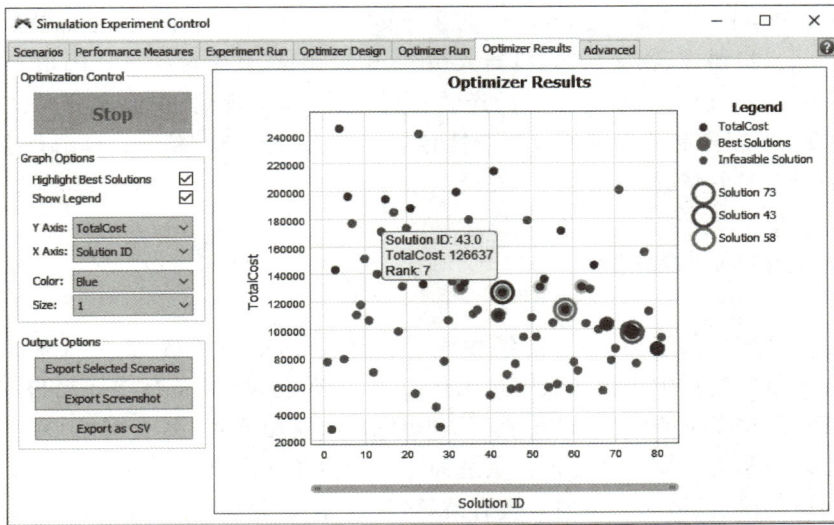

图 8-21　最佳化测试

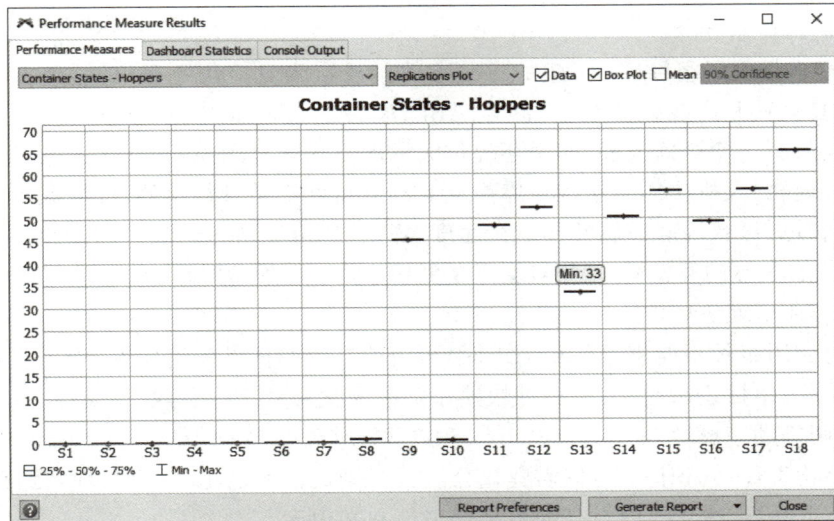

图 8-22　方案评估

8.4　Miot. VC 软件介绍

Miot. VC 是美擎仿真推出的一款国产数字孪生软件,其前身是芬兰 Visual Components,一家 3D 制造仿真和可视化的专业软件开发和实施公司。该公司现已被美的收购,并更名为 Miot. VC,隶属于美的旗下的一家子公司美擎仿真,是国内最早的工业级数字化仿真平台之一。

该软件原本是给自动化设备制造商、系统整合商、制造型公司提供简单、快速和具有高性价比的整体可视化制造过程仿真、快速设计三维设备/部件库,并产生优质的 3D 演示动画。经过国产化后的不断更新研究,尤其是美的集团在收购德国库卡机器人后,整合库卡在工业

4.0的深厚底蕴和美的在长期制造生产中的积累的深厚经验,Miot.VC已发展为集3D工艺仿真、装配仿真、人机协作、物流仿真、机器人仿真、虚拟调试、数字孪生工厂等功能于一体的数字化数字孪生平台,可应用于新建工厂的产线布局设计、物流规划、价值流分析;工厂生产效率提升、精益改善;新产品研发端的可制造性分析、工艺设计、装配仿真;自动化虚拟调试、机器人轨迹规划及示教等场景。

8.4.1 Miot.VC 的优势

软件通过构建虚拟数字化工厂,能够加速产品研发、减少投资费用、全面提升制造效率。其仿真解决方案组件包括中小企业数字化工厂、工厂过程仿真、设备制造商销售和营销演示、控制器验证(PLC)和实时连接、机器人和工作单元仿真、应用开发(离线编程 OLP)等,非常适合工业自动化设备制造厂商和其他设备制造商。为契合本土制造业需求,Miot.VC解决了国外服务器访问速度慢、模型库与国内设备有差异、缺少中文社区等问题,并且针对国内制造型企业拓展了很多实用的仿真功能,如数字化工艺套件、数字孪生套件、精益工厂仿真套件等。它主要优势如下。

1. 丰富的网络组件库

Miot.VC自带电子组件库,有超过2800多种的工厂常见应用电子组件,包括各大品牌商的机器人、工装夹具和产线设备组件,涵盖 ABB、KUKA、Fanuc、Comau、川崎、安川、Staubli、新松等机器人品牌。除机器人外,库中还提供大量的自动化常用组件,如传送带、加工机床、龙门架、变位机、地轨、人机协作元素等。库中绝大部分组件都是参数化的,可根据布局要求修改组件的尺寸、颜色、形状等静态属性和运行速度、规则、逻辑等动态属性。网络组件库组件全部是免费提供,来自全球的开发者/使用者会不断更新并共享电子组件库,本地可以随时联网更新。

2. 便捷的自建组件功能

当标准化应用组件不能满足使用需求时,可快速自建非标设备组件库。

模型轻量化、组件逻辑定义:1分钟快速添加参数化尺寸、颜色等静态属性,并可定义运行逻辑、运动规则等动态属性。

自建数字化工厂/知识库:可依需建立公有云/私有云/本地化组件库,项目组成员按权限访问;逐步迭代更新,建立企业自己的数字化工厂和知识库。

3. 开放生态

Miot.VC开放的平台架构、模块化设计,丰富开放的.NET接口支持深度定制开放,并提供 Python API 接口支持 UI 界面和设备组件定制开发。

4. 强大的数字孪生功能

产品、工艺、工厂三位一体,全面还原工厂生产状态,快速搭建虚拟数字化工厂及产线布局,通过生产过程仿真,及时地发现产品设计、工艺设计、工装设计、工厂工程设计中存在的问题,有效地减少质量缺陷和产品的故障率,减少因干涉等问题而进行的重新设计和工程更改,确保了产品装配的质量。

5. 数字孪生方案可选择 CS 架构/BS 架构

CS 架构:Client-Server,基于 PC 客户端形式,当三维场景、模型数量较大,对硬件性能消耗较大时,能够确保大屏幕可视化系统保持良好的效果及交互性。

BS 架构:Browser-Server,基于浏览器技术形式,一般用于场景模型简洁和业务系统数据量少的情况。

两种架构对比如表 8-1 所示。

表 8-1　CS 架构与 BS 架构方案对比

分　类	对　比　项	基于客户端技术 CS 架构	基于浏览器技术 BS 架构
分辨率	支持超高分辨率显示	支持	支持
	支持分布式渲染显示	支持	不支持
	支持特殊长宽比屏幕灵活分屏布局	支持	部分支持
人机交互	支持多屏幕数据协同联动	支持	不支持
	支持控制台全交互模式	支持	部分支持
性能	支持大规模数据吞吐量	无性能瓶颈	受浏览器性能局限
	支持显卡级特效渲染技术	无性能瓶颈	受浏览器性能局限
	支持长时间不间断系统运行	可长时间运行	受浏览器稳定性局限
	支持硬件横向扩展提高性能	支持	不支持
可维护性	支持多用户访问	大屏幕可视化为单一用户单一场景	支持
	大场快速加载	支持	不支持

数字孪生平台通过与 SCADA、MES、大数据、ERP 等外部系统进行数据交互,将数据集成在 3D 数字孪生环境中,可以更高效、直观地对业务现场进行监测、预警、管理和执行,还能远程进行方案设计协作与优化。

8.4.2　Miot. VC 主要功能

1. 安装标准模型库

软件已集成超过 1000 种主流品牌机器人模型和机器人协议,以及拆垛、码垛、搬运等功能模块,并开放源码。机器人组件库如图 8-23 所示。

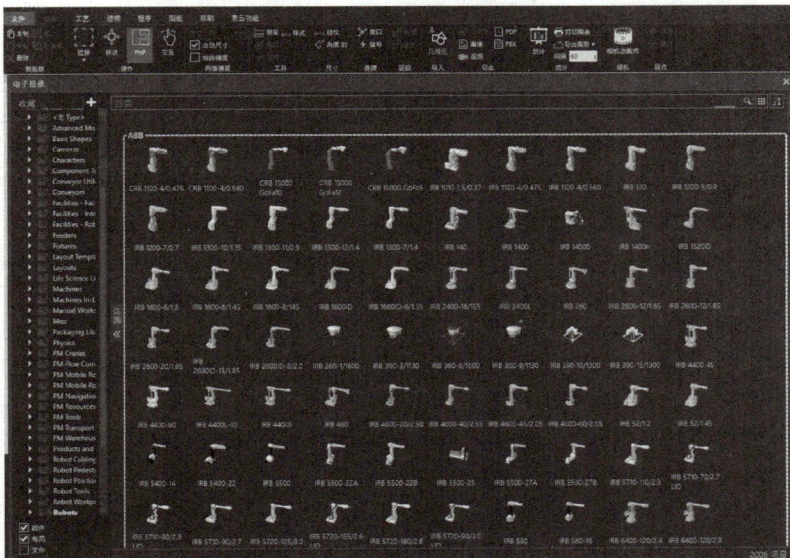

图 8-23　机器人组件库

2. 模型导入/导出

能够完成不少于 6 种外部模型导入/导出,具体如表 8-2 所示,包括但不限于 3Dmax、AutoCAD、CATIA、Pro/E、SolidWorks、UG/NX 等软件模型;并支持不少于 4 种主流中间格式模型导入/导出,包括但不限于 IGES、JT、Parasolid(x_t)、STEP/STP 等格式。

表 8-2　导入/导出模型格式

名称	版本	扩展名	导入	导出
3D Manufacturing Format	1.2.1	.3mf	×	√
3D Studio	全部	.3ds	√	√
ACIS	高达 28	.sat,.sab	√	×
ASCII Point Cloud file	全部	.xyz,.pts,.xyzrgb	√	×
Autodesk FBX	FBX ASCII:7100 到 7400 Binary:全部	.fbx	√	×
Autodesk Inventor	直到 2020	.ipt,.iam	√	×
Autodesk RealDWG	AutoCAD 2000-2019	.dwg,.dxf	√	√
Binary point cloud point	全部	.bxyz	√	×
CATIA V4	最高 4.2.5	.session,.dlv,.exp	√	×
CATIA V5	最高 V5-6 2019	.CATDrawing,.CATPart, .CATShape,.cgr	√	×
CATIA V6	最高 V5-6 2019	.3dxml	√	×
Creo	元素/Pro 19.0,最高 Parametric 6.0	.asm,.neu,.prt,.xas,.xpr	√	×
I-deas	最高 13.x(NX5) 和 NX I-deas 6	.mf1,.arc,.unv,.pkg	√	×
IFC2x	2 到 4	.ifc,.iczip	√	×
IGES	5.1 到 5.3	.igs,.iges	√	×

支持导出模型给其他建模软件编辑,以及导出主流建模软件的文件格式,如表 8-3 所示。

表 8-3　支持其他建模软件编辑格式

编辑后可导出文件格式	可编辑建模文件格式
Static PDF(*.pdf)	Autodesk REALDWG(AutoCAD 2013)(*.dwg)
Autodesk REALDWG(Auto CAD 2007,Auto CAD 2008,Auto CAD 2009)(*.dwg)	Autodesk REALDWG(Auto CAD 2010,Auto CAD 2011,AutoCAD 2012)(*.dwg)
Autodesk REALDWG(Auto CAD 2000,Auto CAD 2000i,Auto CAD 2002)(*.dwg)	Autodesk REALDWG(Auto CAD 2004,Auto CAD 2005,AutoCAD 2006)(*.dwg)
VRML(*.wrl;*.vrml)	JT(*.jt)
PRC(*.prc)	U3D(*.u3d)
3D Manufacturing format(*.3mf)	Autodesk REALDWG(AutoCAD)(*.dxf)
STEP Compressed AP 242(*.stpz)	Stereo Lithography(ASCII/BINARY)(*.stl)
3D Studio(*.3ds)	Wavefront(*.obj)
STEP AP 242(*.step)	Igrip/Quest/VNC geometry(*.pdb)

　　CAD 模块满足二维设计和工程绘图的需求,通过集成 2D 交互式绘图功能和高效的工程图修饰和标注环境,提供了高效、直观和交互的工程绘图系统,可以从 3D 零件或装配件生成相关联的 2D 工程图,辅助管理复杂标注,如图 8-24 所示。

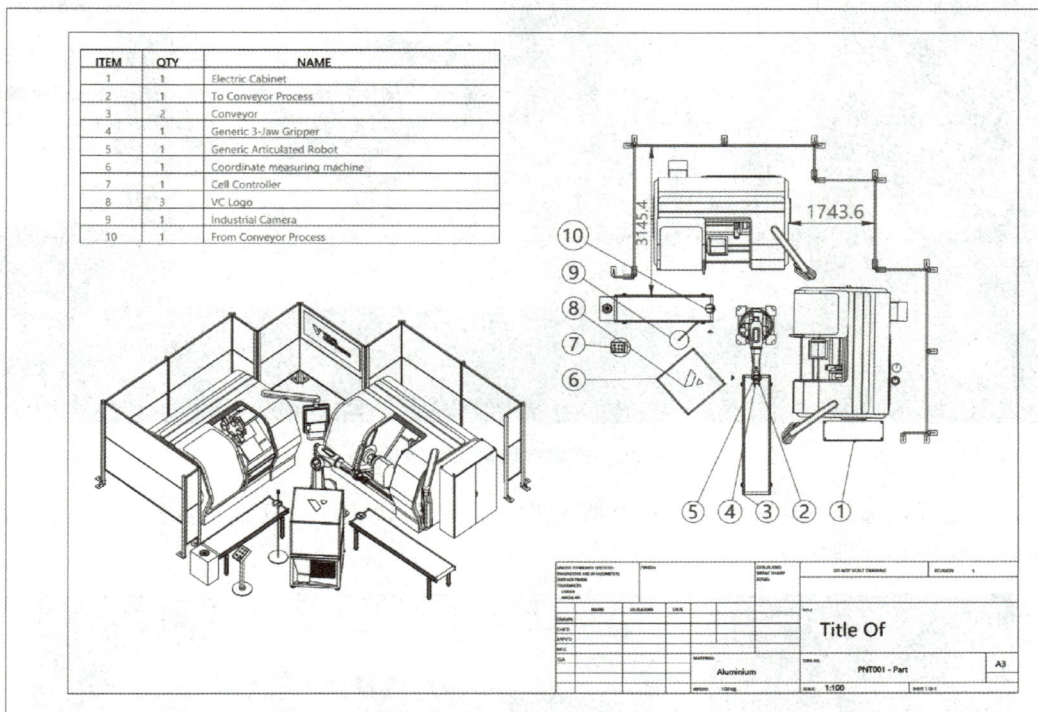

图 8-24　2D 图纸

3. 自主建模

　　三维组件建模提供了 3D 曲面和实体设计能力,提供长方体、圆柱体、球、圆锥体、楔形体等常见三维实体,可通过建模工具包自定义构建三维实体并设置其物理属性。

　　(1) 支持模型的标注、优化、修改、逻辑定义、上色,支持快速更新 3D 组件模型,包括创建、编辑、删除和自定义几何、实体形状和结构。

　　(2) 可修改导入的三维数模文件,在三维环境中快速构建产品、工装、设备、机器人、场地等的组件模型,并可根据需要修改组件的尺寸、颜色、形状等静态属性和运行速度、规则、逻辑等动态属性。

　　(3) 可以自由定义设备模型的材料、体积、密度、摩擦系数等物理属性,支持如旋转、平移等运动幅的设置。

　　模型物理属性参数设置如图 8-25 所示。

4. 图形化示教

　　示教模块能够在 3D 数字工厂环境中设计、模拟、优化及编程机器人工作单元,可为工装定义、工作单元的布置、机器人编程及工作单元模拟提供一个简单易用的、高度可扩展的高灵活性解决方案。机器人图形化示教如图 8-26 所示,该功能支持与机器人控制器模块 RCS 相互通信,用户可在仿真的图形界面中手动控制机器人的关节运动,以使机器人运动到预定的位置,同时将该位置进行记录,并传递到机器人控制器中。机器人可根据指令自动重复该任务,

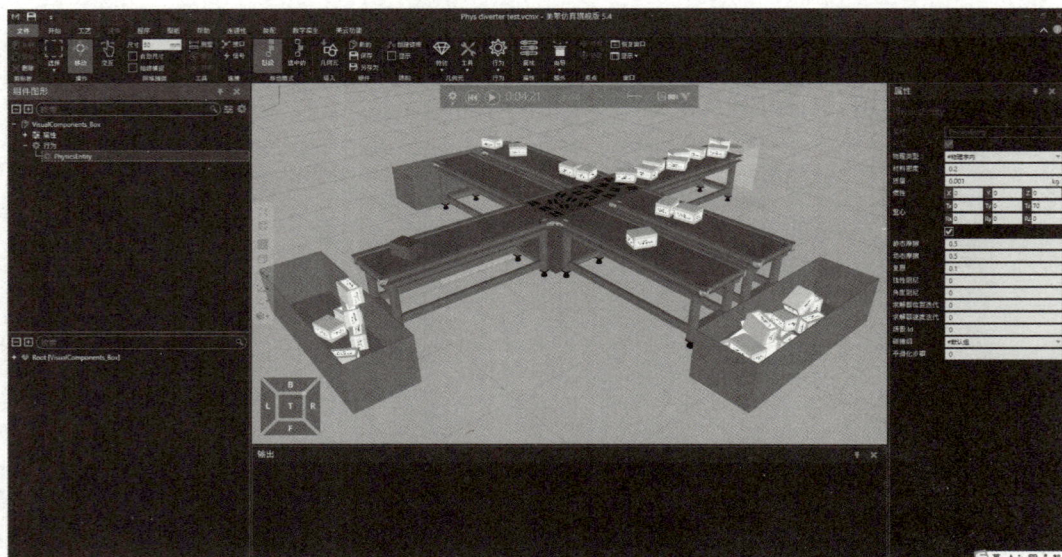

图 8-25 模型物理属性参数设置

操作人员也可以选择不同的坐标系对机器人进行示教,可快速进行机器人姿态设计、运动路径干涉检查和姿态合理性分析。

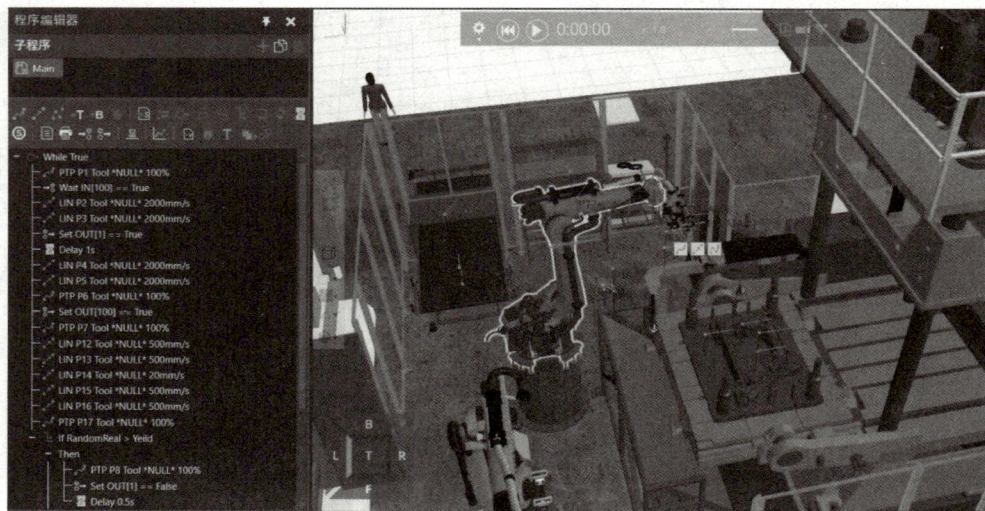

图 8-26 机器人图形化示教

5. 离线编程

离线编程的生产线和后处理工具允许用户准确地编写机器人离线程序,从而把机器人程序对生产计划的影响降到最低。校准工具可以使用户调整仿真模型来准确地反映实际的装配关系,而接口装置可以修改机器人设备来获得更精确的机器人动作。

离线编程能够在仿真环境里构建整个机器人工作应用场景的三维虚拟环境,然后根据加工工艺等相关需求,进行一系列操作,自动生成机器人的运动轨迹,即控制指令。随后,在软件中调整轨迹,最后生成机器人执行程序传输给机器人。这个功能使得在对下一个任务进行编程时,机器人可仍在生产线上工作;同时使编程者远离危险的工作环境,远程就可以直观地观察机器人工作过程，判断包括超程、碰撞、奇异点、超工作空间等错误。机器人轨迹规划离线编程如图 8-27 所示。

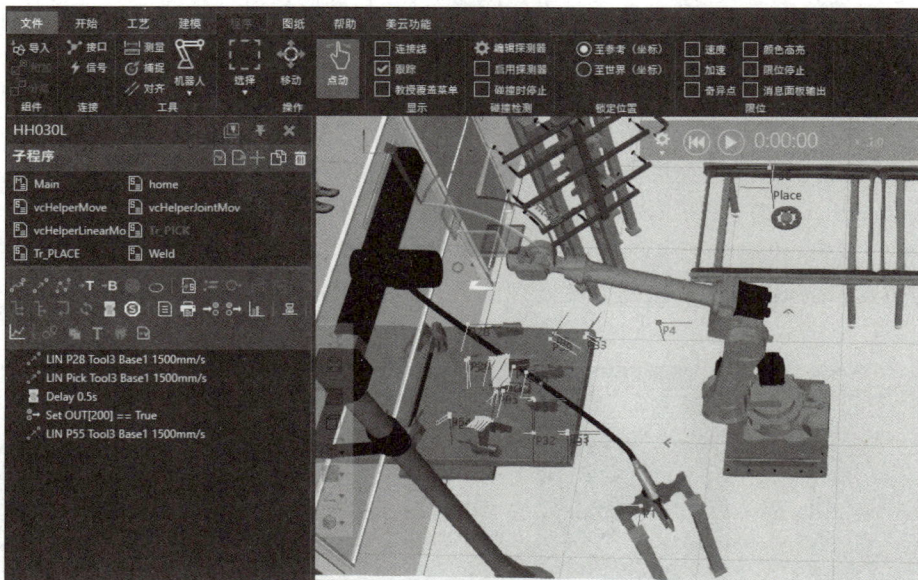

图 8-27　机器人轨迹规划离线编程

离线编程系统使用范围广，可以对各种机器人进行编程，支持多种品牌工业机器人离线编程操作，包括 ABB、KUKA、Fanuc、Yaskawa、Staubli，以及国产品牌机器人。

6. 仿真模块

平台软件具备制造系统仿真模块、设备与工艺调试模块、制造系统运行模拟模块与联合调试与监控模块。

该平台开放数据接口，支持与第三方"数字孪生技术"数据智能采集分析管理系统对接，如图 8-28 所示。

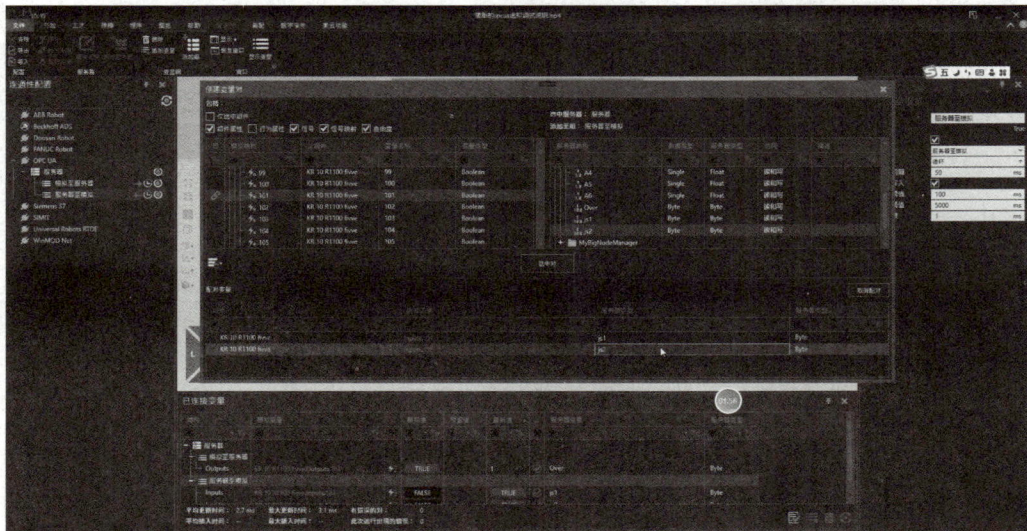

图 8-28　与外部 scada 系统对接并进行数据配对

7. 设计布局

快速连接功能可以实现快速实现物流设备、机器人工装夹具等工厂组件的逻辑连接，只需通过鼠标拖拉拽的方式，就可快速搭建工厂产线布局，帮助厂房设计者在实体设备还未安装之前便可确定厂房的布置安排，提前发现并解决生产流程问题。

通过搭积木的方式，无须繁复的信号勾连即可完成场景的搭建与布局，全面还原工厂生产状态，可以 1 分钟从零开始快速搭建复杂产线、AGV 配送线、电子立库、悬挂链、机器人建模、小型工厂等，具备强大且快速的方案实现能力，支持快速搭建应用场景并进行仿真，操作简单。

产品（product）、工艺（process）、工厂（plant）三位一体，全面还原工厂生产状态。同时，具备 Flow 生产逻辑，快速定义生产及物流运行逻辑，拉通从进厂到出厂的所有状态，支持工厂级规模的仿真，具备强大且快速的方案实现能力，如图 8-29 所示。

产品   工艺   工厂

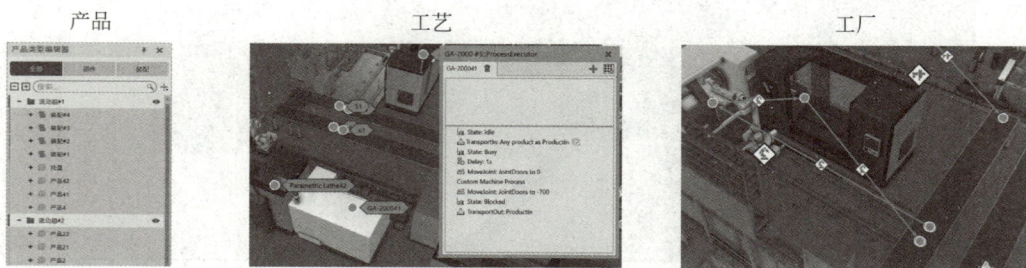

图 8-29 Flow 生产逻辑

该平台还具备点线面的构建逻辑，支持模型坐标及角度的变换，能对设备模型进行虚拟布局，并支持环境模型的导入，如图 8-30 所示。

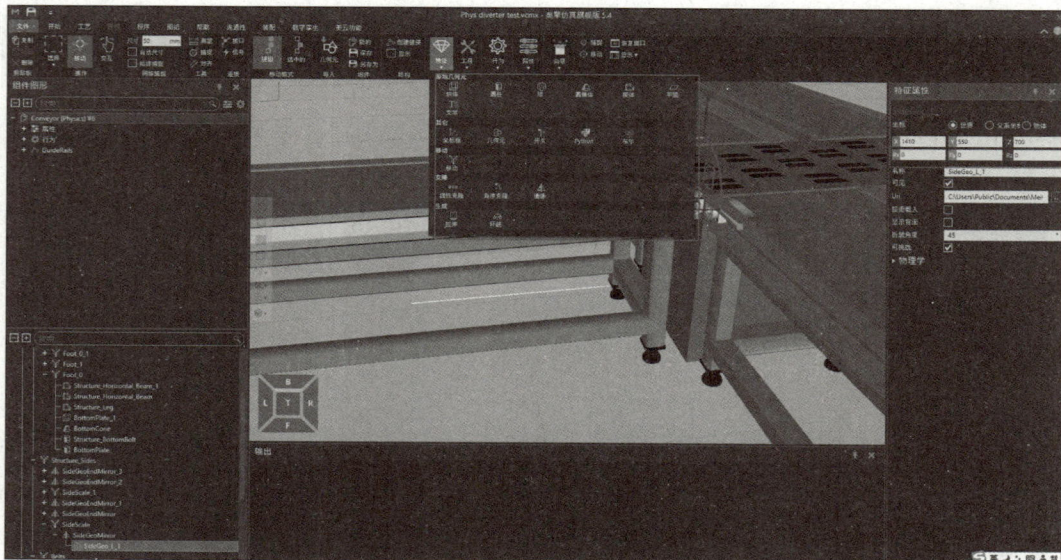

图 8-30 建模与坐标系统

此外，该平台能够进行设备运动参数和运动时间的规划和设置，能够根据设备运动参数进行运动的仿真，并通过设备与工艺调试模块驱动制造系统运行模拟模块中的设备进行运动。传输带长度速度配置如图 8-31 所示。

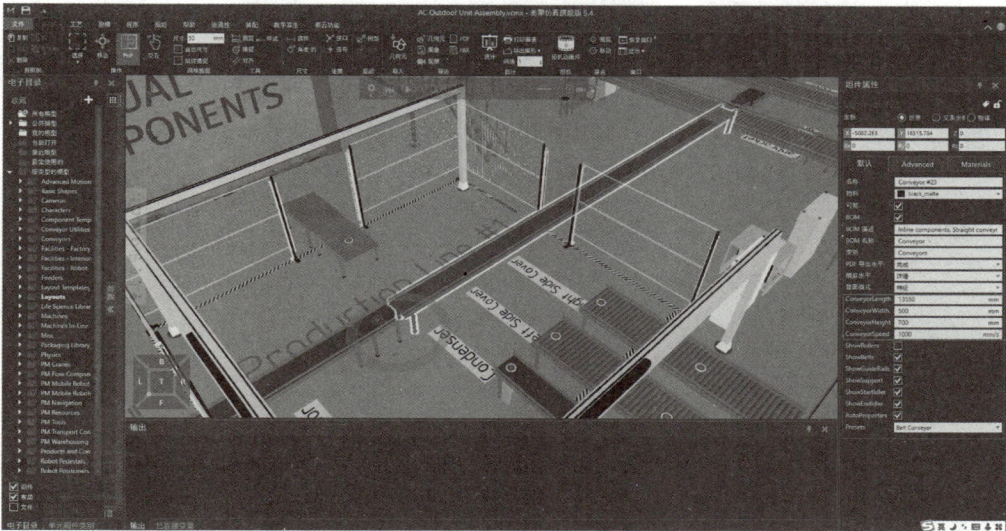

图 8-31　传输带长度速度配置

8. 工艺流程仿真

制造系统运行模拟模块中能够显示设备端口号,并支持设备的打开和关闭,来设置是否接收设备与工艺调试模块中的运动信号,信号面板与信号连接如图 8-32 所示。

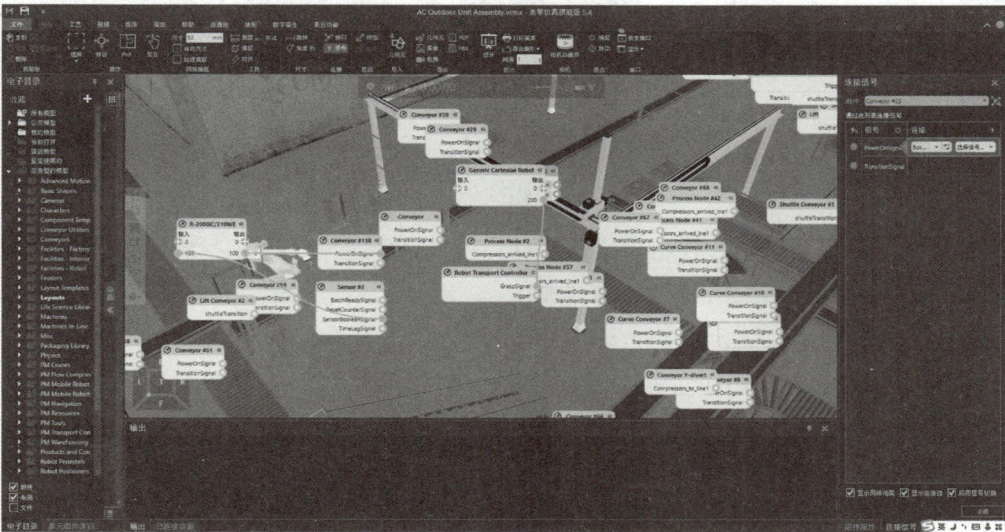

图 8-32　信号面板与信号连接

例如,支持设备和 PLC 信号交互,在虚拟动画设置 PLC 信号连接,可实现对工序中各工步 PLC 指令的设置,从而通过改写 PLC 指令运行虚拟动作,与 PLC 信号的交互示例如图 8-33所示。

该平台能够接收 PLC 中回传的设备数据,如六轴机械臂、CNC 等,并根据真实设备的运动数据驱动虚拟模型进行运动,如图 8-34 所示。

软件包含特有工艺包,常用的模块有机器人喷涂模块和机器人焊接模块。

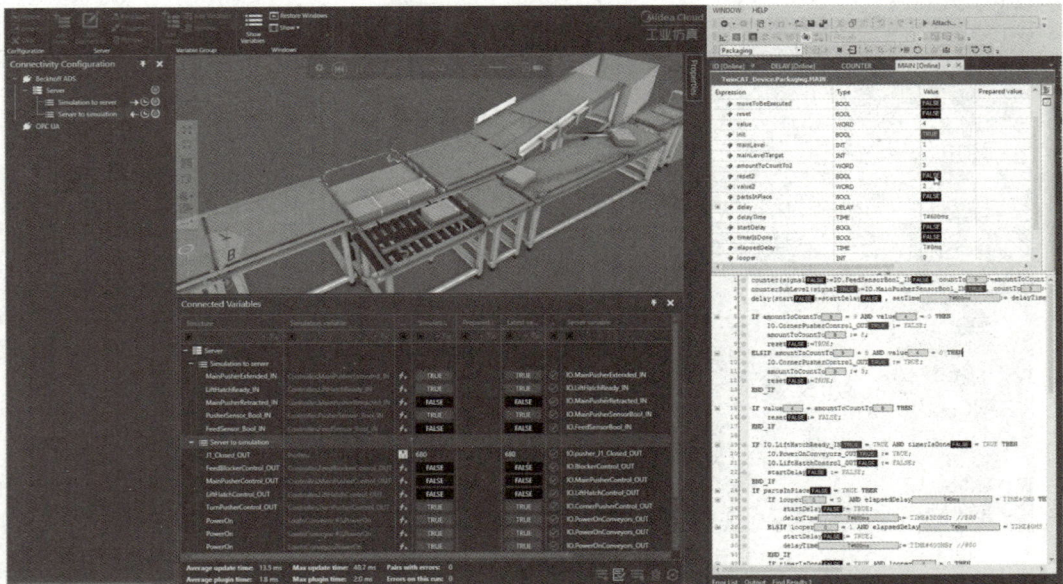

图 8-33　与 PLC 信号的交互示例

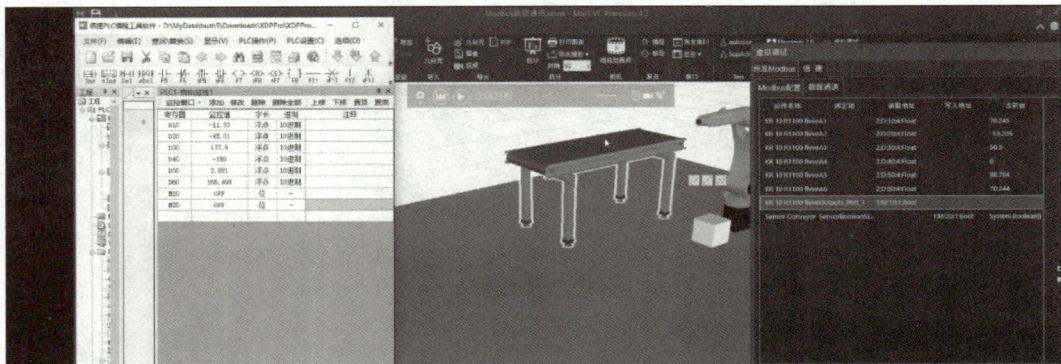

图 8-34　六轴机械臂与 PLC 交互

机器人喷涂模块是专门为机器人涂装应用定制的软件功能包,包括主流厂商标准机器人库、设备机构建模功能、机器人动作仿真功能、资源布局等功能。该模块可充分满足喷漆等喷涂应用的要求,还可对喷涂工艺进行模拟与分析,以便在生产中使用机器人路径之前对相关工艺进行验证与优化。喷涂机器人参数设置和仿真如图 8-35 所示。

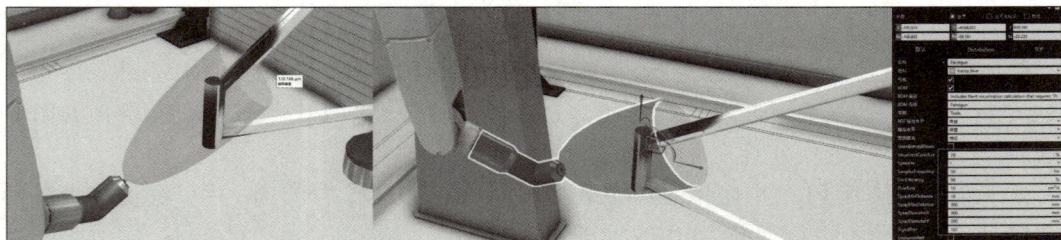

图 8-35　喷涂机器人参数设置和仿真

（1）可设计喷涂轨迹、喷幅宽度、喷涂有效距离、喷涂角度调整等喷涂参数。

（2）支持 3D/2D 的建模和动态仿真分析,可实现喷枪路径仿真、喷涂节拍仿真、空间干涉分析、工艺参数验证、工时/辅料定额测算。

（3）组件库包括 ABB、川崎、安川、FANUC 等主流品牌的喷涂机械臂,输出喷涂程序可由现场喷涂机器人识别,微调后即可满足现场使用要求。

（4）三维喷涂工艺设计与工艺仿真数据同源,功能直接相互调用,避免数据格式不统一。

弧焊模块可以使用户在离线的数字环境中,创建和优化机器人弧焊的路径、任务及编程,焊接机器人参数设置和仿真界面如图 8-36 所示。

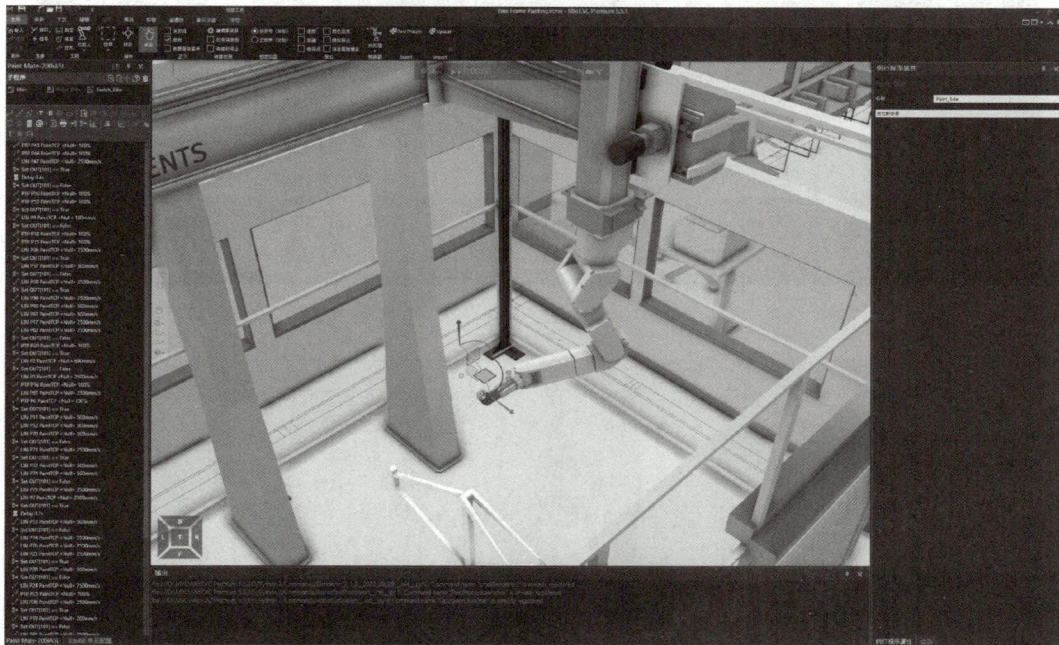

图 8-36　焊接机器人参数设置和仿真界面

（1）可基于几何特征对弧焊机器人路径生成和修改。

（2）支持线焊紧固参数的导入和修改。

（3）支持基于线焊紧固参数生成弧焊缝。

（4）快速修改弧焊 Tag 点的方向。

（5）通过焊缝搜索生成机器人路径。

（6）支持工作定位转台、导轨等辅助设备程序代码生成。

组件库包括库卡、ABB、神钢、川崎、安川、FANUC 等主流品牌的弧焊、搬运机械臂,输出的焊接程序可由现场焊接机器人识别,微调后即可满足现场使用要求。

该模块支持零件的导入和产品的构建。从构件到设备到工位到产线的构建,以及工序和工艺的规划,工艺和工序能够与构建的产线、工位形成关联,构建工艺流程设计与规划,如图 8-37 所示。在同一个 3D 环境同时实现 3D 物流过程仿真和机器人仿真/PLC、产线仿真,产线仿真布局如图 8-38 所示。

9. VR 交互

VR 模块配合 VR 设备,可以实现人、实体 PLC、虚拟设备、VR 设备多方实时交互、基于

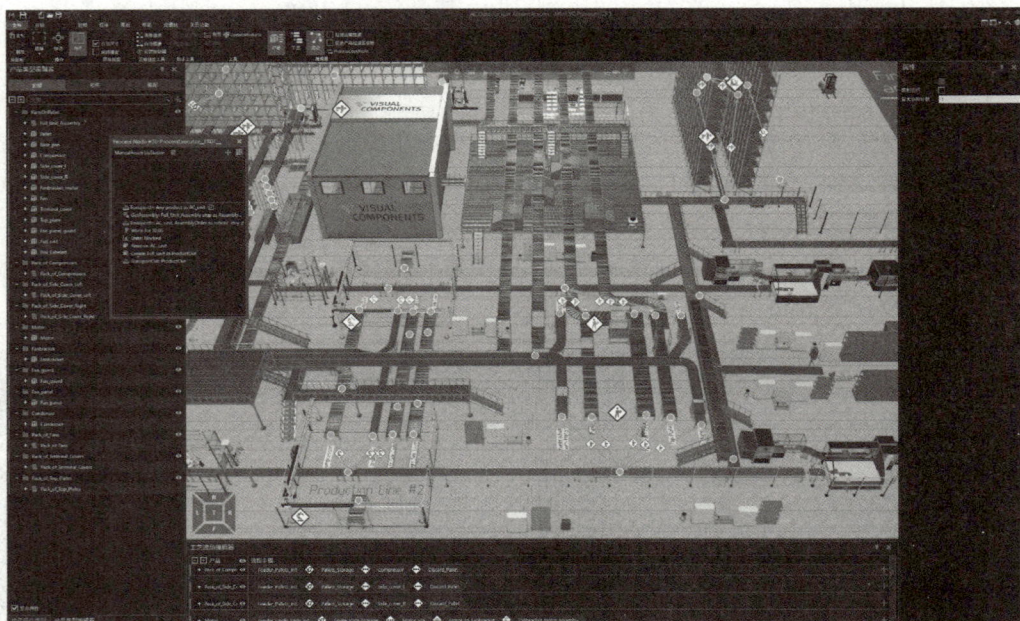

图 8-37　生成工艺流程设计与规划

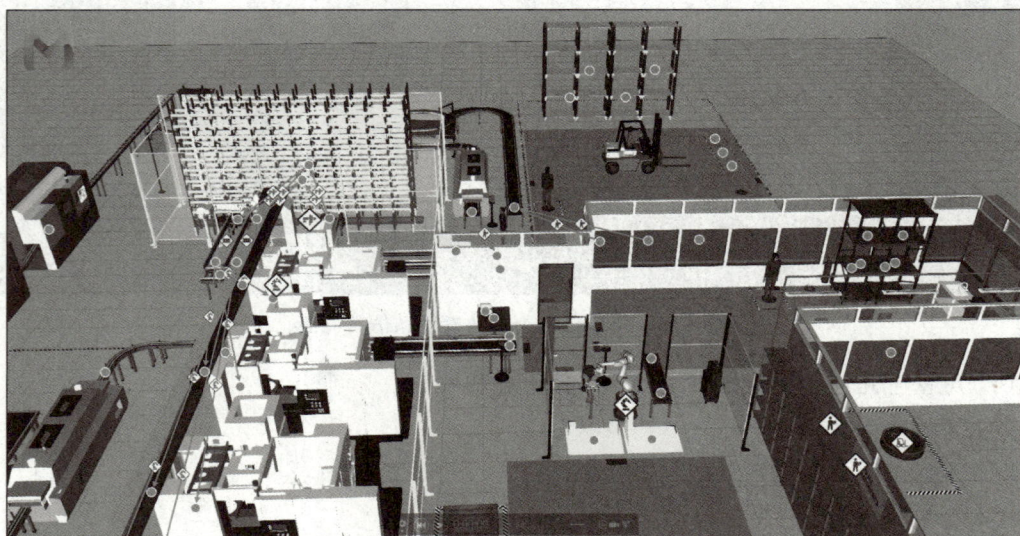

图 8-38　产线仿真布局

VR 虚拟现实的工业仿真展示,沉浸式动态展示具体的生产装配过程,VR 设备接入界面如图 8-39 所示。

实现人/实体 PLC/虚拟设备/VR 设备多方实时交互实时控制实时仿真,支持运行控制实时指令进行实时仿真计算,VR 视图如图 8-40 所示。

利用可交互式 VR,CAD 数据可以被直接导入以 3D 虚拟仿真的形态呈现。工程师只要戴上头盔就可以立刻沉浸在一个 1∶1 的真实虚拟环境中,通过双手对工业产品模型进行虚拟操作实现虚拟产线互动,像游戏一样操作产线设备、控制工厂运行,实现与仿真环境一致地 3D 漫游与工厂交互,VR 交互操作如图 8-41 所示。

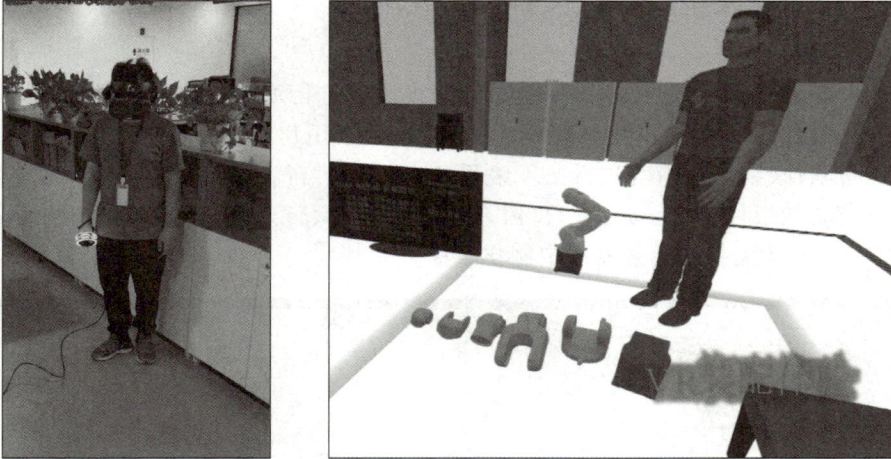

图 8-39　VR 设备接入界面

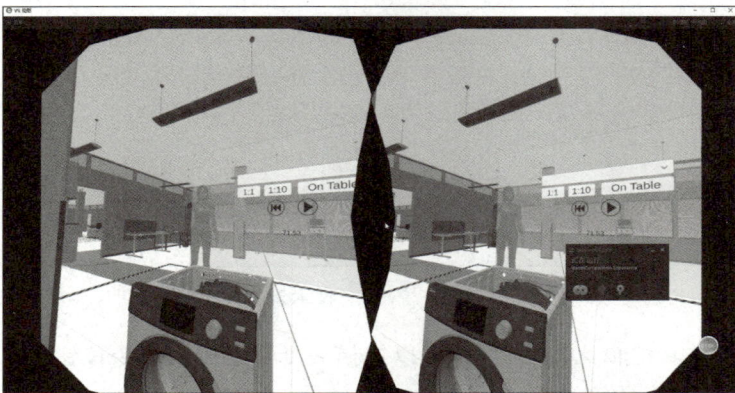

图 8-40　VR 视图

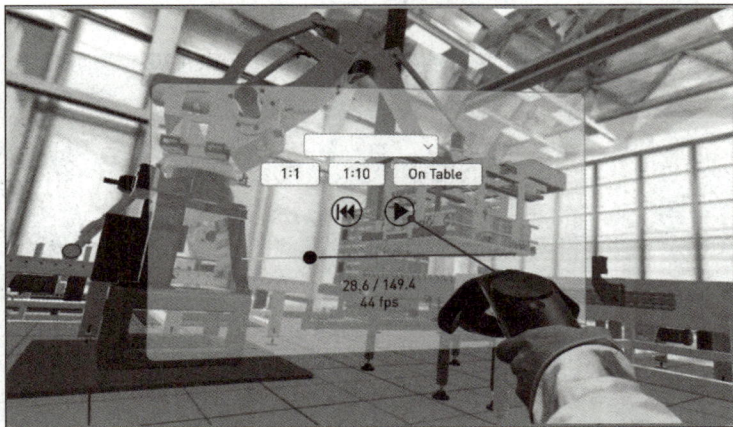

图 8-41　VR 交互操作

　　在工厂设计阶段,通过 VR 设备,设计师与其他参与项目的人员可以虚拟地在厂房中观测与审核,可以在同一环境下讨论工程布局与行走路线的布局。

　　通过虚拟测试工业设备组装与厂房设备投产后的使用状况,企业可以精准地预算投产需要的装配费用、人员配置费用，以及投产后的产能与收益。

10．脚本编程

物流逻辑和设备逻辑支持使用 Python 等高级语言进行编写，Python 脚本示例如图 8-42 所示。超过 90％的设备动作及物流逻辑无须编程，便于用户快速上手，简单易用；支持使用 Python 对设备动作、物流逻辑等进行拓展编程，Python 语言简单易学，学习成本低；支持使用 Python 开发新功能组件，如运动设备、机器人、AGV、立库、传送带等，基本上所有的资源和设备都可按其实际的功能和逻辑开发成定制化组件。

图 8-42　Python 脚本示例

在组件建模和仿真逻辑比较固化时，可以把相关步骤集成到命令按钮或 UI 中，实现一键实现需求，极大地提高仿真效率。

支持至少 10 种品牌的机器人轨迹规划离线编程、碰撞检测、可达性分析、代码导出，碰撞检测效果如图 8-43 所示。

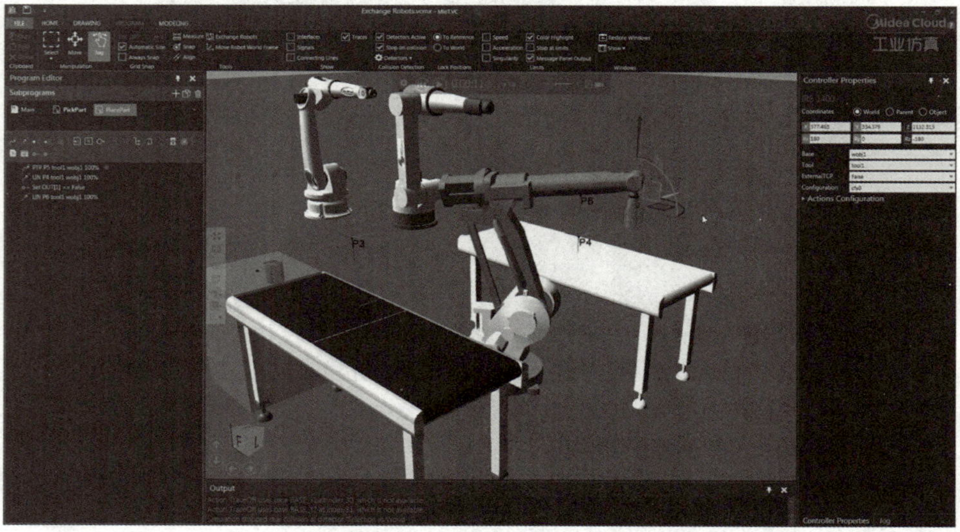

图 8-43　碰撞检测效果

具备二次开发能力及多种仿真优化工具，支持.net 等通用语言开发，配置.net API 说明文档如图 8-44 所示，基于.net 进行二次开发界面如图 8-45 所示。

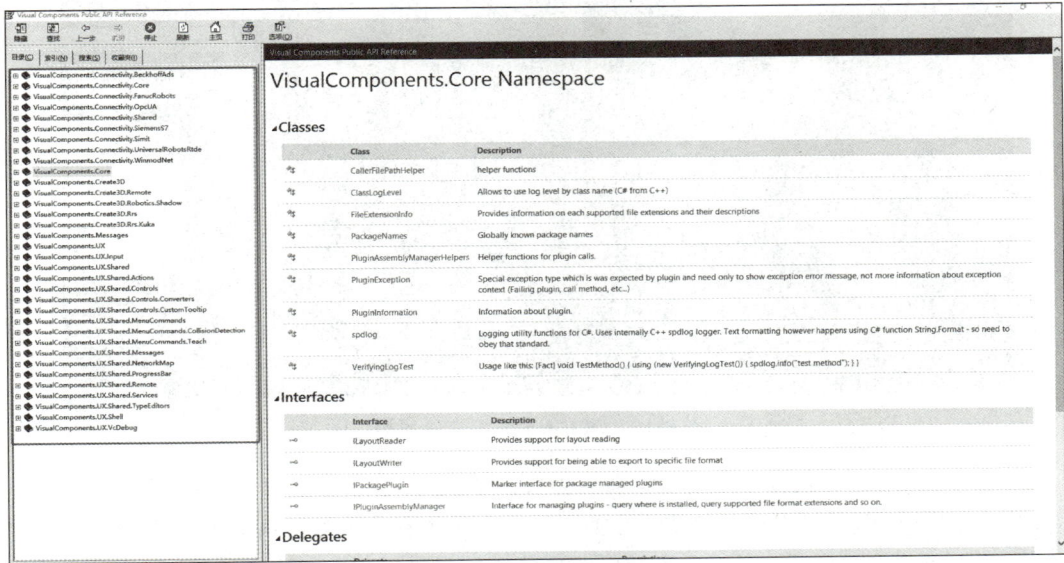

图 8-44　.net API 说明文档

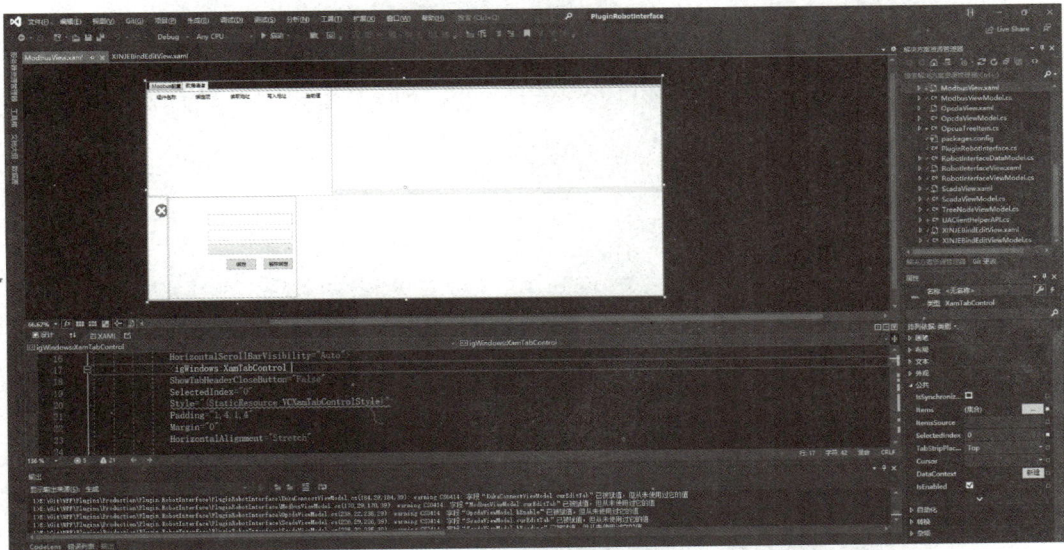

图 8-45　基于.net 进行二次开发界面

11. 虚拟调试

可以在虚拟环境中调试 PLC 代码，通过虚拟仿真来验证设备自动化，再将这些调试代码下载到真实设备中，从而大幅缩减调试周期。虚拟调试允许设计者在设备生产之前进行任何修改和优化，而不会造成硬件资源的浪费。

（1）支持通过 OPC-UA、SiemensS7-PLC 等通信协议直联主流品牌 PLC、HMI 和 SCADA 等设备，并与现场设备进行数据交互，对现场 PLC 控制器的数据点进行读模式、订阅模式和写模式，如 OPC UA 协议交互界面如图 8-46 所示。

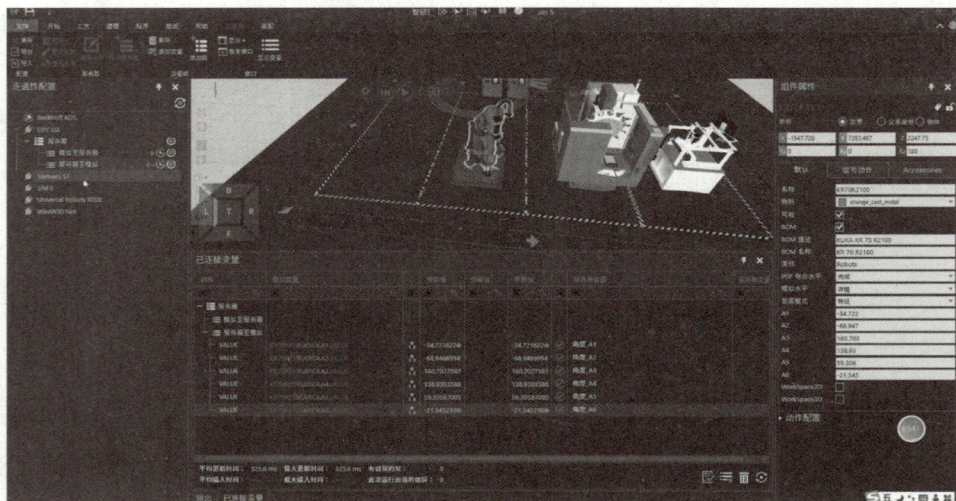

图 8-46　OPC UA 协议交互界面

（2）支持在无实物 PLC 的情况下，利用内置软 PLC 对设备 PLC 梯形图进行逻辑验证。

（3）可以进行虚实设备联动调试，实现数字孪生在仿真环境可监视现场设备状态、设备运动情况，可下发命令至设备，控制产线等设备启停，设备联动调试如图 8-47 所示。

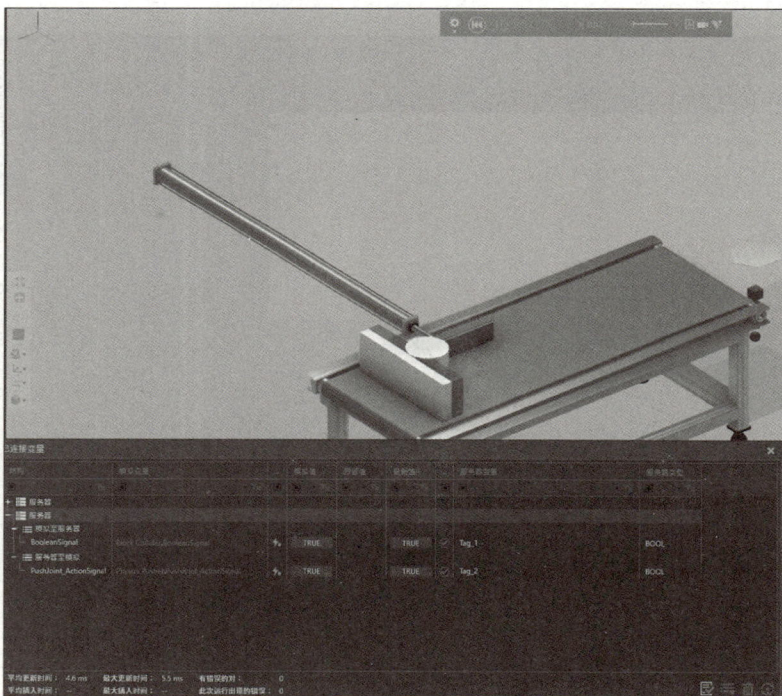

图 8-47　设备联动调试

（4）在虚拟环境中调试自动化控制逻辑和 PLC 代码，再将其下载到实物设备。

12．生产流程验证

可进行装配顺序规划，对装配过程与装配路径进行预仿真，找出最优装配过程，确定产品维护过程中最优的拆卸和重组顺序，并且仿真过程和数据可以记录，装配步骤设计如图 8-48 所示。

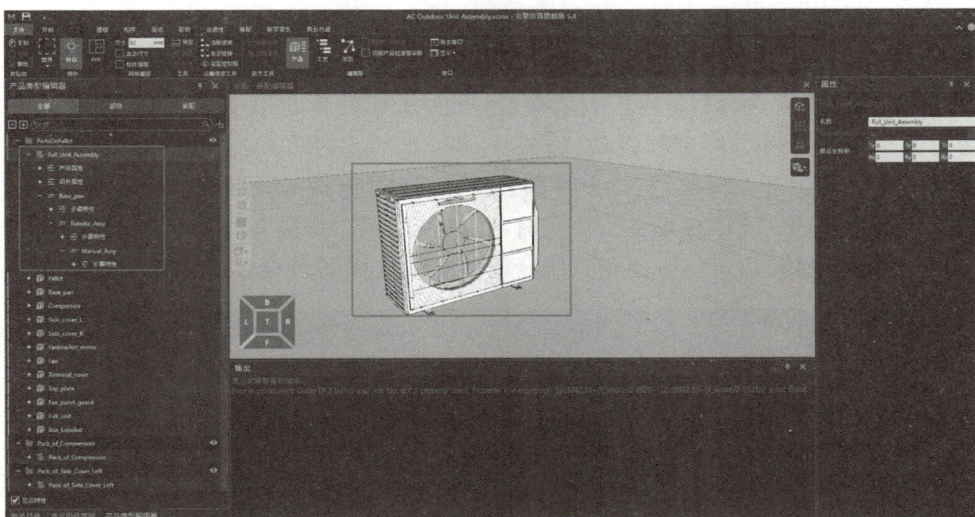

图 8-48 装配步骤设计

（1）为避免干涉，具有动态装配安全距离分析功能，包括装配顺序、结构干涉检查、间隙检查、运动过程仿真。

（2）能利用完整的设计模型数据开展工艺虚拟验证，包括产线整体运动模拟，以及解决工艺过程验证问题。

（3）可进行装配顺序规划，随时调整装配顺序，得到产品的最佳装配顺序，提高装配工培训效能。

（4）通过对装配过程与装配路径的预仿真，进行碰撞分析、接触分析、间隙，如图 8-49 所示。

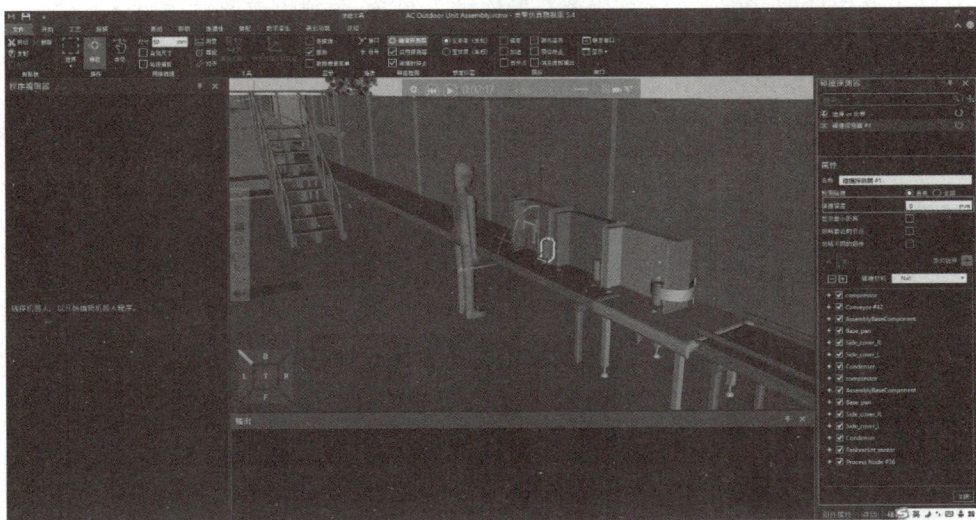

图 8-49 碰撞干涉和间隙检查

（5）可分析、验证零部件的可装配性。

（6）可通过调整装配活动的顺序及各活动运动时间，达到模拟并行装配场景的目的，辅助用户进行装配节拍计算。

（7）产品生产装配过程细节仿真，具备部件干涉分析高亮检查，干涉分析详细报告输出。

（8）一键设置组装部件间运动信号逻辑，简化装配仿真过程。

（9）装配过程图形化示教位置，简单高效。

支持装配线的产能、瓶颈、缓存区利用率、生产和运输设备利用率、人力资源利用率、工时平衡、物料配送策略分析，对产线、设备、物流、库存、节拍、瓶颈、人员和利用率等进行全面评估、综合分析和优化提升。同时，支持多种图表输出分析，包括折线图、饼图、柱状图等自定义报表，支持定制化输出；能够在设备头顶实时显示运行参数，支持 3D 化组态看板，以及将所有数据导出至 Excel 表格，供第三方使用。统计模块实时生成图表与数据导出如图 8-50 所示。

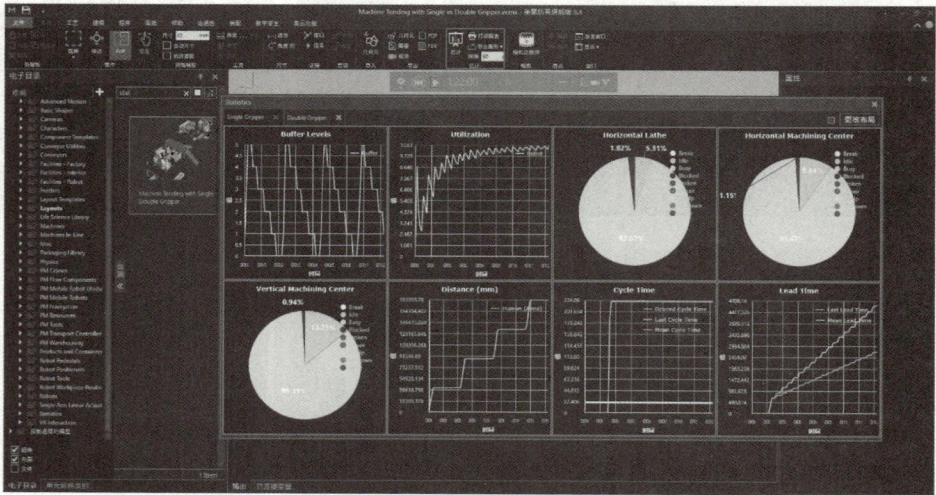

图 8-50　统计模块实时生成图表与数据导出

拥有基于通用性的 .net 平台，为开发人员提供了熟悉、敏捷的开发环境。

（1）定制化功能模块，利用 C♯ 可以新增定制化功能 Tab 页、定制化 UI 图标及功能按钮等。

（2）定制化数据输出及统计报表输出。

（3）基于外部系统数据通信与交互的数字孪生平台，如开发 TCP 客户端或服务器。定制化二次开发运行效果如图 8-51 所示，定制化仿真建模界面如图 8-52 所示。

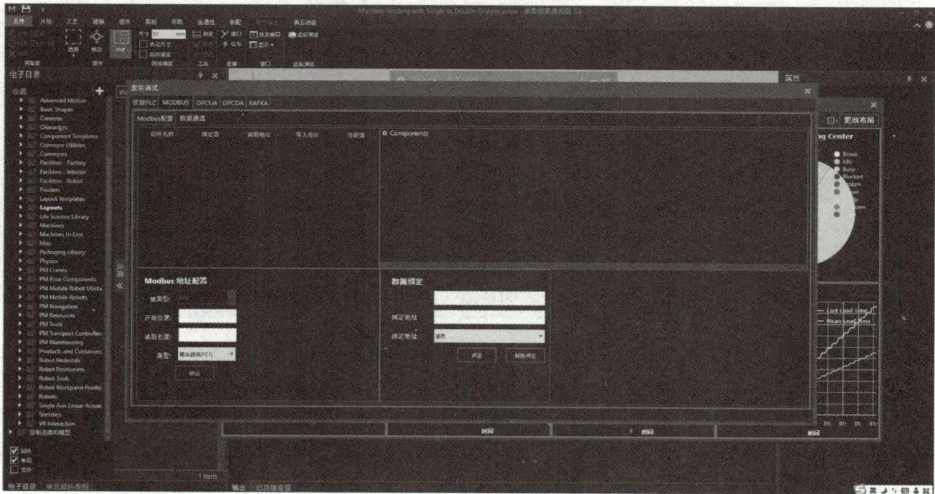

图 8-51　基于 .net 进行二次开发运行效果

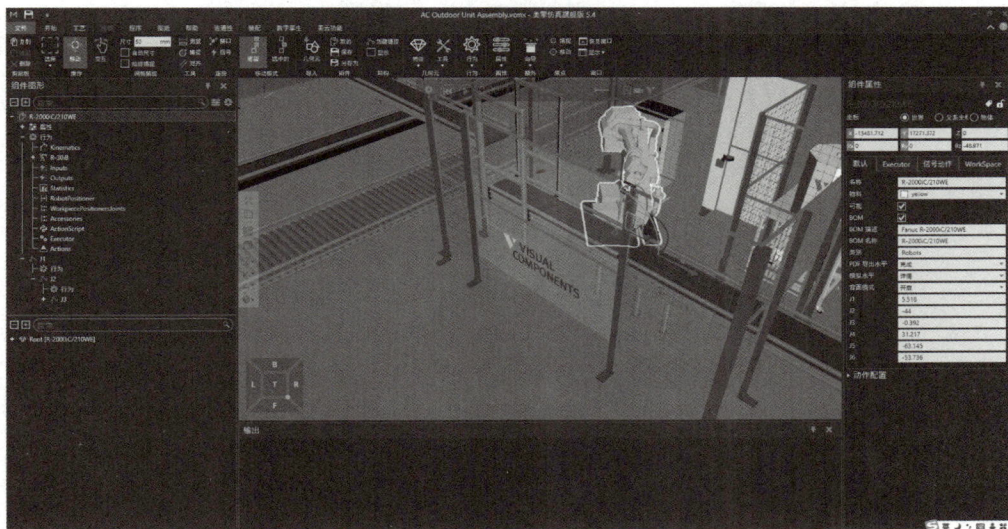

图 8-52　定制化仿真建模界面

可以实现 3D 化组态看板设计、所有数据可导出 Excel 表格供第三方使用等功能,如图 8-53 所示。

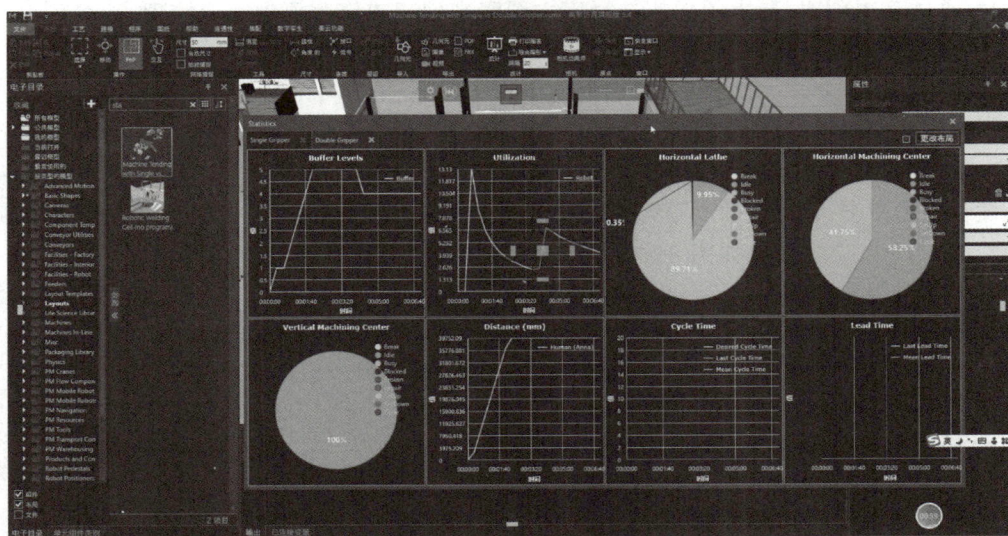

图 8-53　组态看板设计

13. 人机工程

人机工程模块可提供一个高效工具箱,人机工程模块基于工艺仿真解决方案基础之上,与之完全集成,且作为一种高级全功能型人体建模软件包,允许在仿真环境中创建并处理用户自定义的高级数字人,以便在产品生命周期早期实现对人类/产品交互以及工作流程的分析。此外,还可针对预期目标受众创建详细的定制人体模型,专门分析人体模型在虚拟环境中如何与相关对象互动,并在新的设计背景下确定操作员的舒适度与绩效。人机工程界面如图 8-54 所示。其主要功能如下。

(1) 人体抓取、生产操作等功能示教,还原人机作业全流程。

（2）精准装配功能，能按照部件尺寸及约束关系来进行装配。

（3）单手/双手多场景作业和人体行走路径规划功能。

（4）RULA 分析还原人体受力和疲劳状态，实现高级人机因素分析。

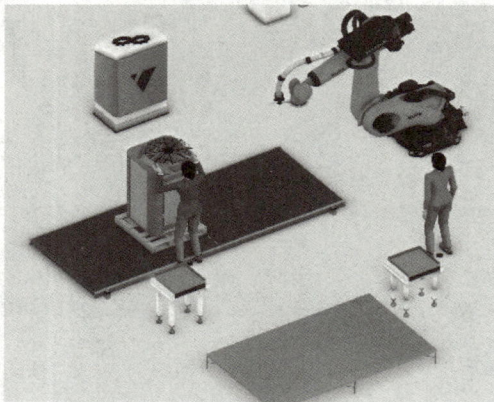

图 8-54　人机工程

14. 组件模型渲染

利用材质的技术规范对模型进行逼真渲染。其主要功能如下。

（1）通过草图创建、导入图像或选择库中图案来创建或修改模型表面纹理。

（2）通过规范驱动方法或直接选择来指定材质。

（3）法向深度 NormalDepth，法向贴图 NormalMap 和法向比例。

（4）增加了额外的材质来增强显示模型表面的颗粒。

（5）自带一键渲染，模型可无缝嵌入 Blender 及 Unity3D 软件做深度渲染和处理。将生产线、设备模型等导入 Unity3D 等第三方渲染软件，为后续数字孪生大屏等项目提供基础动态模型，Unity 3D 渲染效果如图 8-55 所示。

图 8-55　Unity 3D 渲染效果

　　支持手机等移动端查阅,支持在安卓、苹果等手机移动设备上查看并漫游产线,包含与计算机端一致的 3D 动态仿真效果,如图 8-56 所示。

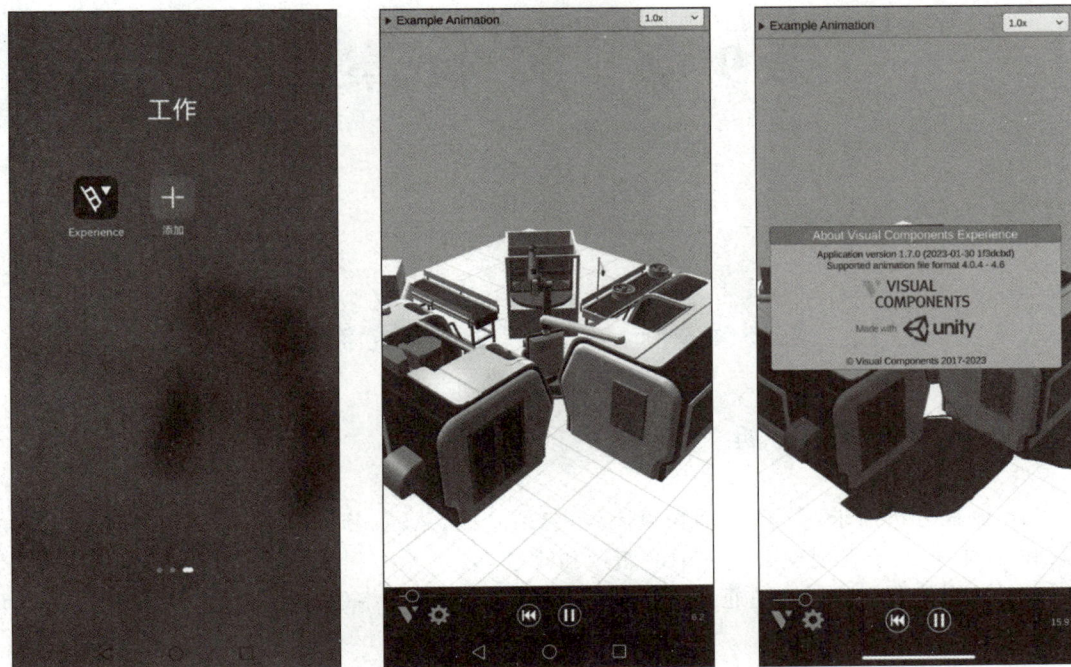

图 8-56　手机终端查看动态仿真效果

第9章 实 验 案 例

9.1 实验案例一 工厂物料运输场景仿真

9.1.1 案例需求分析

(1) 流程分析需求：了解当前物流流程,包括仓储、运输、分拣等环节,以及各环节之间的关联和影响,有助于发现现有流程中的瓶颈和改进点。

(2) 效率优化需求：希望通过仿真分析找到提高物流效率的方法,如减少等待时间、优化路线、提高装载率等。

(3) 成本降低需求：寻求降低物流成本的方案,包括减少人力成本、运输成本及库存成本等。

(4) 风险评估需求：评估物流系统在面对不同情景下的应对能力,包括供应链中的突发事件(如天灾、交通拥堵等)对物流系统的影响。

(5) 决策支持需求：提供仿真结果,帮助决策者制订最佳的物流策略和方案,包括设备投资、分析人员配置、库存管理等方面的决策。

(6) 客户服务水平需求：关注客户对物流服务的满意度,希望通过优化物流流程提升客户服务水平,如准时交付率、货物损坏率等指标的改善。

(7) 环境可持续性需求：考虑减少物流活动对环境的影响,如降低碳排放、优化路线减少能源消耗等。

只要遵循上述需求,则可以设计出符合实际情况并能够有效优化物流系统的仿真案例。

9.1.2 案例操作流程

1. 场景概述

产品需要进行加工,分别有两道不同的工序并由两台不同的机床依次进行。加工完成后,经传送带运送至 AGV 小车处,再由 AGV 小车搬运至下一个传送带进行运输,最终由工人从传送带上搬至储货架上。

2. 组件列表

工厂物料运输仿真场景组件列表如表 9-1 所示。

表 9-1　工厂物料运输仿真场景组件列表

组 件 名 称	所 属 类 别	数量
Feeder(给料机)	PM Flow Components	1
Conveyor(传送带)	Conveyors	3
From Conveyor Process(输入)	PM Flow Components	3
To Conveyor Process(输出)	PM Flow Components	2
Parametric Lathe(参数车床)	Machines	1
Parametric Vertical Mill(参数车床)	Machines	1
Robot Transport Controller(机器人控制器)	PM Transport Controller	1
Generic Servo Track(导轨)	Robot Positioners	1
Sphere Geo(Ball)(产品)	Basic Shapes	1
Mobile Robot Resource(AGV 小车)	PM Mobile Robot	1
Mobile Robot Transport Controller(小车控制器)	PM Transport Controller	1
Human(Otto)(工人)	PM Resource	1
Human Transport Controller(工人控制器)	PM Transport Controller	1

3. 场景搭建

在"电子目录"面板中找到 PM Flow Components 文件夹,单击并拖动 Feeder 组件至 3D 视图区中,如图 9-1 所示。

图 9-1　添加 Feeder 组件

打开 Visual Components 模型库,单击并拖动第一个 Conveyor 组件贴紧 Feeder 组件,将其命名为 Conveyor1,如图 9-2 所示。

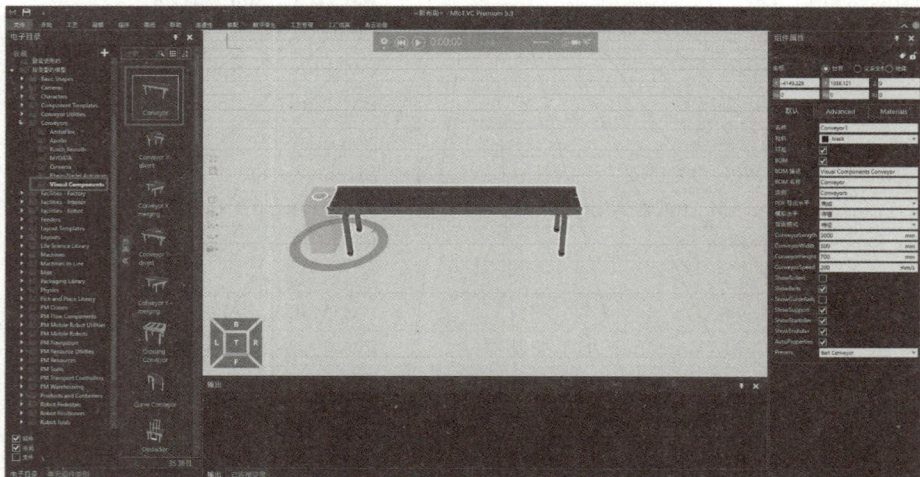

图 9-2　添加 Conveyor 组件

同样,单击开始菜单栏的交互按钮,将鼠标光标移动到传送带边缘位置,当光标变为手指状态时,拖曳也可随意改变传送带的长宽等属性,如图 9-3 所示。

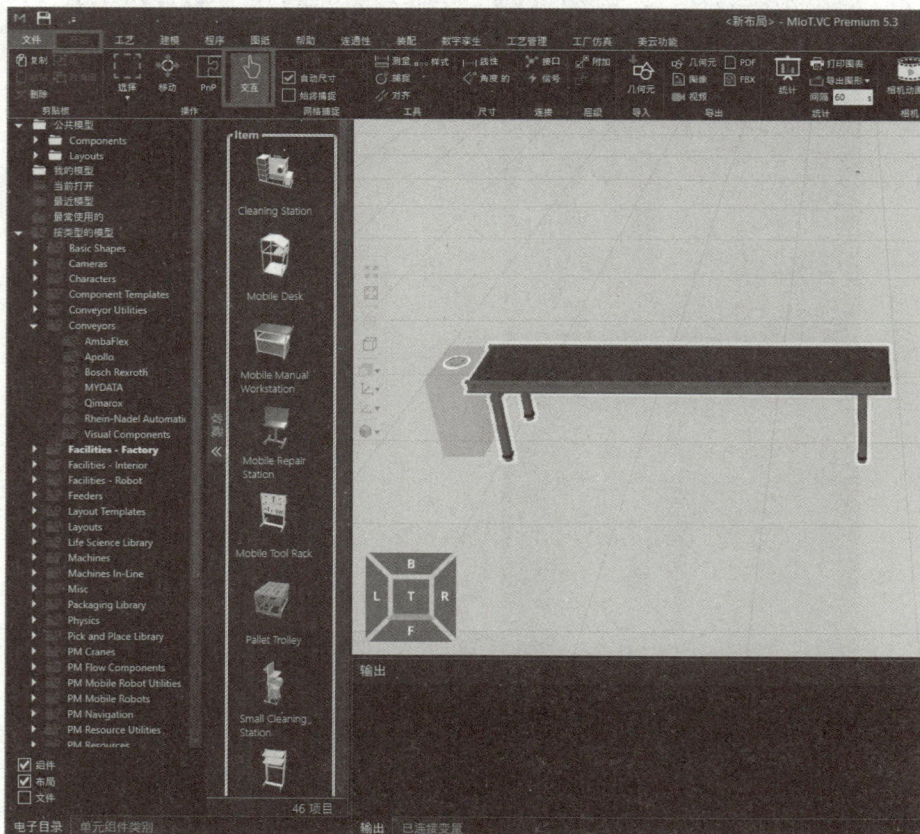

图 9-3　使用交互按钮调节传送带尺寸

继续从目录面板中找到 Robot Positioners 文件夹，打开 Visual Components 模型库，单击并拖动 Generic Servo Track 组件至 3D 视图区合适位置，在右侧属性栏调节其长度为 4000mm，如图 9-4 所示。

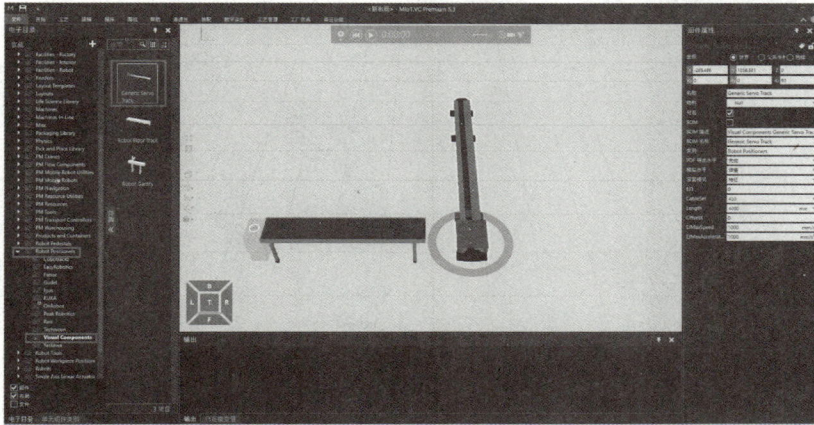

图 9-4　添加 Generic Servo Track 组件

找到 Machines 文件夹，单击并拖动 Parametric Lathe 组件至 3D 视图区，通过蓝色圆环调整其角度，如图 9-5 所示。

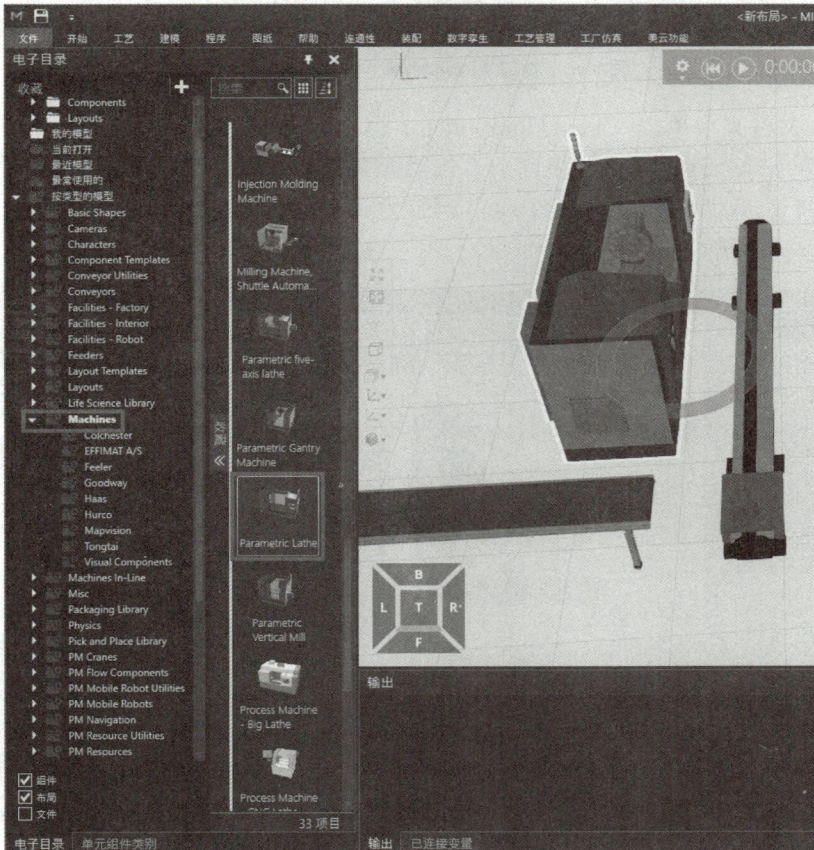

图 9-5　添加 Parametric Lathe 组件

单击并拖动 Parametric Vertical Mill 组件至 3D 视图区合适位置,通过蓝色圆环调整其角度,如图 9-6 所示。

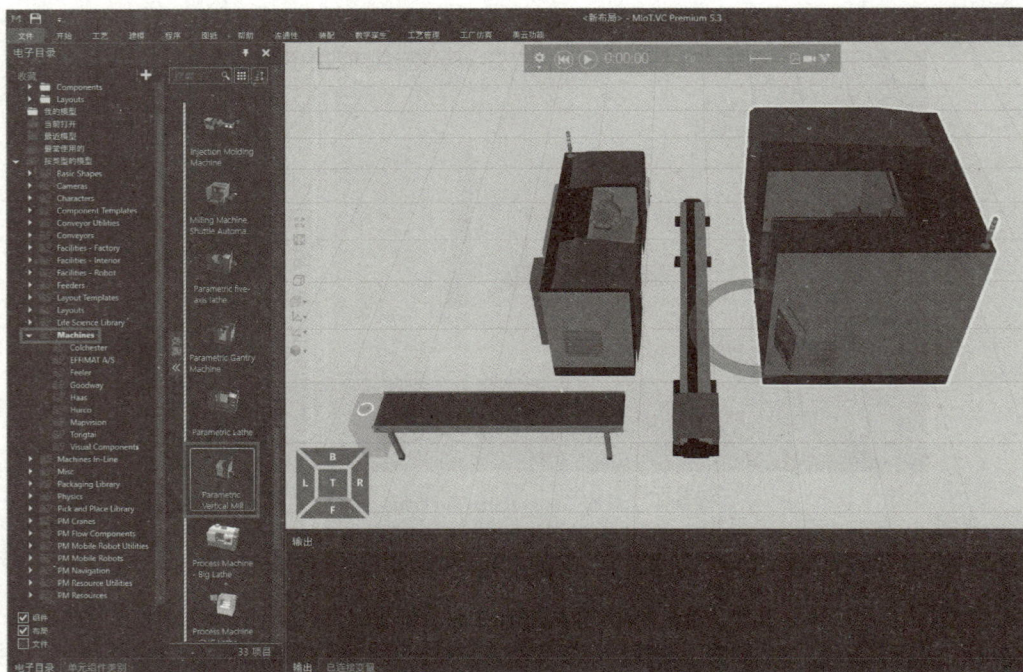

图 9-6　添加 **Parametric Vertical Mill** 组件

在 Robot 文件夹中单击 Visual Components 模型库,拖动 Generic Articulated Robot 组件至刚添加的 Generic Servo Track 组件上。机器人会自动吸附在滑轨上。随后,对机器人的属性进行调整,将 scale 调整为 1.5,将 Reach 调整为 2,以便于机器人可以达到合适的抓放高度和长度,如图 9-7 所示。

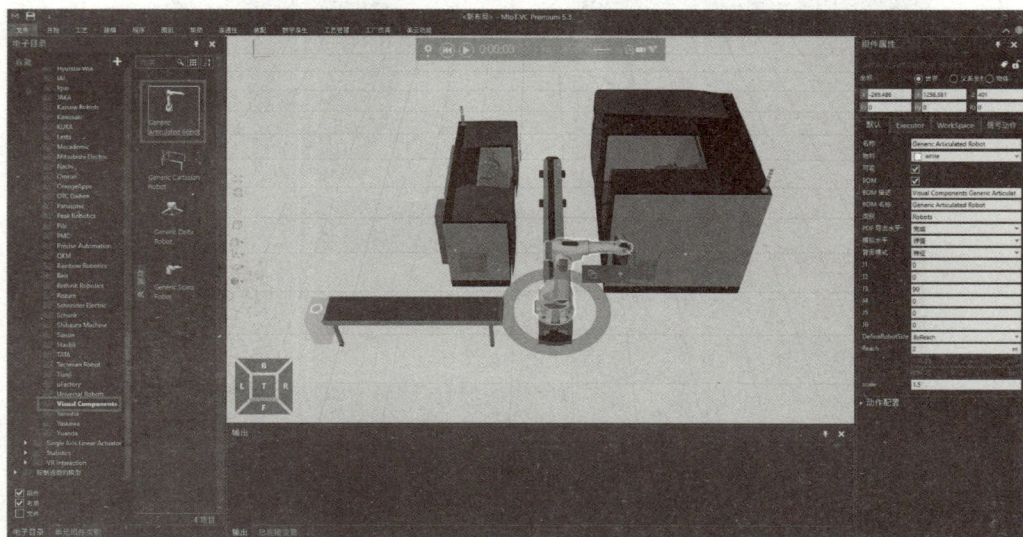

图 9-7　添加 **Generic Articulated Robot** 组件并调节其参数

找到 PM Transport Controller 文件夹,单击并拖动 Robot Transport Controller 组件至视图区中刚添加的机器人的下方,控制器自动吸附在其下方,并变成扁平状态,如图 9-8 所示。

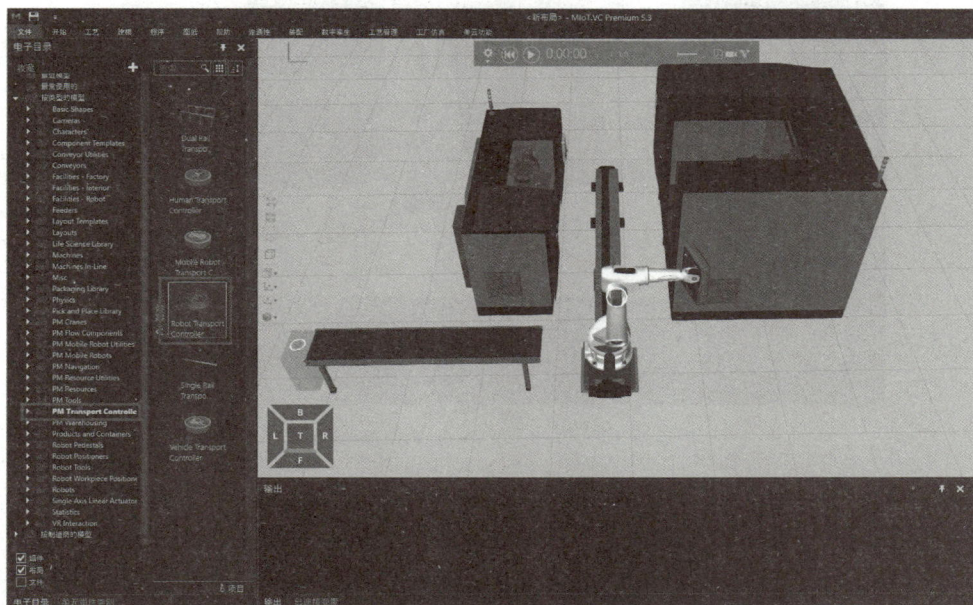

图 9-8 添加 Robot Transport Controller 组件

再次在 Conveyors 文件夹中打开 Visual Components 模型库,单击并拖动第二个 Conveyor 组件至视图区合适位置,将其命名为 Conveyor2,如图 9-9 所示。

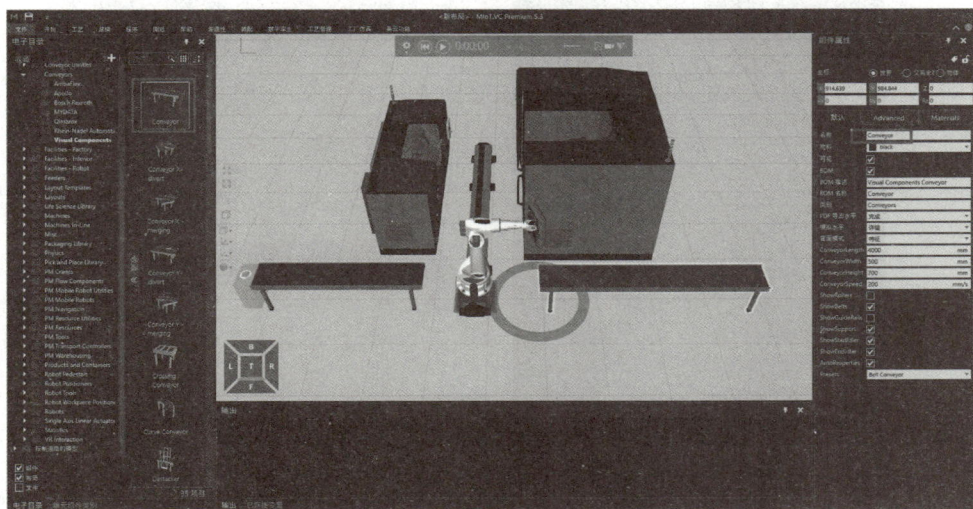

图 9-9 添加第二个 Conveyor 组件

找到 PM Flow Components 文件夹,将 From Conveyor Process 组件(紫色箭头)置于 Conveyor1 传送带终点并重新命名为 From Conveyor Process 1,将 To Conveyor Process 组件置于 Conveyor2(蓝色箭头)传送带起点并重新命名为 To Conveyor Process 2(若不修改名称则会影响流动环节的顺序),如图 9-10 所示。

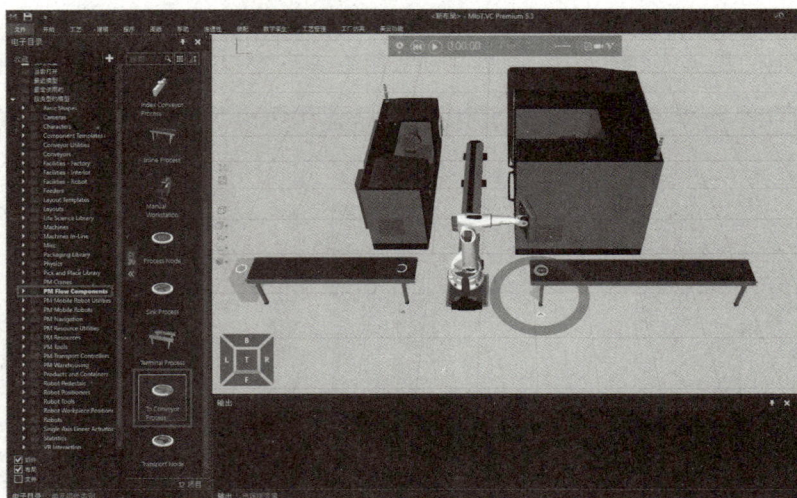

图 9-10 添加 Conveyor Process 组件

找到 Basic Shapes 文件夹，打开 Visual Components 模型库，单击并拖动 Sphere Geo (Ball)组件至视图区合适位置，然后命名产品，如图 9-11 所示。

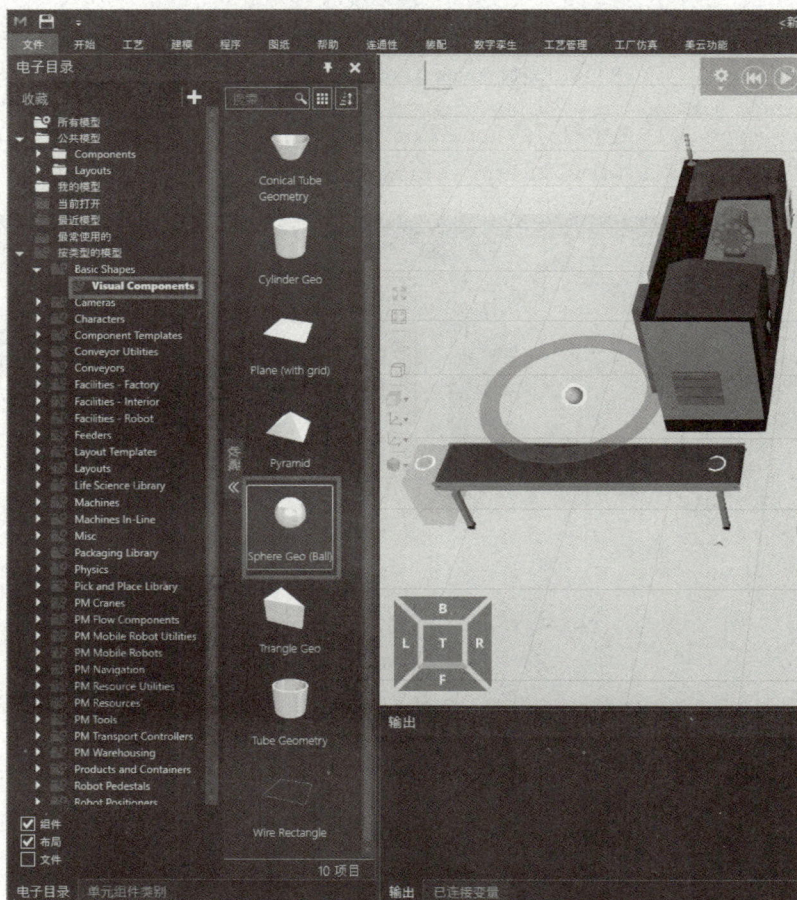

图 9-11 添加 Sphere Geo(Ball)组件

单击操作界面顶部的工艺工具栏,并单击产品选项,在流动组♯1 中更改 VC_Cylinder 属性,单击组件超级链接(右侧黄色正方体方框),再单击刚添加的产品组件,如图 9-12 和图 9-13 所示。

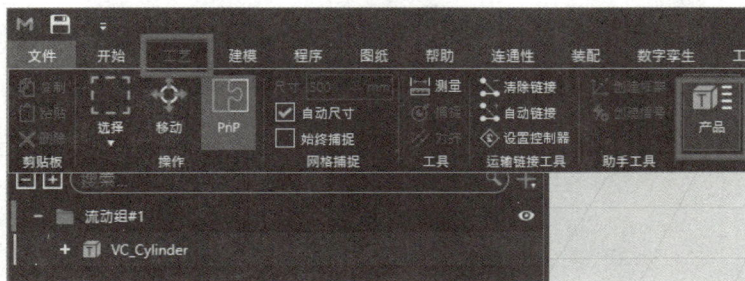

图 9-12 添加产品信息

在工艺工具栏中的流动选项中单击 From Conveyor Process 组件蓝色按钮,单击机器人上的机器人图标,依次单击 Parametric Vertical Mill 组件蓝色按钮和 Parametric Lathe 组件蓝色按钮,生成连线,即可完成组件间的交互。同理,再次单击 To Conveyor Process 组件蓝色按钮,即可完成初步工艺流动设置,可在下方的工艺流动编辑器中显示,如图 9-14 和图 9-15 所示。

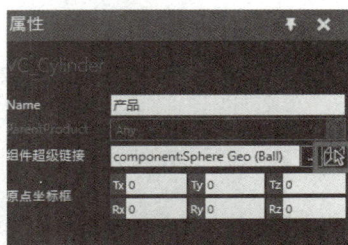

图 9-13 拾取产品信息

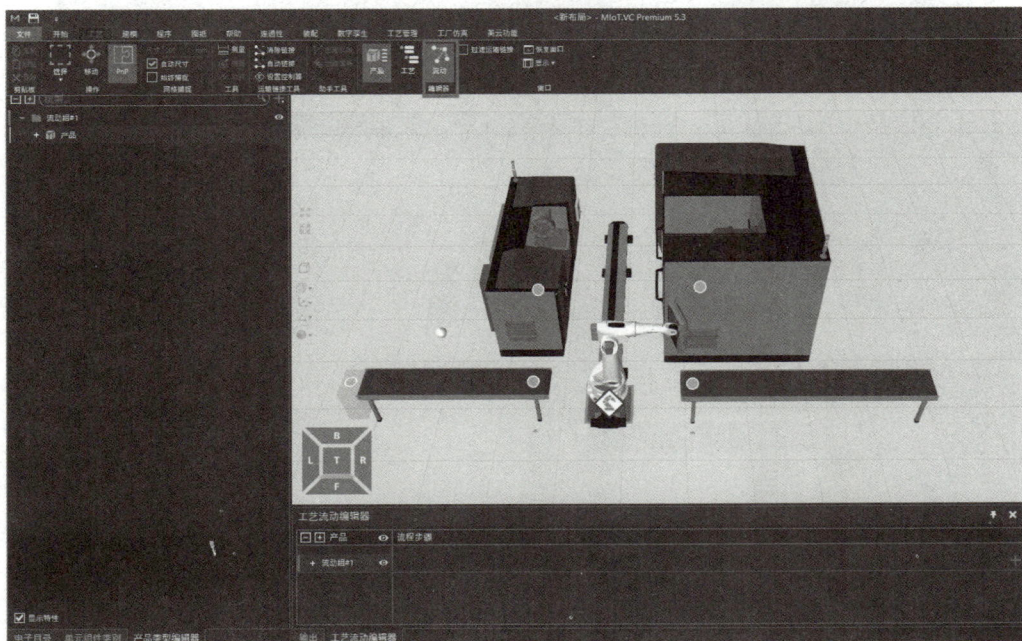

图 9-14 工艺流动编辑页面

和前一步操作相同,单击并拖动第三个 Conveyor 组件放至视图区合适位置,将其命名为 Conveyor3,并调节其长度为 2000mm,如图 9-16 所示。

从目录面板中找到 PM Transport Controller 文件夹,单击并拖动 Mobile Robot Transport

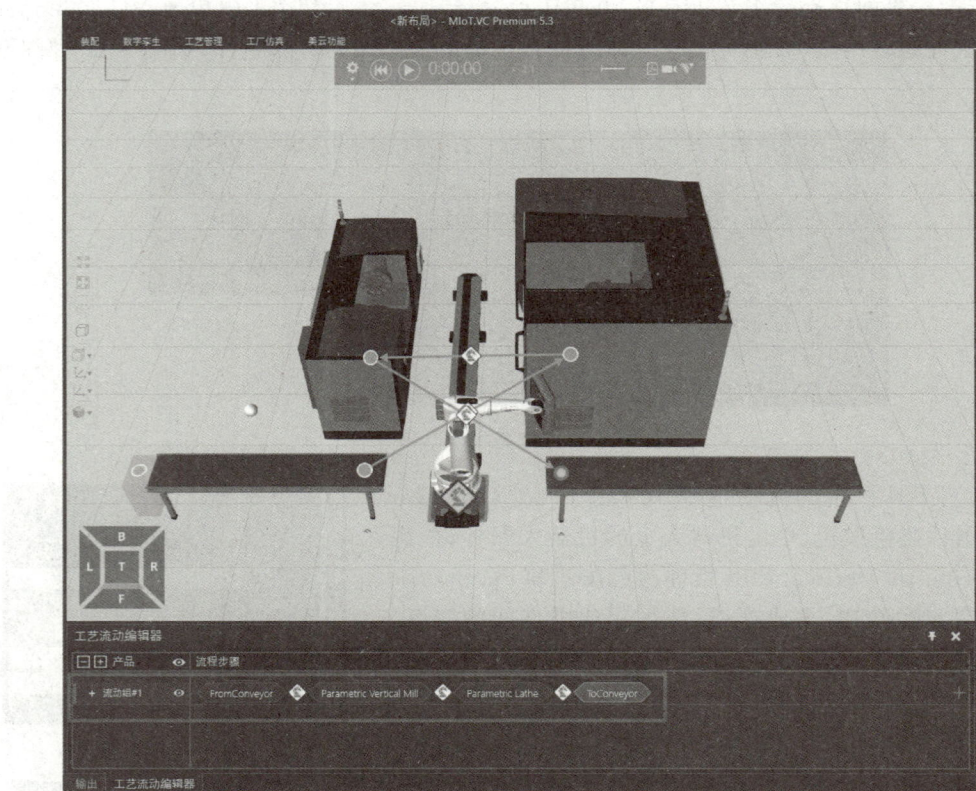

图 9-15　完成初步组件间的交互

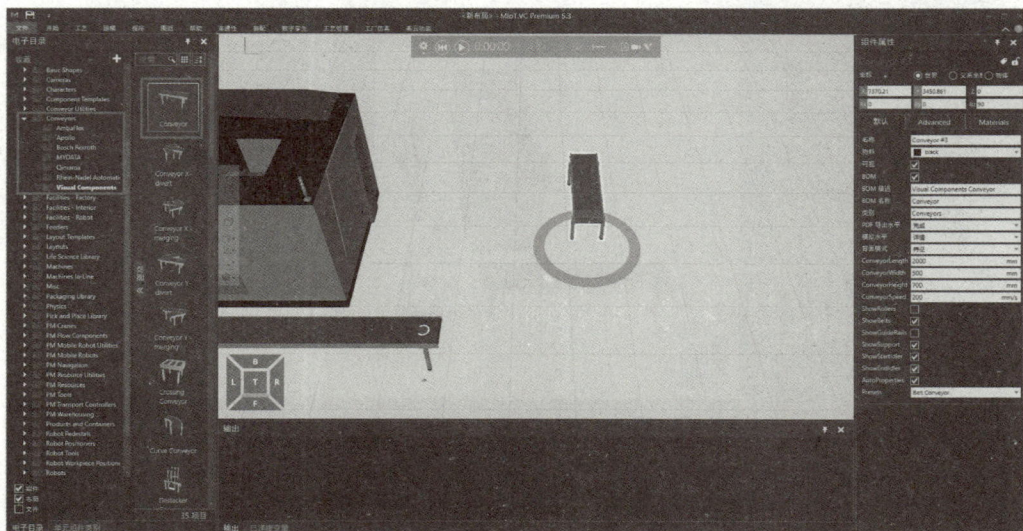

图 9-16　添加第三个 Conveyor 组件

Controller 组件至 3D 视图区合适位置，如图 9-17 所示。

再从目录面板中找到 PM Mobile Robots 文件夹，打开 Visual Components 模型库，单击并拖动 Mobile Robot Resource 组件至 3D 视图区合适位置，如图 9-18 所示。

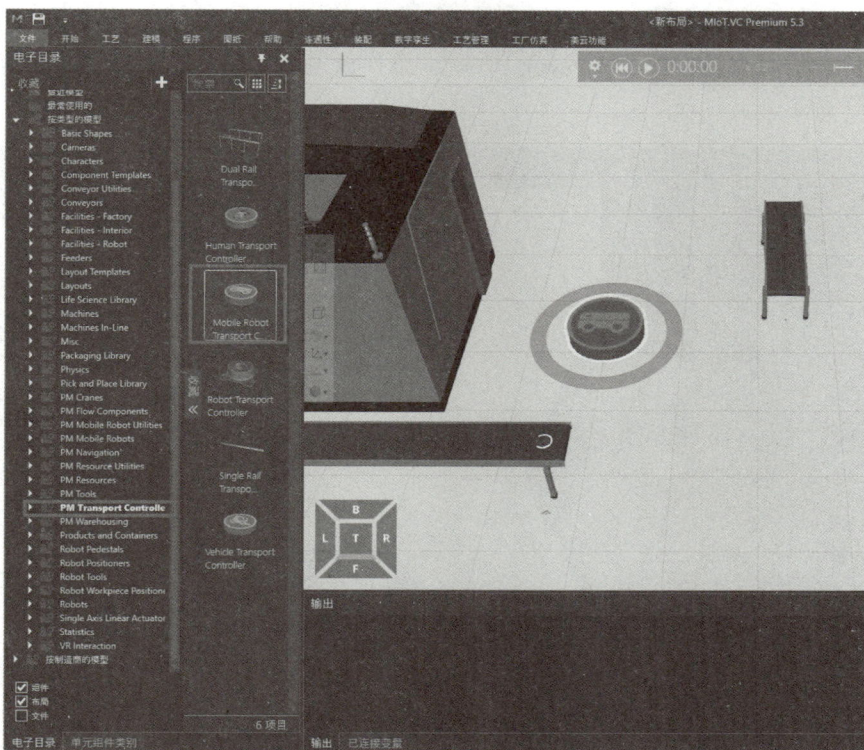

图 9-17 添加 Mobile Robot Transport Controller 组件

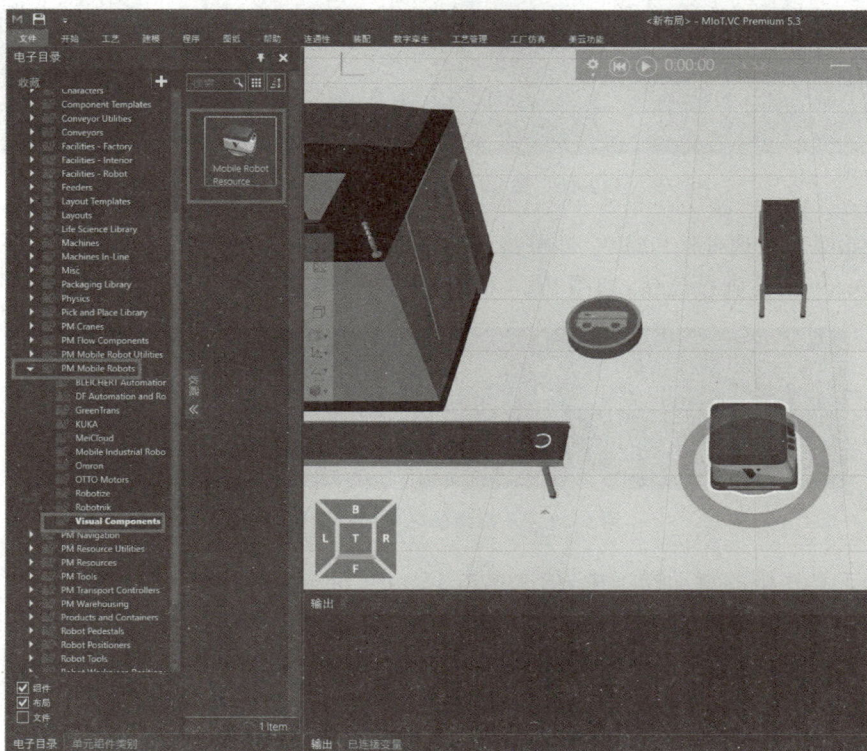

图 9-18 添加 Mobile Robot Resource 组件

找到 PM Flow Components 文件夹,将 From Conveyor Process 组件(紫色箭头)放置于 Conveyor3 传送带起点,将 To Conveyor Process 组件放至于 Conveyor2(蓝色箭头)传送带起点,如图 9-19 所示。

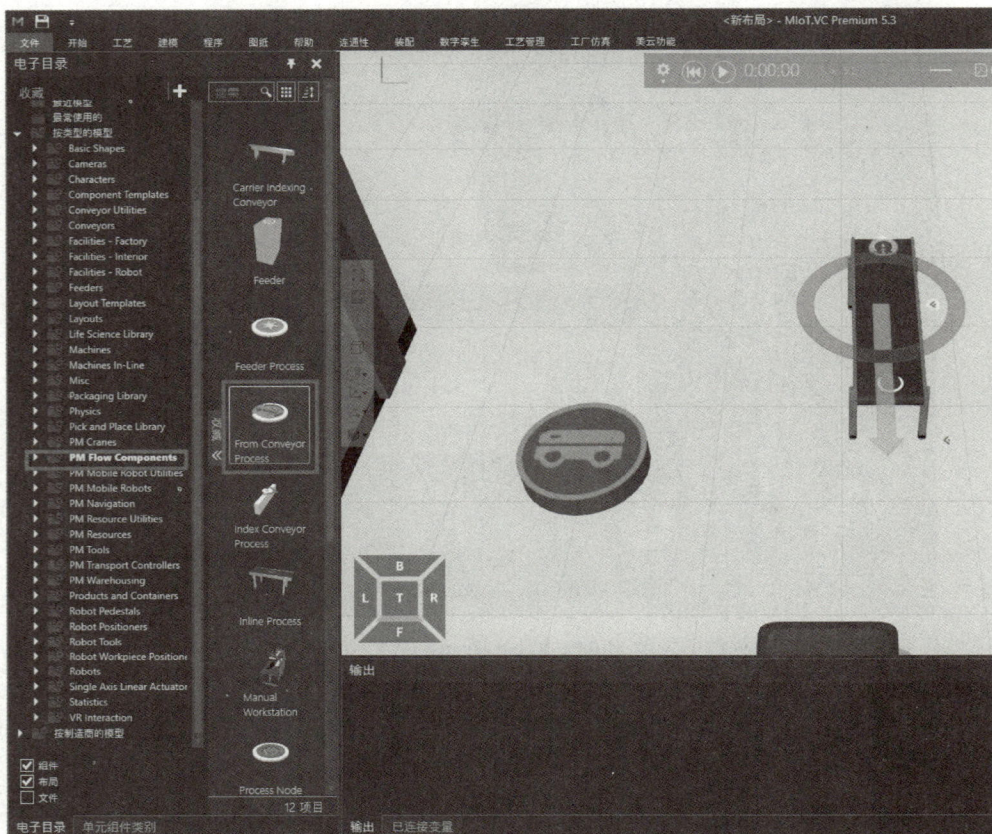

图 9-19　添加 Conveyor Process 组件

单击开始菜单栏选择接口选项,即可将 Mobile Robot Transport Controller 组件与 Mobile Robot Resource 组件进行连接,如图 9-20 和图 9-21 所示。

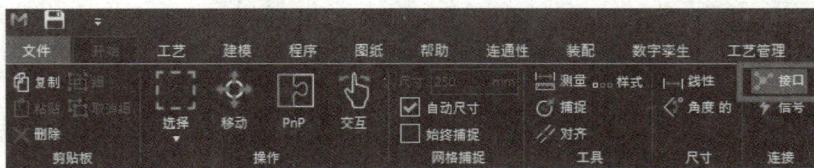

图 9-20　开始菜单栏中的接口选项

在工艺工具栏中的流动选项中,依次单击 From Conveyor Process 2 组件蓝色按钮、AGC 控制器人上的 AGV 图标、To Conveyor Process 2 组件蓝色按钮。生成连线,即可完成组件间的流动交互。同理,再次单击 From Conveyor Process 3 组件蓝色按钮,完成这一步工艺流动设置,可在下方的工艺流动编辑器中显示,如图 9-22 所示。

从目录面板中单击 PM Transport Controller 文件夹,单击并拖动 Human Transport Controller 组件至 3D 视图区合适位置,如图 9-23 所示。

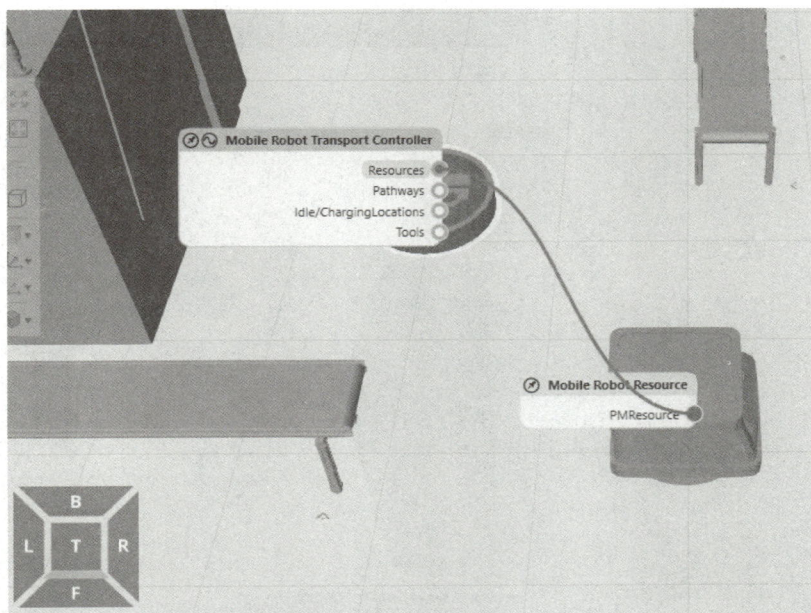

图 9-21　将 AGV 小车与其控制器进行连接

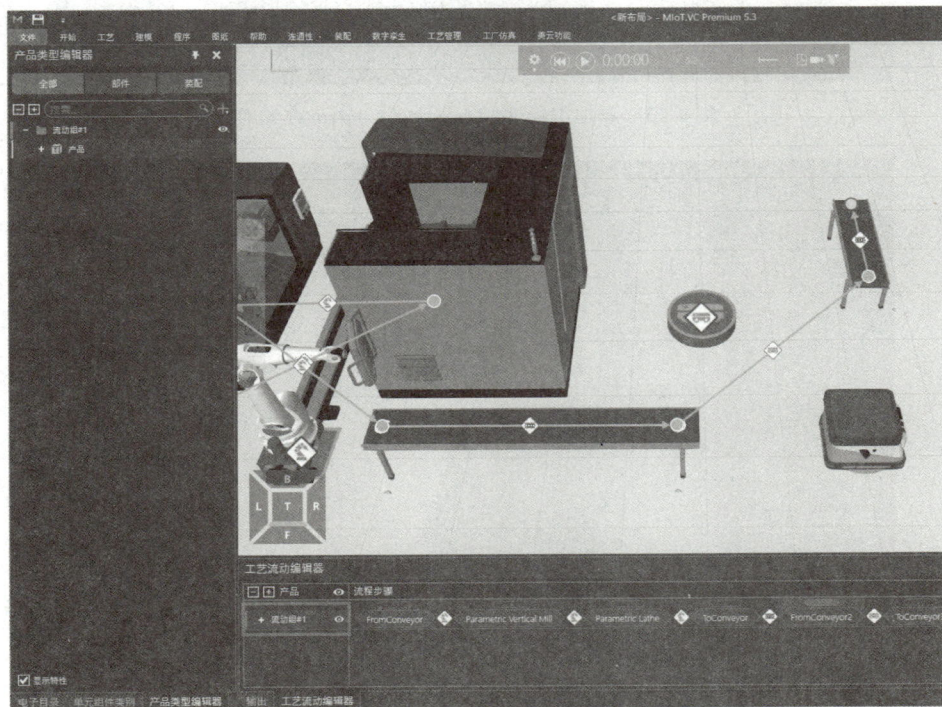

图 9-22　完成组件间的流动交互

　　再从目录面板中找到 PM Resource 文件夹,单击并拖动 Human(Otto)组件至 3D 视图区合适位置,如图 9-24 所示。

　　从目录面板中找到 PM Warehousing 文件夹,单击并拖动 Warehouse Process Shelf 组件至 3D 视图区合适位置,如图 9-25 所示。

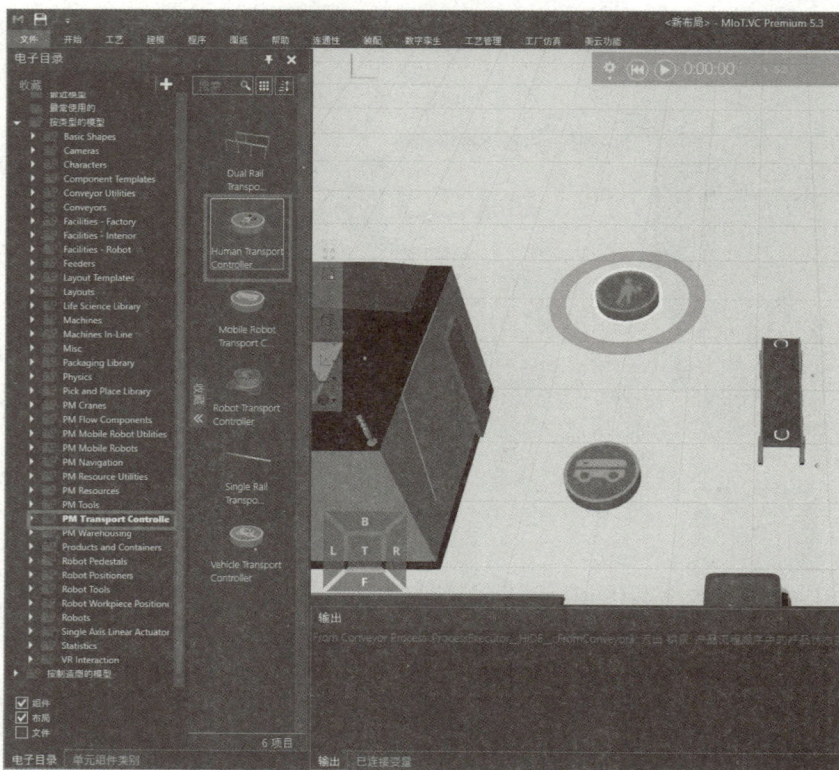

图 9-23　添加 Human Transport Controller 组件

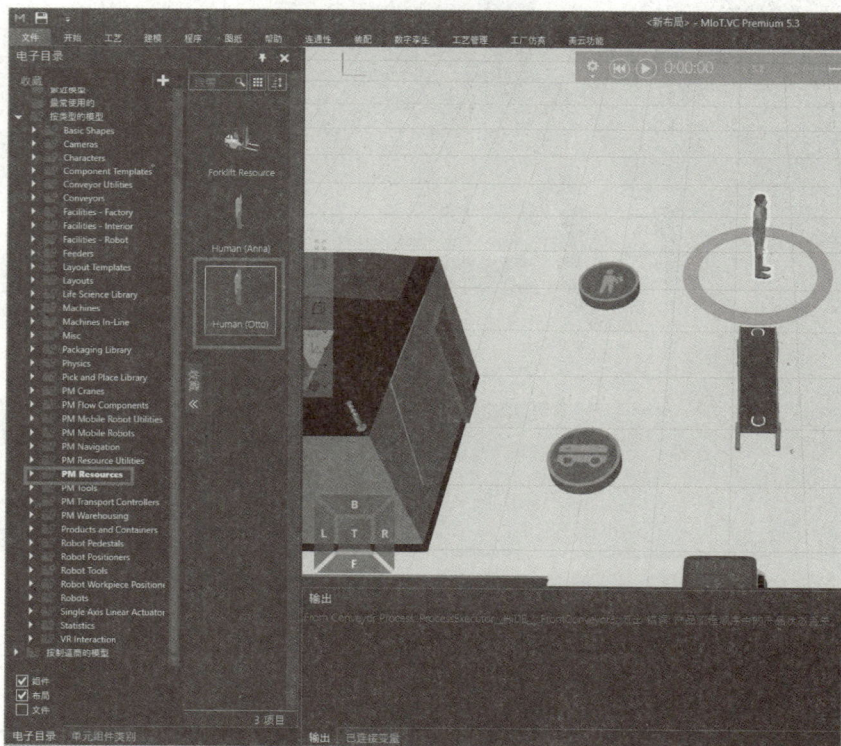

图 9-24　添加 Human(Otto)组件

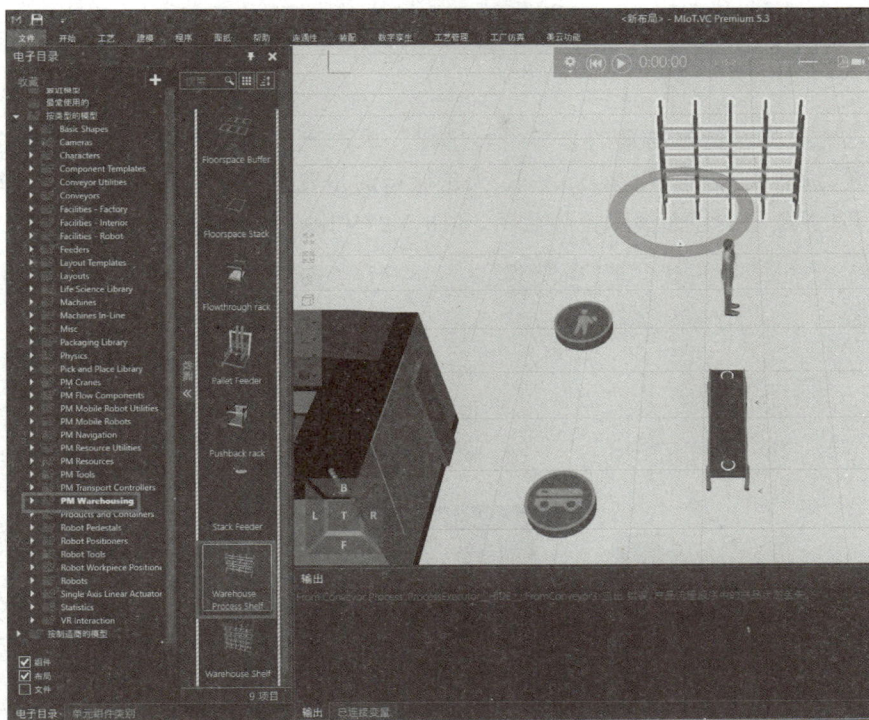

图 9-25　添加 Warehouse Process Shelf 组件

依次单击工艺工具栏中的流动选项、From Conveyor Process 3 组件蓝色按钮、工人控制器上的图标、Process Shelf 组件蓝色按钮，即完成工人搬运产品到储货架的操作，并可在下方的工艺流动编辑器中显示，如图 9-26 所示。

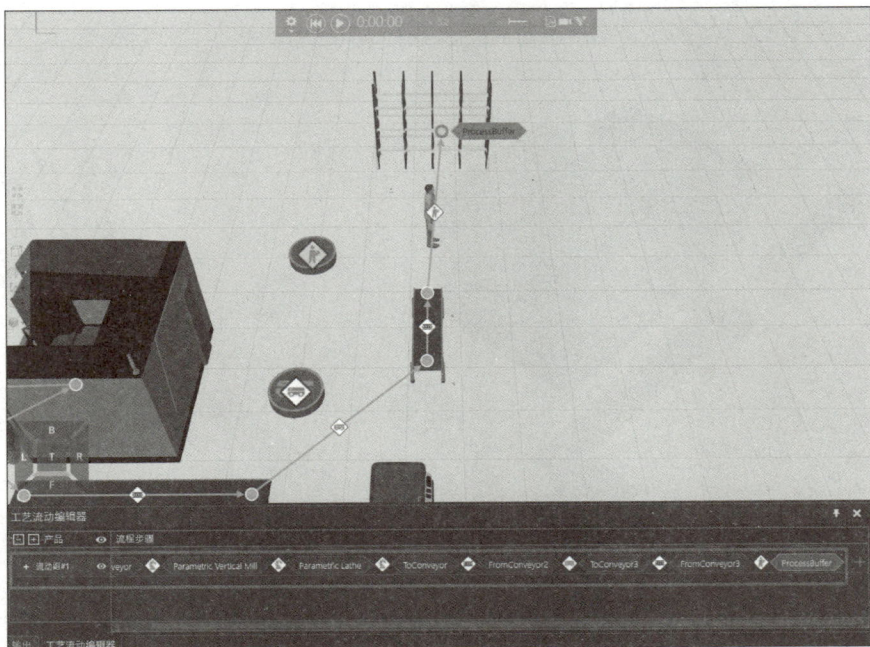

图 9-26　完成工人与储货架之间的交互

9.1.3 案例完成界面演示

至此,已完成物料运输场景的全部内容搭建。单击运行,产品从输入经过两道工序的加工,通过导轨、机器人、传送带、AGV 小车、人工搬运的步骤,最终存储于储货架中,满足案例的全部需求。以下是完成界面演示视频截图,如图 9-27 和图 9-28 所示。

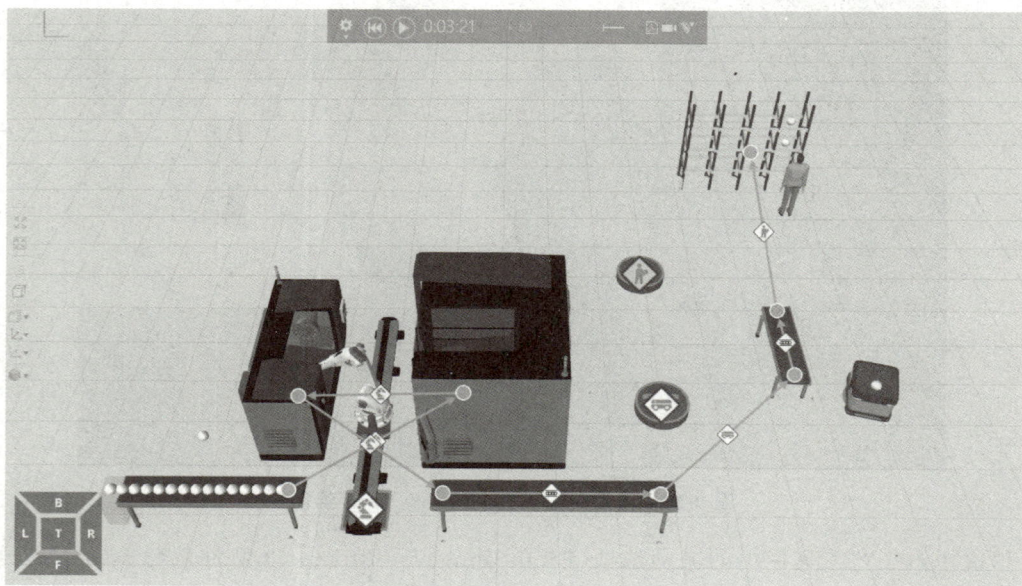

图 9-27　工厂物料运输场景仿真完成界面演示 1

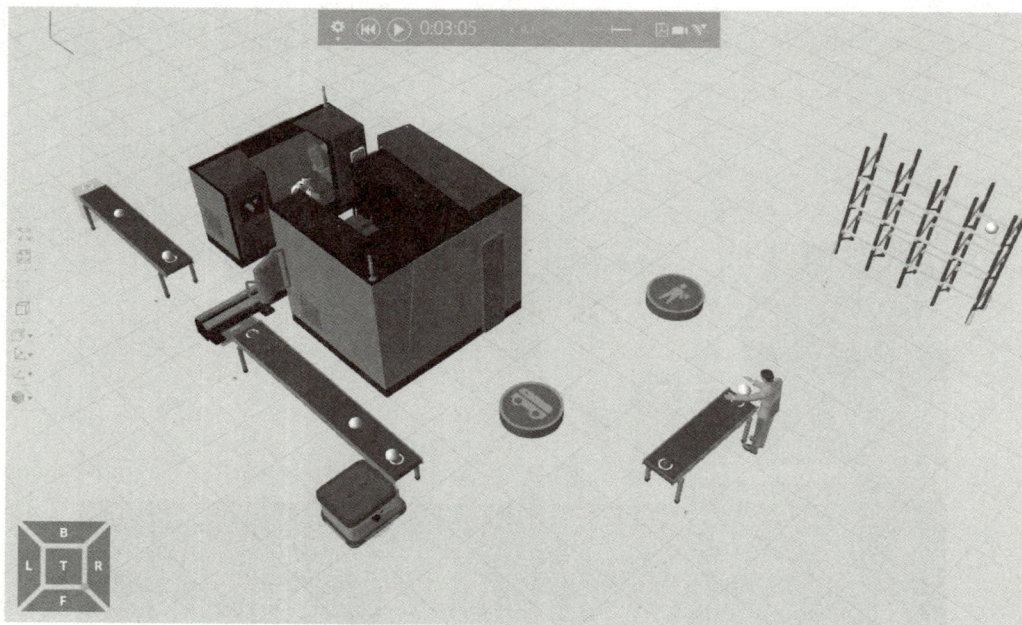

图 9-28　工厂物料运输场景仿真完成界面演示 2

9.2　实验案例二　机器人与机床交互加工仿真

9.2.1　案例需求分析

（1）功能需求。机器人操作功能包括机器人的运动控制、路径规划、末端执行器的操作等；机床操作功能涉及机床的控制、加工参数设置等；加工仿真功能能够对机器人与机床的交互加工过程进行仿真，包括路径规划、碰撞检测、加工过程模拟等。

（2）可视化需求。用户界面友好且直观，便于用户进行操作和观察仿真结果；三维模型展示功能，用于展示机器人、机床、工件等三维模型，以便用户了解加工过程中各个部件的位置和运动状态；实时仿真反馈，实时显示仿真过程中的状态，如机器人轨迹、工件加工情况等。

（3）性能需求。精度要求应确保仿真结果的准确性，包括机器人与机床的运动轨迹、加工过程等；响应速度应确保仿真系统能够快速响应用户操作，并实时更新仿真结果；可扩展性应支持不同类型机器人和机床的仿真，以满足不同用户的需求。

（4）数据管理需求。参数设置应允许用户设置机器人和机床的参数，如加工速度、加工参数等；结果输出能够保存仿真结果，以便用户后续分析和评估。

（5）安全性需求。在仿真过程中能够进行碰撞检测，确保机器人和机床在运动过程中不会发生碰撞；能够识别并处理仿真过程中的异常情况，如设备故障、路径规划错误等。

9.2.2　案例操作流程

1. 场景概述

在机器人使用夹爪拾取搬运加工场景中，机器人使用夹爪抓取传送带上的半成品物料，将其放置于机床内进行加工；加工完成后，机器人使用夹爪将成品放入运输筐内，再通过传送带运输到后工序。

2. 组件列表

机器人与机床交互加工场景组件列表如表 9-2 所示。

表 9-2　机器人与机床交互加工场景组件列表

组 件 名 称	所 属 类 别	数量
Feeder（给料机）	PM Flow Components	1
Conveyor（传送带）	Conveyors	2
From Conveyor Process（输入）	PM Flow Components	1
To Conveyor Process（输出）	PM Flow Components	1
Parametric Lathe（参数车床）	Machines	1
Robot Transport Controller（控制器）	PM Transport Controller	1
Generic Articulated Robot（机器人）	Robot	1
Lathe Comp1（半成品）	Products and Container	1
Lathe Comp2（成品）	Products and Container	1
Plastic Container（搬运箱）	Products and Container	1
Feeder Process（出料机）	PM Flow Components	1

3. 场景搭建

在电子目录中，找到 PM Flow Components 文件夹，单击并拖动 Feeder 组件至 3D 视图区中，如图 9-29 所示。

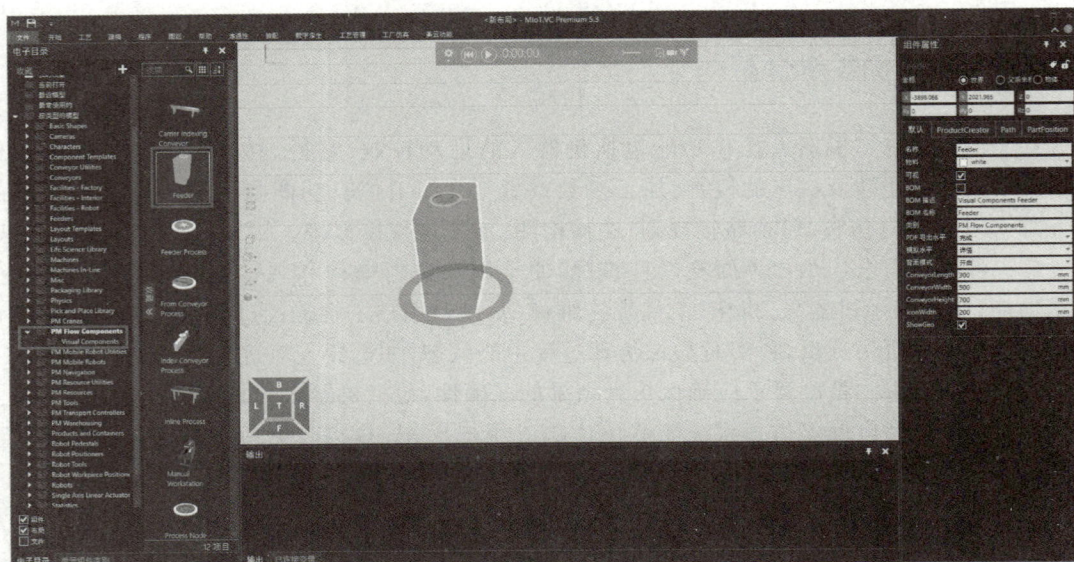

图 9-29　添加 Feeder 组件

在 Conveyors 文件夹中打开 Visual Components 模型库，单击并拖动第一个 Conveyor 组件贴紧 Feeder 组件，将其命名为 Conveyor1，再拖动第二个 Conveyor 组件至 3D 视图区中合适位置并命名为 Conveyor2，如图 9-30 所示。

图 9-30　添加 Conveyor 组件

单击 Conveyor1 组件，可在组件属性中调整相应的参数设置，我们将 ConveyorLength 调整为 1500mm，以增加传送长度，如图 9-31 所示。

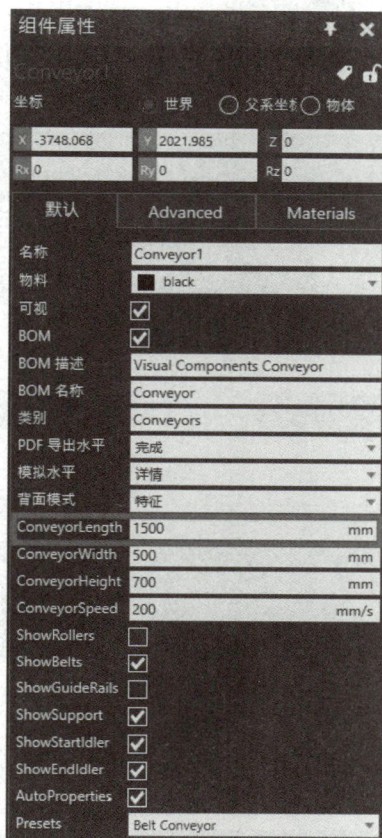

图 9-31　调整 Conveyor 组件属性

继续从目录面板中找到 Machines 文件夹，打开 Visual Components 机床模型库，单击并拖动 Parametric Lathe 组件至 3D 视图区合适位置，如图 9-32 所示。

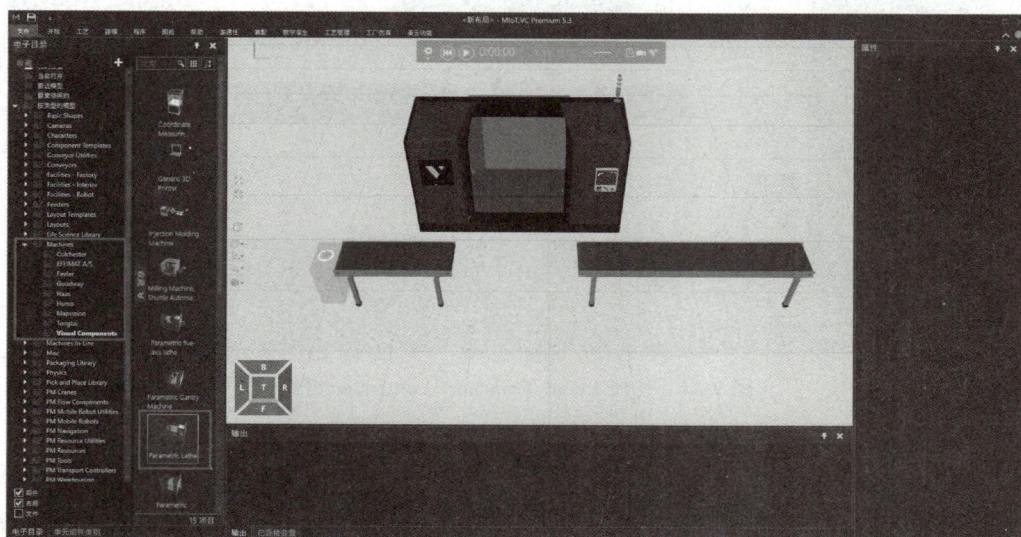

图 9-32　添加 Parametric Lathe 组件

　　单击"开始"选项,并单击"移动",再次单击 Parametric Lathe 组件,可以发现红绿蓝三坐标,我们可以分别单击其线、面、弧来调节其位置。同时,在右侧组件属性栏中也可以调节其参数,如图 9-33 所示。

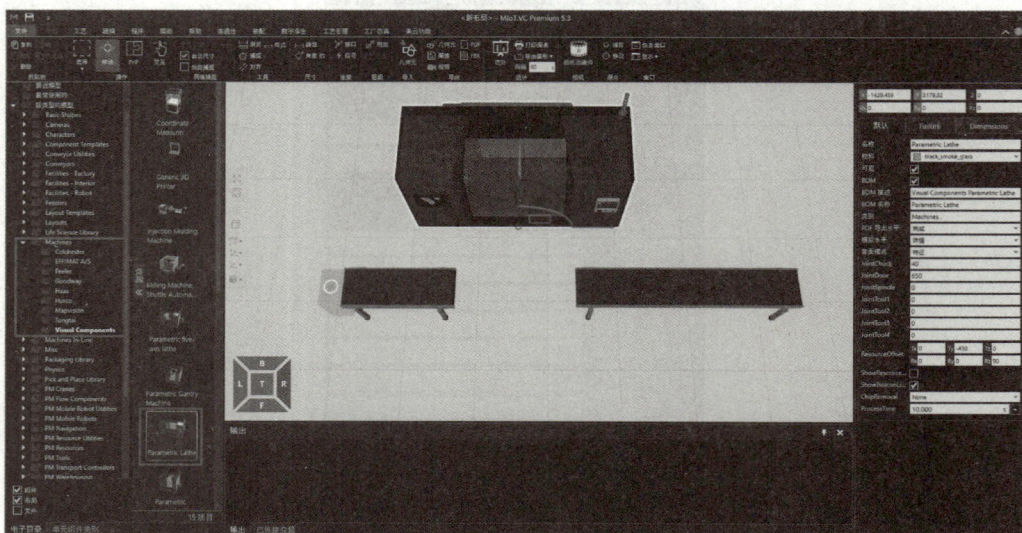

图 9-33　调节组件位置的方法

　　找到 PM Transport Controller 文件夹,单击并拖动 Robot Transport Controller 组件至视图区中合适位置(任何运输组件都需要控制器),如图 9-34 所示。

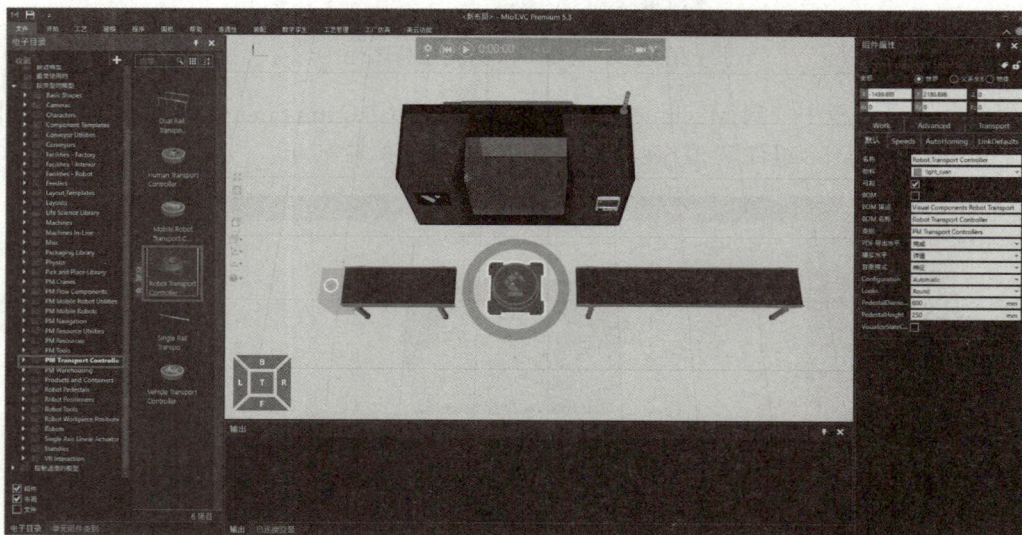

图 9-34　添加 Robot Transport Controller 组件

　　找到 Robot 文件夹,打开 Visual Components 模型库,单击并拖动 Generic Articulated Robot 组件至刚添加的 Robot Transport Controller 组件上,会发现机器人会自动吸附在控制器上。对机器人的属性进行调整,我们将 scale 调整为 1.8,将 Reach 调整为 2,以便于机器人可以达到合适的抓放高度和长度(同理控制器大小也可进行调节),如图 9-35 所示。

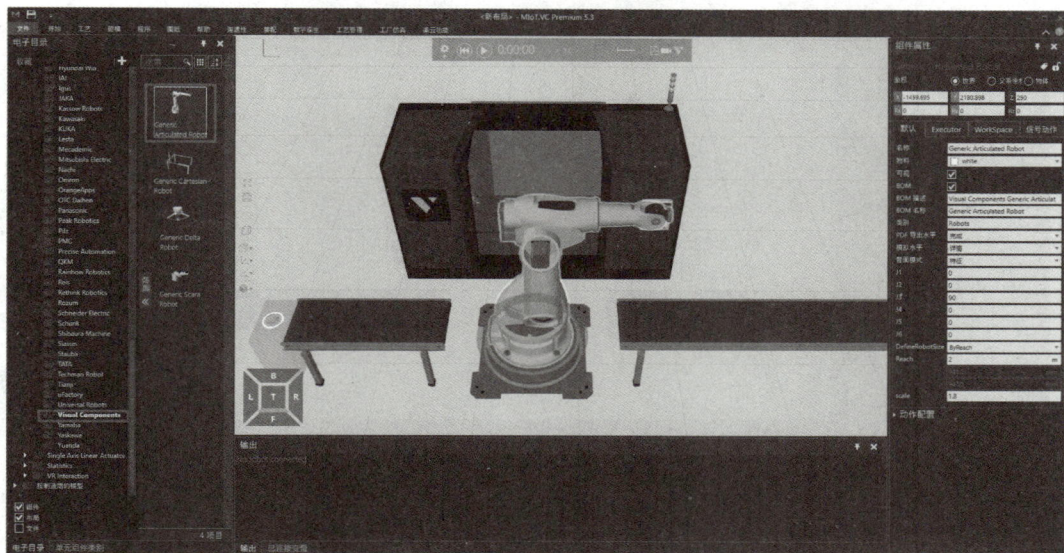

图 9-35　添加 Generic Articulated Robot 组件并调节参数

找到 PM Flow Components 文件夹,将 From Conveyor Process 组件(紫色箭头)放置于 Conveyor1 传送带起点,将 To Conveyor Process 组件放置于 Conveyor2(蓝色箭头)传送带起点,如图 9-36 所示。

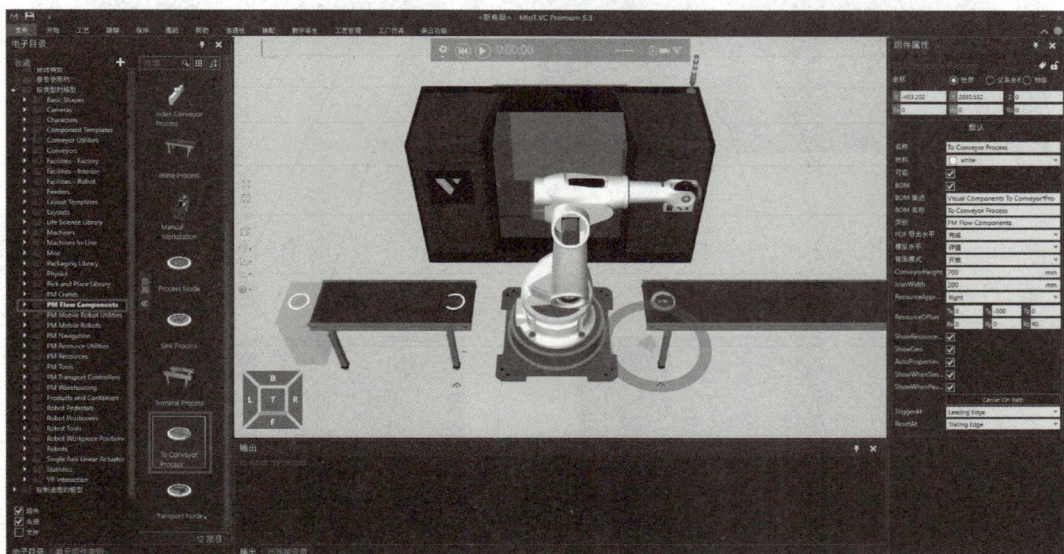

图 9-36　添加 Conveyor Process 组件

找到 Products and Container 文件夹,单击并拖动 Lathe Comp1 和 Lathe Comp2 组件至视图区合适位置,分别命名为半成品和成品,如图 9-37 所示。

单击操作界面顶部的工艺工具栏,并单击产品选项,在流动组♯1 中添加一个产品(即已有两个产品信息),更改 VC_Cylinder 属性,单击组件超级链接(右侧黄色正方体方框),再单击刚添加的半成品组件,如图 9-38 和图 9-39 所示。

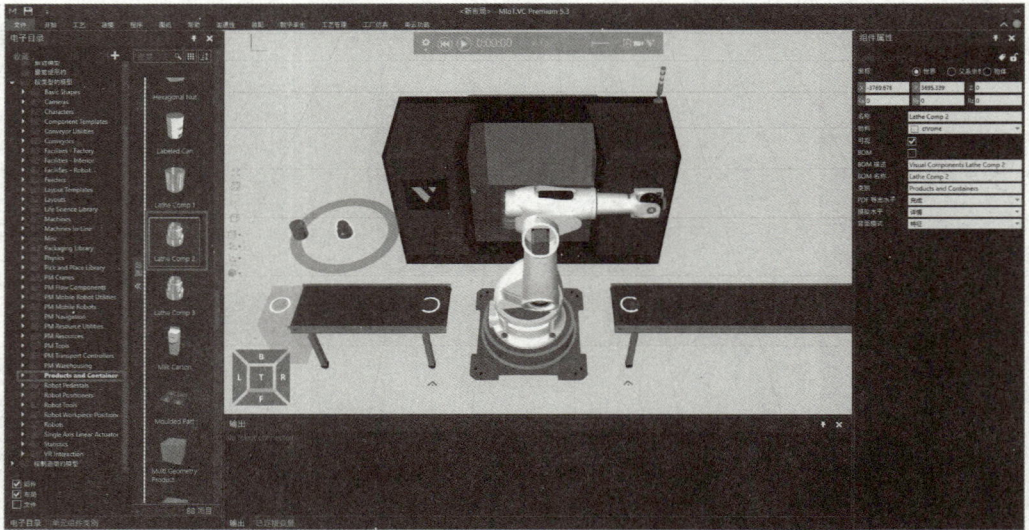

图 9-37　添加 Lathe Comp1 和 Lathe Comp2 组件

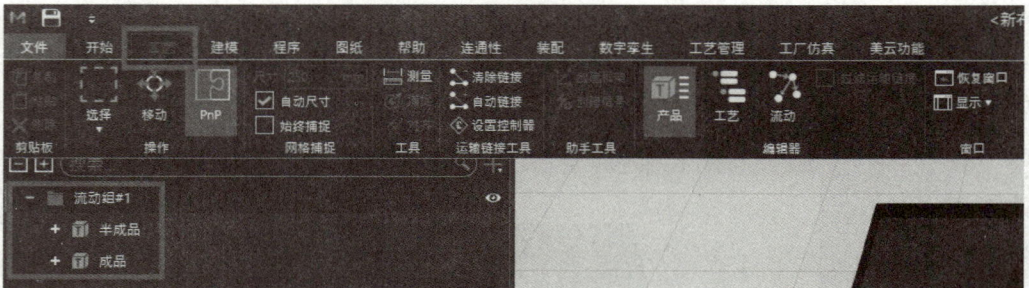

图 9-38　添加产品信息

单击 Feeder 组件，从组件属性中更改 ProductCreator 参数，取消勾选，并从"部分"下拉列表中选择"半成品"，如图 9-40 所示。

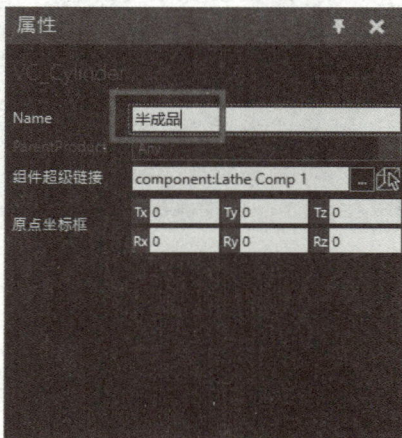

图 9-39　更改产品属性

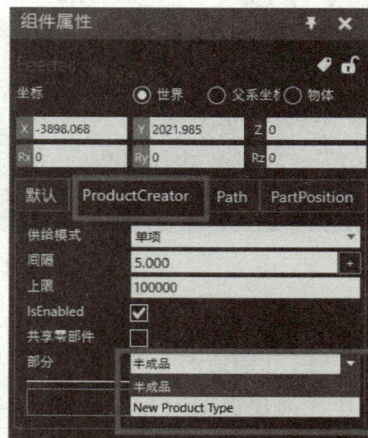

图 9-40　更改 Feeder 组件参数

　　单击工艺工具栏中的流动选项,单击 From Conveyor Process 组件蓝色按钮,单击机器人上的机器人图标,再次单击 Parametric Lathe 组件蓝色按钮,生成连线,即可完成组件间的交互。同理,再次单击 To Conveyor Process 组件蓝色按钮,即完成初步工艺流动设置,可在下方的工艺流动编辑器中显示,如图 9-41 和图 9-42 所示。

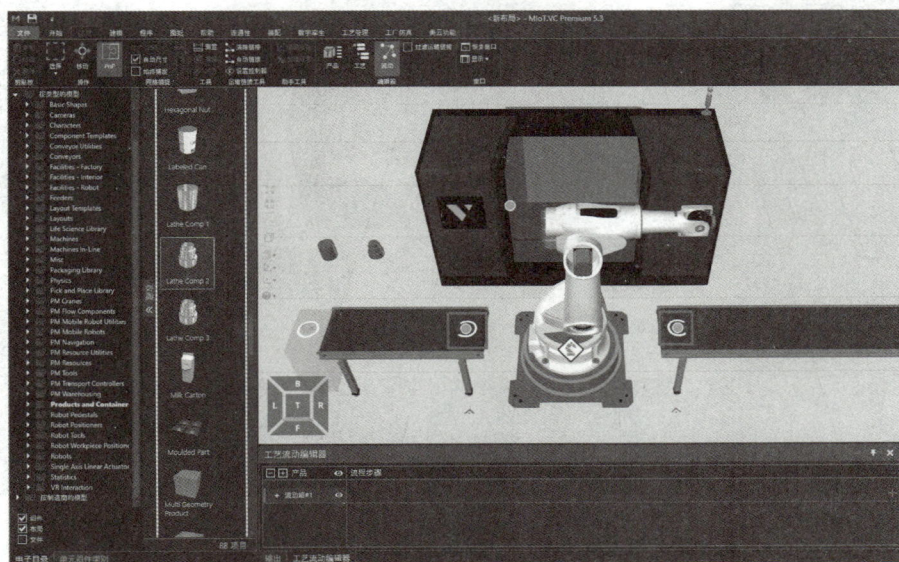

图 9-41　工艺流动编辑页面

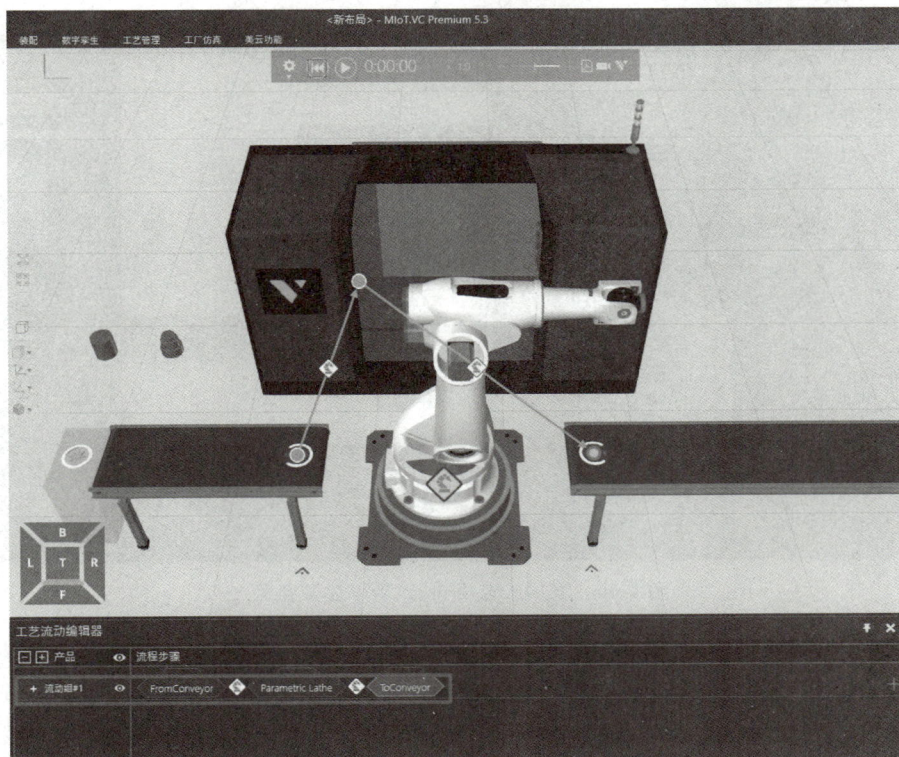

图 9-42　完成初步组件间的交互

此时，单击运行，发现产线可正常运行，但输出产品仍然为半成品，下面进行进一步操作。

将鼠标光标挪动至 Parametric Lathe 组件蓝色按钮上，右击 Parametric Lathe 标签，此时弹出车床的运行状态栏，如图 9-43 所示。

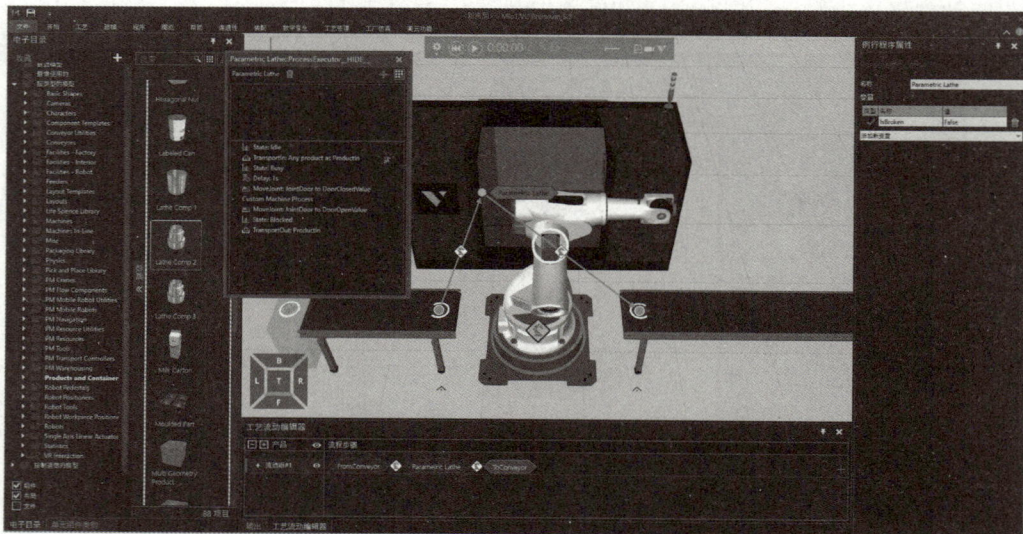

图 9-43　Parametric Lathe 组件运行状态栏

单击组件运行状态栏右上角的设置按钮，添加工艺语句，单击改变类型，将新类型更改为"成品"。此时再次运行，可以发现，从车床中取出的产品变为成品，如图 9-44 所示。

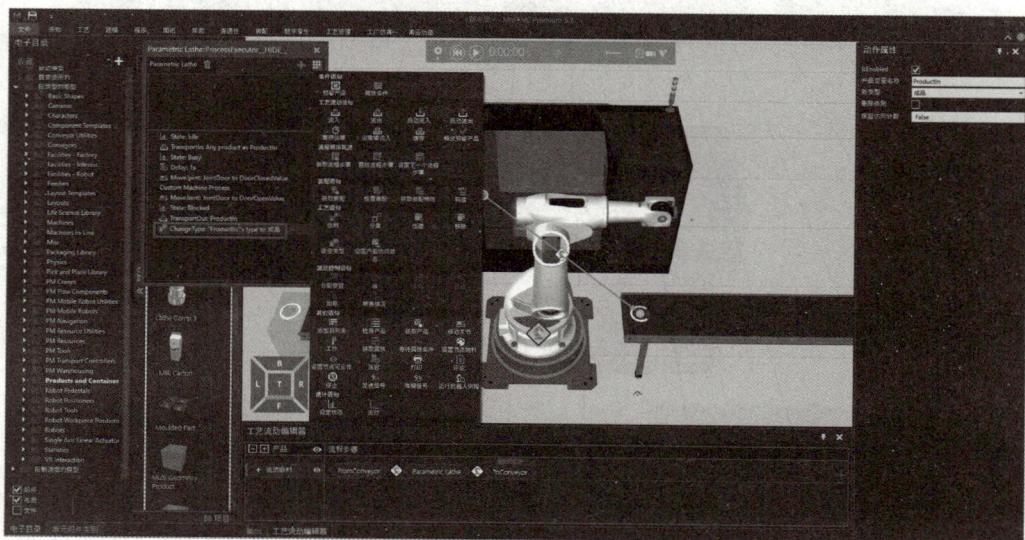

图 9-44　添加工艺语句，改变其生成类型

下面进行将成品装入搬运箱的操作，在 Products and Container 文件夹中找到 Plastic Container 组件（绿色箱子），将其拖动至视图区合适位置并更名为搬运箱，如图 9-45 所示。

在 PM Flow Components 文件夹中找到 Feeder Process 组件，并单击拖动到机器人后方合适位置，如图 9-46 所示。

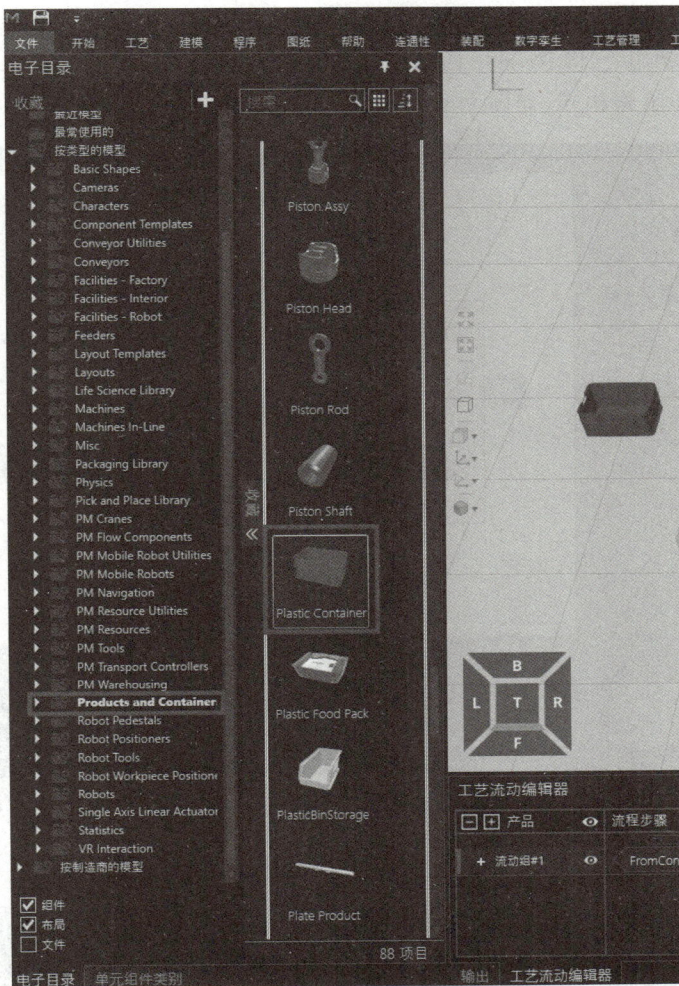

图 9-45　添加 Plastic Container 组件

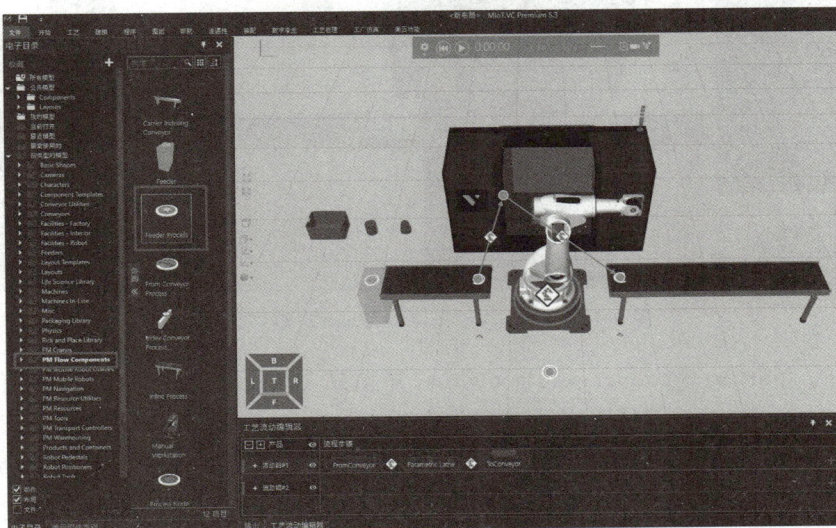

图 9-46　添加 Feeder Process 组件

在工艺栏产品中添加流动组 2,并将产品改为搬运箱。在工艺栏中单击"流动",然后在流动编辑器中选择流动组 2,将 Feeder Process 组件通过机器人连接到 To Conveyor Process 组件,均与前面的操作步骤相同,如图 9-47 所示。

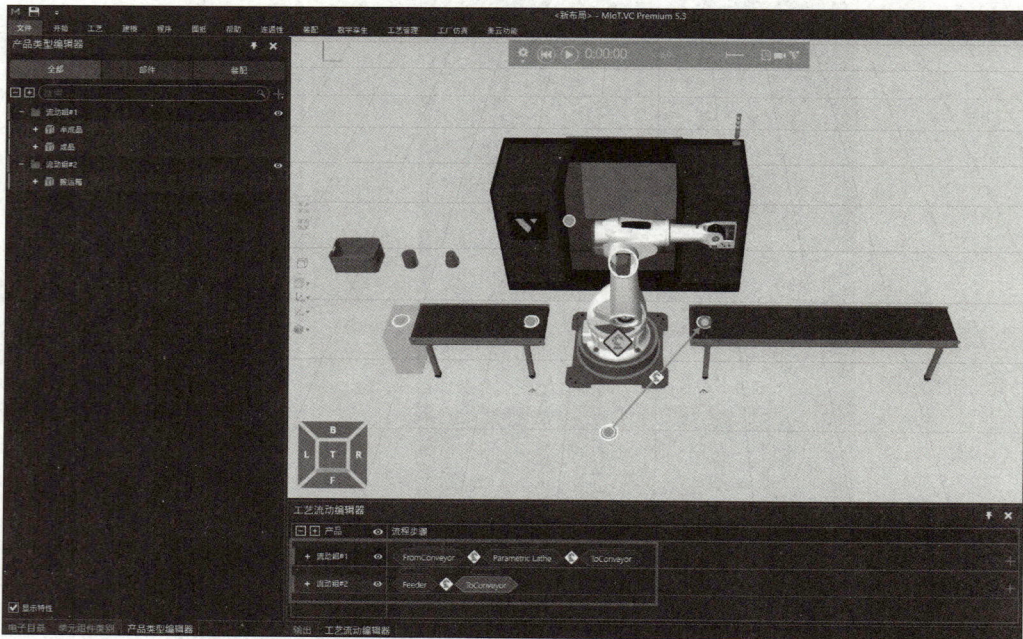

图 9-47　添加流动组 2 和连接工艺流动

右击 To Conveyor Process 蓝色标签,如图 9-48 所示。

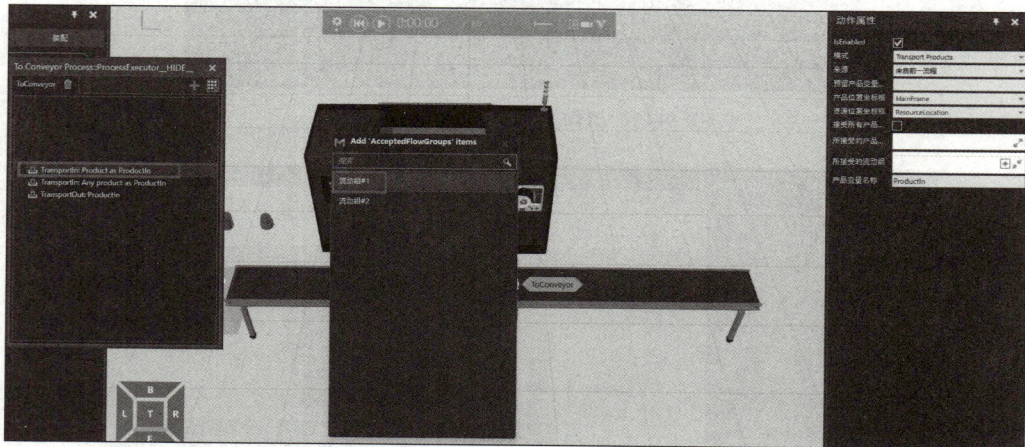

图 9-48　设置 To Conveyor Process 组件属性

复制"Transportin:Product as Productin"并粘贴,在右侧动作属性栏,将第一个改为"Transportin:Product as 成品",将第二个改为"Transportin:Product as 搬运箱"(机器人搬运顺序会根据此顺序),并单击右上角设置按钮添加"依附"工艺语句,如图 9-49 所示。

将依附关系的父系坐标系更改为搬运箱,将子系坐标系更改为成品,并将 TransportOut 更改为搬运箱,如图 9-50 和图 9-51 所示。

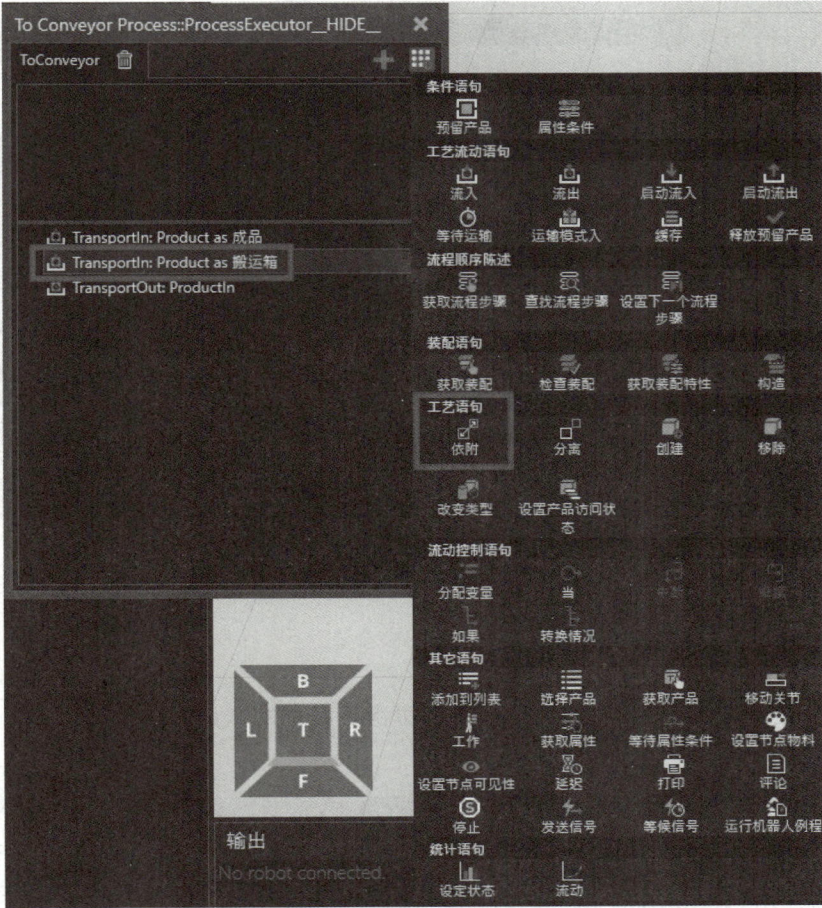

图 9-49　设置搬运的产品类别和顺序

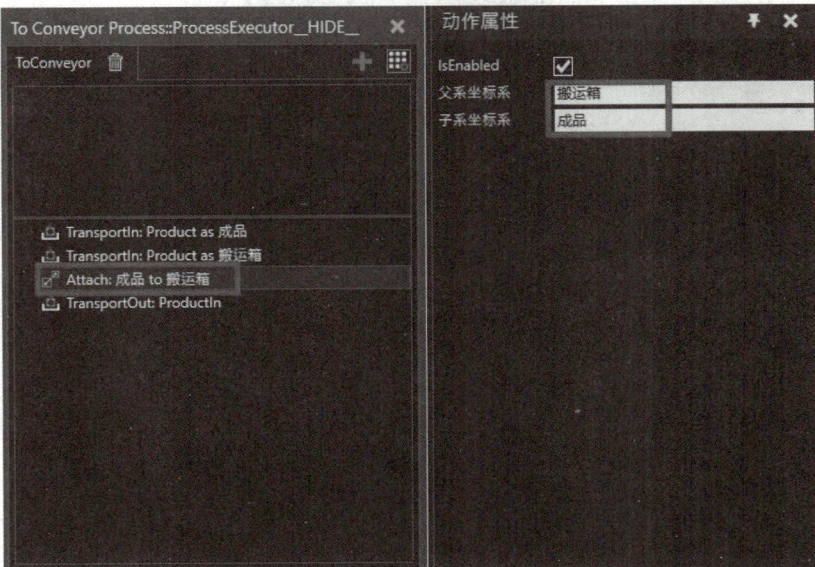

图 9-50　设置成品与搬运箱之间的依附关系

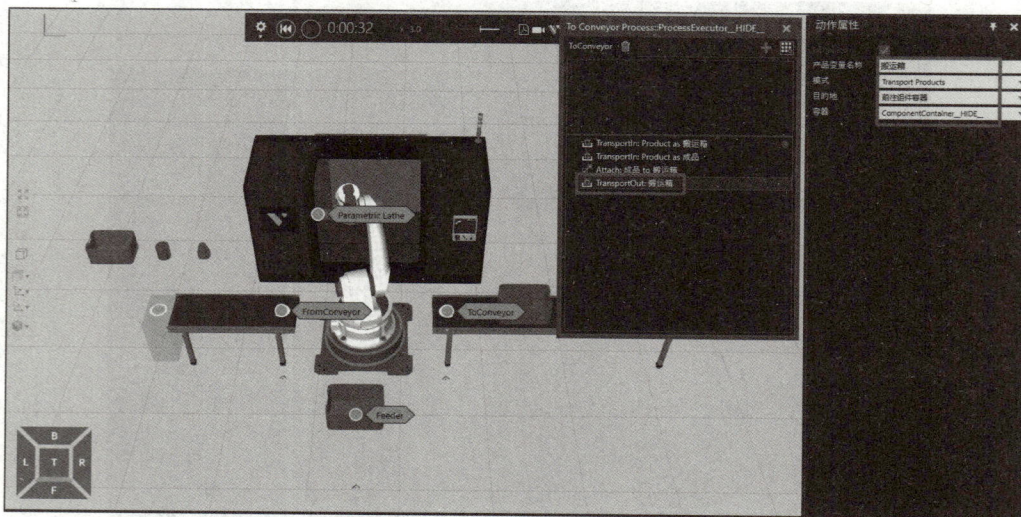

图 9-51　设置 TransportOut 属性

9.2.3　案例完成界面演示

至此,案例的所有操作已完成,此时运行即可满足案例的全部需求。以下是完成界面演示视频截图,如图 9-52 所示。

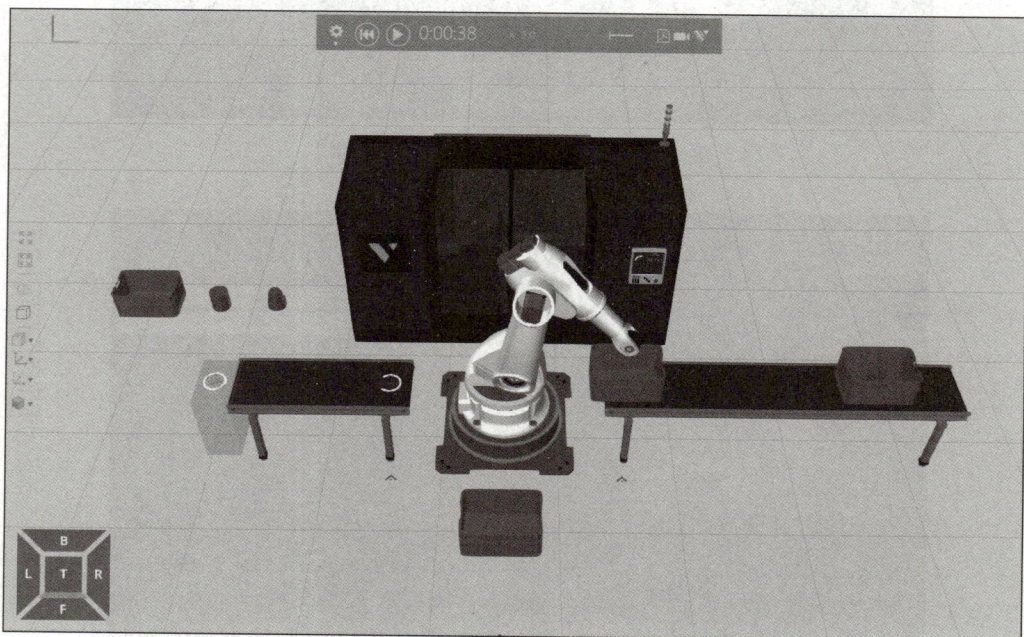

图 9-52　机器人与机床交互加工仿真场景完成界面演示

参 考 文 献

[1] 陶飞,刘蔚然,刘检华,等.数字孪生及其应用探索[J].计算机集成制造系统,2018,24(1):1-18.

[2] 陶飞,张贺,戚庆林,等.数字孪生模型构建理论及应用[J].计算机集成制造系统,2021,27(1):1-15.

[3] 杨林瑶,陈思远,王晓,等.数字孪生与平行系统:发展现状,对比及展望[J].自动化学报,2019,45(11):2001-2031.

[4] 孙滔,周铖,段晓东,等.数字孪生网络(DTN):概念,架构及关键技术[J].自动化学报,2021,47(3):569-582.

[5] 刘大同,郭凯,王本宽,等.数字孪生技术综述与展望[J].仪器仪表学报,2018,39(11):1-10.

[6] Xu H,Wu J,Pan Q,et al. A survey on digital twin for industrial internet of things:Applications,technologies and tools[J]. IEEE Communications Surveys & Tutorials,2023,25(4):2569-2598.

[7] Wu Y,Zhang K,Zhang Y. Digital twin networks:A survey[J]. IEEE Internet of Things Journal,2021,8(18):13789-13804.

[8] Nguyen H X,Trestian R,To D,et al. Digital twin for 5G and beyond[J]. IEEE Communications Magazine,2021,59(2):10-15.

[9] Khan L U,Han Z,Saad W,et al. Digital twin of wireless systems:Overview,taxonomy,challenges,and opportunities[J]. IEEE Communications Surveys & Tutorials,2022,24(4):2230-2254.

[10] Groshev M,Guimarães C,Martín-Pérez J,et al. Toward intelligent cyber-physical systems:Digital twin meets artificial intelligence[J]. IEEE Communications Magazine,2021,59(8):14-20.

[11] Okeagu F N,Mgbemena C E. A systematic review of digital twin systems for improved predictive maintenance of equipment in smart factories[J]. International Journal of Industrial and Production Engineering,2022,1(1):1-20.

[12] van Dinter R,Tekinerdogan B,Catal C. Predictive maintenance using digital twins:A systematic literature review[J]. Information and Software Technology,2022,151:107008.

[13] Soori M,Arezoo B,Dastres R. Digital twin for smart manufacturing,A review[J]. Sustainable Manufacturing and Service Economics,2023,2:100017.

[14] Chen C,Fu H,Zheng Y,et al. The advance of digital twin for predictive maintenance:The role and function of machine learning[J]. Journal of Manufacturing Systems,2023,71:581-594.

[15] Abd Wahab N H,Hasikin K,Lai K W,et al. Systematic review of predictive maintenance and digital twin technologies challenges,opportunities,and best practices[J]. PeerJ Computer Science,2024,10:e1943.

[16] Rani S,Bhambri P,Fumar S,et al. AI-Driven Digital Twin and Industry 4.0:A Conceptual Framework with Applications[M]. America Boca Raton:CRC Press,2024.

[17] 赵瑶瑶.数字孪生技术在工业制造中的应用研究综述[J].中国设备工程,2024(3):33-35.

[18] Wang B,Zhou H,Li X,et al. Human Digital Twin in the context of Industry 5.0[J]. Robotics and Computer-Integrated Manufacturing,2024,85:102626.

[19] Schutz A C,Braun D I,Gegenfurtner K R. Eye movements and perception:A selective review[J]. Journal of Vision,2011,11(5):1-30.

[20] Duchowski A,Medlin E,Cournia N,et al. 3-D eye movement analysis[J]. Behavior Research Methods Instruments & Computers,2002,34(4):573-591.

[21] Carrasquilla J,Melko R. G. Machine learning phases of matter[J]. Nature Physics,2017,13(5):431-434.

[22] Luchnikov I A,Vintskevich S V,Grigoriev D A,et al. Machine learning non-Markovian quantum dynamics[J]. Physical Review Letters,2020,124(14):140502.

[23] 周志华.机器学习[M].北京:清华大学出版社,2016.

[24] Choi Y,Park S,Lee S. Identifying emerging technologies to envision a future innovation ecosystem:

amachine learning approach to patent data[J]. Scientometrics,2021,126:5431-5476.

[25] Decker C,Wattenhofer R. Information propagation in the bitcoin network[C]. IEEE Thirteenth International Conference on Peer-to-peer Computing. Trento,Italy,2013:1-10.

[26] Ruan P,Dinh T T A,Loghin D,et al. Blockchains vs distributed databases:Dichotomy and fusion[C]. Proceedings of the 2021 International Conference on Management of Data. Xi'an,China:Association for Computing Machinery,2021:1504-1517.

[27] Tao F,Xiao B,Qi Q,et al. Digital twin modeling[J]. Journal of Manufacturing Systems,2022,64:372-389.

[28] Javaid M,Haleem A,Suman R. Digital twin applications toward industry 4.0:A review[J]. Cognitive Robotics,2023,3:71-92.

[29] Attaran M,Celik B G. Digital Twin:Benefits,use cases,challenges,and opportunities[J]. Decision Analytics Journal,2023,6:100165.

[30] Liu X,Jiang D,Tao B,et al. A systematic review of digital twin about physical entities,virtual models,twin data,and applications[J]. Advanced Engineering Informatics,2023,55:101876.

[31] Singh M,Srivastava R,Fuenmayor E,et al. Applications of digital twin across industries:A review[J]. Applied Sciences,2022,12(11):5727.

[32] Li L,Lei B,Mao C. Digital twin in smart manufacturing[J]. Journal of Industrial Information Integration,2022,26:100289.

[33] Alcaraz C,Lopez J. Digital twin:A comprehensive survey of security threats[J]. IEEE Communications Surveys & Tutorials,2022,24(3):1475-1503.

[34] Thelen A,Zhang X,Fink O,et al. A comprehensive review of digital twin-part 1:modeling and twinning enabling technologies[J]. Structural and Multidisciplinary Optimization,2022,65(12):354.

[35] Jin L,Zhai X,Wang K,et al. Big data,machine learning,and digital twin assisted additive manufacturing:A review[J]. Materials & Design,2024,244:113086.

[36] 秦志光. 智慧城市中的物联网技术[M]. 北京:人民邮电出版社,2015.

[37] 黄煜. 智慧城市的建设顶层设计与实现[D]. 长春:吉林大学,2016.

[38] 徐静,谭章禄. 智慧城市:框架与实践[M]. 北京:电子工业出版社,2014.

[39] 郁建生,林珂,黄志华. 智慧城市——顶层设计与实践[M]. 北京:人民邮电出版社,2017.

[40] 陈根. 数字孪生[M]. 北京:电子工业出版社,2020.

[41] Pieter van Schalkwyk,Pieter van Schalkwyk. 数实共生[M]. 北京:中国科学技术出版社,2023.

[42] Ranjan Ganguli,Sondipon Adhikari,SouvikChakraborty et al. Digital Twin:A Dynamic System and Computing Perspective[M]. America Boca Raton:CRC Press,2023.

[43] Maryam Farsi,Alireza Daneshkhah et al. Digital Twin Technologies and Smart Cities[M]. Basel Switzerland:Springer International Publishing,2020.

[44] Tao Fei. Digital Twin Driven Smart Design[M]. Cambridge:Elsevier,2020.

[45] Noel Crespi,Adam T. Drobot,Roberto Minerva. The Digital Twin[M]. Basel Switzerland:Springer Nature,2023.

[46] Ouahabi N,Chebak A,Kamach O,et al. Leveraging digital twin into dynamic production scheduling:A review[J]. Robotics and Computer Integrated Manufacturing,2024,89:102778.

[47] Ma Y,Li Y,Liu X,et al. Future perspectives of digital twin technology in orthodontics[J]. Displays,2024,85.

[48] 顾天琪. 基于数字孪生技术的新型电力系统数字化研究[J]. 电力设备管理,2024(18):167-169.

[49] 王榕泰,吴细秀,冷宇宽,等. 数字孪生技术在新型电力系统中的发展综述[J]. 电网技术,2024,48(9):3872-3889. DOI:10.13335/j.1000-3673.pst.2023.2108.

[50] 王新迎,蒲天骄,张东霞. 电力数字孪生研究综述及发展展望[J]. 新型电力系统,2024,2(1):52-64. DOI:10.20121/j.2097-2784.ntps.230006.

[51] 许剑冰,冯霄峰,徐海波,等. 基于数字孪生的安全稳定控制系统试验验证展望[J]. 电力系统自动化,2024,48(5):1-10.

［52］ 胡守超.智能电网数字孪生技术发展方向及应用［J］.太阳能学报,2023,44(11):576.

［53］ Zhou M,Yan J,Feng D. Digital twin framework and its application to power grid online analysis［J］. CSEE Journal of Power and Energy Systems,2019,5(3):391-398.

［54］ Kabir M R,Halder D,Ray S. Digital Twins for IoT-Driven Energy Systems:A Survey［J］. IEEE Access, 2024,12:177123-177143.

［55］ Manickam S,Yarlagadda L,Gopalan S P,et al. Unlocking the Potential of Digital Twins:A Comprehensive Review of Concepts,Frameworks,and Industrial Applications［J］. IEEE Access,2023,11:135147-135158.

［56］ Sun Y,Shi Y,Hu Q,et al. DTformer:An Efficient Digital Twin Model for Loss Measurement in UHVDC Transmission Systems［J］. IEEE Transactions on Power Systems,2024,39(2):3548-3559. Doi: 10.1109/TPWRS.2023.3278300.

［57］ Palensky P,Mancarella P,Hardy T,et al. Cosimulating Integrated Energy Systems With Heterogeneous Digital Twins:Matching a Connected World［J］. IEEE Power and Energy Magazine,2024,22(1):52-60. Doi:10.1109/MPE.2023.3324886.

［58］ 王建民.工业大数据技术综述［J］.大数据,2017,3(6):3-14.

［59］ 吴志强,王坚,李德仁,等.智慧城市热潮下的"冷"思考学术笔谈［J］.城市规划学刊,2022(2):1-11.

［60］ 陶红,张振刚.比较分析视域下广州建设数字孪生城市的对策研究［J］.科技管理研究,2023,43(9):72-81.

［61］ 陈岳飞,王思思,田明棋,等.数字孪生技术在医疗健康领域的应用及研究进展［J］.计量科学与技术, 2021,65(10):6-9.

［62］ 周瑜,刘春成.雄安新区建设数字孪生城市的逻辑与创新［J］.城市发展研究,2018,25(10):60-67.

［63］ Uhlemann T H J,Lehmann C,Steinhilper R. The digital twin:Realizing the cyber-physical production system for industry 4.0［J］. Procedia Cirp,2017,61:335-340.

［64］ Semeraro C,Lezoche M,Panetto H,et al. Digital twin paradigm:A systematic literature review［J］. Computers in Industry,2021,130:103469.

［65］ Jones D,Snider C,Nassehi A,et al. Characterising the Digital Twin:A systematic literature review［J］. CIRP Journal of Manufacturing Science and Technology,2020,29:36-52.

［66］ Rosen R,Wichert G V,Lo G,et al. About The Importance of Autonomy and Digital Twins for the Future of Manufacturing［J］. IFAC-PapersOnLine,2015,48(3):567-572.

［67］ Falekas G,Karlis A. Digital twin in electrical machine control and predictive maintenance:state-of-the-art and future prospects［J］. Energies,2021,14(18):5933.

［68］ 任泽宇.基于西门子 PDPS 的立体仓储数字孪生系统的设计与开发［J］.工业控制计算机,2022,35(8): 129-130.

［69］ 陈浩,张贺,王体金,等.动力产品线 PDPS 虚拟调试的应用［J］.智能制造,2023(1):96-99.

［70］ 李颖,高岚,朱志松.面向智能制造场景的机器人数字孪生建模与控制［J］.系统仿真学报,2024(7): 1536-1545.

［71］ 陈子阳,刘伟.基于数字孪生工业机器人建模与远程监控系统的设计［J］.制造业自动化,2023(6):17-21.

［72］ 余东华,张恒瑜.制造业企业如何通过数智化转型突破"服务化困境"?［J］.甘肃社会科学,2022,261(6): 50-53.

［73］ 武颖,姚丽亚,熊辉,等.基于数字孪生技术的复杂产品装配过程质量管控方法［J］.计算机集成制造系统,2019,25(6):1568-1575.

［74］ 王佳元,张曼茵.工业互联网赋能产业深度融合研究——基于产业生态重构和数据融合增值的分析［J］. 经济纵横,2023(3):53-59.

［75］ 冯达伟,池春阳.智能制造产业的发展现状及政策评价——以广东为例［J］.科技管理研究,2023(13): 39-47.

［76］ 金佳敏,蒋玉石,高增安.数字平台能力与制造业服务创新绩效——网络能力和价值共创的链式中介作用［J］.科技进步与对策,2023(5):56-63.

［77］ 李华川,黄尚猛,李彬文.工业机器人软件在环虚拟调试技术研究与应用［J］.机械研究与应用,2022(6): 177-180.